普通高等教育"十二五"规划教材

工程设备设计基础

申勇峰　编著

北　京
冶金工业出版社
2014

内 容 简 介

　　本书系统介绍了与材料科学工程设备设计及应用过程密切相关的温度测量与控制原理、热力学原理与应用、流体力学、传热学、耐热材料、耐火材料等内容。本书还根据材料工程设备近年来的快速发展，对一些近年来出现的新型材料设备相关基础知识进行了较详细的介绍。此外，由于现代材料设备中越来越多地采用压力控制技术，本书还介绍了真空系统与液压系统等相关基础知识，针对本科生教学的特点，编写了大量的例题及材料工程设备的设计实例。

　　本书可供材料科学与工程专业及相关专业师生参考阅读，也可作为相关专业工程技术人员的参考书。

图书在版编目(CIP)数据

工程设备设计基础/申勇峰编著 . —北京：冶金工业
出版社，2014.2
普通高等教育"十二五"规划教材
ISBN 978-7-5024-6456-1

Ⅰ.①工…　Ⅱ.①申…　Ⅲ.①工程设备—设计—高等
学校—教材　Ⅳ.①TB4

中国版本图书馆 CIP 数据核字(2014)第 013025 号

出 版 人　谭学余
地　　　址　北京北河沿大街嵩祝院北巷 39 号，邮编100009
电　　　话　(010)64027926　电子信箱　yjcbs@cnmip.com.cn
责任编辑　杨盈园　美术编辑　吕欣童　版式设计　孙跃红
责任校对　石　静　责任印制　李玉山
ISBN 978-7-5024-6456-1
冶金工业出版社出版发行；各地新华书店经销；北京印刷一厂印刷
2014 年 2 月第 1 版，2014 年 2 月第 1 次印刷
787mm×1092mm　1/16；18.75 印张；450 千字；287 页
39.00 元

冶金工业出版社投稿电话：(010)64027932　投稿信箱：tougao@cnmip.com.cn
冶金工业出版社发行部　电话：(010)64044283　传真：(010)64027893
冶金书店　地址：北京东四西大街 46 号(100010)　电话：(010)65289081(兼传真)
　　　　(本书如有印装质量问题，本社发行部负责退换)

前　言

本书针对材料科学与工程专业的学生编写而成，书中内容涉及学生所从事本专业研究和生产的实际工作中常见的工程设备的建造、使用及维护的基础知识，系统介绍了与材料科学工程设备设计及应用过程密切相关的温度测量与控制原理、热力学原理与应用、流体力学、传热学、耐热材料、耐火材料等内容。根据材料工程设备近年来的快速发展，对一些近年来出现的新型材料设备的相关基础知识进行了较详细的介绍。此外，由于现代材料设备中越来越多地采用压力控制技术，本书简单介绍了真空系统与液压系统等相关基础知识。同时，针对本科生教学的特点，编写了大量的例题及材料工程设备的设计实例。

流体力学是用理论分析和实验研究相结合的方法来研究流体平衡和运动规律的科学。冶金、材料制备、化工生产等过程中很多都是在流体中进行的。如散装物料的干燥、焙烧、熔炼、燃料的输送与燃烧、浸出、萃取与蒸馏等，无一不是与流体流动发生密切关系。因此深入了解和掌握流体力学的基本理论和基本知识对于解决冶金炉和化工设备的设计、计算和操作等方面的问题，都具有十分重要的意义。由于流体包括液体和气体，因而流体力学也就包括水力学和气体力学。

金属的提取及材料的合成制备过程与热力学过程密切相关。材料制备过程化学反应焓变的计算实际上是冶金热化学的主要内容。冶金反应的特点是高温、多相。为了获得高温，依赖于物理热和化学热。高炉炼铁以及电炉、闪速炉熔炼铜锍为半自热熔炼，其热量来源既有物理热，又有化学热；电炉炼钢则需要电能转变为热能，而转炉炼钢、吹炼铜锍、镍锍则为自热熔炼，主要热源是化学热。总之，金属的提取过程一般都伴有吸热或放热现象。因此，计算化学反应焓变意义重大。

传热学是研究热能传递规律的一门科学。物体相互之间或同一物体的两部分间存在温度差是产生传热现象的必要条件，只要有温度差存在，热量总有从高温向低温传递的趋势。温度差普遍存在于自然界里，所以传热是普通的自然现象　传热是加热炉内一个重要的物理过程，应用传热原理解决的实际问题不外乎两类：一类是力求增强传热过程，另一类是力求削弱传热中的热交换，提高废热的回收率和空气的预热温度；提高炉子某些水冷部件的冷却效果，延长设备的寿命等。后者如减少炉子砌体的热损失，对炉子实行保温措施，以提高热的利用率，节约能源；防止炉内某些部件过热，采取必要的隔热保护措施等。因此，传热学的研究及应用与绝热保温材料与耐火材料密切相关。

设计在工程中起主宰作用，是国家基本建设的关键性环节，非常重要。在设计中要充分考虑提高劳动生产率，提高经济效益，经济有效地利用资源及能源。设计工作必须重视调查研究，不断总结经验，勇于创新，及时把可靠的科研成果用于生产，采用新工艺、新设备、新技术、新材料，体现现代化技术水平。第一，设计人员必须自觉地学习党的方针、政策和国家有关法令法规。设计应该从我国的国情出发，考虑我国的具体情况，坚持勤俭办企业的精神。第二，必须高度认识到技术引进是社会经济发展的客观要求，也是科学技术进步的客观要求。技术引进是迅速发展本国经济的重要途径，也是增强自力更生能力的重要手段，可以避免走弯路，缩短技术试验研究的时间和节省经费。在继承中发展，在借鉴中创新。第三，设计者的创造能力，是设计活动中最重要的因素。创造性，敏锐的观察力、透彻的分析力和对创造性设想的识别能力，是大多数成功的设计师所具有的特征。因此要坚持发展创新，鼓励设计拥有独立自主知识产权、符合国情及企业实际情况的设备，同时要考虑节能、环保等因素。设计工作是关系到能否实现最大经济效益的关键环节。技术工艺流程是否先进可靠，生产组织是否科学严谨，能否以较少的投资取得产量多，质量好，劳动生产率高，成本低，利润高的综合效果，在很大程度上取决于设计质量和设计水平。必须以严肃科学的态度从技术上、经济上以及生产实践需要方面，来分析其对生产效益的影响。

本书可以作为材料科学与工程专业本科生的教材，也可作为相关专业工程技术人员的参考书。

感谢邱从怀、徐天帅、马天彪等12位研究生在本书编写过程中所提供的协助。由于编写者学识水平局限性，书中若有不妥之处，欢迎广大读者批评指正。

编　者

2013 年 8 月 28 日

目　　录

1　温度测量仪表

1.1　世界仪表技术发展回顾

动圈式仪表也称为磁电式仪表。自电磁感应现象被发现以来，各种动圈式仪表的开发和改进一直是主导着仪表行业的进步，直到 20 世纪 50 年代初期，出现了采用数码管的各种数字仪器。这种数字化显示技术把模拟仪器的准确度、分辨率与测量速度提高了几个数量级，同时也为后来计算机技术广泛应用于测试自动化领域奠定了基础。60 年代中期，计算机被引入仪表。计算机使测量仪器的功能发生了质的变化，从个别电量的测量转变成测量整个系统的特征参数，从单纯的接收、显示转变为兼有控制、分析、处理、计算与显示输出多种功能于一身，从用单个仪器进行测量转变成用测量系统进行测量。70 年代，计算机技术进一步渗透进入仪器仪表应用领域中。由于计算机在各类仪表中的大量使用，使电子仪器在传统的时域（Time Domain）与频域（Frequency Domain）测试之外，又出现了数据域（Data Domain）测试。80 年代，由于微处理器被用到仪器仪表中，仪器前面板开始朝键盘化方向发展，过去直观的用于调节时基（Time Base）或幅度的旋转度盘，选择电压电流等量程或功能的滑动开关，通、断开关键逐渐消失。机柜形式成为测量系统的主要模式，全部通过 IEEE –488 总线送到一个控制器上。不同于传统独立仪器模式的个性化仪器已经得到了发展，可以借助丰富的 BASIC 语言程序来进行高速测试。90 年代，仪器仪表与测量科学进步取得了更大的突破性进展。这个进展的主要标志是仪器仪表智能化程度的提高。突出表现在以下几个方面：微电子技术的进步将更深刻地影响仪器仪表的设计：DSP（Digital Signal Processor）芯片的大量问世，使仪器仪表数字信号处理功能大大加强；微型机的发展，使仪器仪表具有更强的数据处理能力；图像处理功能的增加十分普遍。

仪器仪表发展的特点：

（1）新技术的应用。国际上大的仪表制造厂商目前普遍采用了 EDA（电子设计自动化）、CAM（计算机辅助制造）、CAT（计算机辅助测试）、DSP（数字信号处理）、ASIC（专用集成电路）及 SMT（表面贴装技术）等。

（2）产品结构变化。更加注重性能价格比。在重视高档仪器开发的同时，注重高新技术开发和用量大、适用面广的产品开发与生产。

注重系统集成，不仅着眼于单机，更注重系统化、系列化产品。现在的产品进一步软件化，随着各类仪器装上了 CPU，实现了数字化后，在软件方面投入日益增大。已经有人指出，今后仪器可归纳成公式：

$$仪器 = AD/DA + CPU + 软件$$

AD 芯片将模拟信号变成数字信号，再经过软件处理变换后用 DA 输出。

（3）新产品开发的准则发生了变化。新产品开发从技术驱动转为市场驱动，从一味追求开发高精尖产品，转为开发"恰到好处"。总之开发一项成功产品的准则应该是：1）用户有明确的需求；2）能用最短的开发时间投放市场；3）功能与性能要恰到好处。产品开发准则的另一变化是收缩方向，集中优势。

（4）生产技术注重专业生产，摒弃盲目的大而全。生产过程采用自动测试系统。目前多以 GP – IB 仪器组建自动测试系统。在这样的生产线上都是一个个大的测试柜，快速地进行自动测试、统计、分析、打印出结果。

随着信息技术革命的深入和计算机技术的飞速发展，数字信号处理技术已经逐渐发展成为一门关键的技术学科。DSP 芯片，即数字信号处理器，是专门为快速实现各种数字信号处理算法而设计的、具有特殊结构的微处理器，其处理速度已高达 2000MIPS，比最快的 CPU 还快 10～50 倍。目前，在微电子技术发展的带动下，DSP 芯片的发展日新月异，DSP 的功能日益强大，性能价格比不断上升，开发手段不断改进。在当今的数字化时代背景下，DSP 已成为通信、计算机、消费类电子产品等领域的基础器件，被誉为信息社会革命的旗手。同时 DSP 已成为集成电路中发展最快的电子产品，并成为电子产品更新换代的决定因素。在国外，DSP 芯片已经被广泛地应用于当今技术革命的各个领域；在我国，DSP 技术也正以极快的速度被应用在通信、电子系统、信号处理系统、自动控制、雷达、军事、航空航天、医疗、家用电器、电力系统等许多领域中，而且新的应用领域在不断地被发掘。因此基于 DSP 技术的开发应用正成为数字时代的应用技术潮流。DSP 与 CPU 是芯片工业中的两大核心技术，DSP 负责数字信号处理，CPU 是负责计算功能。

在广义的理解中，DSP 被译为数字信号处理（Digital Signal Processing）。信号（Signal）的分析或更改（Processing）是经由一个顺序分开，以代表此讯号的数字化（Digital）格式的信号进行的，通常此类的处理过程需要大量的数学运算。DSP 芯片的特点是通过硬件的设计使一般数字讯号处理的运算速度加快，并提升程序化的方便程度。与一般计算机 CPU 最大的差异在于 DSP 对数学运算较擅长。工业自动化控制仪表主要包括变送器、调节器、调节阀等，控制仪表从基地式调节器（变送、指示、调节一体化的仪表）开始，经历了气动、电动单元组合仪表到计算机控制系统（DDC），直到今日广泛使用的分散控制系统 DCS（Distributed Control System）。分散系统也称为集散型控制系统。DCS 经历了初创（1975～1980）、成熟（1980～1985）、扩展（1985 年以后）几个发展时期，在完善控制功能、增强信息处理能力、加快速度及组态软件等方面取得令人瞩目的成就，已经成为计算机控制系统的主流。DCS 是能将管理和显示功能集中一体的自动化高技术产品，适合在模拟量回路控制较多的地方使用堤防，它能够尽量将控制所造成的危险性分散。DCS 一般由五部分组成：（1）控制器；（2）I/O 板；（3）操作站；（4）通讯网络；（5）图形及编程软件。DCS 经历了几十年的发展历程，现在它以其高度的可靠性、方便的组态软件、丰富的控制算法、开放的联网能力等优点，得到人们的认可，并迅速发展成为计算机工业控制系统的主流之一。与之相比，PLC（Program Logic Control）以其结构紧凑、功能简单、速度快、可靠性高、价格低等优点获得广泛应用，并成为与 DCS 并驾齐驱的另一主流工业控制系统。DCS 与 PLC 两大主流控制系统在竞争中并没有两败俱伤，也没有互相吞并，而是互相补充、互相促进，都获得了成功。目前以 PLC 为基础的 DCS 发展很快，PLC 与 DCS 相互融合、已成为当前工业控制系统新的发展趋势，所以现在的 DCS 和 PLC 之间并不存在严格的界限。

1.2 温度测量仪表

1.2.1 测温仪表的分类

测温仪表的分类如下：

（1）按测量原理：膨胀式、压力式、电阻式温度计、热电偶高温计、辐射式高温计等。

（2）按测量方法：接触式、非接触式（例如辐射式高温计）。

（3）按测温范围：可以分为一般温度计和高温计（温度计 < 600℃，高温计 ≥ 600℃）。

1.2.1.1 接触式测温

接触式测温的特点是感温元件直接与被测对象相接触，两者之间进行充分的热交换，直到最终达到热平衡，这时候感温元件的某一物理参数的量值就代表了被测对象的温度值。

优点：直观可靠。

缺点：感温元件影响被测温度场的分布，接触不良等会带来测量误差，另外温度太高和高温下的腐蚀性介质对感温元件的性能和寿命都会产生不利的影响。

1.2.1.2 非接触式测温

非接触式测温的特点是感温元件不与被测对象相接触，而是通过辐射进行热交换，故可避免接触式测温法的缺点，并具有较高的测温上限。此外，非接触式测温法热惯性小，可达千分之一秒，因此便于测量运动物体的温度和快速变化的温度。

非接触式温度计又可分为辐射温度计、亮度温度计和比色温度计等，由于它们的测温原理都是以光辐射为基础，因此也被统称为辐射温度计。

1.2.1.3 液体膨胀式温度计

液体膨胀式温度计（又称为玻璃管液体温度计）：这是应用最早而且当前使用最广泛的一种温度计，它由液体储存器、毛细管和标尺组成。液体玻璃温度计的测温上限取决于所用液体气化点的温度，下限受液体凝点温度的限制。为了防止毛细管中的液柱出现断续现象，并提高测温液体的沸点温度，常在毛细管中液体上部充以一定压力的气体。典型如酒精温度计、水银体温计等。

（1）有机液体温度计：测温范围 ±100℃。例如常见的酒精温度计。

（2）工业水银温度计：测温范围 -30 ~ +500℃，但也有测温可高达 1200℃ 的高温水银温度计。工业用的液体膨胀式温度计为保护温度计玻璃管，并且通常其外面还罩有金属保护管。

1.2.1.4 杆式温度计

杆式温度计（Solid - Stem Calorimeter Thermometers）：外套大膨胀系数的金属（如黄铜或不锈钢）测温管，内设小温度膨胀系数材料（如铟钢或石英）的传递杆（杆芯）。测温杆插入被测空间，例如炉内，杆式温度计的基座一般紧密固定在炉体上。利用制造测温管外套和杆芯的两种膨胀系数不同材料在温度变化中的线胀差异，拉动仪表指针测量温度。

1.2.1.5　双金属温度计

双金属温度计（Bi－Metal Thermometer）：将两片温度膨胀系数不同的金属叠焊在一起，受热后因两侧膨胀不同，双金属片将发生弯曲。双金属温度计就是利用这种现象，将这种双金属片绕成螺旋状，一端固定，另一端与指针相连，在温度变化时温度计内的双金属片产生旋转，带动指针指示所测的温度值。

1.2.1.6　压力式温度计

压力式温度计：测量端部温度感应包为装有液体或气体的密闭的容器，当气体或液体的饱和蒸汽受热膨胀，压力变化通过导管带动表头中的弹簧管，驱动仪表指针指示温度。温包、毛细管和弹簧管三者的内腔构成一个封闭容器，其中充满工作物质（如气体常为氮气），工作物质的压力经毛细管传递给弹簧管，使弹簧管变形，并由传动机构带动指针，指示出被测温度的数值。根据装入测温系统内的感温介质的不同，压力式温度计可分为3类：（1）气体压力式温度计：测温系统中全部充满气体感温介质的压力式温度计，这种温度计是等分刻度的，但温包体积较大，故热惯性大。（2）液体压力式温度计：测温系统中全部充满液体感温介质的压力式温度计。这种温度计也是等分刻度，温包的体积较小，热惯性也较小。（3）蒸汽压力式温度计：测温系统中，部分充有低沸点蒸发液体感温介质的压力式温度计。这种温度计是利用低沸点蒸发液体的饱和蒸汽压随温度变化不同而变化来测温的，所以其饱和蒸汽压随温度变化是非线的，这也就决定了这种温度计的刻度是非线性的。

1.2.2　压力式温度计使用及注意事项

使用压力式温度计时，应注意以下几点：（1）温度计的浸入深度。压力式温度计的温包与玻璃液体温度计的感温包作用相似，所以必须将温包全部浸入到被测介质中。（2）使用温度计时，弹簧管和毛细管所处的环境温度的变化对温度计示值将会产生影响，因为在弹簧管与毛细管内所充的也是感温介质，故所处的环境温度与分度时不同，就会对示值造成一定的误差。关于这一点，充气式的影响最大，充液式的次之，蒸汽式的无影响。仪表周围的环境温度不得超过50℃。（3）安装温度计时必须注意弹簧管和温包尽量处于同一高度，否则对蒸汽和液体压力式温度计的示值将带来误差。温包高时示值比实际值大，温包低时示值比实际值小。对于气体压力式温度计的影响则可以忽略不计。（4）大气压力的变化对蒸汽压力式温度计的示值也会造成影响，因为弹簧管本身所反映的压力实际上是内部压力与大气压力之差值，即相对压力。所以在环境压力有较大改变时必将对示值产生影响。这种影响，对气体和液体压力式温度计可在制造时采用加压灌装感温介质的方法使其大为减少。

1.3　温度测量原理

1.3.1　热电偶测温原理

1.3.1.1　热电偶

热电偶一般用于测量500℃以上的高温，如电厂生产过程中的主蒸汽温度，过热器壁管温度，高温烟气温度等。普通热电偶的测温上限可达1300℃（长期用时）至1600℃（短期用时），特殊材料制成的热电偶可测量2000～2800℃的高温。热电偶是一种发电型传感器，它将温度信号转换成电势（mV）信号，配以测量毫伏信号的仪表或变送器，便可以实现温度的测量或温度信号的变换。

将两根不同性质的金属丝或合金丝A和B，焊接组成一个闭合回路称为热电偶。A、B称为热偶丝，也称为热电极。放置在被测温度的介质中的接头，称为测量端，一般都是高热端，所以又称为热端。另一接头则称为参比端，在使用时，这端并不焊接，而是接入测量仪表，其温度通常是环境温度或某一恒定温度，所以通常被称为冷端。当热电偶两端温度$t \neq t_1$时，回路中有电流，把这电流称为热电流，产生热电流的电动势称为热电势，并把这种物理现象称为热电现象。

1.3.1.2 热电效应

热电效应是将铜丝和铁丝两头相连成闭合回路，把其中一头加热，回路中将有电流产生。实际任何两种导体或半导体材料构成的闭合回路都能见到类似现象。这种有热转变成电的现象称热电效应（Thermoelectric Effect）。热电偶就是根据这种热电现象制成的测温单元。热电偶被测区所加热的一端称为热端（Hot Junction）或工作端、测量端（Measuring Junction），另一端处于参照温度下，称为冷端（Cold Junction）或自由端、参考端（Reference Junction）。

1.3.2 温差电势及中间温度定律

1.3.2.1 热电势

在古典电子理论中，热电势由温差电势和接触电势两部分构成。

温差电势是由均质导体的两端温度差引起的。如果某均质导体的两端温度分别为T和T_0，则导体两端之间的温差电势为：

$$e(T, T_0) = \int \delta(t) \mathrm{d}T \qquad (1-1)$$

接触电势是当两种不同的导体A与B接触时，因两者的自由电子密度不同，在接触点产生电子扩散，而形成的电势。接触电势是温度t的函数，即：$e_{AB}(t)$。

1.3.2.2 测量端与参考端的电势计算

将两种导体构成如图1-1所示回路，而两导体相接的结点（Junction）分别处于温度T、T_0时，导体A与B之间的电势是温差电势和接触电势的代数和，但考虑到回路中的温差电势远小于接触电势，可以忽略不计，因此测量端与参考端的电势可用下式求出：

$$e_{AB}(T, T_0) = e_{AB}(T) - e_{AB}(T_0) \qquad (1-2)$$

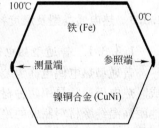

图1-1　两种导体构成
的热电偶回路

1.3.2.3 中间导体定律

在热电偶回路中，接入另一导体后，只要此导体两端温度相同，回路的总电势就不变。这样就可以把导体A和B的接点T_0端打开，接入导体C，引向电势测量仪表。容易证明，仪表指示值

$$E_{ABC}(t, t_0) = E_{AB}(t, t_0) \qquad (1-3)$$

1.3.2.4　中间温度定律

如果上述回路，接入的不是一种导体 C，而是接入导体 A′B′，可以证明回路热电势等于 AB 热电势与 A′B′热电势的代数和，这给实际的热电偶应用中加入补偿导线提供了理论依据。如 t_n 为变值，而测得 $E_{AB}(t, t_n)$ 后，将 $E_{AB}(t_n, t_0)$ 作修正值，用式（1-3）求得 $E_{AB}(t, t_0)$ 值，这样可将热电偶分度表的 t_0 取作定值，即 $t_0 = 0$。对任何 $E_{AB}(t, t_n)$ 均用统一表求得，$E_{AB}(t, t_0)$ 称作非标准冷端的补偿值。

1.3.2.5　热电偶分度表

将一定的温度区间分成若干等分，并在标准条件下分别测得和记录这些分度处对应的热电势后所得到的工具数表。用热电偶实际测温时，工作端和参考端有时相距会很远。根据中间温度定律就可以用补偿导线连接加长热电偶。有补偿导线时热电偶测温电路如图 1-2 所示。

$$E_{AB}(t, t_0) = E_{AB}(t, t_n) + E_{AB}(t_n, t_0)$$

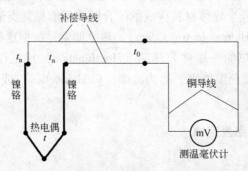

图 1-2　有补偿导线时热电偶测温电路

1.3.2.6　标准化热电偶

标准化热电偶（Standardized Thermocouple）是指国家标准规定了其热电势与温度的关系、允许误差、并有统一的标准分度表的热电偶，它有与其配套的显示仪表可供选用。

国家规定从 1988 年 1 月 1 日起，热电偶和热电阻全部按 IEC 国际标准生产，并指定 S、B、E、K、R、J、T 七种标准化热电偶为我国统一设计型热电偶，即标准化热电偶。后来又演化成按热电偶材料分度号分为 B、R、S、N、K、E、J、T 及 WRe3～WRe25、WRe5～WRe26 的 10 个标准。

1.3.3　热电偶类型及温度补偿

1.3.3.1　普通型热电偶

普通型热电偶也称为装配式热电偶，由热电极、绝缘管、保护套管和接线盒四部分组成。热电极通常是用两种材质的金属丝在端部焊接而成；热电极要穿入用陶瓷、石英或其他耐高温绝缘材料制成的绝缘管内，以隔离两电极线及电极与金属的保护套；保护套有金属的，也有非金属的，其将套有热电极的绝缘管封闭其中，可防止或减少有害气体等和高温气流及火焰直接作用热电极，同时也支撑电极，使之可以承受一定的机械震动，保证其使用寿命。

1.3.3.2　铠装热电偶

将金属套管和装在里面的粉末状绝缘材料及热电极一起，整体拉制成型，测温端纤细而长（可达外径小于1mm，长度大于100m）。因为没有大尺寸的非金属绝缘套管和结构紧凑等，其明显特点是可适当弯曲，热响应快，耐高压，坚固。例如：WRNK – 100（温热镍铠）。为使测温更灵敏，电极可直接顶住电偶的端部或伸出端部，端部形式有：露头型（Exposed Junction）、绝缘型（Isolated Junction）、接壳型（Earthed Junction）等。

1.3.3.3 表面热电偶

用来测量不同形状的固体表面。通常是便携式的，老式的表面热电偶由适应各种曲率和各种位置的探头、支架手柄、动圈显示表等构成整体。以 WRNM 型为例，现在一般是用塑胶制成的手柄，前端为热电偶探头（Probe），使手持部分更轻便，尾端为一根长度一米以上的导线，连接与之配套的数字温度计。

1.3.3.4 薄膜热电偶

因薄膜厚度仅万分之一毫米不到，测温响应极快，适于灵敏测温。薄膜热电偶（Thin – Film Thermocouple）是由两种薄膜热电材料用真空蒸镀、化学涂层等办法蒸镀到绝缘基板上而制成的一种特殊热电偶。薄膜热电偶的热接点可以做得很小（可薄到 $0.01 \sim 0.1\mu m$），具有热容量小、反应速度快等特点，热响应时间达到微秒级，适用于微小面积上的表面温度以及快速变化的动态温度测量。

1.3.4 热电阻测温原理及类型

热电阻是中低温区最常用的一种温度检测器。它的主要特点是测量精度高，性能稳定。其中铂热电阻的测量精确度是最高的，它不仅广泛应用于工业测温，而且被制成标准的基准仪。

1.3.4.1 热电阻测温原理及材料

热电阻测温是基于金属导体的电阻值随温度的增加而增加这一特性来进行温度测量的。热电阻大都由纯金属材料制成，目前应用最多的是铂和铜，此外，现在已开始采用镍、锰和铑等材料制造热电阻。

1.3.4.2 热电阻的类型

A 普通型热电阻

从热电阻的测温原理可知，被测温度的变化是直接通过热电阻阻值的变化来测量的，因此，热电阻体的引出线等各种导线电阻的变化会给温度测量带来影响。

B 铠装热电阻

铠装热电阻是由感温元件（电阻体）、引线、绝缘材料、不锈钢套管组合而成的坚实体，它的外径一般为 $\phi 2 \sim 8mm$。与普通型热电阻相比，它有下列优点：（1）体积小，内部无空气间隙，测量滞后小；（2）力学性能好、耐振，抗冲击；（3）能弯曲，便于安装；（4）使用寿命长。

C 端面热电阻

端面热电阻感温元件由特殊处理的电阻丝材绕制，紧贴在温度计端面。它与一般轴向热电阻相比，能更正确和快速地反映被测端面的实际温度，适用于测量轴瓦和其他机件的端面温度。

D 隔爆型热电阻

隔爆型热电阻通过特殊结构的接线盒，把其外壳内部爆炸性混合气体因受到火花或电弧等影响而发生的爆炸局限在接线盒内，生产现场不会引起爆炸。隔爆型热电阻可用于B1a～B3c级区内具有爆炸危险场所的温度测量。

1.4　红外测温仪

红外测温仪器主要有3种类型：红外热像仪、红外热电视、红外测温仪（点温仪）。20世纪60年代我国研制成功第一台红外测温仪，1990年以后又陆续生产小目标、远距离、适合电业生产特点的测温仪器。近期，国产红外热像仪在昆明研制成功，实现了国产化。

1.4.1　红外测温仪工作原理

红外测温仪由光学系统、光电探测器、信号放大器及信号处理、显示输出等部分组成。光学系统汇集其视场内的目标红外辐射能量，视场的大小由测温仪的光学零件以及位置决定。红外能量聚焦在光电探测仪上并转变为相应的电信号。该信号经过放大器和信号处理电路按照仪器内部的算法和目标发射率校正后转变为被测目标的温度值。除此之外，还应考虑目标和测温仪所在的环境条件，如温度、气氛、污染和干扰等因素对性能指标的影响及修正方法。

1.4.2　红外测温的理论基础

一切温度高于绝对零度的物体都在不停地向周围空间发出红外辐射能量。物体的红外辐射能量的大小及其按波长的分布——与它的表面温度有着十分密切的关系。因此，通过对物体自身辐射的红外能量的测量，便能准确地测定它的表面温度，这就是红外辐射测温所依据的客观基础。

1.4.3　黑体辐射定律

黑体是一种理想化的辐射体，它吸收所有波长的辐射能量，没有能量的反射和透过，其表面的发射率为1。应该指出，自然界中并不存在真正的黑体，但是为了弄清和获得红外辐射分布规律，在理论研究中必须选择合适的模型，这就是普朗克提出的体腔辐射的量子化振子模型，从而导出了普朗克黑体辐射的定律，即以波长表示的黑体光谱辐射度，这是一切红外辐射理论的出发点，故称黑体辐射定律。

影响发射率的主要因素有：材料种类、表面粗糙度、理化结构和材料厚度等。当用红外辐射测温仪测量目标的温度时首先要测量出目标在其波段范围内的红外辐射量，然后由测温仪计算出被测目标的温度。单色测温仪与波段内的辐射量成比例；双色测温仪与两个波段的辐射量之比成比例。

1.4.4　红外系统

红外测温仪由光学系统、光电探测器、信号放大器及信号处理、显示输出等部分组成。光学系统汇聚其视场内的目标红外辐射能量，视场的大小由测温仪的光学零件及其位置确定。红外能量聚焦在光电探测器上并转变为相应的电信号。该信号经过放大器和信号处理电路，并按照仪器内置的算法和目标发射率校正后转变为被测目标的温度值。

1.4.5 红外测温仪性能

红外测温仪是通过接收目标物体发射、反射和传导的能量来测量其表面温度。测温仪内的探测元件将采集的能量信息输送到微处理器中进行处理，然后转换成温度读数显示。在带激光瞄准器的型号中，激光瞄准器只做瞄准使用。

为了获得精确的温度读数，测温仪与测试目标之间的距离必须在合适的范围之内，所谓"光点尺寸"（Spot Size）就是测温仪测量点的面积。距离目标越远，光点尺寸就越大。在激光瞄准器型测温仪上，激光点在目标中心的上方，有 12mm（0.47 英寸）的偏置距离。

1.4.6 红外测温仪正确选择

选择红外测温仪可分为 3 个方面：（1）性能指标方面，如温度范围、光斑尺寸、工作波长、测量精度、窗口、显示和输出、响应时间、保护附件等；（2）环境和工作条件方面，如环境温度、窗口、显示和输出、保护附件等；（3）其他选择方面，如使用方便、维修和校准性能以及价格等，也对测温仪的选择产生一定的影响。

随着技术和不断发展，红外测温仪最佳设计和新进展为用户提供了各种功能和多用途的仪器，扩大了选择余地。在选择测温仪型号时应首先确定测量要求，如被测目标温度，被测目标大小，测量距离，被测目标材料，目标所处环境，响应速度，测量精度，用便携式还是在线式等等。

1.4.6.1 确定测温范围

测温范围是测温仪最重要的一个性能指标。如 Raytek（雷泰）产品覆盖范围为 -50 ~ +3000℃，但这不能由一种型号的红外测温仪来完成。根据黑体辐射定律，在光谱的短波段由温度引起的辐射能量的变化将超过由发射率误差所引起的辐射能量的变化，因此，测温时应尽量选用短波较好。一般来说，测温范围越窄，监控温度的输出信号分辨率越高，精度可靠性容易解决。测温范围过宽，会降低测温精度。

1.4.6.2 确定目标尺寸

红外测温仪根据原理可分为单色测温仪和双色测温仪（辐射比色测温仪）。对于单色测温仪，在进行测温时，被测目标面积应充满测温仪视场。建议被测目标尺寸超过视场大小的 50% 为好。如果目标尺寸小于视场，背景辐射能量就会进入测温仪的视场干扰测温读数，造成误差。对于双色测温仪，其温度是由两个独立的波长带内辐射能量的比值来确定的。因此当被测目标很小，测量通路上存在烟雾、尘埃、阻挡对辐射能量有衰减时，都不会对测量结果产生影响。甚至在能量衰减了 95% 的情况下，仍能保证要求的测温精度。对于目标细小，又处于运动或振动之中的目标；有时在视场内运动，或可能部分移出视场的目标，在此条件下，使用双色测温仪是最佳选择。如果测温仪和目标之间不可能直接瞄准，测量通道弯曲、狭小、受阻等情况下，双色光纤测温仪是最佳选择。这是由于其直径小，有柔性，可以在弯曲、阻挡和折叠的通道上传输光辐射能量，因此可以测量难以接近、条件恶劣或靠近电磁场的目标。

为了红外测温仪测温，将红外测温仪对准要测的物体，按触发器在仪器的 LCD 上读出温度数据，保证安排好距离和光斑尺寸之比和视场。用红外测温仪时有几件重要的事要记住：（1）只测量表面温度，红外测温仪不能测量内部温度。（2）不能透过玻璃进行测温，玻璃有很特殊的反射和透过特性，不允许精确红外温度读数，但可通过红外窗口测温。红外测温仪最好不用于光亮的或抛光的金属表面的测温（不锈钢、铝等）。（3）定位热点：要发现热点，仪器瞄准目标，然后在目标上做上下扫描运动，直至确定热点。（4）注意环境条件：蒸汽、尘土、烟雾等。它阻挡仪器的光学系统而影响精确测温。（5）环境温度，如果红外测温仪突然暴露在环境温差为20℃或更高的情况下，允许仪器在20min内调节到新的环境温度。

1.4.6.3　测温仪实例

（1）DCY - I 数字温度显示仪，主要是用于库房门口的温度显示，如图 1 - 3 所示。特征：精确度 ±0.2℃；测温范围 -40 ~ +100℃；显示清晰；无需校验；无需接线、安装方便。（2）FLUKE 561 红外测温仪，使用红外（IR）温度计可瞬间测量高温、移动、带电和难于接触的物体的温度。检查电机、绝缘体、断路器、辐射加热装置、管道、腐蚀的接头以及导线，并且可不用使用梯子而从地面来扫描天花板中的管道（-30 ~ 550℃）。（3）雷泰 MX2 红外测温仪，-30 ~ 900℃（-25 ~ 1600°F）的宽温度范围，高光学分辨率 60:1，能从更远的距离测量，或者测量更小的物体，16 点环形激光瞄准，这些优点使 MX 系列成为工业界最高级的便携式测温仪。环形激光瞄准提供了最完美最精确的红外光束跟踪，使关键数据测量更精确。应用领域：设备故障诊断、电子行业、冶金行业、玻璃行业、铁路行业、暖通及食品行业。

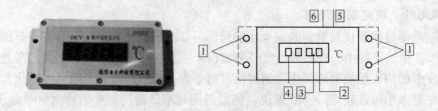

图 1 - 3　DCY - I 数字温度显示仪

1—定位孔；2—温度显示窗口；3—小数点；4—符号位（+、-）；

5—传感器；6—电源引线（AC220V50HZ）

2　温度控制原理

2.1　自动化仪表分类

自动化仪表也就是通常所说的过程控制仪表。是在仪表的检测记录功能基础上发展起来的具有调节控制功能的仪表。按照仪表的功能进行分类，仪表的功能包括检测、显示、记录、控制等；按照仪表使用的动力源分类，可以将仪表分为气动仪表、电动仪表和比较少见的液动仪表；按仪表的组合形式分类，可以将仪表分为基地式仪表、单元组合仪表和电子综合组装仪表；按仪表的安装形式分类，可以将仪表分为现场仪表（Field Instrument）、盘装及架装仪表（带有显示、调节等面板部分的仪表，例如带有报警器、指示计等的仪表为盘装表，否则，例如温度变送器、开方器等称为架装表）；按仪表信号的形式分类，可将仪表分为模拟（信号）仪表和数字（信号）仪表等；随着微处理机技术的蓬勃发展，微处理机被大量引入仪表中，按照仪表是否引入微处理机（器）又可将仪表分为智能仪表与非智能仪表；按测量及控制的参数分类，仪表测量变量大致分为：热工量、电工量、机械量、物理性质与成分量以及状态量等五类，相应的也可以把仪表分成五大类。

热工量是指热力工程参数，包括温度、压力、流量、物位等。材料加工、热处理过程中大量接触的往往就是这些热工量的测控，另外，例如碳势等化学成分量的测量也是热处理工作经常需要的。有些仪表名称可能不会一下子看出是热工仪表，例如真空仪表，但它们的本质却是压力仪表。PID 模拟式调节仪：PID 控制也称 PID 调节。P 是比例控制（Proportional Control），I 是积分控制（Integral Control），D 是微分控制（Differential Control），所以 PID 调节仪表示这三种作用综合在一起的调节器。PID 控制器的参数整定指根据被控过程的特性确定 PID 控制器的比例系数、积分时间和微分时间的大小。

2.2　自动化仪表控制原理

比例控制（P）是一种最简单的控制方式，控制反应快但粗糙。其控制器的输出与输入误差信号成比例关系。当仅有比例控制时系统输出存在稳态误差（Steady – state Error）。积分控制（I）慢，还有一定程度的振荡，但它是使误差不断减小的一个环节。在积分控制中，控制器的输出与输入误差信号的积分成正比关系。对一个自动控制系统，如果在进入稳态后存在稳态误差，则称这个控制系统是有稳态误差的或简称有差系统。为了消除稳态误差，在控制器中必须引入"积分项"。积分项对误差的削减程度取决于时间的积分，随着时间的增加，积分项会增大。这样，即便误差很小，积分项也会随着时间的增加而加大，它推动控制器的输出增大使稳态误差进一步减小，直到等于零。因此，比例 + 积分（PI）控制器，可以使系统在进入稳态后无稳态误差。

在微分控制（D）中，控制器的输出与输入误差信号的微分（即误差的变化率）成正比关系。自动控制系统在克服误差的调节过程中可能会出现振荡甚至失稳。其原因是由于存在有较大惯性组件（环节）或有滞后（Delay）组件，具有抑制误差的作用，其变化总是落后于误差的变化。解决的办法是使抑制误差的作用的变化"超前"，即在误差接近零时，抑制误差的作用就应该是零。这就是说，在控制器中仅引入"比例"项往往是不够的，比例项的作用仅是放大误差的幅值，而目前需要增加的是"微分项"，它能预测误差变化的趋势，这样，具有比例＋微分的控制器，就能够提前使抑制误差的控制作用等于零，甚至为负值，从而避免了被控量的严重超调。所以对有较大惯性或滞后的被控对象，比例＋微分（PD）控制器能改善系统在调节过程中的动态特性。

2.2.1 比例控制（P）

一个可变电阻就可构成比例电路，滑动臂端的电压变化与其位置成比例。RC 电路的电容两端的电压变化就是积分过程，电压在电容充放电过程中缓慢趋近终值。RC 回路上电阻端的电压变化曲线就是个微分特征曲线，通电瞬间，电容相当于短路，电阻上的压降最大，之后渐渐趋于零。假设当 U_o 因扰动增大，负反馈回路检测出的 ΔU_i 变得更负，于是 $U_i + \Delta U_i$ 值减小，导致经放大器输出的 U_o 变小，系统恢复原来的平衡。扰动大小与负反馈量大小的比例由电位器 R_p 调整。

2.2.2 比例积分（PI）调节器原理

将图 2－1 改变一下，比例调节调节器的 R_p 不是直接从 U_o 上检测信号，而是先在 U_o 上并接一个 RC 回路，R_p 再检测 RC 回路的 R 上的信号变化，当 U_o 端有正阶跃信号时，电容瞬间通路，信号压降全部作用在 R 两端，相当一个纯比例调节回路；

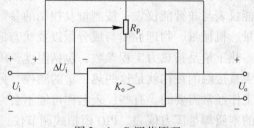

图 2－1 P 调节原理

但随着电容充电，其上的压降增大，R 上的压降减小，R_p 输出的负反馈也随之减小，则 U_o 逐渐（按积分曲线）增大。（可以考虑在阶跃信号为负时，发生什么情况）比例积分的作用是：在测出的阶跃扰动（设为一个负阶跃），调节器的初期作用是比例的，快速向正方向动作，即迅速加大加热电流，随着电容充电，R 上的压降逐渐减小，负反馈输出减小，调节器输出的加热电流增大指令呈积分曲线逼近终值。这样可以防止单纯比例控制时那样在控制点附近调整速度过快而过调。

2.2.3 PID 调节器原理

在比例积分调节电路的基础上，再加上一个起微分作用的 RC 电路，就成了 PID 调节，如图 2－2 所示。在阶跃信号发生时，希望有个大的调整动作使其尽快恢复正常，微分电路就起这个作用。注意，微分调节对强度大的偏差有着强有力的纠正作用，但对静态误差却无能为力，所以它不能单独使用，通常是结合 PI 电路构成 PID 调节电路。R_{p1}、R_{p2} 为比例调节电阻，R_i、C_i 构成积分 RC 回路，R_d、C_d 构成微分 RC 回路。r_1、r_2 的比值确定扰动的初始微分电路的压降大小。PID 各环节的作用：比例调节能根据偏差的大小，对应地给出调节信号；积分调节可最终消除比例调节产生的静差；微分调节能在偏差出现后立即给出一个大幅度的纠差信号，使系统尽快恢复正常。

PID 控制器的参数整定是控制系统设计的核心内容。PID 控制器参数的工程整定方法主要有临界比例带法（Z-N 法）、反应曲线法和衰减法。三种方法共同点都是通过试验，然后按照工程经验公式对控制器参数进行整定。但无论采用哪一种方法所得到的控制器参数，都需要在实际运行中进行最后调整与完善。现在一般采用的是临界比例法。利用该方法进行 PID 控制器参数的整定步骤如下：（1）首先预选择一个足够短的采样周期让系统工作；（2）仅加入比例控制环节，直到系统对输入的阶跃响应出现临界振荡，记下这时的比例放大系数和临界振荡周期；（3）在一定的控制度下通过公式计算得到 PID 控制器的参数。

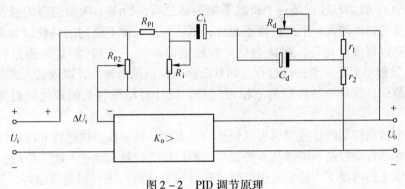

图 2-2　PID 调节原理

2.3　测温与自动调温

温度自动控制系统的组成如图 2-3 所示，包括被控对象；测量元件和变送器（测量元件的输出信号与控制仪表要求的信号不同时，要变送器对其加以转换）；调节器（用测量值与给定值的比较信号去驱动运算电路，给出相应的控制信号至执行机构）；执行机构（电动、气动、液动）；给定机构（定值）。

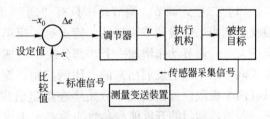

图 2-3　温度自动控制系统的组成

从被控对象采集来的反馈信号 x 与设定值 x_0 相比为负值，称负反馈（$\Delta e = x_0 - x$）。正常的自动控制应该是负反馈，即当输出比设定上升时，反馈一负信号使调节机构向负方向调整，从而使输出重新下降到设定值。输入信号与输出信号之间的函数关系包括静态特性和动态特性。设备的静态特性与时间无关，它表示系统被测量时处于稳定状态下输入与输出的关系。状态稳定（或者称为状态不变）不是静止不动。控制系统处于平衡状态时是静态，在干扰信号下失稳的不平衡状态是动态。例如传感器的输入输出关系：输入（外部影响：冲振、电磁场、线性、滞后、重复性、灵敏度、误差因素），输出（外部影响：温度、供电、各种干扰稳定性、温漂、稳定性（零漂）、分辨力、误差因素）。传感器静态特性的主要指标有：线性度、灵敏度、重复性、迟滞、分辨率、漂移、稳定性等。系统的动态特性是指其状态与时间的关系。动态特性可有各种不同的表示方法：（1）微分方程法：用物理或化学微分方程表示系统或环节的输入与输出关系。（2）阶跃反应曲线法等。系统的输入和输出关系一般可用微分方程来描述。理论上，将微分方程中的一阶或一阶以上的微分取为零时，即可得到静态特性。因此系统的静特性是其动特性的一个特例。

自动控制系统被控量变化的动态特性有以下几种：（1）单调过程：被控量 $y(t)$ 单调变化（即没有"正""负"的变化），缓慢地到达新的平衡状态（新的稳态值）。一般这种动态过程具有较长的动态过程时间（即到达新的平衡状态所需的时间）。（2）衰减振荡过程：被控量 $y(t)$ 的动态过程是一个振荡过程，但是振荡的幅度不断地衰减，到过渡过程结束时，被控量会达到新的稳态值。这种过程的最大幅度称为超调量。（3）等幅振荡过程：被控量 $y(t)$ 的动态过程是一个持续等幅振荡过程，始终不能到达新的稳态值。这种过程如果振荡的幅度较大，生产过程不允许，则认为是一种不稳定的系统，如果振荡的幅度较小，生产过程可以允许，则认为是一种稳定的系统。（4）渐扩振荡过程：被控量 $y(t)$ 的动态过程不但是一个振荡过程，而且振荡的幅值越来越大，以致会大大超过被控量允许的误差范围，这是一种典型的不稳定过程，设计自动控制系统要绝对避免产生这种情况。

对于一个自动控制的性能要求可以概括为三方面：稳定性、快速性和准确性。（1）稳定性。稳定性是自动控制系统最基本的要求，不稳定的控制系统是不能工作的；（2）快速性。在系统稳定的前提下，总是希望控制过程（过渡过程）进行得越快越好，但是如果要求过渡过程时间很短，可能使动态误差（偏差）过大。所以兼顾这两方面的要求才是合理的设计；（3）准确性。即要求动态误差（偏差）和稳态误差（偏差）都越小越好。当与快速性有矛盾时，应兼顾这两方面的要求。

2.3.1　炉温位式调节规律

（1）二位式调节。调节动作只有"通"和"断"两种状态。比如，家用的电饭锅保温就是利用二位式调节实现的。特点是：简单、可靠、方便，但调节精度不高，易损坏，噪声大。当调节动作增加一个"部分通"就成了三位式调节。（2）时间比例调节。在二位式调节的基础上发展出来的。比例控制，简称 P 控制（Proportional Control）：二位控制只有两个极限位置，被控参数始终在给定值附近振荡，永远无法达到一个相对平衡的状态。若被控阀门的开度能与参数的偏差大小成比例，当然就有可能使系统达到相对平衡。时间比例调节的特点是调节点是在给定温度范围内调节器控制触点周期性的通和断，接通的时间与通断周期的比值 ρ 与炉温与设定温度之间的偏差 $\Delta\sigma$ 成比例关系。即：$\rho = -\kappa\Delta\sigma + \rho$。可以看出温度偏差越负，接通时间比值越大。时间比例调节器通过改变脉冲宽度改变输出功率。位式温度调节仪表电路如图 2-4 所示。

2.3.2　XCT 型动圈式温度位式调节仪表

此调节仪表是在基本 XCZ 仪表的基础上增加一套调节机构而成。X 表示显示；C 表示磁电式也称动圈式；T 指示调节（Z 指示）：例如 XCT101 表的第一位数字：1 表示单回路显示、控制，2 表示单回路显示、变送、控制；第二位数字：0 表示二位调节，1 表示三

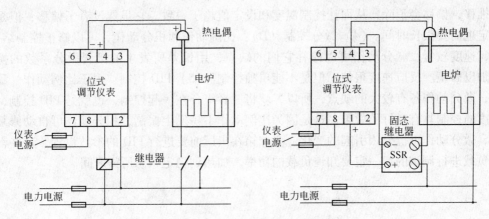

图 2-4 位式温度调节仪表电路

位窄带调节，2 表示三位宽带调节，3 表示比例调节，9 表示电流输出 PID 调节；第三位数字：1 表示配热电偶，2 表示配热电阻。

几种温度控制方式及控制效果如图 2-5 所示。

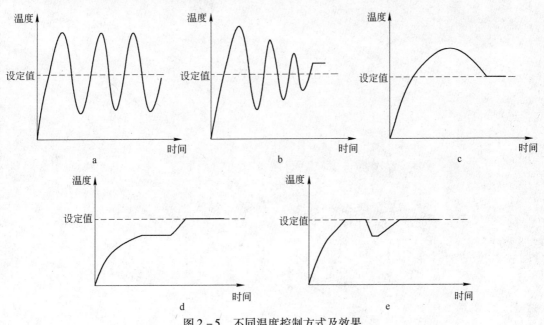

图 2-5 不同温度控制方式及效果

a—开关控制；b—比例控制；c—积分控制；d—微分控制；e—PID 控制

（1）开关控制：实测温度比设定值小时，不断输出，加热器通电。当实测温度比设定值大时，加热器就不通电。根据加热器电源的通和断，保持一定的温度。控制简单，不会发生偏移，但是会产生过热现象，且振荡。（2）比例控制（P）：在设定值发生的比例带中，操作输出量对偏差进行比例的动作。实测温度比比例带小时，控制输出量为 100%；进入比例带时，操作量逐渐减小，当实测值和设定值一致的时候，控制输出量为 50%。相对于开关动作，振荡小，比较容易控制，但是，达到稳定需要较长时间，会发生偏移。（3）积分控制（I）：比例动作时，会发生偏移。把积分动作和比例动作组合使用，随着时间的推移，偏移会消除，从而让控制温度和设定值趋于一致。它虽然没有了偏移，但是达到稳定也需要很长时间。(4) 微分控制（D）：比例动作和积分动作，可以修正控制结果，但是，速度较慢。微分动作可以修补它们的缺点，用偏差所发生的倾斜微分系数的操作量，加以修正。反应速度很快，但是不能单独控制。(5) PID 控制：由于比例动作，积分动作，微分动作各有较大的缺点，所以，就将三者组合在一起控制，也就是 PID 控制，对于温度的控制具有良好的效果。这是因为比例动作不易发生振荡，积分动作可自动修复偏移量，微分动作可抗外因引起的变化。温控箱在出厂前要进行 PID 的参数设置，这些都是根据负载进行调试的，一定要知道负载的功率，加热到稳定状态所需时间。

3 流体力学基础

3.1 流体的主要物理性质

流体力学是以理论分析和实验研究相结合的方法来研究流体平衡和运动规律的科学。冶金与化工生产过程中很多都是在流体中进行的，如散装物料的干燥、焙烧、熔炼、燃料的输送与燃烧、浸出、萃取与蒸馏等过程与流体流动关系密切。因此深入了解和掌握流体力学的基本理论和基本知识对于冶金和化工设备的设计、计算和操作等方面的问题，都具有十分重要的意义。由于流体包括液体和气体，因而流体力学也就包括水力学和气体力学。流体力学所研究的是流体在外力作用下的宏观机械运动，工程研究与计算的对象也只是宏观力学性质（如压力和速度等）。在流体力学中一般不考虑流体的分子、原子结构而把它看作连续介质。它处理流体的压强、速度及加速度等问题，包括流体的形变、压缩及膨胀。因此流体力学也是以牛顿运动三定律为基础的，并遵循质量守恒，能量守恒和功能原理等力学规律。流体力学又分为流体静力学和流体动力学。

流体力学发展简史：17 世纪流体力学初步形成。1653 年帕斯卡提出流体静力学；1738 年伯努利管流的伯努利定理出现；1775 年欧拉提出无黏流体运动方程的理论基础；1823 年纳维·斯托克斯提出黏性流体的运动微分方程；1810 年儒可夫斯基的保角变换法出现。

我国于 2200 多年前就能很好地利用流体力学知识，通过改变自然环境来造福人民。例如战国时期秦国蜀郡太守李冰及其子于公元前 256 年负责修建的都江堰（四川）是全世界迄今为止年代最久、唯一留存的以无坝引水为特征的宏大水利工程。2200 多年来，至今仍发挥巨大效益，不愧为文明世界的伟大杰作，造福人民的伟大水利工程。成都平原能够如此富饶，被人们称为"天府"乐土，从根本上说，是李冰创建都江堰的结果。《史记》说："都江堰建成，使成都平原'水旱从人，不知饥馑，时无荒年'，天下谓之'天府'也"。该工程中，飞沙堰的设计就是很好地运用了回旋流的理论，科学地解决了江水自动分流、自动排沙、控制进水流量等问题，消除了水患。飞沙堰采用竹笼装卵石的办法堆筑，堰顶高度起一种调节水量的作用。当内江水位过高的时候，洪水经由平水槽漫过飞沙堰流入外江，使得进入宝瓶口的水量不致太大，保障内江灌溉区免遭水灾；同时，由于漫过飞沙堰流入外江的水流产生了旋涡，还可以有效地减少泥沙在宝瓶口周围的沉积。

在自然界中，许多有趣的自然现象的出现也与流体力学密切相关。例如由于回旋流的作用，在世界各地先后出现过下述奇特的现象：

在 1974 年夏季，澳大利亚北部地区天空忽然乌云密布，大雨倾盆。在暴雨中，1 万多条鲈鱼从天空中降落。

阳光照耀使地表急剧受热，靠近地表上的空气受热形成了强烈的空气上升运动。由于空气中水汽含量较多，空气一旦升到高空，就会形成积雨云。积雨云的云顶和云底上冷下热，温差悬殊很大，冷空气不断下沉，热空气要上升，上下空气不断扰动，变成很多小旋涡，到最后变成一个小漏斗状的、快速旋转的风，便称为龙卷风，龙卷风的一端或与地面相接触，另一端与高空的积雨云相连接，直径可达到几十米至1000m长不等。龙卷风有很强的引力，可以把地面上的物体吸到高空中随风不停地飘动，不但可以把小鱼吸起，还可以把10多吨重的储油桶吸至空中旋转或翻滚。龙卷风还能毫不费力地把吸到空中的物体携带到30m，甚至四五千米远处，再抛向地面。因而从天上落下来的不仅有水、鱼，还有其他各种物品。如公元55年，河南开封曾经下过一场谷子雨；1804年西班牙下过麦雨；19世纪初丹麦下过虾雨；1960年法国下过蛙雨；1940年俄罗斯还下过一场银币雨，这让当地居民欣喜若狂了好一阵呢。

3.1.1　流体及连续介质

3.1.1.1　流体

气体与液体总称流体，它们的共同特性是流体质点间的引力很小，以致对拉力，对形状的缓慢改变都不显示阻力，因而很容易流动。气体与液体相比，气体容易膨胀或者被压缩，总是完全地充满所占容器的空间。由于气体分子之间的距离很大，引力很弱，因此，气体既不能保持一定的形状，也不能保持一定的体积，而且很容易被压缩。而液体则有一定的自由表面和比较固定的体积，不易膨胀和压缩。

3.1.1.2　连续介质

在流体力学中，认为流体质点与质点之间不存在空隙，假想成为由许多质点组成的连续介质（1753年，欧拉）。这样，反映流体质点运动特性的各种物理量是空间坐标的连续函数。连续性这一假设对于气体只适用于压力较大的条件。因此，流体力学所研究的是流体在外力作用下的宏观机械运动，并不是个别分子的微观行为。工程研究与计算的对象也只是宏观力学性质（如压力和速度等），这些参数都是大量分子行为和作用的平均效果与统计数量，并不是单个分子的随机运动特征。

3.1.2　流体的主要物理性质

3.1.2.1　密度和重度

单位体积流体具有的质量称为密度，用 ρ 表示，即：

$$\rho = m/V \quad (kg/m^3) \tag{3-1}$$

式中　m——流体的质量，kg；

　　　V——流体的体积，m^3。

流体由于受地球引力作用而具有重力，重力的大小称为流体的重量，用 G 表示，单位体积流体所具有的重量称为重度，用 γ 表示，即：

$$\gamma = G/V \quad (N/m^3) \tag{3-2}$$

式中　G——流体重量，N。

冶金和化工生产中常见的气体（如煤气，炉气等）都是各种气体和混合物，其平均重度可按下式计算：

$$\gamma = \gamma_1 a_1 + \gamma_2 a_2 + \cdots + \gamma_n a_n \tag{3-3}$$

式中 $\gamma_1,\gamma_2,\cdots,\gamma_n$ ——混合气体中各组成气体的重度，N/m^3；

$a_1,a_2,\cdots,a_n$ ——混合气体中各组成气体的体积百分数。

气体的密度和重度的关系为：

$$\rho = \gamma/g \quad （kg/m^3） \tag{3-4}$$

式中 g ——重力加速度，$9.807 m/s^2$。

3.1.2.2 压缩性与温度膨胀性

液体很难被压缩，例如当压力在 1~500 大气压、温度为 0~20℃ 的范围内，每增加一个大气压，水的体积只被压缩二万分之一。因此实际工程计算中，一般不考虑液体体积变化。气体压力及温度的变化都将引起其体积、密度和重度的变化，其变化关系可用理想气体的状态方程式来表示：

$$pV = RT \tag{3-5}$$

式中 p ——绝对压力，N/m^2；

V ——质量体积，m^3/kg；

T ——绝对温度，K；

R ——被讨论气体的气体常数，$N \cdot m/(kg \cdot K)$。

常见气体的气体常数 R 值列于表 3-1。

表 3-1 各种常见气体的气体常数

气体名称	空气	水蒸气	N_2	O_2	H_2	CO_2	CO	SO_2	Cl_2	HCl
R	287	462	297	260	4124	189	297	130	117	228

如果单位质量气体在 0℃ 时的体积为 V_0，温度为 t℃ 时的体积为 V_t，则有：

$$\left.\begin{array}{l} V_t = V_0(1 + \beta t) \\ \rho_t = \rho_0/(1 + \beta t) \\ \gamma_t = \gamma_0/(1 + \beta t) \end{array}\right\} \tag{3-6}$$

式中 ρ_0，ρ_t ——0℃ 和 t℃ 时气体密度，kg/m^3；

γ_0，γ_t ——0℃ 和 t℃ 时气体重度，N/m^3。

β ——气体的体积膨胀系数，$\beta = 1/273$，℃$^{-1}$。

3.1.2.3 黏滞性

如图 3-1 所示，假定流体向右流动，介于最外层之间的各层流体，将以自上而下逐层递减的速度向右移动。运动较慢的流层在运动较快的流体流层的带动下运动，这样，慢层对快层产生一个与拖力大小相等方向相反的阻力。拖力和阻力分别作用于相邻但速度不同的流体层上，这一对力称为内摩擦力或黏性阻力。因此，当流体的各部分之间有相对运动时，其内部将产生内摩擦力以阻止相对运动，这种性质称为流体的黏性或黏滞性。

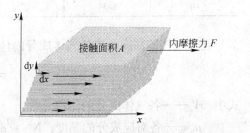

图 3-1 牛顿流体及其黏度

黏性力的大小可由牛顿内摩擦定律确定：

$$F = \mu \frac{\mathrm{d}v}{\mathrm{d}n} A \qquad (3-7)$$

式中　F——流体层接触面上的内摩擦力，N；

　　　A——流体流层之间的接触面积，m^2；

　　　$\dfrac{\mathrm{d}v}{\mathrm{d}n}$——沿接触面法线方向的速度梯度，$s^{-1}$；

　　　μ——表示流体黏性的系数，也称为动力黏度，$N \cdot s/m^2$。

单位面积上的内摩擦力 τ（切应力）可表示为：

$$\tau = \frac{F}{A} = \mu \frac{\mathrm{d}v}{\mathrm{d}n} \qquad (N/m^2) \qquad (3-8)$$

在运动的流体中，内摩擦力或切应力总是成对出现的且大小相等、方向相反。

在应用中还常用动力黏度和密度的比值来表示黏性的大小，这个比值称为运动黏度（黏性运动系数），并用符号 ν 表示，即：

$$\nu = \frac{\mu}{\rho} \qquad (m^2/s) \qquad (3-9)$$

各种流体的黏度除与本身的性质有关外，还受压力与温度的影响。但压力对流体黏度的影响可以忽略不计，温度对流体黏性影响很大。当温度升高时，液体分子间的吸引力（内聚力）减弱，故温度升高时液体黏度下降。而气体的黏性主要是由于分子扩散致使分子间产生动量交换，当温度升高时，分子热运动加剧，扩散作用及动量交换增强，故黏度增大。

气体黏度与温度的关系为：

$$\mu_t = \mu_0 \left(\frac{273 + C}{T + C} \right) \left(\frac{T}{273} \right)^{1.5} \qquad (3-10)$$

式中　μ_t，μ_0——分别为 t℃ 和 0℃ 时气体黏度，$N \cdot s/m^2$；

　　　T——气体的绝对温度，K；

　　　C——与气体性质有关的常数。

各种气体的 μ_0 和 C 值列于表 3-2。

表 3-2　常见气体的 μ_0 和 C 值

气体名称	μ_0（$\times 10^6$）	C	气体名称	μ_0（$\times 10^6$）	C
空气	17.16	122	CO_2	14.02	250
O_2	19.41	128	SO_2	12.06	416
N_2	16.67	118	水蒸气	8.24	473
H_2	8.34	75	CO	16.54	102

混合气体的黏度可按各气体成分的体积比用下式估算：

$$\mu_t = \left(\sum_{i=1}^{n} \frac{V_i}{\mu_i} \right)^{-1} \qquad (3-11)$$

式中　V_i——各气体成分的体积分数；

　　　μ_i——各对应成分的黏度，$N \cdot s/m^2$。

实际流体具有黏性，而黏性及其影响因素比较复杂。因此，为了便于分析和推导流体力学中的基本公式，往往假设流体黏度为零（$\mu = 0$），这种黏性系数为零的流体称为理想流体。工程中很多流体（如水、空气和烟气等），可近似地看做理想流体进行分析计算。

3.2 流体静力学基础

流体静力学是研究流体平衡（静止）时的规律及其在工程上的应用，同时也是进一步研究流体运动时的必要基础。

3.2.1 作用在流体上的力

流体力学是研究流体平衡和运动规律的科学。平衡指的是所受诸力的平衡，而运动是在力的作用下产生的。作用在流体上的力按其作用形式的不同可以分为表面力和质量力两类：

（1）表面力。表面力是作用在被研究流体体积表面上并与表面面积成比例的力。表面力又可分成两种形式，一种是与流体表面相垂直的法向力；另一种是与表面相切的切向力即内摩擦力。对于静止流体或无黏性的理想流体，切向力为零。

（2）质量力。质量力是作用在流体的每一质点上，并与受作用的流体的质量成比例的力。质量力有两种：一种是外界物质对流体的吸引力，如重力；另一种是流体加速运动时产生的惯性力，如直线加速运动时的惯性力，圆周运动时的离心力等。

质量力的大小用单位质量力来度量。设流体的质量为 m，所受的质量力为 G，单位质量力为 G/m。若 G 在各个直角坐标轴上的投影为 G_x、G_y 和 G_z，其在各个坐标轴上的投影 X、Y 和 Z 分别为：

$$X = \frac{G_x}{m}, \ Y = \frac{G_y}{m}, \ Z = \frac{G_z}{m} \tag{3-12}$$

3.2.2 流体静压力

3.2.2.1 流体静压力

设 ΔS 为 $ABCD$ 平面上的任一面积，用 ΔP 表示作用在面积 ΔS 的总作用力，比值 $\Delta P/\Delta S$ 的极限称为流体静压强。因此，流体单位面积上所受到垂直于该表面上的力称为流体的静压强。习惯上把流体静压强称为静压力，或称压力，而将某一面积上所受到的静压力称为总作用力。即：

$$P = \lim_{\Delta S \to 0} \frac{\Delta P}{\Delta S} \tag{3-13}$$

流体静压力的两个重要特性：（1）静压力的方向总是和作用的面相垂直且指向该作用面，即沿着作用面的内法线方向。（2）在静止流体内部任意点处的流体静压力在各个方向上相等。

3.2.2.2 绝对压力、表压力及真空度

压力与压强是不同的，但习惯上常把流体的压强直接称为压力。常用的度量压强基准是绝对零度（完全真空）和当地大气压，以完全真空为基准算起的压力称为绝对压力，以大气压力为基准算起的压力称为表压力（相对压力）。绝对压力与表压力之间相差一个大气压。

即　　　　　　　　　　　　　　　$p = p_a + p_b$　　　　　　　　　　　　　　　　(3-14)

或　　　　　　　　　　　　　　　$p_b = p - p_b$　　　　　　　　　　　　　　　　(3-15)

式中，p、p_a、p_b 分别为绝对气压、大气压力、表压力。

　　工程上常用的压力表或压力计，在其标度为零处一般相当于大气压力，也就是在大气压力下指针指在零点，因而在压力表或压力计上读得的数值是表压力（相对压力）。当流体中某处的绝对压力小于大气压力时，即可认为处于真空状态。此时，大气压力与绝对压力的差值称为真空度（真空压力），即：

$$p_u = p_a - p \qquad\qquad\qquad (3-16)$$

式中，p_u 为真空度。由此可知，流体中某处的绝对压力愈小，则该处的真空度愈大。理论上当绝对压力为零时，真空度为最大，等于一个大气压的数值。

3.2.2.3　压力的度量单位

压力的度量单位有三种：

（1）压力单位：国际单位为牛顿/米² （N/m²），称为帕，或以符号 Pa 表示。工程单位为公斤力/米² 或公斤力/厘米²，符号为 kgf/m² 或 kgf/cm²。

（2）液柱高度：常用的单位为米水柱 （mH₂O），毫米汞柱 （mmHg），毫米水柱 （mmH₂O）。

（3）大气压：在压力较高的场合多用大气压作为度量单位。以纬度45°海平面所受大气压力为一标准大气压或物理大气压，用 p_{atm} 表示。

$$p_{atm} = 760\,mmHg = 10332.2\,mmH_2O = 101325\,Pa \qquad (3-17)$$

一般工程活动范围的地势比海平面高，因而，实际大气压比标准大气压小，为了统一起见把 $1\,kgf/cm^2$ 定为一个工程大气压，用符号 p_{at} 表示，它相当于：

$$p_{at} = 10000\,mmH_2O = 735.56\,mmHg = 10000\,kgf/m^2 = 98070\,Pa \qquad (3-18)$$

3.2.3　流体静压平衡方程

3.2.3.1　流体平衡微分方程

　　在静止流体中取一边长为 dx、dy、dz 的微元六面体，如图3-2所示。微小平行六面体各边长度为 dx、dy、dz，各与相应的坐标轴平行。现在来分析作用在这微小平行六面体上的力。

　　作用在平行六面体上的力有表面力和质量力两种。因为在静止流体中没有切应力，所以作用在微小平行六面体各个面上的表面力只有压力。设 A 点的流体压力为 p。根据流体静压力的特性，一点上的流体压力各个方向都是相等的，所以包含 A 点的三个垂直面中的任意一个平面，例如与 xy 平面平行的 ABCD 面，其上各点的流体静压力也等于 p。

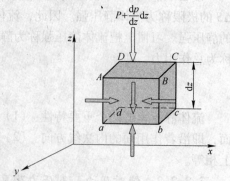

图3-2　静止流体中的微元六面体

　　由于压力是坐标的连续函数，即 $p = f(x, y, z)$，所以函数 f 按泰勒级数展开，并取该级数的前两项，则可以得到与 xy 坐标面平行的六面体的另一面 abcd 上各点的压力表示

式 $p + \dfrac{\partial p}{\partial z}\mathrm{d}z$ ，对于六面体的其他面上的压力，也可以用上述方法写出相应的表达式。

作用在微小平行六面体的质量力为 G ，在一般情况下它可能是沿任意方向，它在 x 轴上的投影为 $\mathrm{d}x\mathrm{d}y\mathrm{d}z\rho X$ ，其中 ρ 为流体的密度、$\mathrm{d}x\mathrm{d}y\mathrm{d}z$ 为微小平行六面体的体积、X 为单位质量力在 x 轴上的投影。

同样，可以写出质量力在 x 轴和 y 轴上的投影。由于微小平行六面体处于静止状态，所以作用于其上的力在任一坐标轴上的投影和等于零。对于 X 轴：

$$p_x\mathrm{d}y\mathrm{d}z - \left(p + \frac{\partial p}{\partial x}\mathrm{d}x\right)\mathrm{d}y\mathrm{d}z + \mathrm{d}x\mathrm{d}y\mathrm{d}z\rho X = 0 \tag{3-19}$$

将上式中的各项除以 $\rho\mathrm{d}x\mathrm{d}y\mathrm{d}z$ ，即单位质量的作用力为 $X - \dfrac{1}{\rho}\dfrac{\partial p}{\partial x} = 0$ 。对 y 轴和 z 轴采用同样方法处理，则得到：

$$\left.\begin{array}{l} X - \dfrac{1}{\rho}\dfrac{\partial p}{\partial x} = 0 \\[2mm] Y - \dfrac{1}{\rho}\dfrac{\partial p}{\partial y} = 0 \\[2mm] Z - \dfrac{1}{\rho}\dfrac{\partial p}{\partial z} = 0 \end{array}\right\} \tag{3-20}$$

式（3-20）即为流体平衡微分方程式，也称为欧拉平衡方程式。

3.2.3.2 重力场中的流体平衡方程

当流体处在重力场中面积质量仅有重力。单位质量流体所受质量力的 3 个分量应为 $X = 0$ ，$Y = 0$ ，$Z = -g$（z 轴以向上为正），将式（3-20）中各式分别乘以 $\mathrm{d}x$、$\mathrm{d}y$、$\mathrm{d}z$ 并相加，得：

$$\rho(X\mathrm{d}x + Y\mathrm{d}y + Z\mathrm{d}z) = \frac{\partial p}{\partial x}\mathrm{d}x + \frac{\partial p}{\partial y}\mathrm{d}y + \frac{\partial p}{\partial z}\mathrm{d}z \tag{3-21}$$

由于 $p = f(x, y, z)$ ，则：

$$\rho(x\mathrm{d}x + y\mathrm{d}y + z\mathrm{d}z) = \mathrm{d}p \tag{3-22}$$

将单位质量流体所受质量力的三个分量代入式（3-22），得：

$$\mathrm{d}p = -\rho g\mathrm{d}z \tag{3-23}$$

对不可压缩流体，ρ 为常数，若对式（3-23）按图3-3积分可得到：

$$p_1 + \rho g z_1 = p_2 + \rho g z_2 \tag{3-24}$$

也可写成：

$$p_1 = p_0 + \rho g(z_0 - z_1) = p_0 + \rho g H \tag{3-25}$$

式（3-25）称为不可压缩流体静力学基本方程。从公式可见，静止流体中，同一水平面上各点静压相等。

例3-1 有一 U 形压力计，如图3-4所示，管子的一端与需测压力的地方相接，另一端开口，并与大气压相同，求 A 点的流体绝对压力和表压力。

解： 通过两种液体交界面上的点1作一水平面，它与右支管相交于点2。由于这个水

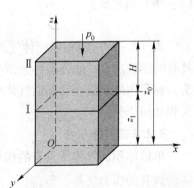

图3-3 静止流体的静压力

平面是等压面，所以点 1 和点 2 静压相等，即 $p_1 = p_2$，设 A 点的绝对压力为 p，大气压力为 p_a，则根据式（3–25）可得：

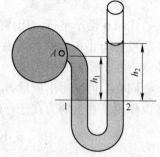

$$p_1 = p + \rho_1 g h_1$$
$$p_2 = p_a + \rho_2 g h_2$$

由于 $p_1 = p_2$，故：

$$p + \rho_1 g h_1 = p_a + \rho_2 g h_2$$

而 A 点的绝对压力为：

$$p = p_a + \rho_2 g h_2 - \rho_1 g h_1$$

A 点的表压力为：

$$p_b = p - p_a = \rho_2 g h_2 - \rho_1 g h_1$$

图 3–4   U 形压力计工作原理

因此，根据测得的 h_1 和 h_2 以及已知的 ρ_1 和 ρ_2，就可以计算出 A 点静压力的大小。

3.2.4 气体的静压头与几何压头

3.2.4.1 相邻两种气体的平衡方程

图 3–5 所示为一容器，内盛热气，密度为 ρ_g；容器之外为冷空气，密度为 ρ_a。在容器内外的气体各自处于静止的情况下，它们都分别服从流体平衡方程式，即

容器内的烟气：

$$p_g + \rho_g g h = C_1$$

容器外的空气：

$$p_a + \rho_a g h = C_2$$

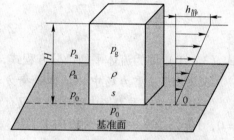

图 3–5   静压头随高度分布

上两式相减得：

$$(p_g - p_a) + gh(\rho_g - \rho_a) = C \tag{3–26}$$

式中，$p_g - p_a = \Delta p$，即容器内外两种气体压强之差。

如果将基准取在容器的顶端，则 h 是由上向下的，故为负值，若按绝对值计，则式（3–26）可写成：

$$\Delta p + gh(\rho_a - \rho_g) = C \tag{3–27}$$

式（3–27）即相邻两种气体的平衡方程式。该方程式表明容器内外单位体积气体所具有的能量之差，此差值称为压头，因此容器内部单位体积气体所具有的相对能量称为压头。容器内处于静止状态的气体相对于其周围的空气所具有的总压头可分为两部分：静压头和几何压头。

3.2.4.2 静压头

单位体积的气体所具有的相对压力能称为静压头（$h_{静}$），也就是容器（炉子）内外气体所具有的压力之差，即：

$$h_{静} = \Delta p = p_g - p_a \tag{3–28}$$

今取一倒置的容器，容器内盛满热气（重度为 γ_g），外面是冷空气（重度为 γ_a），沿容器高度方向上静压头的大小及其分布情况见图 3–5。

因容器下端是开口的，冷热气体相互连通，故该处压力相等，令其等于 p_0。

在 H 高度上容器内部热气的压力为：

$$p_g = p_0 - \rho_g gH$$

同一水平上容器外部冷空气的压力为：

$$p_a = p_0 - \rho_a gH$$

把上述两式代入式（3－28），则不难得出 H 高度上静压头的计算公式：

$$h_{静} = p_g - p_a = gH(\rho_a - \rho_g) \tag{3-29}$$

式中，$\rho_a > \rho_g$；H 为正值，故在任何 H 不等于零的高度上炉内压力都大于炉外之压力，而且 H 愈大，则静压头愈大（见图3－5）。必须指出：虽然静压头的分布是愈靠上部愈大，但不论是热气还是空气，它们上部的压力仍然小于其本身下部的压力。

根据静压头沿高度的分布规律，当炉门开启时，若 $h_{静}=0$ 的水平面（通称零压线）位于炉门中部的位置，则在该线以上 $h_{静}>0$，（正压），炉气经炉门逸出炉外。在零压线以下 $h_{静}<0$（负压），则炉外有冷空气吸入炉内。因此，为了避免冷空气吸入炉内降低炉温，通常将零压线控制在炉底处。

3.2.4.3 几何压头

容器内单位体积的气体相对于周围空气所具有的位能称为几何压头（$h_{几}$），也就是容器内外气体所具有的位能之差，即：

$$h_{几} = gH(\rho_a - \rho_g)$$

在容器内热气的重度小于其周围空气重度的情况下，根据阿基米得原理，轻的（或热的）气体所受到的空气浮力大于它自身的重力，因而有上浮的趋势。它的位置愈低，则上浮的能力也愈大，因此又可以把几何压头理解为容器内某位置处单位体积的热气所具有的上升能力。

3.2.4.4 静压头与几何压头的关系

同样的，以盛满热气的倒置容器为例，如图3－6所示。

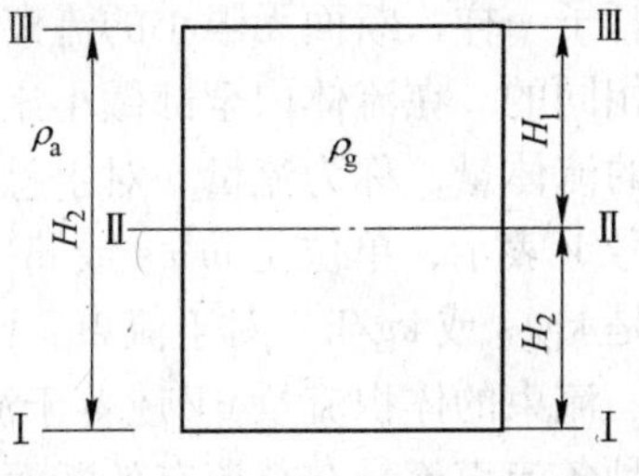

图3－6 盛满热气的倒置容器

在Ⅰ—Ⅰ截面上，其总能量为：

$$h_{\Sigma 1} = h_{几1} + h_{静1} = gH(\rho_a - \rho_g) + 0 = gH(\rho_a - \rho_g)$$

在Ⅱ—Ⅱ截面上：

$$\begin{aligned} h_{\Sigma 2} &= h_{几2} + h_{静2} \\ &= gH_2(\rho_a - \rho_g) + gH_1(\rho_a - \rho_g) = gH(\rho_a - \rho_g) \end{aligned}$$

在Ⅲ—Ⅲ截面上：

$$\begin{aligned} h_{\Sigma 3} &= h_{几3} + h_{静3} \\ &= 0 + gH(\rho_a - \rho_g) = gH(\rho_a - \rho_g) \end{aligned}$$

故：

$$h_{\Sigma} = h_{\Sigma 1} = h_{\Sigma 2} = h_{\Sigma 3} = gH(\rho_a - \rho_g) \tag{3-30}$$

由此可得结论：在静止的相互作用的两种气体同时存在的情况下，容器内任何水平截面上单位体积气体所具有的总能量必然相等，并且静压头和几何压头之间是可以相互转换的。静压头（$h_{静}$）的大小可以直接用仪表测量出来。而几何压头（$h_{几}$）则不能直接用仪表测量，只能由计算得出。

4 流体动力学基础

4.1 稳定流动与非稳定流动

流体力学是研究流体机械运动的规律及其在工程上的应用的科学。流体运动的特征用流体的运动要素（例如压力 p、速度 v、密度 ρ 等）来描述。流体动力学则是这些运动要素之间的关系，由某些已知的运动要素求出另一些未知的运动要素。

流体流动时，若流场中任意一点上的运动要素不随时间 τ 而改变，仅仅是空间坐标的函数，称为稳定流动，即：

$$v = f(x, y, z)$$
$$p = f(x, y, z)$$

若在流场中任意一点的运动要素的全部或其中之一随时间发生改变，称为非稳定流动，即：

$$v = f(x, y, z, \tau)$$
$$p = f(x, y, z, \tau)$$

设在充满运动流体的空间中存在某一瞬间，可在此空间作出许多条线，每一条空间曲线上各点的流体质点所具有的速度方向与曲线在该点的切线方向重合，当各点距离趋近于零时，其极限为一光滑的曲线，此曲线称为流线。在稳定流动中，流线形状不随时间变化；在非稳定流动中，流线的形状随时间而改变。在流速场中任取一条封闭曲线，通过曲线上各点作流线，这些流线组成一个管，这个管称为流管。过流管横截面上各点作流线，这一流线群充满流管而成一束，称为流束。流束是由流线组成的，而且流线不可能相交，所以在流管内外的流线只能分别在流管内部或外部流动。因此，流管即流束表面好像固体的管子一样，断面无限小的流束称为微小流束，一般认为微小流束断面上各点的运动要素是相同的。在流体内部微小流束的总和称为总流。单位时间内，流过流束或总流有效断面的流体量，称为流量。对于总流来说，此流体量若以体积来衡量，则称为体积流量，用符号 V 表示，单位是 m^3/s 或 m^3/h；若以质量来衡量，则为质量流量，用符号 m 表示，单位是 kg/s 或 kg/h。对于流束，则分别用 dV 和 dm 表示。

流束的体积流量 dV 应等于流速 v 和它的有效断面面积 dA 之乘积，总流的体积流量 V 则是各流束流量在总流有效断面面积 A 上的积分，即：

$$V = \int_A v \mathrm{d}A \tag{4-1}$$

工程上所指的管道中流体的流速，就是指某断面上的平均流速 $\bar{v}$，其数值就是流量与有效断面面积的比值：

$$\bar{v} = \frac{V}{A} \tag{4-2}$$

式（4-2）称为总流的流量公式。

在气体流动过程中，经常要把工作状态的流量、流速换算成标准状态下的流量、流速。根据气流试验定律，其换算关系如下：

$$\left.\begin{array}{l} V = V_0(1 + \beta t)\dfrac{p_0}{p} \\[3mm] \overline{v} = v_0(1 + \beta t)\dfrac{p_0}{p} \end{array}\right\} \qquad (4-3)$$

式中　V，V_0——分别为工作状态，标准状态时气体的体积流量 m^3/s，Nm^3/s；

　　　$\overline{v}$，v_0——分别为工作状态、标准状态时气体的流速 m/s，Nm/s；

　　　p，p_0——分别为气体的绝对压力、标准大气压力，N/m^2；

　　　β——气体的体积膨胀系数，$\beta = \dfrac{1}{273}$，$℃^{-1}$；

　　　t——气体的温度，$℃$。

4.2　连续性方程

在工程流体力学中把流体看成是连续介质，故连续性方程式就是从数学上反映流体的这一特征。它是质量守恒定律应用在流体运动的具体表现形式。

4.2.1　连续性微分方程

设在充满运动液体的空间中，取一个微小的空间平行六面体，其边长为 dx、dy 和 dz，并分别与三个坐标轴平行，如图 4-1 所示。

设在 A 点的流体速度为 v，它在各轴方向上的分量为 v_x、v_y 和 v_z。

先研究通过 $ABCD$ 与 $abcd$ 面流体质量的变化。在 $d\tau$ 时间内沿 x 轴方向从 $ABCD$ 面流入六面体的流体质量为 $\rho v_x dydzd\tau$。

在相同时间内沿 x 轴方向从 $abcd$ 面流出六面体的流体质量按泰勒级数展开，并取到一阶无穷小，得：

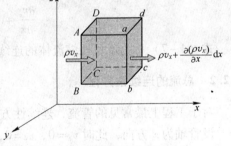

图 4-1　运动流体的流量变化

$$\left[\rho v_x + \frac{\partial(\rho v_x)}{\partial x}dx\right]dydzd\tau$$

设流入为正，流出为负，在 $d\tau$ 时间内，沿 x 轴方向流入和流出六面体的流体质量的差值为：

$$dm_x = \rho v_x dydzd\tau - \left[\rho v_x + \frac{\partial(\rho v_x)}{\partial x}dx\right]dydzd\tau$$

$$= -\frac{\partial(\rho v_x)}{\partial x}dxdydzd\tau$$

同理，在 $d\tau$ 时间内，沿 y 轴和 z 轴方向流入和流出六面体的流量质量的差值分别为：

$$dm_y = -\frac{\partial(\rho v_y)}{\partial y}dxdydzd\tau$$

$$dm_z = -\frac{\partial(\rho v_z)}{\partial z}dxdydzd\tau$$

因此，在 $d\tau$ 时间内，流入和流出六面体的流量质量的总差值为：

$$dm = dm_x + dm_y + dm_z = -\left[\frac{\partial(\rho v_x)}{\partial x} + \frac{\partial(\rho v_y)}{\partial y} + \frac{\partial(\rho v_z)}{\partial z}\right]dxdydzd\tau \quad (4-4)$$

由于流体是连续介质，流入和流出六面体的流体质量差异必然引起六面体内流体密度的变化。设瞬间 τ 流体的密度为 ρ，则在 $\tau + d\tau$ 瞬间流体的密度为：

$$\rho_1 = \rho + \frac{\partial\rho}{\partial\tau}d\tau$$

因而在 $d\tau$ 时间内，六面体内的流体质量由 $\rho dxdydz$ 增加到：

$$\left(\rho + \frac{\partial\rho}{\partial\tau}d\tau\right)dxdydz$$

亦即在六面体内流体质量的增加量为：

$$dm' = \left(\rho + \frac{\partial\rho}{\partial\tau}d\tau\right)dxdydz - \rho dxdydz = \frac{\partial\rho}{\partial\tau}dxdydzd\tau \quad (4-5)$$

根据连续性条件，显然有 $dm = dm'$，故由式（4-4）和式（4-5）得到：

$$\frac{\partial\rho}{\partial\tau} + \frac{\partial(\rho v_x)}{\partial x} + \frac{\partial(\rho v_y)}{\partial y} + \frac{\partial(\rho v_z)}{\partial z} = 0 \quad (4-6)$$

式（4-6）称为可压缩流体的连续性微分方程式。

对于稳定流动的不可压缩流体，密度 ρ 为常数，因此有：

$$\frac{\partial v_x}{\partial x} + \frac{\partial v_y}{\partial y} + \frac{\partial v_z}{\partial z} = 0 \quad (4-7)$$

式（4-7）称为不可压缩流体的连续性微分方程式。

4.2.2 总流的连续性方程

对于工程上最常见的管流，连续性方程可以简化为一维流动问题。

设管轴为 x 方向，此时 $v_y = 0$，$v_z = 0$，稳定流的连续方程式（4-7）为：

$$\frac{d(\rho v_x)}{dx} = 0 \quad (4-8)$$

应用于整个管道截面，进行积分：

$$\frac{d}{dx}\int_A \rho v_x dA = 0 \quad (4-9)$$

沿截面积分时，同一截面上 ρ 可视为常数，并注意到平均流速的定义为：

$$\bar{v} = \frac{1}{A}\int_A v_x dA \quad (4-10)$$

则式（4-9）可写成：

$$\rho\bar{v}A = C \quad (4-11)$$

或 $$\rho_1\bar{v}_1A_1 = \rho_2\bar{v}_2A_2 = \cdots = \rho\bar{v}A \quad (4-12)$$

对于不可压缩流体，ρ 为常数，式（4-12）变为：

$$\overline{v}_1 A_1 = \overline{v}_2 A_2 = \cdots = \overline{v} A \qquad (4-13)$$

以上两式就是稳定管流条件下的连续性方程。实质上即质量守恒定律在管流中的具体应用。当流体不可压缩时，连续性方程可以表述成平均流速与截面积成反比。

例 4-1 用图 4-2 所示管道输送不可压缩流体，已知 $d_1 = 10\text{cm}$，$d_2 = 5\text{cm}$，$d_3 = 10\text{cm}$，试计算：（1）当 $\overline{v}_1 = 6\text{m/s}$ 时，其他各截面平均流速？（2）流量增加一倍时各截面的平均流速为多少？

解：（1）根据连续性方程式（4-13）

$$\overline{v}_1 A_1 = \overline{v}_2 A_2 = \overline{v}_3 A_3$$

得出：

$$\overline{v}_2 = \frac{\overline{v}_1 A_1}{A_2} = \frac{6 \times \pi \times (10 \times 10^{-2})^2}{\pi \times (5 \times 10^{-2})^2} = 24\text{m/s}$$

$$\overline{v}_3 = \frac{\overline{v}_1 A_1}{A_3} = \frac{6 \times \pi \times (5 \times 10^{-2})^2}{\pi \times (10 \times 10^{-2})^2} = 1.5\text{m/s}$$

（2）流量增加一倍时，各截面流速比例保持不变，流速也分别增加 1 倍。

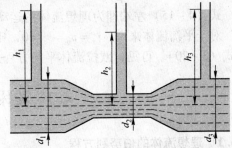

图 4-2 不可压缩流体的流速

4.2.3 理想流体的运动微分方程

在流动的理想流体中取一块边长为 $\text{d}x$、$\text{d}y$、$\text{d}z$ 的微小平行六面体，其容积为 $\text{d}V$，如

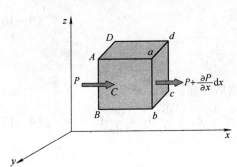

图 4-3 理想流体的微六面体

图 4-3 所示。由于所研究的流体为理想流体的流动，流动时无内摩擦力，受力状态只考虑质量力和表面力，而表面力也只能是压力。设 X、Y、Z 分别代表单位质量力在 x、y、z 轴上的投影，则作用力在 x 坐标轴上的投影为：

$$\left(X - \frac{1}{\rho} \frac{\partial p}{\partial x} \right) \rho \text{d}x\text{d}y\text{d}z$$

在 y 轴与 z 轴坐标上的投影分别为：

$\left(Y - \frac{1}{\rho} \frac{\partial p}{\partial y} \right) \rho \text{d}x\text{d}y\text{d}z$ 及 $\left(Z - \frac{1}{\rho} \frac{\partial p}{\partial z} \right) \rho \text{d}x\text{d}y\text{d}z$。

按照牛顿第二定律，作用在这一块流动的微小六面体上的各力投影之和应等于流体质量（$\rho \text{d}x\text{d}y\text{d}z$）与流体的加速度 $\left(\dfrac{\text{d}v}{\text{d}\tau} \right)$ 之乘积。加速度在各轴方向上的分量为 $a_x = \dfrac{\text{d}v_x}{\text{d}\tau}$，$a_y = \dfrac{\text{d}v_y}{\text{d}\tau}$，$a_z = \dfrac{\text{d}v_z}{\text{d}\tau}$，也就是 $\sum F_x = ma_x$，$\sum F_y = ma_y$，$\sum F_z = ma_z$ 的关系。于是

$$\begin{cases} \rho \text{d}x\text{d}y\text{d}z \dfrac{\text{d}v_x}{\text{d}\tau} = \left(X - \dfrac{1}{\rho} \dfrac{\partial p}{\partial x} \right) \rho \text{d}x\text{d}y\text{d}z \\[3mm] \rho \text{d}x\text{d}y\text{d}z \dfrac{\text{d}v_y}{\text{d}\tau} = \left(Y - \dfrac{1}{\rho} \dfrac{\partial p}{\partial y} \right) \rho \text{d}x\text{d}y\text{d}z \\[3mm] \rho \text{d}x\text{d}y\text{d}z \dfrac{\text{d}v_z}{\text{d}\tau} = \left(Z - \dfrac{1}{\rho} \dfrac{\partial p}{\partial z} \right) \rho \text{d}x\text{d}y\text{d}z \end{cases} \qquad (4-14)$$

两边同除以 $\rho dx dy dz$，则得：

$$\begin{cases} X - \dfrac{1}{\rho}\dfrac{\partial p}{\partial x} = \dfrac{dv_x}{dt} \\ Y - \dfrac{1}{\rho}\dfrac{\partial p}{\partial y} = \dfrac{dv_y}{dt} \\ Z - \dfrac{1}{\rho}\dfrac{\partial p}{\partial z} = \dfrac{dv_z}{dt} \end{cases} \quad \begin{matrix} v_x = v_y = v_z = 0 \\ \\ v \neq 0 \end{matrix} \quad \begin{cases} X - \dfrac{1}{\rho}\dfrac{\partial p}{\partial x} = 0 \\ Y - \dfrac{1}{\rho}\dfrac{\partial p}{\partial y} = 0 \\ Z - \dfrac{1}{\rho}\dfrac{\partial p}{\partial z} = 0 \end{cases} \quad (4-15)$$

式（4-15）左端即为理想流体的运动微分方程式，也称为欧拉运动微分方程式。

对于平衡流体来说，$v_x = v_y = v_z = 0$，则式（4-15）的右端即为欧拉流体平衡微分方程式（3-20）。可见，欧拉流体平衡方程式是欧拉运动微分方程式的一个特例。

4.3　流体的伯努利方程

4.3.1　理想流体的伯努利方程

解欧拉运动微分方程式（4-15），即可得出伯努利方程。

工程中的流动通常只受重力作用，对不可压缩流体的稳定流动，欧拉运动方程式（4-15）成为下列形式，即：

$$\begin{cases} -\dfrac{1}{\rho}\dfrac{\partial p}{\partial x} = \dfrac{dv_x}{d\tau} \\ -\dfrac{1}{\rho}\dfrac{\partial p}{\partial y} = \dfrac{dv_y}{d\tau} \\ -g - \dfrac{1}{\rho}\dfrac{\partial p}{\partial z} = \dfrac{dv_z}{d\tau} \end{cases} \quad (4-16)$$

对上述三个方程依次分别乘以 dx、dy、dz，然后相加，得：

$$-g dz - \dfrac{1}{\rho}\left(\dfrac{\partial p}{\partial x}dx + \dfrac{\partial p}{\partial y}dy + \dfrac{\partial p}{\partial z}dz\right) = \dfrac{dv_x}{d\tau}dx + \dfrac{dv_y}{d\tau}dy + \dfrac{dv_z}{d\tau}dz \quad (4-17)$$

上式左边第二项括号中为压力 p 的全微分

即　　　　　　$\dfrac{\partial p}{\partial x}dx + \dfrac{\partial p}{\partial y}dy + \dfrac{\partial p}{\partial z}dz = dp$　（对稳定流，$\dfrac{dp}{d\tau} = 0$）

另外，在稳定流中，同一微小流束内相邻两点距离在各方向投影 dx、dy、dz 可分别表示为该流束内相应的流速分量与同一微小时间 $d\tau$ 的乘积，即：

$$dx = v_x d\tau$$
$$dy = v_y d\tau$$
$$dz = v_z d\tau$$

则式（4-17）的右边可写为：

$$\dfrac{dv_x}{d\tau}v_x d\tau + \dfrac{dv_y}{d\tau}v_y d\tau + \dfrac{dv_z}{d\tau}v_z d\tau = d(v_x^2 + v_y^2 + v_z^2) = d\left(\dfrac{v^2}{2}\right)$$

将以上关系代入式（4-15），整理后得到：

$$-g dz - \dfrac{dp}{\rho} - d\left(\dfrac{v^2}{2}\right) = 0$$

对不可压缩流体，ρ = 常数，对上式进行积分，得到：

$$gz + \frac{p}{\rho} + \frac{v^2}{2} = 常数 \tag{4-18}$$

这就是微小流束中单位质量流体的伯努利方程。

式（4-18）中第一项是单位质量流体的位压能，第二项是单位质量流体的静压能，第三项是单位质量流体的动能。式（4-18）表明微小流束任意截面上，三种机械能的总和保持不变。所以伯努利方程实质上就是流动过程中的流体机械能守恒方程。

若将式（4-18）乘以流体密度 ρ 则：

$$\rho gz + p + \frac{v^2}{2}\rho = 常数 \tag{4-19}$$

或再除以该流体的重度 γ，式（4-19）成为

$$z + \frac{p}{\rho g} + \frac{v^2}{2g} = 常数 \tag{4-20}$$

以上各式都是伯努利方程，只是能量单位不同。三种形式可以通用，但研究气体运动时多用式（4-19）的形式，在水力学中则常用式（4-20）的形式。气体力学中的"压头"通常指单位体积气体所具有的机械能（静压能、位压能与动能），而水力学中的"水头"通常是指单位质量流体所具有的机械能。

水压头也称压力水头、静压头、压力高度、压强高度；底面为某一表压力的液体柱高度。表示单位质量流体具有的超过大气压力的压力位能，是一种潜在的势能。如果液体中某点的表压力为 P，在该处安置一测压玻璃管，则管中液面将在 P 的作用下升高的高度为：

$$H = P/\rho g \tag{4-21}$$

4.3.2　理想流体管流的伯努利方程

对于工程中常见的管流，实际上是在横截面上无数微小流束的总和。所以工程上实用时还须由微小流束的伯努利方程沿流动横截面积分。设管流两任意截面的有效截面分别为 A_1 和 A_2，流体从 A_1 流向 A_2。对管流内任意微小流束在 dA_1 与 dA_2（如图4-4所示），建立伯努利方程，由式（4-19）得

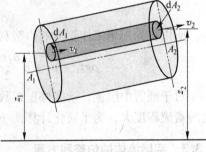

图4-4　微小流束与管流

$$\rho gz_1 + p_1 + \frac{\rho v_1^2}{2} = \rho gz_2 + p_2 + \frac{\rho v_2^2}{2} \tag{4-22}$$

式（4-22）中左边表示截面为 dA_1 的微小流束中单位体积流体的总机械能，右边是同一流束中截面 dA_2 处单位体积流体的总机械能。因单位时间内通过 dA_1 的流体体积为 $u_1 dA_1$，故同时间内通过整个管道截面 A_1 的流体所具有的总机械能 E_1 为：

$$E_1 = \int_{A_1} (\rho gz_1 + p_1) v_1 dA_1 + \frac{\rho}{2} \int_{A_1} v_1^3 dA_1 \tag{4-23}$$

下面讨论上式中的两个积分项。第一积分项中的 ρgz_1 与 p_1 值对截面 A_1 上各点来说通常是不同的，但只要截面上流体流动为缓变流动，则在重力作用下时，同一有效截面上各

单位质量流体所具有的位能和压力能之和是相等的，即：

$$p + \rho g z = 常数$$

因此，式（4-23）中的第一项可写为：

$$\int_{A_1} (\rho g z_1 + p_1) v_1 \mathrm{d}A_1 = (\rho g z_1 + p_1) \int_{A_1} v_1 \mathrm{d}A_1 = (\rho g z_1 + p_1) \overline{v}_1 A_1 \qquad (4-24)$$

式（4-23）中的第二项 $\dfrac{\rho}{2} \displaystyle\int_{A_1} v_1^3 \mathrm{d}A_1$ 积分中的速度 v_1 在断面 A_1 的不同位置处不相等，不能直接提到积分号之外，若用断面上的平均速度 $\overline{v}_1$ 代替各点的流速 v_1，会造成误差，所以加一个大于 1 的修正系数（正数的立方的平均值总大于其平均值的立方）。

先引入动能修正系数 a_1，并令：

$$a_1 = \frac{\dfrac{\rho}{2} \displaystyle\int_{A_1} v_1^3 \mathrm{d}A_1}{\dfrac{\rho}{2} \overline{v}_1^3 A_1} \qquad (4-25)$$

则：

$$\frac{\rho}{2} \int_{A_1} v_1^3 \mathrm{d}A_1 = a_1 \frac{\overline{v}_1^2}{2} \rho \overline{v}_1 A_1 \qquad (4-26)$$

将式（4-24）、式（4-26）代入式（4-23）得到：

$$E_1 = \left(\rho g z_1 + p_1 + a_1 \frac{\overline{v}_1^2}{2} \rho \right) \overline{v}_1 A_1$$

同理，可得到截面 A_2 的总机械能 E_2：

$$E_2 = \left(\rho g z_2 + p_2 + a_2 \frac{\overline{v}_2^2}{2} \rho \right) \overline{v}_2 A_2$$

稳定流动条件下：

$$E_1 = E_2$$

连续流动时：

$$\overline{v}_1 A_1 = \overline{v}_2 A_2$$

所以得到理想流体管流的伯努利方程：

$$\rho g z_1 + p_1 + \rho \frac{a_1 \overline{v}_1^2}{2} = \rho g z_2 + p_2 + \rho \frac{a_2 \overline{v}_2^2}{2} \qquad (\mathrm{N/m^2}) \qquad (4-27)$$

对于圆管中层流，动能修正系数 $a=2$，紊流时 $a=1.05 \sim 1.1$。工程中许多水流及气流的紊流程度大，为了简化计算，一般取 $a=1$。

4.3.3　实际流体的伯努利方程

实际流体运动时，由于黏性力的作用，对流体运动产生了阻力，因而随着流体的流动必有一部分机械能消耗于克服阻力，并变成热能散失。设 h_f 表示在 1，2 两截面间的机械能损失，则：

$$h_f = \left(\rho g z_1 + p_1 + \rho \frac{a_1 \overline{v}_1^2}{2} \right) - \left(\rho g z_2 + p_2 + \rho \frac{a_2 \overline{v}_2^2}{2} \right) \qquad (4-28)$$

或写成：

$$\rho g z_1 + p_1 + \rho \frac{a_1 \overline{v_1^2}}{2} = \rho g z_2 + p_2 + \rho \frac{a_2 \overline{v_2^2}}{2} + h_f \quad (\text{N/m}^2) \qquad (4-29)$$

式（4-29）即为实际单一流体管流的伯努利方程，是流体力学最重要的方程之一。也是工程中计算液流力学最常用的形式。其中 h_f 的单位与其他各项单位相同，即单位体积流体的能量损失，简称损失压头，单位为 N/m²。

对于炉内的热气体来说，由于炉子内外是相互连通的，因此炉内外两种密度不同的气体之间相互作用，考虑到炉外空气对炉内热气的影响，因此在工业炉的气体力学计算中应将公式写成如下形式：

对于炉内流动的热气，按式（4-29）有：

$$\rho_g g z_1 + p_1 + \rho \frac{a_1 \overline{v_1^2}}{2} = \rho_g g z_2 + p_2 + \rho \frac{a_2 \overline{v_2^2}}{2} + h_f$$

对于同一水平面上的周围空气，按式（3-24）有：

$$\rho_a g z_1 + p_{a1} = \rho_a g z_2 + p_{a2}$$

两式相减，即得：

$$z_1 g(\rho_g - \rho_a) + (p_1 - p_{a1}) + \left(\frac{a_1 \overline{v_1^2}}{2} \rho - 0 \right)$$

$$= z_2 g(\rho_g - \rho_a) + (p_2 - p_{a2}) + \left(\frac{a_2 \overline{v_2^2}}{2} \rho - 0 \right) + h_f \qquad (4-30)$$

式中，ρ_g 与 ρ_a 分别表示热气体与空气的密度，一般 $\rho_g < \rho_a$；$z_1 g(\rho_g - \rho_a)$、$z_2 g(\rho_g - \rho_a)$ 分别为1，2 截面的位压头（$h_{位}$），为了计算的方便，将基准面取在上部，故 $h_{位}$ 表示为

$-z_1 g(\rho_g - \rho_a) = z_2 g(\rho_a - \rho_g)$；$p_{a1}$ 与 p_{a2}，$(p_1 - p_{a1})$ 与 $(p_2 - p_{a2})$ 及 $\frac{a_1 \overline{v_1^2}}{2} \rho$ 与 $\frac{a_2 \overline{v_2^2}}{2} \rho$ 分别为1，2 截面的大气压，静压头（$h_{静}$）及动压头（$h_{动}$）；h_f 为1，2 截面间的损失压头。

因此，实际二流体的伯努利方程通常写成：

$$h_{位1} + h_{静1} + h_{动1} = h_{位2} + h_{静2} + h_{动2} + h_f \qquad (4-31)$$

式（4-29）或式（4-30）用于非压缩性气体。上述公式表明：稳定管流中各个截面上机械能总和保持相等。

伯努利方程广泛用来解决流体工程技术问题，连续性方程联立，能有效地解决一维流动断面上的流速和压强的计算，而在确定了平均流速之后乘以断面面积就能得出流量。许多测量和计算流速、流量的方法都是根据伯努利方程和连续性方程得来的。

4.3.4　应用伯努利方程的实例

流体流动状态的判定条件——雷诺数。1883 年英国物理学家雷诺（O. Reynolds）通过实验发现，对任何管道，任何流体都存在紊流或层流两种形态。流体流动的状态可以按照雷诺数（Re）的大小进行判定：

$$Re = \frac{v \rho d}{\mu} (\text{圆管}) \quad \text{或} \quad Re = \frac{v \rho d_e}{\mu} (\text{非圆管})$$

$$d_e = 4A/X$$

式中　ρ——流体的密度，kg/m³；

μ——流体的黏度，$N \cdot s/m^2$；

d——流道直径，m；

A——有效断面的面积，m^2；

X——流体的湿周长度，m。

按照上述公式计算雷诺数 Re，如果 $Re < 2300$，则流动状态为层流；如果 $2300 < Re < 4000$，则流动状态处于过渡区或临界区；如果 $Re > 4000$，则流动状态为紊流。

应用伯努利方程的限定条件：（1）流体是不可压缩的（$\rho =$ 常数）。液体符合这一条件，气体在流速小于 50m/s 时，可按不可压缩流体处理，即能应用伯努利方程；（2）流体的流动必须是稳定流；（3）所取伯努利方程式的两有效截面必须符合缓变流条件；（4）流体所受质量力中只有重力。

例 4 - 2　有一炉膛充满密度为 ρ_g 的热气，现取某一横截面，如图 4 - 5 所示，设炉气静止或沿炉长方向缓慢流动，以致可以视为横截面上不存在上下左右方向的运动，操作中一般控制炉底（Ⅰ—Ⅰ截面）水平为衡静压面，即内外静压相等，Ⅰ—Ⅰ面上静压头为零。（1）试分析侧墙上某小孔（距炉底高度为 z）中气体流动情况，并计算其流速；（2）若炉底部分有一高度为 H 的炉门，当炉门敞开时分析通过炉门的气体流动情况并求其流量。当炉门宽为 1.2m，高为 1m，炉气温度 $t = 1500℃$，炉气密度 $\rho_{0,g} = 1.32kg/m^3$，周围空气温度为 0℃，$\rho_a = 1.293kg/m^3$，通过实际测定流量系数 $\mu \approx 0.7$，炉门底部静压头为零，求炉门逸气量。

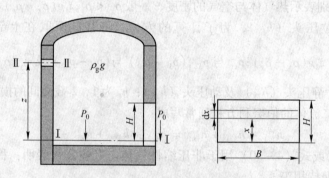

图 4 - 5　炉门口气体流动情况

解：（1）按题意此炉膛内气体除有重力及空气浮力作用下，不存在其他外力，故可认为此条件下的炉气为不可压缩流体，操作中炉膛温度与压力保持恒定，故属于稳定状态。取Ⅱ—Ⅱ截面中心水平面为基准面，列炉底 Ⅰ—Ⅰ 截面与小孔出口的Ⅱ—Ⅱ截面的伯努利方程，即：

$$h_{位1} + h_{静1} + h_{动1} = h_{位2} + h_{静2} + h_{动2} + h_f$$

式中，$h_{静1} = 0$，$h_{静2} = 0$（因小孔出口截面亦处于大气之中，故内外绝对静压相同）。

$$h_{位1} = gz(\rho_a - \rho_g)$$
$$h_{位2} = 0$$

设Ⅱ—Ⅱ截面流速为 v_2，并取动能修正系数 $a_2 = 1$。按连续性方程的概念 $\overline{v}_1 = \dfrac{A_2}{A_1}\overline{v}_2$，因为 $\dfrac{A_2}{A_1} \rightarrow 0$，所以 $\overline{v}_1 \approx 0$，本题先忽略损失压头，即令 $h_f = 0$，则：

$$0 + z(\rho_a - \rho_g) + 0 = 0 + 0 + \frac{\overline{v}_2^2}{2g}\rho_g \Rightarrow \overline{v}_2 = \sqrt{\frac{2gz(\rho_a - \rho_g)}{\rho_g}}$$

若将小孔堵塞，则 $\overline{v}_2 = 0$。另外，这时小孔出口截面不再与大气相通，$h_{静2} \neq 0$，即有：

$$0 + gH(\rho_a - \rho_g) + 0 = h_{静2} + 0 + 0 + 0 \Rightarrow h_{静2} = gH(\rho_a - \rho_g)$$

可见Ⅱ—Ⅱ截面的静压头为正值，即炉内气体将经小孔流向炉外。

另外，Ⅱ—Ⅱ截面的静压头与Ⅰ—Ⅰ截面的位压头数值上相等，也就是说，气体由低水平面上升到高水平面，其位压头减少而静压头增加，此二者数值上相等。

（2）炉门处于零压面上，整个炉门都处于正压范围，因而有炉气逸出。为求总的逸气量，先在炉门上取一厚度为 dx 的微元截面，设此微元截面距炉门底的高度为 x 米，通过此微元截面处的平均流速为：

$$\overline{v} = \sqrt{\frac{2gx(\rho_a - \rho_g)}{\rho_g}} \quad (m/s)$$

炉门宽度为 B，通过微元截面的体积流量为：

$$dV = \overline{v}Bdx = B\sqrt{\frac{2g(\rho_a - \rho_g)}{\rho_g}}x^{\frac{1}{2}}dx$$

积分后得到总的逸气量为：

$$V = \frac{2}{3}BH\sqrt{\frac{2gH(\rho_a - \rho_g)}{\rho_g}} \quad (m^3/s)$$

若考虑炉门压头损失的影响，用流量系数 μ 乘以上式，则炉门的实际逸气量为：

$$V = \frac{2}{3}\mu BH\sqrt{2gH(\rho_a - \rho_g)/\rho_g} \quad (m^3/s) \tag{4-32}$$

因为 $\rho_g = \dfrac{\rho_{0,g}}{1 + \beta t} = \dfrac{1.32}{1 + \dfrac{1500}{273}} = 0.203 kg/m^3$，$\rho_a = 1.293 kg/m^3$，炉门宽 1.2m，高 1m，

所以： $V = \dfrac{2}{3} \times 0.7 \times 1.2 \times 1.0 \times \sqrt{\dfrac{2 \times 9.807 \times 1.0 \times (1.293 - 0.203)}{0.203}} = 5.765 m^3/s$

换算为标准状态： $V_0 = \dfrac{V}{1 + \beta t} = \dfrac{5.765}{1 + \dfrac{1500}{273}} = 0.888 m^3/s$

例 4 - 3 图 4 - 6 所示为水平放置的文丘里管，其中稳定地流过某种液体，若已知管的直径 $d_1 = 200mm$，$d_2 = 100mm$，两截面压差为 $h = 1m$，流量系数 $u = 0.98$，求流量 V。

解：取截面 1—1 和 2—2 为计算截面，考虑到两截面的形心在同一水平面上，并暂时忽略两截面间的阻力损失 h_f，则 1—1 和 2—2 的伯努利方程为：

$$\frac{p_1}{\rho} + \frac{a_1\overline{v}_1^2}{2} = \frac{p_2}{\rho} + \frac{a_2\overline{v}_2^2}{2}$$

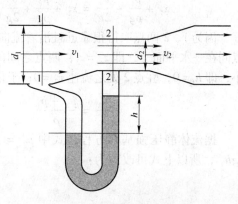

图 4 - 6　文丘里管测流量

一般情况下，管内为紊流，取 $a_1 = a_2 = 1$，将上式加以整理：

$$\frac{\overline{v_2^2}}{2g} - \frac{\overline{v_1^2}}{2g} = \frac{p_1}{\rho g} - \frac{p_2}{\rho g} = h$$

式中 h——两截面的压力水头差，m。

由总流的连续方程可知：

$$\overline{v}_2 = \overline{v}_1 \left(\frac{d_1}{d_2}\right)^2$$

所以

$$h = \frac{v_1^2}{2g}\left[\left(\frac{d_1}{d_2}\right)^4 - 1\right]$$

截面 1—1 处的流速为：

$$\overline{v}_1 = \left(2gh\left[\left(\frac{d_1}{d_2}\right)^4 - 1\right]^{-1}\right)^{0.5}$$

流量 $V = v_1 A_1$，所以：

$$V = \frac{\pi d_1^2}{4}\left(2gh\left[\left(\frac{d_1}{d_2}\right)^4 - 1\right]^{-1}\right)^{0.5}$$

如果考虑阻力损失，应乘以流量系数 μ，故流量为：

$$V = \mu A_1 \overline{v}_1 = \mu \frac{\pi d_1^2}{4}\left(2gh\left[\left(\frac{d_1}{d_2}\right)^4 - 1\right]^{-1}\right)^{0.5} \quad (\text{m}^3/\text{s})$$

将题设数值代入上式，得：

$$V = 0.98 \times \frac{\pi \times 0.2^2}{4} \times \left(2 \times 9.807 \times 1 \times \left[\left(\frac{0.2}{0.1}\right)^4 - 1\right]^{-1}\right)^{0.5} = 0.035\text{m}^3/\text{s}$$

例 4 - 4   皮托管（Pitot Tube）测量流速。某炉进风管直径 $d = 300\text{mm}$，用皮托管在风管中心处测得的压差设读数为 $h = 30\text{mm}$ 水柱，当时空气的密度 $\rho = 1.2\text{kg/m}^3$。试求风管中的平均流速 $\overline{v}$ 及进入该炉的风量 V。

解：（1）首先分析皮托管的工作原理。皮托管是一种测量流体某处流速的仪器，在测量明槽中的流体流速时，其方法如图 4 - 7 所示。液体质点留到前缘点 2 时，将受到阻碍而滞止，2 点的流速 v_2 变为零。2 点称为驻点。在 2 点前方的同一流线上未受此障碍物干扰处取一点 1，列出 1、2 两点微小束的伯努利方程如下：

$$z_1 + \frac{p_1}{\rho g} + \frac{\overline{v_1^2}}{2g} = z_2 + \frac{p_2}{\rho g} + \frac{\overline{v_2^2}}{2g} + h_\text{f}$$

因为 1、2 两点取得很靠近且沿着流向，可认为 1、2 两点同在一水平面上，即 $z_1 = z_2$，两点之间的能量损失极其微小，即 $h_\text{f} = 0$，驻点 2 处之流速 $v_2 = 0$；于是上式简化为：

$$\frac{\overline{v_1^2}}{2} = \frac{p_2 - p_1}{\rho}$$

据流体静压强基本方程，式中 $p_2 = \rho g(h_1 + h)$，$p_1 = \rho g h_1$，所以上式可改写为：

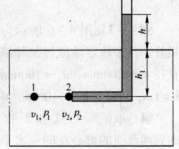

图 4 - 7   皮托管测量流速

$$\frac{\overline{v_1^2}}{2g} = h$$

$$\overline{v}_1 = \sqrt{2gh} \quad (\text{m/s}) \tag{4-33}$$

由此可见，这时皮托管中液面比液流自由面所高出的高度 h 是由速度所造成的，即速度水头。测出速度水头 h，就能由上式算出该处的流速。

(2) 在测定管道内流体的流速时，如果流体的静压强沿管道横截面的变化可以忽略不计（例如气体在直管道内流动或液体在直径不大的直管内流动），则可采用如图 4-8 所示的测量方法。这时皮托管的 b 管测得的是断面上方的压力水头，而皮托管的 a 管测得的是该断面中心处的压力水头与速度水头之和。由于 a 管中液面比 b 管中液面高出的高度 h 是由速度所造成的，即速度水头。因此，同样可用式（4-33）计算所测点的流速。测量管道中的气流速度时，连接皮托管两端的 U 形压差计中装的是一定量的带色的水，式（4-33）应改为：

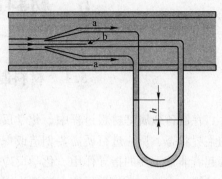

图 4-8　皮托管工作原理

$$\overline{v} = \sqrt{2gh\rho_w/\rho_g} \quad (\text{m/s}) \tag{4-34}$$

式中　h——压差计读数，m；

　　　ρ_w——水的密度，kg/m^3；

　　　ρ_g——气体的密度，kg/m^3。

考虑流体存在黏性及皮托管对流体运动的干扰，实际流速 $\overline{v}$ 为：

$$\overline{v} = \varphi\sqrt{2gh\rho_w/\rho_g} \quad (\text{m/s}) \tag{4-35}$$

式中　φ——流速修正系数，由实验确定，一般取 $\varphi = 0.97$。

皮托管测量流速为所测点的流速。由于管道中流速在断面上分布是不均匀的，因此难以直接测出断面上的平均流速。将皮托管安置在管道轴线处，测得断面中心处的最大速度 v_{max}，在紊流条件下的长直管道中流体流经任一断面的平均流速 $\overline{v}$，与该断面中心最大流速的比值为：

$$K = \frac{\overline{v}}{v_{max}} = 0.80 \sim 0.85$$

则平均流速为：

$$\overline{v} = Kv_{max} = K\varphi\sqrt{2gh\rho_w/\rho_g} \tag{4-36}$$

因而通过管道断面的体积流量为：

$$V = A\overline{v} = \frac{\pi}{4}D^2K\varphi\sqrt{2gh\rho_w/\rho_g} \tag{4-37}$$

(3) 据式（4-36），取 $K = 0.82$，$\varphi = 0.97$，风管中的平均流速为：

$$\overline{v} = K\varphi\sqrt{\frac{2gh}{\rho}} = 0.82 \times 0.97 \times \sqrt{\frac{2 \times 9.807\text{m/s}^2 \times 30 \times 10^{-3}\text{m} \times 10^3\text{kg/m}^3}{1.2\text{kg/m}^3}} = 17.61\text{m/s}$$

进入炉子的风量为：

$$V = A\overline{v} = \frac{\pi}{4}(0.3)^2 \times 17.61 = 1.24\text{m}^3/\text{s}$$

5　材料制备热力学基础

5.1　材料制备化学反应焓变计算

在制备金属基材料过程中，化学反应焓变的计算非常重要，对判断相关化学反应发生的临界状态、反应进行所需要创造或保证的条件、反应进行的方向、反应过程进行的程度等起着非常重要的指导作用。化学反应焓变的计算实际上是冶金热化学过程相关的热效应的计算，主要包括化学反应、溶液生成、物态变化（如晶型转变、熔化或蒸发等）以及其他物理变化和化学过程产生的热效应。在冶金热力学中，对冶金反应过程相关热效应的计算，主要是标准吉布斯自由能变化计算，它是判断和控制反应发生的趋势、方向及达到平衡的重要参数，更能揭示冶金反应的实质，提供更多关键性的信息，例如：冶金反应过程的进行在原则上是否可行，冶金反应过程何时停止或达到平衡等问题的回答与热力学计算密切相关。

冶金反应的特点是高温、多相。为了获得高温，依赖于物理热和化学热。高炉炼铁以及电炉、闪速炉熔炼铜锍为半自热熔炼，其热量来源既有物理热，又有化学热；电炉炼钢则需要电能转变为热能，而转炉炼钢、吹炼铜锍、镍锍则为自热熔炼、主要热源是化学热。以氧气顶吹转炉炼钢为例，把 1350℃ 的铁水升温到 1650℃，主要依赖于铁水中的 Si、Mn、C 等元素氧化反应放热；即由化学能转变为热能。要控制氧气顶吹转炉的温度，需要进行冶金热化学计算（热平衡计算），温度偏高加降温剂，如废钢等；温度偏低则加入升温剂，如硅铁等，以达到控制冶炼过程的目的。总之，金属的提取过程一般都伴有吸热或放热现象。因此，冶金反应焓变的计算对于理论研究及生产实际具有重要指导作用。

5.1.1　纯物质焓变的计算方法

焓变（Enthalpy，ΔH）即物体焓（H）的变化量。焓是物体的一个热力学能量状态函数，一个系统中的热力作用，等于该系统内能（U）加上其体积与外界作用于该系统的压力的乘积（PV）的总和（$H = U + PV$）。焓变是制约化学反应能否发生的重要因素之一，作为一个描述系统状态的状态函数，焓变没有明确的物理意义。焓变可以理解为恒压和只做体积功的特殊条件下，$Q = \Delta H$，即反应的热量变化。因此，焓变是反映热量变化的状态函数，恒压下对物质加热，则物质吸热后温度升高，$\Delta H > 0$，所以物质在高温时的焓大于它在低温时的焓。又如对于恒压下的放热化学反应，$\Delta H < 0$，所以生成物的焓小于反应物的焓。化学反应焓变是最基本的热化学计算，在冶金过程中占有很重要的地位。同时，物态变化的焓变（例如：相变焓等）也是冶金过程中需要计算的内容。纯物质的焓变计算主要通过热容或相对焓得到。焓变是与化学反应的起始状态、终止状态有关，与物质所处环境的压强、温度等因素有关，与化学反应的过程无关。

一定量的物质升高一度所吸收的热量，称为热容，单位为 J/K。若物质的量以 kg 计，则所吸收的热量称为质量热容，用 C 表示。若质量是 1kg，则称为比质量热容，单位是 $J/(K \cdot kg)$。若物质的量为 1mol，则称为摩尔热容，用 C_m 表示，单位是 $J/(K \cdot mol)$。对于成分不变的均相体系，在等压过程中的热容称为等压热容（C_p），在等容过程中的热容称为等容热容（C_v）。等压热容的定义式为：

$$C_p = \left(\frac{\partial H}{\partial T} \right)_p \qquad (5-1)$$

在恒压下加热某物质，温度由 T_1 升高到 T_2，对式（5-1）积分即得到该物质加热过程中所吸收的物理热：

$$\Delta H = \int_{T_1}^{T_2} C_p \mathrm{d}T \qquad (5-2)$$

当物质在加热过程中发生相变时，必须考虑相变焓（Transformation Enthalpy，ΔH_{tr}）。在恒压下相变温度为恒定值，相变前后同一物质的恒压热容不同。因此，包括相变过程的热焓计算公式为：

$$\Delta H = \int_{T_1}^{T_{tr}} C_p \mathrm{d}T + \Delta H_{tr} + \int_{T_{tr}}^{T_2} C_p' \mathrm{d}T \qquad (5-3)$$

式中　T_{tr}，ΔH_{tr}——分别为纯物质的相变温度和相变焓；

　　　C_p，C_p'——分别为相变前后纯物质的恒压热容。

一定量的物质在恒温、恒压下发生相变化时与环境交换的热称为相变焓。固态物质由一种晶型转变另一种晶型时所吸收或放出的热称为晶型转化焓，即固相转化焓；固体变为液体，或液体变为固体时的热量变化称为熔化焓或凝固焓；液体变为气体的焓变称为蒸发焓（气化焓），气体变为液体的焓变称为冷凝焓；而由固体直接变成气体，或由气体直接变为固体的焓变，称为升华焓。

将固态 1mol 某纯物质在恒压下由 298K 加热到温度 T 时，经液态变为气态，其所需的全部热量的计算式为：

$$\Delta H = \int_{298}^{T_{tr}} C_p^s \mathrm{d}T + \Delta H_{tr} + \int_{T_{tr}}^{T_M} C_p'^s \mathrm{d}T + \Delta H_s^l + \int_{T_M}^{T_B} C_p^l \mathrm{d}T + \Delta H_l^g + \int_{T_B}^{T} C_p^g \mathrm{d}T \qquad (5-4)$$

式中　T_{tr}，T_M，T_B——分别为晶型转变温度、熔点和沸点；

　ΔH_{tr}，ΔH_s^l，ΔH_l^g——分别为 1mol 物质的晶型转变焓、熔化焓和蒸发焓；

　C_p^s，C_p^l，C_p^g——分别为 1mol 物质在固、液、气态下的恒压热容。

5.1.2　化学反应焓变的计算

在化学反应进行的同时，往往伴随着放热和吸热现象。在恒压下化学反应所吸收或放出的热量，称为过程的焓变，又称化学反应的焓变 ΔH。对于纯固体或纯液体，处于标准压力 $P^{\ominus}$（$P^{\ominus} = 100kPa$）和温度为 T 的状态为标准态；对于气体则选择温度 T 时压力为标准压力时的理想气体作为标准状态，此时反应焓变就称为标准焓变，记为 $\Delta H^{\ominus}$。化学反应焓变主要通过利用已知化合物的热力学数据进行计算获得。

5.1.2.1　赫斯定律

1840 年赫斯（Hess）总结了大量的实验结果，指出："在恒温恒压或者恒温恒容下，化学反应焓变只取决于反应的始末态，而与过程的具体途径无关。即化学反应无论是一步完成或分几步完成，其反应焓变相同。"赫斯定律奠定了热化学的基础，它使热化学方程式可以像代数方程式那样进行运算。从而，可以根据已经准确测定的反应焓变来计算难以测定，甚至是不能测定的反应焓变。

例 5-1 已知 2000K 时，反应（见右图）

$$C_{(s)} + O_2 =\!=\!= CO_2 \quad \Delta H_1 = -395.313kJ$$

$$CO + \frac{1}{2}O_2 =\!=\!= CO_2 \quad \Delta H_2 = -277.558kJ$$

求反应 $C_{(s)} + \frac{1}{2}O_2 =\!=\!= CO$ 的焓变（ΔH_3）。

解： 根据赫斯定律，在恒温、恒压下，途径 I 和 II 的反应焓变相同，于是：

$$\Delta H_1 = \Delta H_2 + \Delta H_3$$

$$\Delta H_3 = \Delta H_1 - \Delta H_2 = -117.755kJ$$

众所周知，碳燃烧总是同时产生 CO 和 CO_2，很难控制只生成 CO，而不继续氧化生成 CO_2。然而，利用赫斯定律，通过已准确测定了的反应焓变，计算得到不能由实验测定的生成 CO 反应的焓变。

5.1.2.2　基尔霍夫公式

基尔霍夫（Kirchhoff）公式为：

$$\left(\frac{\partial \Delta H}{\partial T}\right)_p = \Delta C_p \tag{5-5}$$

式中，ΔC_p 为反应的热容差，即生成物的热容总和减去反应物的热容总和。

$$\Delta C_p = \sum \nu_i C_{p,i} \tag{5-6}$$

式中，ν_i 为化学反应计量数，对于反应物取负号，生成物取正号。

基尔霍夫公式表示某一化学反应焓随温度变化是由生成物和反应物的热容不同所引起的，即反应焓随温度的变化率等于反应的热容差。

若反应物及生成物的温度从 298K 变到 T（K）时，而且各物质均无相变，对式 (5-5) 进行积分得到：

$$\Delta H_T^{\ominus} = \Delta H_{298}^{\ominus} + \int_{298}^{T} \Delta C_p dT \tag{5-7}$$

式中　$\Delta H_{298}^{\ominus}$——标准反应焓，可由纯物质的标准生成焓计算。

在标准压力 $p^{\ominus}$ 下和一定的反应温度时，由稳定单质生成 1mol 化合物的反应焓变称为该化合物的标准生成焓 $\Delta H^{\ominus}$。化学反应是分子间的键的重排，因此，任何化学反应中的生成物和反应物都应含有相同种类和相同数量的原子，即都可以认为由相同种类和数量的单质元素生成的。例如，当温度大于 843K 时，$Fe_3O_{4(s)} + CO =\!=\! 3FeO_{(s)} + CO_2$，反应中：$Fe_3O_4$ 可视为由 $3Fe_{(s)} + 2O_2$ 生成；CO 由 $C_{(s)} + \frac{1}{2}O_2$ 生成；FeO 由 $Fe_{(s)} + \frac{1}{2}O_2$ 生成，CO_2 由 $C_{(s)} + O_2$ 生成。因此，该反应的标准焓变可由赫斯定律推出：

$$\Delta H^{\ominus} = 3\Delta H_{FeO}^{\ominus} + \Delta H_{CO_2}^{\ominus} - \Delta H_{Fe_3O_4}^{\ominus} - \Delta H_{CO}^{\ominus}$$

由此可见，对任意化学反应的标准焓变可写成：

$$\Delta H^{\ominus} = \sum \nu_i \Delta H_{生成物}^{\ominus} - \sum \nu_i \Delta H_{反应物}^{\ominus} \tag{5-8}$$

若参与反应的各物质中有一个或几个发生相变,则在 T（K）温度时该反应的焓变应考虑相变焓和相变前后物质的定压热容不同。因此:

$$\Delta H_T^{\ominus} = \Delta H_{298}^{\ominus} + \int_{298}^{T_{tr}} \Delta C_p \mathrm{d}T + \Delta H_{tr} + \int_{T_{tr}}^{T_M} \Delta C_p' \mathrm{d}T + \Delta H_{fus} + \int_{T_M}^{T_b} \Delta C_p'' \mathrm{d}T + \Delta H_b + \int_{T_b}^{T} \Delta C_p''' \mathrm{d}T$$

$$(5-9)$$

式中　　　　　ΔC_p——参与反应的某物质从 298K 到固相相变温度（T_{tr}）范围内的热容差;

　　　　　　　$\Delta C_p'$——从 T_{tr} 到参与反应的某物质的熔点（T_M）范围内的热容差;

　　　　　　　$\Delta C_p''$——从 T_M 到参与反应的某物质的沸点（T_b）范围内的热容差;

ΔH_{tr}, ΔH_{fus}, ΔH_b——分别为参与反应物质的固态晶型转变焓、熔化焓和蒸发焓。

利用上式计算时,生成物质发生相变取正号,反应物发生相变取负号。

5.1.3　化学反应焓变的计算在材料制备及冶炼过程中的应用实例

例 5-2　四氯化钛镁热还原法制取金属钛的化学反应式为:

$$TiCl_{4(g)} + 2Mg_{(s)} === Ti_{(s)} + 2MgCl_{2(s)}$$

试计算 $TiCl_4$ 和 Mg 在 1000K 反应时的焓变。

解:（1）查热力学数据手册,得到参与反应的各个物质在 298～1000K 的温度范围内的相关热力学数据如下:

$TiCl_{4(g)}$——$\Delta H_{298}^{\ominus} = -763.2\mathrm{kJ/mol}$

　　　　$C_p = 107.15 + 0.46 \times 10^{-3}T - 10.54 \times 10^5 T^{-2}$　　（J/(K·mol),298～2000K）

$Mg_{(s)}$——$T_M = 923\mathrm{K}$, $\Delta H_{tr} = 8.95\mathrm{kJ/mol}$

　　　　$C_p = 22.3 + 10.25 \times 10^{-3}T - 0.42 \times 10^5 T^{-2}$　　（J/(K·mol),298～923K）

$Mg_{(l)}$——$C_p = 31.8$　　（J/(K·mol),923～1378K）

$MgCl_{2(s)}$——$\Delta H_{298}^{\ominus} = -641.4\mathrm{kJ/mol}$, $T_M = 987\mathrm{K}$, $\Delta H_{tr} = 43.10\mathrm{kJ/mol}$

　　　　$C_p = 79.1 + 5.94 \times 10^{-3}T - 8.62 \times 10^5 T^{-2}$　　（J/(K·mol),298～987K）

$MgCl_{2(l)}$——$C_p = 92.47$　　（J/(K·mol),987～1691K）

$\alpha - Ti_{(s)}$——$C_p = 22.13 + 10.25 \times 10^{-3}T$　　（J/(K·mol),298～1155K）

$\beta - Ti_{(s)}$——$C_p = 19.83 + 7.91 \times 10^{-3}T$　　（J/(K·mol),1155～1933K）

（2）由式（5-6）,参与反应的物质 i 的热容表达式为:

$$C_{p,i} = a + bT + cT^{-2}$$

则上述反应式的热容为:　　　$\Delta C_p = A + BT + CT^{-2}$

式中 $A = \Sigma \nu_i a_i$, ν_i 为化学反应计量数,反应物取负号,生成物取正号。其余以此类推。

根据上述数据,参与反应的物质在温度低于 1000K 时经过了两个相变,即 Mg 在 $T = 923$K 熔化,$MgCl_2$ 在 $T = 987$K 熔化。因此:

1）从已知数据中可以找出在 298～923K 区间,参与反应的 4 种物质的热容表达式为:

$$C_{p,TiCl_{4(g)}} = 107.15 + 0.46 \times 10^{-3}T - 10.54 \times 10^5 T^{-2}$$

$$C_{p,Mg_{(s)}} = 22.30 + 10.25 \times 10^{-3}T - 0.42 \times 10^5 T^{-2}$$

$$C_{p,MgCl_{2(s)}} = 79.10 + 5.94 \times 10^{-3}T - 8.62 \times 10^5 T^{-2}$$

$$C_{p,\alpha - Ti_{(s)}} = 22.13 + 10.25 \times 10^{-3}T$$

求解得：

$$A_1 = 2 \times 79.1 + 22.13 - 2 \times 22.3 - 107.15 = 28.58$$

$$B_1 = 2 \times 5.94 \times 10^{-3} + 10.25 \times 10^{-3} - 2 \times 10.25 \times 10^{-3} - 0.46 \times 10^{-3} = 1.17 \times 10^{-3}$$

$$C_1 = 2 \times 0.42 \times 10^5 + 10.54 \times 10^5 - 8.62 \times 10^5 = -5.68 \times 10^5$$

因此有：

$$\Delta C_{p1} = 28.58 + 1.17 \times 10^{-3} T - 5.86 \times 10^5 T^2 \quad (J/(K \cdot mol)), \ 298 \sim 923K$$

2）同理在 923～987K 区间：

$$C_{p, Mg_{(1)}} = 31.8$$

$$C_{p, MgCl_{2(s)}} = 79.10 + 5.94 \times 10^{-3} T - 8.62 \times 10^5 T^{-2}$$

$$C_{p, TiCl_{4(g)}} = 107.15 + 0.46 \times 10^{-3} T - 10.54 \times 10^5 T^{-2}$$

$$C_{p, \alpha - Ti_{(s)}} = 22.13 + 10.25 \times 10^{-3} T$$

求解得：

$$A_2 = 22.13 + 2 \times 79.1 - 107.15 - 2 \times 31.8 = 9.58$$

$$B_2 = 10.25 \times 10^{-3} + 2 \times 5.94 \times 10^{-3} - 0.46 \times 10^{-3} = 21.67 \times 10^{-3}$$

$$C_2 = 2 \times (-8.62) \times 10^5 + 10.54 \times 10^5 = -6.70 \times 10^5$$

因此有：

$$\Delta C_{p2} = 9.58 + 21.67 \times 10^{-3} T - 6.70 \times 10^5 T^{-2} \quad (J/(K \cdot mol)), \ 923 \sim 987K$$

3）在 987～1155K 区间：

$$C_{p, TiCl_{4(g)}} = 107.15 + 0.46 \times 10^{-3} T - 10.54 \times 10^5 T^{-2}$$

$$C_{p, Mg_{(1)}} = 31.8$$

$$C_{p, \alpha - Ti_{(s)}} = 22.13 + 10.25 \times 10^{-3} T$$

$$C_{p, MgCl_{2(1)}} = 92.47$$

求解得：

$$A_3 = 22.13 + 2 \times 92.47 - 107.15 - 2 \times 31.8 = 36.32$$

$$B_3 = 10.25 \times 10^{-3} - 0.46 \times 10^{-3} = 9.79 \times 10^{-3}$$

$$C_3 = 10.54 \times 10^5$$

因此有：

$$\Delta C_{p3} = 36.32 + 9.79 \times 10^{-3} T + 10.54 \times 10^5 T^{-2} \quad (J/K \cdot mol), \ 987 \sim 1155K)$$

（3）该反应在常温下的焓变：

$$\Delta H_{298}^{\ominus} = 2\Delta H_{298[MgCl_2(s)]}^{\ominus} - \Delta H_{298[TiCl_4(g)]}^{\ominus} = -519.6 \quad (kJ/mol)$$

则：

$$\Delta H_T = \Delta H_{298}^{\ominus} + \int_{298}^{923} \Delta C_{p1} dT - 2\Delta H_{fus(Mg)} + \int_{923}^{987} \Delta C_{p2} dT + 2\Delta H_{fus(MgCl_2)} + \int_{987}^{T} \Delta C_{p3} dT$$

所以：

$$\Delta H_T^{\ominus} = -519600 + \int_{298}^{923} (28.58 + 1.17 \times 10^{-3} T - 5.86 \times 10^5 T^{-2}) dT - 2 \times 8950 +$$

$$\int_{923}^{987} (9.58 + 21.67 \times 10^{-3} T - 6.70 \times 10^5 T^{-2}) dT + 2 \times 43100 +$$

$$\int_{987}^{T} (36.32 + 9.79 \times 10^{-3}T + 10.54 \times 10^{5}T^{-2}) dT$$

$$= -474155 + 36.32T + 4.90 \times 10^{-3}T^{2} - 10.54 \times 10^{5}T^{-1} \quad (J/mol)$$

（4）将 $T = 1000K$ 代入上式，即可求出 $\Delta H_{1000K}^{\ominus} = -433950J/mol$。

例 5 - 3 四氯化钛镁热还原法制取金属钛的化学反应式为：

$$TiCl_{4(g)} + 2Mg_{(s)} \Longrightarrow Ti_{(s)} + 2MgCl_{2(s)}$$

相关热力学数据见例 5 - 2，且已知当 $T = 1155K$ 时，$\alpha - Ti$ 转变为 $\beta - Ti$，$\Delta H_{tr} = 4140$ J/mol；当 $T = 1691K$ 时，$MgCl_2$ 气化，$\Delta H_1^l = 156230J/mol$；当 $T = 1933K$ 时，$\beta - Ti$ 熔化，$\Delta H_s^l = 18620J/mol$。Fe - Ti 二元合金相图如图 5 - 1 所示。

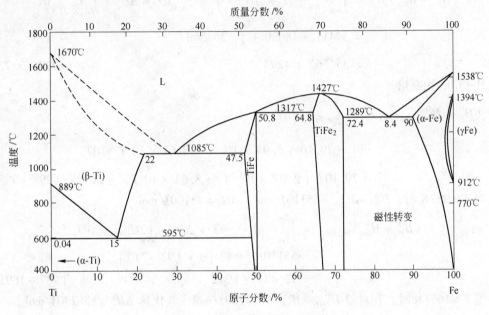

图 5 - 1 Fe - Ti 二元合金相图

（1）假定各生成物为纯物质，试计算该反应的最高反应温度。

（2）反应容器材质为不锈钢，为确保反应正常进行，应该采用哪些措施？

解：（1）根据例 5 - 2 可知，该反应在室温下进行时所放出的热量为 -519.6kJ/mol。假设此反应热全部用于加热生成物，使生成物温度由室温升高到 T，则：

$$\int_{298}^{T} \Delta C_{p,Ti} dT + 2\int_{298}^{T} \Delta C_{p,MgCl_2} dT = 519600J/mol$$

为了简化焓变的计算过程，由焓变定义式计算各纯物质的相对焓（$H_T^{\ominus} - H_{298}^{\ominus} = \int_{298}^{T} C_p dT$）。$\alpha - Ti$ 的相对焓：

$$(H_T^{\ominus} - H_{298}^{\ominus})_{\alpha-Ti} = \int_{298}^{T} C_{p,\alpha-Ti} dT = \int_{298}^{T} (22.13 + 10.25 \times 10^{-3}T) dT$$

$$= 22.13T + 5.13 \times 10^{-3}T^{2} - 7050 \quad (298 \sim 1155K)$$

当 $T = 1155K$ 时，$\alpha - Ti$ 转变为 $\beta - Ti$，相变焓 $\Delta H_{tr} = 4140J/mol$，相对焓为：

$$H_{1155}^{\ominus} - H_{298}^{\ominus} = 22.13 \times 1155 + 5.13 \times 10^{-3} \times 1155^{2} - 7050 = 25354J/mol$$

当 $T = 1933\mathrm{K}$ 时，$\beta - \mathrm{Ti}$ 熔化，熔化热 $\Delta H_\mathrm{s}^l = 18620\mathrm{J/mol}$。

$\beta - \mathrm{Ti}$ 的相对焓：

$$
\begin{aligned}
(H_T^\ominus - H_{298}^\ominus)_{\beta - \mathrm{Ti}} &= \int_{298}^{T_\mathrm{tr}} C_{p,\alpha - \mathrm{Ti}} \mathrm{d}T + \Delta H_\mathrm{tr} + \int_{T_\mathrm{tr}}^{T} C_{p,\beta - \mathrm{Ti}} \mathrm{d}T \\
&= \int_{298}^{1155} (22.13 + 10.25 \times 10^{-3}T) \mathrm{d}T + 4140 + \int_{1155}^{T} (19.83 + 7.91 \times 10^{-3}T) \mathrm{d}T \\
&= 19.83T + 3.95 \times 10^{-3}T^2 + 1320 \qquad\qquad (1155 \sim 1933\mathrm{K})
\end{aligned}
$$

$$
H_{1933}^\ominus - H_{298}^\ominus = 19.83 \times 1933 + 3.95 \times 10^{-3} \times 1933^2 + 1320 = 54411\mathrm{J/mol}
$$

液态钛的相对焓：

$$
\begin{aligned}
(H_T^\ominus - H_{298}^\ominus)_{\mathrm{Ti(l)}} &= \int_{298}^{T_\mathrm{tr}} C_{p,\alpha - \mathrm{Ti}} \mathrm{d}T + \Delta H_\mathrm{tr} + \int_{T_\mathrm{tr}}^{T_M} C_{p,\beta - \mathrm{Ti}} \mathrm{d}T + \Delta H_\mathrm{s}^l + \int_{T_M}^{T} C_{p,\mathrm{Ti(l)}} \mathrm{d}T \\
&= 54411 + 18620 + \int_{1933}^{T} 35.56 \mathrm{d}T \\
&= 35.56T + 4293 \qquad\qquad (1933 \sim 3575\mathrm{K})
\end{aligned}
$$

$\mathrm{MgCl_2}$ 的相对焓：

$$
\begin{aligned}
(H_T^\ominus - H_{298}^\ominus)_{\mathrm{MgCl_2(s)}} &= \int_{298}^{T} C_{p,\mathrm{MgCl_2(s)}} \mathrm{d}T \\
&= \int_{298}^{T} (79.10 + 5.94 \times 10^{-3}T - 8.62 \times 10^5 T^{-2}) \mathrm{d}T \\
&= 79.10T + 2.97 \times 10^{-3}T^2 + 8.62 \times 10^5 T^{-1} - 26728 \quad (298 \sim 987\mathrm{K})
\end{aligned}
$$

当 $T = 987\mathrm{K}$ 时，$H_{987}^\ominus - H_{298}^\ominus = 55110\mathrm{J/mol}$；$\Delta H_\mathrm{s}^l = 43100\mathrm{J/mol}$

$$
\begin{aligned}
(H_T^\ominus - H_{298}^\ominus)_{\mathrm{MgCl_2(l)}} &= \int_{298}^{T_M} C_{p,\mathrm{MgCl_2(s)}} \mathrm{d}T + \Delta H_\mathrm{s}^l + \int_{T_M}^{T} C_{p,\mathrm{MgCl_2(l)}} \mathrm{d}T \\
&= 55110.1 + 43100 + (92.47T) \big|_{987}^{T} \\
&= 92.47T + 6942 \qquad\qquad (987 \sim 1691\mathrm{K})
\end{aligned}
$$

当 $T = 1691\mathrm{K}$ 时，相对焓 $H_{1691}^\ominus - H_{298}^\ominus = 163309\mathrm{J/mol}$，气化热 $\Delta H_\mathrm{l}^g = 156230\mathrm{J/mol}$。

$$
\begin{aligned}
(H_T^\ominus - H_{298}^\ominus)_{\mathrm{MgCl_2(g)}} &= \int_{298}^{T_M} C_{p,\mathrm{MgCl_2(s)}} \mathrm{d}T + \Delta H_\mathrm{s}^l + \int_{T_m}^{T_B} C_{p,\mathrm{MgCl_2(l)}} \mathrm{d}T + \Delta H_\mathrm{l}^g + \int_{T_B}^{T} C_{p,\mathrm{MgCl_2(g)}} \mathrm{d}T \\
&= 163309 + \int_{1691}^{T} (57.61 + 0.29 \times 10^{-3}T - 5.31 \times 10^5 T^{-2}) \mathrm{d}T + 152630 \\
&= 57.61T + 0.145 \times 10^{-3}T^2 + 5.31 \times 10^5 T^{-1} + 221380 \quad (1691 \sim 2000\mathrm{K})
\end{aligned}
$$

生成物的相对焓总量：

$$
\begin{aligned}
\sum \nu_i (H_T^\ominus - H_{298}^\ominus)_{i,\text{生成物}} &= (H_T^\ominus - H_{298}^\ominus)_{\mathrm{Ti(s)}} + 2(H_T^\ominus - H_{298}^\ominus)_{\mathrm{MgCl_2(s)}} \qquad (298 \sim 987\mathrm{K}) \\
&= (22.13T + 5.125 \times 10^{-3}T^2 - 7050)_{\alpha - \mathrm{Ti}} + 2 \times \\
&\quad (79.10T + 2.97 \times 10^{-3}T^2 + 8.62 \times 10^5 T^{-1} - 26728)_{\mathrm{MgCl_2(s)}} \\
&= 180.33T + 11.07 \times 10^{-3}T^2 + 17.24 \times 10^5 T^{-1} - 60506
\end{aligned}
$$

当 $T = 987\mathrm{K}$ 时，$\sum \nu_i (H_{987}^\ominus - H_{298}^\ominus)_{i,\text{生成物}} = 130005\mathrm{J/mol}$

$$
\begin{aligned}
\sum \nu_i (H_{987}^\ominus - H_{298}^\ominus)_{i,\text{生成物}} &= (22.13T + 5.125 \times 10^{-3}T^2 - 7050) + 2 \times (92.47T + 6942) \\
&= 207.07T + 5.125 \times 10^{-3}T^2 + 6834 \qquad\qquad (987 \sim 1155\mathrm{K})
\end{aligned}
$$

当 $T = 1155\mathrm{K}$ 时，$\sum \nu_i (H_{1155}^\ominus - H_{298}^\ominus)_{i,\text{生成物}} = 252837\mathrm{J/mol}$

$$
\sum \nu_i (H_{987}^\ominus - H_{298}^\ominus)_{i,\text{生成物}} = (19.83T + 3.95 \times 10^{-3}T^2 + 1320) + 2 \times (92.47T + 6942.2)
$$

$$= 204.77T + 3.95 \times 10^{-3}T^2 + 15204.4 \qquad (1155 \sim 1691K)$$

当 $T = 1691K$ 时，$\sum \nu_i (H_{1691}^\ominus - H_{298}^\ominus)_{i, 生成物} = 372765J/mol$

在 $1691 \sim 1933K$ 温度范围内：

$$\sum \nu_i (H_T^\ominus - H_{298}^\ominus)_{i, 生成物} = (19.83T + 3.95 \times 10^{-3}T^2 + 1320) + 2 \times$$
$$(57.61T + 0.145 \times 10^{-3}T^2 + 5.31 \times 10^5 T^{-1} + 221380)$$
$$= 135.05T + 4.24 \times 10^{-3}T^2 + 10.62 \times 10^5 T^{-1} + 444060$$

当 $T = 1691K$ 时，$\sum \nu_i (H_{1691}^\ominus - H_{298}^\ominus)_{i, 生成物} = 685210J/mol$。

显然，在室温（298K）中用镁还原四氯化钛时所放出热量 $-519600J/mol$，大于加热生成物到 1691K 时所吸收的热量 $372765J/mol$，但是仍然小于加热生成物到 1691K 且使 $MgCl_2$ 气化所需要吸收的热量 $685210J/mol$。

因此，可以断定该反应所能达到的最高温度为 1691K。

（2）由上述计算可知，在镁热法制取纯钛时的最高反应温度可达到 $MgCl_2$ 的沸点 1691K，该温度远超过 Mg 的沸点 1378K；而且，根据 Fe – Ti 相图（见图 5 – 1）可知，Ti 在 1358K 时可以与 Fe 反应生成合金。因此，在反应过程中应该采取适当措施排出预热，或者有效控制反应温度低于 1300K，以避免反应物 Mg 的蒸发损失及反应容器的腐蚀。

例 5 – 4　氧气顶吹转炉炼钢过程所需的热量，主要为吹炼过程铁水中各元素 ［C］、［Si］、［Mn］、［P］、［Fe］ 等氧化反应释放的化学热。转炉开吹后，吹入 298K 的氧，当炉温达到为 1400℃时，大量溶解在铁水中的 ［C］ 开始氧化，约 90% 的 ［C］ 被氧化成 CO，10% 被氧化成 CO_2。

已知下列数据：

$2C + O_2 = 2CO$ 的标准焓变 $\Delta H_{298K}^\ominus = -110.46kJ$，冶炼渣量（$Q_{sl}$）约为钢水量（$Q_{st}$）的 15%，被熔池加热部分炉衬（$Q_{fr}$）约为钢水量的 10%，废钢的比热容 $C_p^1 = 0.699kJ/(K \cdot kg)$；钢水的比热容 $C_p^2 = 0.837kJ/(K \cdot kg)$，渣与炉衬的比热容均为 $C_p^3 = 1.23kJ/(K \cdot kg)$，废钢在 $T = 1773K$ 时的熔化焓 $\Delta H_{fus} = 271.96kJ$。

（1）试计算 ［C］ 氧化放出的热量。

（2）当 ［C］ 氧化成 CO 时，计算铁水中 C 的含量由 1% 降至 0.001% 时，将使炼钢熔池温度升高多少度？

（3）计算添加废钢的冷却效果。

解：该问题属非等温条件下焓变的计算

（1）计算 C 氧化放出的热量，根据赫斯（Hess）定律可得：

$$[C]_{1673K} + \frac{1}{2}O_{2(g), 298K} \xrightarrow{\Delta H} CO_{(g), 1673K}$$

$$\downarrow \Delta H_1 \qquad\qquad\qquad\qquad \uparrow \Delta H_3$$

$$C_{1673K}$$

$$\downarrow \Delta H_2$$

$$C_{(s), 298K} + \frac{1}{2}O_{2(g), 298K} \xrightarrow{\Delta H_{298}^\ominus} CO_{(g), 298K}$$

$$\Delta H = \Delta H_1 + \Delta H_2 + \Delta H_{298}^\ominus + \Delta H_3 \qquad\qquad (1)$$

由热力学数据表查得：

$\Delta H_1 = -21.34kJ$，$\Delta H_{C,1500K} = -23.2kJ$，$\Delta H_{C,1800K} = -30.39kJ$，$\Delta H_{CO,1500K} = -38.46kJ$，$\Delta H_{CO,1800K} = -49kJ$。

所以：

$$\frac{\Delta H_{C,1800K} - \Delta H_{C,1500K}}{1800 - 1500} = \frac{\Delta H_{C,1800K} - \Delta H_2}{1800 - 1673}$$

求得 $\Delta H_2 = -27.35kJ$；同理求出 $\Delta H_3 = 44.5kJ$。

将这些数据代入（1）式，得 $\Delta H_{1mol} = -114.61kJ$。将 $1mol$［C］氧化放热量折合成 $1kg$［C］的放热量

$$\Delta H_{C,1kg} = -114.61 \times \frac{1000}{12} = -9550.99kJ$$

（2）碳氧化所产生的化学热不仅使钢水升温，而且也使炉渣、炉衬同时升温。忽略其他的热损失，当 C 含量由 1% 降至 0.001% 时，可以认为 1% C 全部氧化，根据热平衡方程：

$$\Delta H' = Q_{st} \cdot C_p^2 \Delta T + (Q_{sl} + Q_{fr})C_p^3 \cdot \Delta T = -9550.99kJ$$

所以　　　　　　$$\Delta T = \frac{-9550.99}{100 \times 0.837 + (15 + 10) \times 1.23} = 84K$$

即氧化 1% C 可使炼钢熔池的温度升高 84℃。

（3）加入 1kg 的废钢，其升温到炼钢温度 $T_M = 1873K$ 所吸收的热量（$\Delta H''$）为：

$$\begin{aligned}\Delta H'' &= C_p^1(T - 298) + \Delta H_{fus} + C_p^2(T_M - T)\\ &= 0.699 \times (1773 - 298) + 271.96 + 0.837 \times (1873 - 1773)\\ &= 1386.69kJ\end{aligned}$$

可见，加入 1kg 废钢所能吸收的热量为 $\Delta H'' = 1386.69kJ$，可以使炉内温度降低大约 7℃。

5.2　化学反应及标准自由能与温度的关系

材料制备过程的物理变化和化学反应错综复杂，故各类反应的焓变的计算也比较复杂。因此，往往需要把条件进行简化才能进行运算。

利用基尔霍夫公式计算化学反应焓变，前提是反应物与生成物的温度相同，为了使化学反应温度保持恒定，过程放出的热要及时散出；对吸热反应则必须及时供给热量。如果化学反应在绝热条件下进行，或因反应进行得快，过程所放出的热量不能及时传出，此时也可视为绝热过程。对于放热反应，生成物将吸收过程发出的热，使自身温度高于反应温度。如果已知反应的焓变，以及生成物热容随温度变化的规律，即可计算该体系的最终温度，该温度称为最高反应温度。对燃烧反应，就称为理论燃烧温度。绝热过程是理想过程，实际上和环境发生能量交换总是不可避免的。因此，反应所能达到的实际温度总是低于理论最高温度。

计算放热反应的理论最高温度，实际上是非等温过程焓变的计算。一般假定反应按化学式计量比发生，反应结束时反应器中不再有反应物。因此，可认为反应热全部用于加热生成物，使生成物温度升高。

5.2.1 吉布斯自由能－温度关系图

对于大多数金属单质参与的化学反应，可以用下式表示：

$$\frac{2x}{y}M + O_2 \rightleftharpoons \frac{2}{y}M_xO_y \tag{5-10}$$

判断反应能否自发进行，依据 Gibbs 自由能的变化：

$$\Delta G = \Delta G^{\ominus} + RT\ln K_p = \Delta G^{\ominus} + RT\ln\frac{1}{P_{O_2}/P^{\ominus}} \tag{5-11}$$

根据热力学第二定律，在等温等压条件下：

$$\Delta G^{\ominus} = \Delta H_T^{\ominus} - T\Delta S_T^{\ominus} \tag{5-12}$$

式中，$\Delta S_T^{\ominus}$ 为反应的标准熵变化。熵的概念是由德国物理学家克劳修斯于 1865 年所提出，是描述热力学系统的重要态函数之一。熵的变化指明热力学过程进行的方向，熵为热力学第二定律提供了定量表述。在物理学上熵指热能与温度的比值，标志热量转化为功的程度。根据 $\Delta G^{\ominus} < 0$，则反应可以自发进行；大于零反之。所以，首先可以看出，如果正、逆反应都可在一定条件下自发进行，那么 $\Delta H^{\ominus}$、$\Delta S^{\ominus}$ 一定同号。设 $\Delta H^{\ominus}$、$\Delta S^{\ominus}$ 分别是正反应的单位摩尔焓变与熵变，则逆反应的焓变、熵变与正反应是相反数。如果 $\Delta H^{\ominus} > 0$，$\Delta S^{\ominus} < 0$，则正反应的 $\Delta G^{\ominus}$ 在只改变温度的情况下，一定大于零，正反应不可能自发进行，而逆反应一定自发进行。如果 $\Delta H^{\ominus} < 0$，$\Delta S^{\ominus} > 0$，则逆反应的 $\Delta G^{\ominus}$ 在只改变温度的情况下，一定大于零，逆反应不可能自发进行，而正反应一定自发进行。

对于金属氧化物的离解或生成反应，应用式（5-12）求解其标准吉布斯自由能表达式，总能得到 $\Delta G^{\ominus} - T$ 关系的二项式：

$$\Delta G^{\ominus} = a + bT \tag{5-13}$$

将各个金属氧化物的二项式以 $\Delta G^{\ominus} - T$ 分别为纵、横坐标绘出直线，即可得到吉布斯自由能图。埃林汉（Ellingham）将氧化物的标准生成吉布斯自由能 $\Delta G^{\ominus}$ 数值折合成元素与 1mol 氧气反应的标准吉布斯自由能变化 $\Delta G^{\ominus}$ J/molO$_2$，这样，可以直观地分析和考虑各种元素与氧的亲和能力，了解不同元素之间的氧化和还原关系，比较各种氧化物的稳定顺序。例如：将反应式（5-10）的 $\Delta G^{\ominus}$ 与温度 T 的二项式关系绘制成图，如图 5-2 所示。该图又称为氧势图，也称为吉布斯自由能和温度关系图，可以从该图得到多方面的热力学信息。

5.2.2 氧势图的特点及其应用

5.2.2.1 直线的斜率

将 $\Delta G^{\ominus}$ 与 T 的二项式关系 $\Delta G^{\ominus} = a + bT$ 对 T 微分得：

$$(\partial\Delta G^{\ominus}/\partial T)_p = b = -\Delta S^{\ominus} \tag{5-14}$$

表明图 5-1 中直线的斜率即为反应 $\frac{2x}{y}M + O_2 \rightleftharpoons \frac{2}{y}M_xO_y$ 的标准熵变。当参与反应的物质随温度升高发生相变由固相变为液相或由液相变为气相，其熵值将逐步增大，相变过程的增加值可以由下式计算：

$$\Delta S^{\ominus} = \frac{\Delta H_{相变}^{\ominus}}{T_{相变}} \tag{5-15}$$

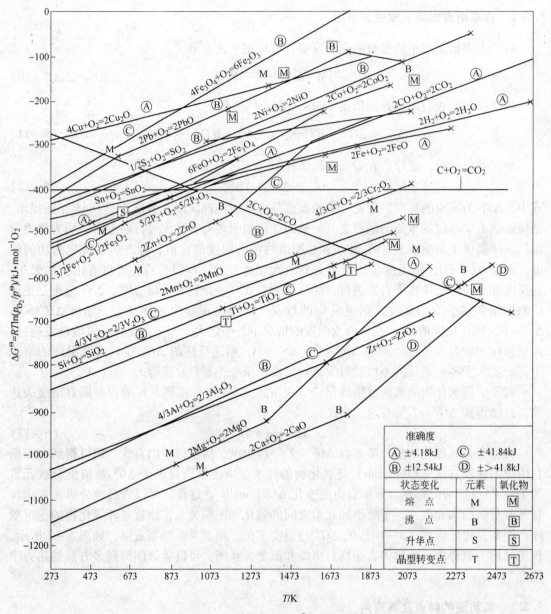

图 5 - 2　氧化物的 $\Delta G^{\ominus} - T$ 关系图

当反应物相变时，$\Delta S^{\ominus}$ 降低，b 值加大，直线斜率也加大，表现在直线中出现转折点，相应直线的截距 a 将降低。

5.2.2.2　直线的位置

不同元素的氧化物 $\Delta G^{\ominus}$ 与 T 的关系构成位置高低不同的直线，由于纵坐标是吉布斯自由能，因此可以判定：位置越低，表明 $\Delta G^{\ominus}$ 负值越大，在标准状态下所生成的氧化物越稳定，越难被其他元素还原。在同一温度下，若几种元素同时与氧相遇，则位置低的元素最先氧化。如 1673K 时，元素 Si、Mn、Ca、Al、Mg 同时与氧相遇时，被氧化的先后顺序为：Ca > Mg > Al > Si > Mn。位置低的元素在标准状态下可以将位置高的氧化物还原。

例如在 1600℃时，Mg 可以还原 SiO_2 得到单质硅：

$$2Mg_{(g)} + SiO_2 \Longrightarrow Si_{(l)} + 2MgO_{(s)} \quad \Delta G^\Theta = -514620 + 212.04T = -117.47\text{kJ/mol}$$

在 CO 线以下区域，如元素 Al、Ba、Mg、Ca 以及稀土等氧化物不能被 C 还原，在冶炼中它们以氧化物形式进入炉渣。在中间区域，CO 线与其他线相交，如元素 Cr、Nb、Mn、V、B、Si、Ti 等氧化物线。当温度高于交点温度时，元素 C 氧化，低于交点温度时，其他元素氧化。交点温度称为碳和相交元素的氧化转化温度，或碳还原该元素氧化物的最低还原温度。任何两种元素的氧化物的氧势线斜率若相差较大而相交时，交点温度称为两种元素的氧化转化温度，或称一种元素还原另一种元素氧化物的最低还原温度。

由于生成 CO 的直线斜率与其他直线斜率不同，所以 CO 线将图分成三个区域。在 CO 线以上的区域，如元素 Fe、W、P、Mo、Sn、Ni、Co、As 及 Cu 等的氧化物均可以被 C 还原，所以在高炉冶炼中，矿石中若含 Cu、As 等有害元素，在冶炼过程中将进入生铁，给炼钢带来困难。例如从热力学数据表中可以查出下面两个反应的 ΔG^Θ：

$$Mg_{(g)} + \frac{1}{2}O_2 \Longrightarrow MgO_{(s)} \quad \Delta G^\Theta_{MgO} = -731150 + 205.39T \quad (\text{J/mol}, 1500 \sim 2000\text{K})$$

$$2Al_{(l)} + \frac{3}{2}O_2 \Longrightarrow Al_2O_{3(s)} \quad \Delta G^\Theta_{Al_2O_3} = -1679880 + 321.79T \quad (\text{J/mol}, 1500 \sim 2000\text{K})$$

均折合成与 1mol O_2 反应的数值，即

$$2Mg_{(g)} + O_2 \Longrightarrow 2MgO_{(s)} \quad \Delta G^\Theta = -1462300 + 410.78T \quad (\text{J/mol}, 1500 \sim 2000\text{K})$$

$$\frac{4}{3}Al_{(l)} + O_2 \Longrightarrow \frac{2}{3}Al_2O_{3(s)} \quad \Delta G^\Theta = -1119920 + 214.53T \quad (\text{J/mol}, 1500 \sim 2000\text{K})$$

两个反应的 ΔG^Θ 相等时的温度即为 Mg 和 Al 的氧化转化温度 $T_{转} = 1745\text{K}$。温度大于 1745K 时 Al_2O_3 稳定，小于 1745K 时 MgO 稳定。所以 1745K 是 Al 还原 MgO 的最低还原温度。

从图 5-2 还可分析氧化物被还原的方式，在高炉内氧化物被焦炭（C）还原的反应称直接还原反应。风口吹入的大量热空气，到高炉内即将一部分焦炭燃烧成 CO 气，含有 CO 的炉气上升时遇到铁矿石，CO 的燃烧反应为：

$$2CO + O_2 \Longrightarrow 2CO_2 \quad \Delta G^\Theta = -558146 + 167.78T \quad (\text{J/mol})$$

在 CO 氧化称为 CO_2 时的 ΔG^Θ 线之上的氧化物，其元素都可被 CO 从氧化物还原出来，例如 Cu、As、Ni、Sn、Mo、P 等元素。

$$2Ni_{(s)} + O_2 \Longrightarrow 2NiO_{(s)} \quad \Delta G^\Theta = -476976 + 168.62T \quad (\text{J/mol})$$

所以 $2NiO_{(s)} + 2CO \Longrightarrow 2Ni_{(s)} + 2CO_2 \quad \Delta G^\Theta = -81170 - 0.84T \quad (\text{J/mol})$

可以看出 CO 与氧化镍的反应 ΔG^Θ 在任何温度下都为负，该反应可以进行。用 CO 还原氧化物的反应称之为间接还原反应。

如图 5-2 所示，Cr、Mn、Nb、V、B、Si 及 Ti 等氧化物生成的 ΔG^Θ 线都远在 CO 氧化为 CO_2 的 ΔG^Θ 线之下，所以如果铁矿石内含有这些元素的氧化物，它们不能被 CO 还原，而只能被 C 还原，使这些元素进入生铁。也就是说，这些元素是在高炉下部的高温熔炼区以直接还原方式进入生铁的。

在图 5-2 的温度范围内生成 FeO 的 ΔG^Θ 线在 CO 氧化成 CO_2 的 ΔG^Θ 线之下，这样 CO 是不能还原 FeO 的。但生产实践证明，当铁矿石自高炉炉顶加入，在下降过程预热中，

即被上升的含有 CO 的炉气还原。如铁矿石是 Fe_2O_3，即被 CO 先还原为 Fe_3O_4，再由 Fe_3O_4 被 CO 还原为 FeO，而大量的 FeO 又被 CO 还原为 Fe。

应该注意：反应 $2C_{(s)} + O_2 = 2CO$ 的 $\Delta G^{\ominus} = -114400 - 85.77T$（J/mol）直线斜率为负值，但却不能得出 CO 的稳定性随温度升高而增加的结论。事实正好相反，温度升高，CO（压力一定）的分解压增大。这是因为上述反应是放热的，温度升高，平衡向左移动所致。因为在比较同一种氧化物在低温和高温下的稳定性时，不属于恒温条件，故不能用反应的 $\Delta G^{\ominus}$ 来判断。

5.2.3　标准吉布斯自由能的计算及其应用实例

例 5-5　PCl_5 的分解反应式为：

$$PCl_{5(g)} \Longleftrightarrow PCl_{3(g)} + Cl_{2(g)}$$

在 523.2K 及 10^5Pa 的条件下反应到达平衡后，测得平衡混合物的密度为 $2.695kg/m^3$，已知 $M_{PCl_5} = 208.2 \times 10^{-3}$ kg/mol，试计算：（1）$PCl_{5(g)}$ 的离解度；（2）该反应的 $K_p^{\ominus}$；（3）该反应的 $\Delta G^{\ominus}$。

解：（1）根据已知可以设定 $PCl_{5(g)}$ 的初始摩尔数为 n，其离解度为 α，则：

$$PCl_{5(g)} \Longleftrightarrow PCl_{3(g)} + Cl_{2(g)}$$

开始　　　　　n　　　　　　0　　　　0

平衡　　　$n(1 - \alpha)$　　　$n\alpha$　　　$n\alpha$

设 α 为解离度，平衡时总物质的量为 $n(1 + \alpha)$：

平衡体系中　　　$pV = n(1 + \alpha)RT \Rightarrow n = \dfrac{W_{PCl_5}}{M_{PCl_5}} = \dfrac{W_{混}}{M_{PCl_5}}$

W_{PCl_5} 和 $W_{混}$ 表示开始时 PCl_5 的质量和混合气体的质量：

$$p = \frac{W_{混}}{V} \times \frac{1}{M_{PCl_5}}(1 + \alpha)RT = \rho \frac{1 + \alpha}{M_{PCl_5}}RT$$

$$\alpha = \frac{pM_{PCl_5}}{\rho RT} - 1 = \frac{10^5 \times 208.2 \times 10^{-3}}{2.695 \times 8.314 \times 523} - 1 = 0.80$$

（2）以 1mol PCl_5 为基准：

$$K_p^{\ominus} = \frac{p_{PCl_3}p_{Cl_2}}{p_{PCl_5}p^{\ominus}} = p\left(\frac{\alpha}{1 + \alpha}\right)^2 \left[p^{\ominus}\left(\frac{1 - \alpha}{1 + \alpha}\right)\right]^{-1}$$

当 $p = p^{\ominus}$，$\alpha = 0.80$ 时：$K_p^{\ominus} = 1.778$。

（3）根据式（5-11），在反应平衡时，$\Delta G = 0$：

所以　　　$\Delta G^{\ominus} = -RT\ln K_p^{\ominus} = -8.314 \times 523 \times \ln 1.778 = -2.502kJ/mol$

例 5-6　在硫化氢气氛中，银有可能发生下面的反应受到 $H_2S_{(g)}$ 的腐蚀：

$$H_2S_{(g)} + 2Ag_{(s)} = Ag_2S_{(s)} + H_{2(g)}$$

在 298K 和标准压力 $p^{\ominus}$ 下，将银放在等体积的氢和 H_2S 组成的混合气中。已知：298K 时，$Ag_2S_{(s)}$ 和 $H_2S_{(g)}$ 的标准生成吉布斯自由能分别为 -40.26kJ/mol 和 -33.02 kJ/mol。

（1）试问是否可能发生腐蚀而生成硫化银。

（2）在混合气中，硫化氢的百分数低于多少，才不致发生腐蚀？

解：（1）
$$\Delta G_{298K}^{\ominus} = \Delta G_{s,Ag_2S}^{\ominus} - \Delta G_{g,H_2S}^{\ominus} = -7.24\text{kJ/mol}$$

$$Q_p = \frac{p_{H_2}}{p_{H_2S}} = 1$$

$$\Delta G = \Delta G^{\ominus} = -7.24\text{kJ/mol} < 0$$

所以，在 298K 和标准压力 $p^{\ominus}$ 下，银在等体积的氢和 H_2S 组成的混合气中会发生腐蚀生成 $Ag_2S_{(s)}$。

（2）设 $H_2S_{(g)}$ 的百分数为 x，则：

$$Q_p = \frac{1-x}{x}$$

$$\Delta G = -7.24 \times 10^3 \text{J/mol} + 8.314\text{J/(mol·K)}(298\text{K})\ln\frac{1-x}{x} > 0$$

$$\ln\frac{1-x}{x} > 2.922 \Rightarrow x < 5.1\%$$

所以可以推断：当硫化氢的体积分数低于 5.1% 时可以避免发生腐蚀。

例 5-7 单质 Ca 与 ThO_2 的化学反应式如下：
$$2Ca_{(s)} + ThO_{2(s)} = 2CaO_{(s)} + Th_{(s)}$$
已知：$\Delta G_{1373K}^{\ominus} = -10.46\text{kJ/mol}$，$\Delta G_{1473K}^{\ominus} = -8.37\text{kJ/mol}$。

试估计 $Ca_{(s)}$ 能还原 $ThO_{2(s)}$ 的最高温度。

解： 根据式（5-12），可得：
$$\begin{cases} \Delta G_{1373K}^{\ominus} = \Delta H^{\ominus} - 1373 \times \Delta S^{\ominus} \\ \Delta G_{1473K}^{\ominus} = \Delta H^{\ominus} - 1473 \times \Delta S^{\ominus} \end{cases}$$

联立两方程解得：
$$\Delta H^{\ominus} = -39.16\text{kJ/mol}$$
$$\Delta S^{\ominus} = -2.09 \times 10^{-2}\text{kJ/(mol·K)}$$

所以：
$$T_{转} = \frac{\Delta H^{\ominus}}{\Delta S^{\ominus}} = 1874\text{K}$$

例 5-8 试估计能否像炼铁那样，直接用碳来还原 TiO_2：
$$TiO_2 + C = Ti + CO_2$$
已知 $\Delta G_{CO_2}^{\ominus} = -394.38\text{kJ/mol}$，$\Delta G_{TiO_2}^{\ominus} = -852.9\text{kJ/mol}$。

解： 反应 $TiO_{2(s)} + C_{(s)} = Ti_{(s)} + CO_{2(g)}$ 的标准吉布斯自由能为：
$$\Delta G^{\ominus} = -394.38 - (-852.9) = 458.5\text{kJ/mol} > 0$$
所以，在室温及 1 个大气压的条件下，反应不能正向进行。

例 5-9 已知在 460～1200K 温度范围内，下列反应及其标准吉布斯自由能为：
$$3Fe_{(s)} + C_{(s)} = Fe_3C_{(s)} \quad \Delta G^{\ominus} = 26670 - 24.33T \quad \text{(J/mol)}$$
$$CO_{2(g)} + C_{(s)} = 2CO_{(g)} \quad \Delta G^{\ominus} = 162600 - 167.62T \quad \text{(J/mol)}$$

试计算将 Fe 放入含有 20% 的 $CO_{2(g)}$ 及 75% $CO_{(g)}$ 的氮气中，当 $P_总 = 206650\text{Pa}$，温度为 1173K 时，能否生成珠光体（Fe_3C），在同样的温度条件下，形成 Fe_3C 的总压力需要多少？

解：（1）将上述两个反应式相减，得：

$$3Fe + 2CO \rightleftharpoons CO_2 + Fe_3C \quad \Delta G^\ominus = 135930 + 143.29T \quad (J/mol)$$

所以，当 $T = 1173K$ 时：

$$\Delta G = \Delta G^\ominus + RT\ln\frac{P_{CO_2}}{P_{CO}^2}$$

$$= -135930 + 143.29 \times 1173 + 8.314 \times 1173 \times \ln\left[\left(0.20 \times \frac{P_{总}}{P^\ominus}\right) \middle/ \left(0.75 \times \frac{P_{总}}{p^\ominus}\right)^2\right]$$

$$= 32149.17 + 9752.3 \times \ln\left(0.356 \times 10^5 / P_{总}\right)$$

当 $P_{总} = 202650Pa$ 时，$\Delta G = 15611 J/mol > 0$，所以不能生成 Fe_3C。

（2）若要使 Fe_3C 生成，则必须使 $\Delta G < 0$：

$T = 1173K$ 时，$\Delta G = 32149.17 + 9752.3 \times \ln\left(\dfrac{0.356 \times 10^5}{P_{总}}\right) < 0$

即：

$$\lg\left(\frac{0.356 \times 10^5}{P_{总}}\right) < -1.4314$$

可解得 $P_{总} > 9.6 \times 10^5 Pa$。

例 5 - 10　用 Si 热法还原 MgO，即：

$$Si_{(s)} + 2MgO_{(s)} \rightleftharpoons 2Mg_{(g)} + SiO_{2(s)} \quad \Delta G^\ominus = 523000 - 211.71T \quad (J/mol)$$

计算：（1）在标准状态下该反应正向进行的最低温度为多少？

（2）若需要将还原温度降低到 1573K，所对应的压力值为多少？

解：（1）令 $\Delta G^\ominus = 0$，即 $523000 - 211.71T = 0$

可得出 $T = 2470K$

故标准状态下该反应正向进行所需要的最低温度为 $T = 2470K$。

（2）根据　$\Delta G = \Delta G^\ominus + RT\ln\left(\dfrac{P_{Mg}}{P^\ominus}\right)^2 = (523000 - 211.71T) + 2RT\ln\dfrac{P_{Mg}}{P^\ominus}$

若欲使还原温度降到 1573K，则当 $T = 1573K$ 时，$\Delta G < 0$

即：

$$523000 - 211.71 \times 1573 + 2 \times 8.314 \times 1573 \times \ln\frac{P_{Mg}}{P^\ominus} < 0$$

推得

$$\lg\frac{P_{Mg}}{10^5} < -3.154$$

所以

$$P_{Mg} < 70.16 Pa$$

例 5 - 11　已知　　　　　　$ZrO_{2(s)} \rightleftharpoons Zr_{(s)} + O_{2(g)}$

$$\Delta G^\ominus = 1087600 + 18.12T \times \lg T - 247.36T \quad (J/mol)$$

计算反应在 2000K 时的标准平衡常数及平衡氧分压分别为多少？在 $T = 2000K$，$P_{总} = 1.3 \times 10^{-3} Pa$（体系内含有 21% 的氧气）时 ZrO_2 坩埚能否分解？

解：当 $T = 2000K$ 时

$$\Delta G^\ominus = 1087600 + 18.12 \times 2000 \times \lg 2000 - 247.36 \times 2000$$

$$= 712509.3 J$$

因为

$$\Delta G^\ominus = -RT\ln K^\ominus$$

则有

$$\ln K^{\ominus} = \frac{-712509.3}{8.314 \times 2000} = -42.85$$

计算得：

$$K^{\ominus} = 2.49 \times 10^{-19}$$

而从反应式可得：

$$K^{\ominus} = \frac{P_{O_2}}{1.01325 \times 10^5}$$

从而可计算得：

$$P_{O_2,eq} = 2.53 \times 10^{-14} \text{Pa}$$

在 1.3×10^{-3} Pa 真空下，若含有 21% 的 O_2

则氧分压为：

$$P_{O_2} = 1.3 \times 10^{-3} \times 0.21 = 2.73 \times 10^{-4} \text{Pa} > P_{O_2,eq}$$

即纯 ZrO_2 坩埚不会分解。

例 5-12 已知反应及其焓变及熵变如下：

$$ZnO_{(s)} + CO_{(g)} \Longrightarrow Zn_{(s/g)} + CO_{2(g)}$$

$$\Delta H^{\ominus}_{300K} = 65\text{kJ/mol}, \quad \Delta H^{\ominus}_{1200K} = 180.9\text{kJ/mol}$$

$$\Delta S^{\ominus}_{300K} = 13.71\text{J/(K·mol)}, \quad \Delta S^{\ominus}_{1200K} = 288.6\text{J/(K·mol)}$$

试问：能否在 1200K 时用还原方法制备纯 Zn？

解： 当 $T = 2000K$

带入：

$$\Delta G^{\ominus} = \Delta H^{\ominus} - T\Delta S^{\ominus}$$

$$T = 300K, \quad \Delta G^{\ominus}_{300K} = 60890\text{J/mol}$$

$$T = 1200K, \quad \Delta G^{\ominus}_{1200K} = -165420\text{J/mol}$$

带入 $\ln K = -\Delta G^{\ominus}/RT$

$$K_{300K} = 2.51 \times 10^{-11}, \quad K_{1200K} = 1.57 \times 10^7$$

所以可以在 1200K 用还原法制备金属 Zn。

5.3 化学反应热力学计算在冶炼过程中的应用实例

5.3.1 氧化物的还原——C 的燃烧反应

采用火法冶炼提取金属或炼钢过程中所用的燃料，固体燃料有煤和焦炭，其可燃成分为 C；气体燃料有煤气和天然气；液体燃料有重油等，其可燃成分主要为 CO 和 H_2。冶金用还原剂包括冶炼用燃料煤和焦炭（主要成分为 C）或者其料燃烧产物（如 CO 和 H_2）。参与燃烧的助燃剂为 O_2，主要来自空气或者氧化物中所含的 O_2。而燃烧和还原的气体产物则为 CO_2 和水蒸气。因而，燃烧反应是与 C—O 系和 C—H—O 系有关的反应。

碳的气化反应：

$$C + CO_2 \Longrightarrow 2CO \quad \Delta G^{\ominus} = 170707 - 174.47T \quad (\text{J/mol}) \quad (5-16)$$

煤气燃烧反应：

$$2CO + O_2 \Longrightarrow 2CO_2 \quad \Delta G^{\ominus} = -564840 + 173.64T \quad (\text{J/mol}) \quad (5-17)$$

碳的完全燃烧反应：

$$C + O_2 \Longrightarrow CO_2 \quad \Delta G^{\ominus} = -394133 - 0.84T \quad (\text{J/mol}) \quad (5-18)$$

碳的不完全燃烧反应：

$$2C + O_2 \Longrightarrow 2CO \quad \Delta G^{\ominus} = -223426 - 175.31T \quad (\text{J/mol}) \quad (5-19)$$

反应式（5-18）和式（5-19）由于碳在高温下与氧反应可同时生成 CO 和 CO_2，因而不能单独进行研究，通常其热力学数据系由反应式（5-16）和式（5-17）间接求出，即反应式（5-16）加反应式（5-17）得出反应式（5-18），而反应式（5-16）的两倍加上反应式（5-17）得到反应式（5-19）。

反应式（5-17）、式（5-18）和式（5-19）皆为离解生成反应。

由图 5-2 可看出，碳的完全燃烧和不完全燃烧反应的 $\Delta G^{\ominus}$ 在任何温度下都是负值，不完全燃烧反应的 $\Delta G^{\ominus}$ 在温度升高时变得更负，因而，在 O_2 充足时，C 完全燃烧成 CO_2，O_2 不足时将生成一部分 CO，而 C 过剩时，将生成 CO。煤气燃烧反应的 $\Delta G^{\ominus}$ 随温度升高而加大，因而温度高时，CO 不易反应完全。

例 5-13　当用煤气作为燃料时，在温度较低时反应易完全，而在高温下燃烧时，由于 $\Delta G^{\ominus}$ 加大，CO 不能完全燃烧成 CO_2，存在不完全燃烧损失，这是煤气燃烧反应的特点。已知其不完全燃烧反应及标准吉布斯自由能：

$$2CO + O_2 = 2CO_2 \quad \Delta G^{\ominus} = -564840 + 173.64T \quad (J)$$

求 CO_2 在压力为 $10^5 Pa$，温度分别为 1500K 和 2000K 时的离解度 α。

解：CO 的不完全燃烧程度用 α 表示，当 C 不完全燃烧时，可视为可逆反应，α 则为反应体系中 CO_2 的离解度，即：

$$\alpha = \frac{\text{离解为 CO 的 } CO_2 \text{ 摩尔数}}{\text{未离解的 } CO_2 \text{ 摩尔数} + \text{离解为 CO 的 } CO_2 \text{ 摩尔数}}$$

在给定 CO 和 O_2 的开始浓度比的条件下，该反应中各物质在反应开始及达到平衡时的摩尔数分别为：

$$2CO + O_2 = 2CO_2$$

开始　　　1　　0.5　　0　　mol

平衡　　　α　　0.5α　　$1-\alpha$　　mol

所以，平衡时的总摩尔数为 $1+0.5\alpha$。

设总压为 P，则：

$$K_p = \frac{p_{CO_2}^2}{p_{CO}^2 p_{O_2}} \cdot p^{\ominus} = \frac{\left(\dfrac{1-\alpha}{1+0.5\alpha}p\right)^2 p^{\ominus}}{\left(\dfrac{\alpha}{1+0.5\alpha}p\right)^2\left(\dfrac{0.5\alpha}{1+0.5\alpha}p\right)} = \frac{(1-\alpha)^2(2+\alpha)}{\alpha^3 p}p^{\ominus} \quad (5-20)$$

由于 α 值在通常的燃烧温度时比较小，则 $1-\alpha \approx 1$，$2+\alpha \approx 2$，得：

$$K_p = \frac{2p^{\ominus}}{\alpha^3 p} \quad \text{或} \quad \alpha = \left(\frac{2p^{\ominus}}{K_p p}\right)^{\frac{1}{3}} \quad (5-21)$$

$T = 1500K$ 时，$\Delta G_{1500}^{\ominus} = -564840 + 173.64 \times 1500 = -304380J$

$$\lg K_p = -\Delta G^{\ominus}/2.303RT = 304380/(2.303 \times 8.314 \times 1500) = 10.60$$

$$K_p = 3.98 \times 10^{10}$$

$$\alpha = \sqrt[3]{\frac{2 \times 10^5}{3.98 \times 10^{10} \times 10^5}} = 7.1 \times 10^{-4}$$

$T = 2000K$ 时，$\Delta G_{2000}^{\ominus} = -564840 + 173.64 \times 2000 = -217560J$

$$\lg K_p = 217560/(8.314 \times 2.303 \times 2000) = 5.68$$

$$K_p = 478630$$

$$\alpha = \sqrt[3]{\frac{2 \times 10^5}{478630 \times 10^5}} = 1.6 \times 10^{-2}$$

即 CO_2 的离解度在 1500K 及 2000K 时分别为 0.07% 和 1.6% 。

由上述分析计算可见，温度升高时，K_p 变小，α 升高。所以可以推知在高压和低温下 CO 易完全燃烧。但是应该注意：在低压和高温下 α 的值显著增大，此时，近似必须用式 (5 – 20) 进行计算。

例 5 – 14 碳的气化反应为火法冶金的重要反应之一，在竖式冶金炉内风口前空气中的 O_2 与焦炭中 C 燃烧生成 CO_2，所生成的 CO_2 将与 C 反应生成 CO，在氧化物与 C（焦炭、煤粉）共存的料层内，还原产物 CO_2 也将与 C 反应生成 CO，CO 可以反复还原氧化物；在有催化剂存在时，当温度降低后炉内气体中的 CO 将按逆反应生成 CO_2 和烟碳。该反应的气相平衡成分取决于温度和总压。其反应及标准吉布斯自由能表达式如下：

$$C + CO_2 \Longrightarrow 2CO \quad \Delta G^\ominus = 170707 - 174.47T \quad (J/mol)$$

分别求：（1）在 $P_{总} = 10^5 Pa$，$T = 1200K$；

（2）在 $P_{总} = 10^5 Pa$，$T = 1273K$；

（3）在 $P_{总} = 10^6 Pa$，$T = 1200K$ 的条件下碳的气化反应的气相平衡成分。

解：根据 C 的气化反应式，其反应平衡常数为：

$$K_p = \frac{P_{CO}^2}{P_{CO_2} P^\ominus}$$

同时设该体系的总压力为 $P_{总}$，则：$P_{CO} + P_{CO_2} = P_{总}$。

即：

$$K_P = \frac{P_{CO}^2}{(P_{总} - P_{CO}) P^\ominus}$$

可得：

$$P_{CO}^2 + K_P P^\ominus P_{CO} - K_P P^\ominus P_{总} = 0$$

$$P_{CO} = \frac{-K_P P^\ominus \pm \sqrt{K_P^2 P^\ominus - 4(-K_P P_{总} P^\ominus)}}{2}$$

$$= -\frac{K_P P^\ominus}{2} + \sqrt{\frac{K_P^2 P^{\ominus 2} + 4 K_P P_{总} P^\ominus}{4}}$$

由于

$$P_{CO} = CO\% P_{总}$$

所以

$$CO\% = \left(-\frac{K_P P^\ominus}{2} + \sqrt{\frac{K_P^2 P^{\ominus 2}}{4} + K_P P_{总} P^\ominus} \right) \Big/ P_{总} \qquad (5 - 22)$$

式 (5 – 22) 即为平衡气相成分与温度及总压的关系式。

（注：$ax^2 + bx - c = 0$ 的根 $x = [-b \pm \sqrt{(b^2 + 4ac)}]/2a$，其中 $a = 1$，$b = K_P P^\ominus$，$c = K_P P_{总} P^\ominus$）

（1）在 $T = 1000K$，$P_{总} = 10^5 Pa$ 时：

$$\lg K_P = \frac{-170707 + 174.47 \times 1000}{8.314 \times 2.303 \times 1000} = 0.197 \Rightarrow K_P = 1.57$$

将 K_P 值代入式 (5 – 22) 则：

$$CO\% = \left(-\frac{1.57 \times 10^5}{2} + \sqrt{\frac{1.57^2 \times 10^{10}}{4} + 1.57 \times 10^5 \times 10^5} \right) \Big/ 10^5 = 0.69$$

$$CO_2\% = 1 - CO\% = 1 - 0.69 = 0.31$$

所以，在 $T = 1000K$、$P_\text{总} = 10^5 Pa$ 时，平衡气相中 CO 及 CO_2 的体积百分数分别为 69% 和 31%。

（2）在 $T = 1273K$、$P_\text{总} = 10^5 Pa$ 时：

$$\lg K_P = \frac{-170707 + 174.47 \times 1273}{8.314 \times 2.303 \times 1273} = 2.109 \Rightarrow K_P = 128.38$$

将 K_P 值代入式（5-22）则：

$$CO\% = \left(-\frac{128.38 \times 10^5}{2} + \sqrt{\frac{128.38^2 \times 10^{10}}{4} + 128.38 \times 10^5 \times 10^5} \right) \Big/ 10^5 = 0.99$$

$$CO_2\% = 1 - CO\% = 1 - 0.98 = 0.02$$

所以，在 $T = 1273K$、$P_\text{总} = 10^5 Pa$ 时，平衡气相中 CO 及 CO_2 的体积百分数分别为 99% 和 1%。

（3）在 $T = 1000K$、$P_\text{总} = 10^6 Pa$ 时：

$$\lg K_P = 0.197 \Rightarrow K_P = 1.57$$

将 K_P 值代入式（5-22）则：

$$CO\% = \left(-\frac{1.57 \times 10^5}{2} + \sqrt{\frac{1.57^2 \times 10^{10}}{4} + 1.57 \times 10^6 \times 10^5} \right) \Big/ 10^6 = 0.33$$

$$CO_2\% = 1 - CO\% = 1 - 0.33 = 0.67$$

显然，温度升高将有利于生成 CO，在 1273K 时 C 几乎完全转化为 CO。而且，在温度恒定时，反应体系的总压力降低也有利于生成 CO。当体系中实际的 CO% 大于平衡的 CO%，则反应向 CO 减少的方向进行，此时只有 CO_2 是稳定的，相反，则 CO 稳定。

5.3.2　氧化物的还原——H-O 系和 C-H-O 系燃烧反应

氢的燃烧反应。氢燃烧的化学反应式及标准吉布斯自由能表达式为：

$$2H_2 + O_2 \Longrightarrow 2H_2O \quad \Delta G^\ominus = -503921 + 117.36T \quad \text{（J/mol）} \qquad (5-23)$$

氢燃烧反应的热力学规律与煤气燃烧反应相同，即温度升高后 H_2 的不完全燃烧程度加大，H_2O 的离解度 α 加大。从图 5-2 可见，H_2 和 CO 燃烧反应的吉布斯自由能-温度曲线有一交点，交点温度时两反应的 $\Delta G^\ominus$ 相等，由此求出转换温度 $T_\text{转} = 1083K$。在转换温度以下 CO_2 比 H_2O 稳定，CO 与 O_2 反应的能力（还原能力）大于 H_2，而在 1083K 以上的温度则相反，H_2 的还原能力大于 CO。

水煤气反应。煤气与水反应的化学方程式及反应的 $\Delta G^\ominus$ 值可由煤气燃烧反应式（5-17）与氢燃烧反应式（5-23）之差求出，为

$$CO + H_2O \Longrightarrow H_2 + CO_2 \quad \Delta G^\ominus = -30459 + 28.14T \quad \text{（J/mol）} \qquad (5-24)$$

其吉布斯自由能在 $T = 1083K$ 时反应的 $\Delta G^\ominus = 0$，$K_P = 1$，温度低于此温度时，$\Delta G^\ominus$ 小于零，CO 转变为 CO_2，而高于此温度时，H_2 转变为 H_2O。

水蒸气与碳反应。碳在空气中燃烧时，由于空气中含有水蒸气，因而存在 H_2O 与 C 的反应：

$$2H_2O + C \Longrightarrow 2H_2 + CO_2 \quad \Delta G^\ominus = 109788 - 118.32T \quad (J/mol) \qquad (5-25)$$

$$H_2O + C \Longrightarrow H_2 + CO \quad \Delta G^\ominus = 140247 - 146.36T \quad (J/mol) \qquad (5-26)$$

H_2O-C 反应与 O_2-C 反应一样，生成 CO、CO_2 的两个反应是同时进行的，因而其热力学数据也是通过间接计算求出的。水煤气反应式（5-24）的 2 倍与碳的气化反应式（5-16）之和可得出反应式（5-25），而反应式（5-25）与水煤气反应式（5-24）相减可得出反应式（5-26）。上述两反应的吉布斯自由能 - 温度曲线的交点为 $T = 1083K$，温度低生成 CO_2 趋势大，温度高生成 CO 趋势大。

5.3.3 氧化物的还原——金属氧化物用 CO 气体还原剂还原

金属氧化物用 CO 还原反应可由下述两个反应求得：

$$2CO + O_2 \Longrightarrow 2CO_2 \quad \Delta G_1^\ominus \qquad (5-27)$$

$$2Me + O_2 \Longrightarrow 2MeO \quad \Delta G_2^\ominus \qquad (5-28)$$

[式（5-27）- 式（5-28）]/2 可得式（5-29）：

$$MeO + CO \Longrightarrow Me + CO_2 \quad \Delta G^\ominus = \frac{1}{2}(\Delta G_1^\ominus - \Delta G_2^\ominus) \qquad (5-29)$$

由于反应式（5-29）的标准吉布斯自由能为：

$$\Delta G^\ominus = -RT\ln\frac{p_{CO_2}/p^\ominus}{p_{CO}/p^\ominus} = -RT\ln\frac{(CO_2\%)\,P_{总}}{(CO\%)\,P_{总}} = -RT\ln\frac{CO_2\%}{CO\%} = A + BT$$

所以平衡气相成分与温度的关系可由下列关系式求出：

即

$$\lg\frac{CO\%}{CO_2\%} = \frac{A + BT}{2.303 \times 8.314 \times T} \qquad (5-30)$$

同时

$$CO\% + CO_2\% = 1 \qquad (5-31)$$

当给定 MeO 时，即可由式（5-30）、式（5-31）求出 $CO\%$ 与 T 的关系。当反应为吸热反应时，$CO\%$ 随温度升高而降低，而对放热反应，$CO\%$ 随温度升高而增大。对于 MeO 的还原，只要控制一定的还原条件，即温度和气相中 CO 温度，就可以使给定 MeO 的还原反应按预期的方向进行。同时，根据反应的热力学数据，还可以准确地计算反应在给定温度下的 CO 最低浓度。

氧化物用 H_2 还原反应与 CO 还原相似，由以下两个离解 - 生成反应组成：

$$2H_2 + O_2 \Longrightarrow 2H_2O$$

$$\underline{2Me + O_2 \Longrightarrow 2MeO}$$

$$MeO + H_2 \Longrightarrow Me + H_2O$$

得出：

$$\lg\frac{H_2\%}{H_2O\%} = \frac{A + BT}{2.303 \times 8.314 \times T}$$

$$H_2\% + H_2O\% = 1$$

用 H_2 还原则几乎都是吸热反应，$H_2\%$ 随温度升高而降低，曲线斜率向下。

例 5-15　如在 1500K 时用 $CO + CO_2$ 混合气体还原 NiO 为金属 Ni，气相中 CO 浓度至少应控制多大？

解：　　$2Ni_{(s)} + O_2 \Longrightarrow 2NiO_{(s)} \quad \Delta G^\ominus = -476976 + 168.62T \quad (J/mol) \qquad (5-32)$

$$2CO + O_2 === 2CO_2 \quad \Delta G^\ominus = -564840 + 173.64T \quad (J/mol) \quad (5-33)$$

由式（5-33）-式（5-32），可得：

$$2NiO_{(s)} + 2CO === 2Ni_{(s)} + 2CO_2 \quad \Delta G^\ominus = -87864 + 5.02T \quad (J/mol) \quad (5-34)$$

所以：

$$\lg \frac{CO\%}{CO_2\%} = \frac{A + BT}{2.303 \times 8.314 \times T} = \frac{-87864 + 5.02 \times 1600}{19.15 \times 1600} = 2.152$$

$$\frac{CO\%}{CO_2\%} = 142 ; \quad \frac{CO\%}{1 - CO\%} = 142$$

求出

$$CO\% = 0.993$$

故气体中 CO 浓度至少应等于 99.3%。

5.3.4　氧化物的还原——金属氧化物用固体还原剂 C 还原

氧化物用 CO 还原时，反应为 $MeO + CO === Me + CO_2$，随着还原反应的进行，气相中 CO 含量降低，CO_2 含量升高，逐渐趋向于平衡，反应将不能继续进行。因而必须连续供应还原气体并排出还原气体产物。也可以用加入固体 C 的办法来降低体系中 CO_2 浓度。

当有固体 C 存在时，还原反应分两步进行，首先是 CO 还原氧化物：

$$MeO + CO === Me + CO_2$$

反应生成的 CO_2 与 C 反应（气化反应）：

$$CO_2 + C === 2CO$$

这样又重新产生 CO，此时，气相成分将取决于气化反应的平衡。

根据气化反应的平衡特点（见图 5-2）及例 5-13 可知，温度高于 973K 时，有利于 CO 形成，气相中 CO_2 平衡浓度很低，当温度达到 1273K（1000℃）时，CO_2 几乎全部转变为 CO，CO_2 可忽略不计。而温度等于 1273K 时，CO 与 CO_2 将共存，即 CO_2 不能完全转变为 CO。

高温下用 C 还原 MeO：温度高于 1000℃ 时，气相中 CO_2 平衡浓度很低，当忽略不计时，还原反应可由下述两步加和而成：

$$MeO + CO === Me + CO_2 \quad (5-35)$$
$$CO_2 + C === 2CO \quad (5-36)$$

式（5-35）+式（5-36）：$MeO + C === Me + CO$

在影响反应的平衡因素中只有温度和气相 CO 的压力，即平衡温度仅随压力而变，压力一定，平衡温度也一定。

例 5-16　用 C 还原 V_2O_3 时，若体系中 P_{CO} 控制在 10^5Pa 和 10^4Pa，求最低还原温度。

解：首先根据吉布斯自由能图 5-2 初步判断出还原温度高于 1273K，因而可按照两反应加和的还原反应计算：

$$\frac{1}{3}V_2O_3 + CO === \frac{2}{3}V + CO_2 \quad \Delta G_1^\ominus = 124097 + 8.03T \quad (J/mol) \quad (5-37)$$

$$CO_2 + C === 2CO \quad \Delta G_2^\ominus = 170707 - 174.47T \quad (J/mol) \quad (5-38)$$

式（5-37）+式（5-38），可得：

$$\frac{1}{3}V_2O_3 + C === \frac{2}{3}V + CO \quad \Delta G_3^\ominus = 294804 - 166.44T \quad (J/mol)$$

当 $P_{CO} = 10^5 Pa$ 时，符合标准状态，可用标准吉布斯自由能计算，令 $\Delta G_3^\ominus = 0$，这时的温度为平衡温度，也就是最低还原温度：

$$\Delta G_3^\ominus = 294804 - 166.44T_{还} = 0$$

$$T_{还} = 1771K$$

当 $P_{CO} = 10^4 Pa$ 时，由等温方程式得：

$$\Delta G_3 = \Delta G_3^\ominus + RT\ln\frac{P_{CO}}{P^\ominus} = 294804 - 166.44T + 8.314 \times 2.303T\lg\frac{1}{10}$$

$$= 294804 - 185.59T$$

令 $\Delta G_3 = 0$，得到压力为 $10^4 Pa$ 时的 $T_{还} = 1588K$。

温度低于1000℃时用 C 还原 MeO。

当温度低于1000℃时，碳的气化反应平衡成分中 CO、CO_2 共存，这时，MeO 的还原将取决于以下两反应的同时平衡：

$$MeO + CO \Longrightarrow Me + CO_2$$

$$CO_2 + C \Longrightarrow 2CO$$

即 MeO 与 C 反应将生成 Me、CO 和 CO_2。

两反应同时平衡时，影响反应平衡的因素有温度、压力和气相成分浓度 CO% 或 CO_2% 三个，即总压一定时，两反应同时平衡的平衡温度和 %CO 也就一定，总压改变，平衡温度和 CO% 也相应改变。两反应同时平衡只有在两反应平衡曲线的交点才能实现。因而，只有在交点温度时，MeO、Me 才能同时存在，如果浓度不等于平衡浓度，则将自动变化到平衡浓度。在交点温度以下的区域只有 MeO 稳定存在，而在交点温度以上的区域则只有 Me 稳定存在。当温度低于平衡温度时，不管气相组成如何，只有 MeO 稳定存在，而气相成分最终将转变到气化反应的平衡点。当体系温度高于平衡温度时，MeO 全部被还原为 Me，只有 Me 稳定存在。

6 传热学基础

传热学是研究热能传递规律的一门科学。热量从一物体传向另一物体或由同一物体的某一部分传向另一部分的过程称为传热或换热。物体间或同一物体内部存在温度差时就会发生热量的传递。只要有温度差存在，热量总有从高温向低温传递的趋势。温度差普遍存在于自然界里，所以传热是普遍的自然现象。传热是一种复杂的现象，根据其物理本质的不同，把传热过程分为三种基本方式：传导、对流、辐射。热处理炉内进行的热传递过程是由传导、对流、辐射三种基本形式组成的综合传热过程。

传热是加热炉内一个重要的物理过程，应用传热原理解决的实际问题主要有两类：一类是力求增强传热过程，例如提高炉子某些水冷部件的冷却效果以延长设备的寿命，或者提高废热的回收率和空气的预热温度；另一类是削弱传热中的热交换，例如减少炉体的热损失，采取必要的隔热保护措施对炉子实行保温措施，以提高热的利用率，节约能源。

传热的方式如下：

（1）传导传热：温度不同的接触物体之间或同一物体中各部分之间热能的传递过程。传导指在没有质点相对位移的情况下，当物体内部具有不同温度，或不同温度的物体直接接触时，所发生的热能传递现象。传导传热在固体、液体和气体中都可能发生。在液体和固体介电质中，热量的转移是依靠弹性波的作用，在金属内部则依靠自由电子的运动，在气体中主要依靠原子或分子的扩散和碰撞。

（2）对流传热：流体在流动时，流体质点发生位移和相互混合而发生的热量传递。对流是由于流体各部分发生相对位移而引起的热量转移。人们所研究的对流传热现象主要是流体流过另一个物体表面时所发生的热交换，称为对流换热。对流换热包含有表面附近层流层内的传导过程和层流层以外的对流过程。

（3）辐射传热：任何物体在高于热力学零度时，都会不停地向外发射粒子（光子），这种现象称为辐射。辐射不需要任何介质。物体间通过辐射能进行的热能传递过程，称为辐射传（换）热。传热过程中伴随着能量的转化，即从热能到辐射能以及从辐射能又转化为热能。热辐射是一种由电磁波来传播热能的过程。它与传导和对流有着本质的区别，它不仅有能量的转移，而且伴随着能量形式的转化，即热能转变为辐射能，辐射出去被物体吸收，又从辐射能转化为热能。辐射能的传播不需要传热物体或物体的直接接触。

实际上在传热过程中，很少有单一的传热方式存在，绝大多数情况下是两种或三种方式同时出现。例如通过炉墙向外散热时，炉内火焰以对流和辐射的方式把热传给炉墙，炉墙以传导的方式把热由内表面传到外表面，炉墙外表面再以对流和辐射的方式向外散热。所以工程上的换热过程几乎都是三种基本传热方式的复杂组合。

6.1 稳定态传导传热

6.1.1 基本概念和定律

6.1.1.1 温度场

要在物体内部产生热传导过程，必须在物体内部存在温度差，即传热和温度的分布密切相关。在某一瞬间，物体内部各点的温度分布称为温度场。温度分布是坐标和时间的函数，它的数学表达形式为：

$$t = f(x, y, z, \tau) \tag{6-1}$$

式中，t 为温度，x、y、z 为空间坐标，τ 为时间。

物体的温度场内任何一点的温度不随时间而变化时，这种温度场称为稳定温度场，这时温度分布仅是空间坐标的函数，即：

$$\left. \begin{array}{l} t = f(x, y, z) \\ \dfrac{\partial t}{\partial \tau} = 0 \end{array} \right\} \tag{6-2}$$

例如连续工作的炉子，在正常工作条件下，炉子砌体的温度场就属于稳定温度场。

如果物体的温度场内各点的温度随时间而变化，这种温度场称为不稳定温度场，即 $\partial t / \partial \tau \neq 0$。例如加热或冷却过程中钢锭的温度分布就是这类温度场。发生在稳定温度场内的导热称为稳定态导热，不稳定温度场内的导热称为不稳定态导热。

温度场可以分为三维、二维或一维的。如果一块平板的结构均匀、厚度相等，其左侧表面上各点的温度都是 t_1，右侧表面上是 t_2，且 $t_1 > t_2$，则热传递只能由左侧表面向右侧表面进行，即温度只是位置的函数：$t = f(x)$，这就是一维的稳定温度场，如图 6 – 1（a）所示。

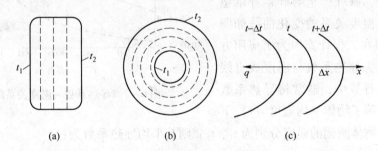

图 6 – 1　等温面与温度梯度
（a）平板的等温面；（b）圆管的等温面；（c）温度梯度和热流

6.1.1.2 温度梯度

在温度场中的同一瞬间，把物体上具有相同温度的各点连接所构成的面称为等温面，如图 6 – 1（b）所示。等温面与其他任意平面的交线称为等温线。不同温度的等温面或等温线不会相交。因此，只有穿过等温面的方向，才能观察到温度的变化。不同的等温面之间存在温度差（$\Delta t = t_1 - t_2$），温度差 Δt 与沿法线方向两等温面之间的距离 Δx 的比值的极限，称为温度梯度，如图 6 – 1（c）所示，故 x 方向的温度梯度为：

$$\lim_{\Delta x \to 0} \left(\frac{\Delta t}{\Delta x} \right) = \frac{\partial t}{\partial x} \tag{6-3}$$

温度梯度是一个沿等温面法线方向的矢量，它的正方向朝着温度升高的一面，所以热量传播的方向（热流方向）和温度梯度的正方向相反。

6.1.2　导热的基本定律与导热系数

傅里叶（J. B. Fourier）研究了固体的导热现象，于 1822 年提出：单位时间内通过给定面积的热量，正比于温度梯度和导热面积的乘积，其数学表达式为：

$$Q = -\lambda \frac{\partial t}{\partial x} A \qquad (\text{W}) \qquad\qquad (6-4)$$

式中的 λ 为比例系数，也称为导热系数。式（6-4）是导热的基本定律，也称傅里叶定律。式中负号表示热量传递的方向与温度梯度的方向相反。

单位时间内通过单位面积的热量称为热流密度，用 q 表示。即：

$$q = \frac{Q}{A} = -\lambda \frac{\partial t}{\partial x} \qquad (\text{W/m}^2) \qquad\qquad (6-5)$$

导热系数是物质的一种物性参数，它表示物质导热能力的大小，其数值就是单位温度梯度作用下，物体内所允许的热流密度值，单位为 W/(m·℃)。

各种不同的物质导热系数是不同的，即使对于同一物质，其导热系数也是随着物质的结构（密度、孔隙度）、温度、压力和湿度而改变。各种物质的导热系数都是用实验方法测定的。很多材料的导热系数都是随温度而变化的，变化的规律比较复杂，碳纤维毡与硅铝纤维毡的导热系数与温度关系的变化曲线如图 6-2 所示。但在工程计算中为了应用方便，近似地认为导热系数与温度成直线关系。在实际计算中，通常将导热系数视为常数，且等于物体平均温度（t）下

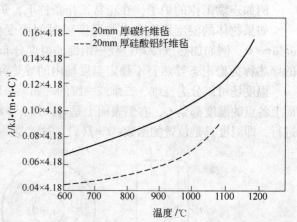

图 6-2　导热系数-温度关系曲线

的数值，如果物体两侧的温度分别为 t_1、t_2，则其平均导热系数为：

$$\lambda = \lambda_0 + bt \qquad t = \frac{t_1 + t_2}{2} \qquad\qquad (6-6)$$

式中　λ——t℃时材料的导热系数，W/(m·℃)；

　　　λ_0——0℃时材料的导热系数，W/(m·℃)；

　　　b——温度系数，由材料的物理性能确定。

各种物质中金属的导热系数最大（2.3～420W/(m·℃)），金属导热系数的大小与其中的自由电子密度成正比。纯金属中加入任意杂质，导热系数便迅速降低，而且杂质含量越高，其导热系数越小。因为杂质影响了自由电子的能量传递。高碳钢的导热系数比软钢低，高合金钢的导热系数则更低。

其他物质的导热系数由大到小的顺序分别为液体（0.09～0.7W/(m·℃)）、气体

$(0.006 \sim 0.6\text{W}/(\text{m} \cdot \text{℃}))$。气体的导热系数比固体的小，例如空气在 0℃ 时的导热系数为 $0.024\text{W}/(\text{m} \cdot \text{℃})$。因此，固体材料中如果有大量气孔，则会显著降低材料的导热性能，多数筑炉的绝热材料具有很低的导热系数，其中有大量孔隙是重要原因。又如金属板垛或板卷的加热比整块实体金属加热要慢，也是由于板与板之间有缝隙。常用多孔材料或粒状填料做炉墙以减少炉子的散热损失，就是利用了气体的导热系数低的特点。

小于 $0.23\text{W}/(\text{m} \cdot \text{℃})$ 的材料由于其导热性能较差而用于保温，所以又称为绝热材料。耐火材料和绝热材料的导热系数一般都比较小，其数值在 $0.023 \sim 2.91\text{W}/(\text{m} \cdot \text{℃})$ 的范围内，因为导热系数低，炉内通过砌体传导的热损失小。

6.1.3 一维稳定态导热

6.1.3.1 单层平壁的导热

图 6-3 所示为一个单层平壁，壁厚为 S，壁的两侧保持均匀一定的温度 t_1 和 t_2，材料的导热系数为 λ，并设它不随温度而变。平壁的温度场属于一维的，即只沿垂直于壁面的 x 轴方向有温度变化。

现在距离左侧壁面 x 处，以两等温面为界划出一厚度为 $\text{d}x$ 的单元层，其两面温度差为 $\text{d}t$，根据导热基本定律可以写出通过这个单元层的热流密度（也称为导热速率）为：

$$q = -\lambda \frac{\text{d}t}{\text{d}x}$$

分离变量后，得：$\text{d}t = -\dfrac{q}{\lambda}\text{d}x$

当 $x=0$ 时，$t=t_1$；$x=s$ 时，$t=t_2$

所以：$\displaystyle\int_{t_1}^{t_2}\text{d}t = -\int_0^S \frac{q}{\lambda}\text{d}x$

$$t_1 - t_2 = \frac{q}{\lambda}s$$

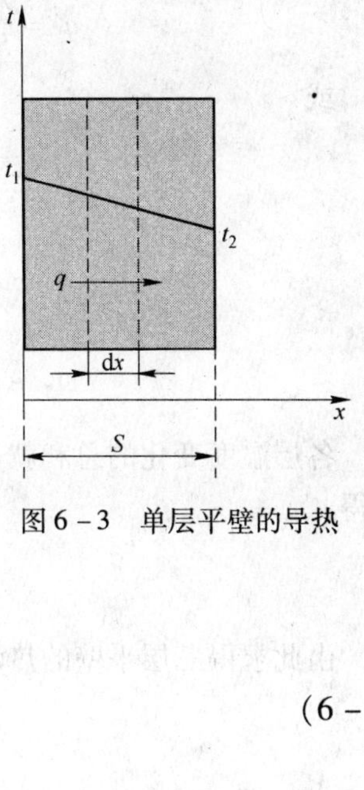

图 6-3 单层平壁的导热

经过整理以后，得到通过单层平壁的稳定态导热公式为：

$$q = \frac{\lambda}{S}(t_1 - t_2) \qquad (\text{W}/\text{m}^2) \tag{6-7}$$

在时间 τ 内通过平壁面积 A 的总热量为：

$$Q = \frac{\lambda}{S}(t_1 - t_2)\tau A \qquad (\text{J}) \tag{6-8}$$

将式（6-7）变形后可得热流密度的另一种表达式：

$$q = \frac{t_1 - t_2}{\dfrac{S}{\lambda}} \tag{6-9}$$

式（6-9）与电学中的欧姆定律具有类似性，把热流比作电流，q 与电流 I 都是单位时间内通过的能量，把温差（$t_1 - t_2$）比作电压，则（$t_1 - t_2$）常称为温压，都是做功的压头，把 $\dfrac{S}{\lambda}$ 比作电阻，称为单位面积导热热阻，用符号 r_λ 表示，单位为 $\text{m}/(\text{℃} \cdot \text{W})$；把 $\dfrac{S}{\lambda A}$

称为总面积导热热阻，用符号 R_λ 表示，单位为℃/W。热阻和电阻一样具有串联的性质，即总热阻等于各分热阻之和。

6.1.3.2 多层平壁的导热

凡是由几层不同材料组成的平壁叫做多层平壁，例如炉墙常常由几层不同的材料组成。如图 6-4 所示，有三层不同材料组成的平壁紧密连接，其厚度各为 S_1、S_2 和 S_3，导热系数分别为 λ_1、λ_2 和 λ_3，均为常数。最外层两表面分别保持均一的温度 t_1 和 t_4，$t_1 > t_4$，假设层与层之间接触很好，无附加的热阻，可以用 t_2 和 t_3 来表示界面处的温度。

在稳定态下，热流量是常数，即通过每一层的热流量都是相同的，$q = q_1 = q_2 = q_3$。根据单层平壁导热的式（6-7），可写出各层的热流密度为：

$$\left. \begin{array}{l} q = \dfrac{\lambda_1}{S_1}(t_1 - t_2) \\[2mm] q = \dfrac{\lambda_2}{S_2}(t_2 - t_3) \\[2mm] q = \dfrac{\lambda_3}{S_3}(t_3 - t_4) \end{array} \right\} \qquad (6-10)$$

或

$$\left. \begin{array}{l} t_1 - t_2 = q\,\dfrac{S_1}{\lambda_1} \\[2mm] t_2 - t_3 = q\,\dfrac{S_2}{\lambda_2} \\[2mm] t_3 - t_4 = q\,\dfrac{S_3}{\lambda_3} \end{array} \right\} \qquad (6-11)$$

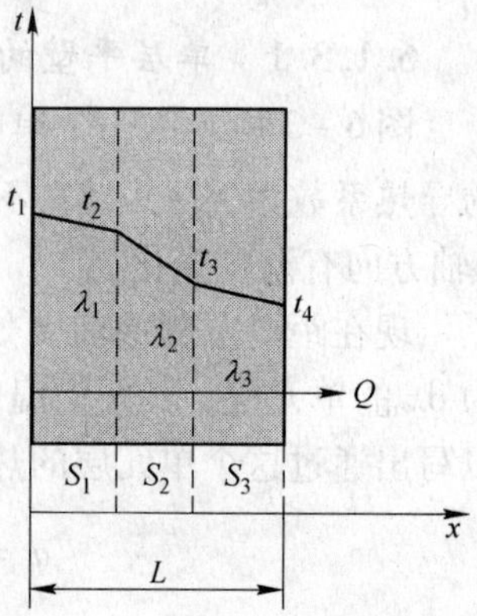

图 6-4 三层平壁的导热

各层温度变化的总和就是整个三层壁的总温度差，将方程组（6-11）中三个式子相加得：

$$t_1 - t_4 = q\left(\frac{S_1}{\lambda_1} + \frac{S_2}{\lambda_2} + \frac{S_3}{\lambda_3} \right)$$

由此求得三层平壁的热流密度 q 为：

$$q = \frac{t_1 - t_4}{\dfrac{S_1}{\lambda_1} + \dfrac{S_2}{\lambda_2} + \dfrac{S_3}{\lambda_3}} \qquad (\text{W/m}^2) \qquad (6-12)$$

依此类推，可以写出对于 n 层平壁的热流密度计算公式：

$$q = (t_1 - t_{n+1}) \Big/ \sum_{i=1}^{n} \frac{S_i}{\lambda_i} \qquad (\text{W/m}^2) \qquad (6-13)$$

工程计算中，往往需要知道层与层之间界面上的温度，称为界面温度（或中间温度），求出 q 以后代入式（6-11），就能得到界面温度 t_2 和 t_3 的数值

$$\left. \begin{array}{l} t_2 = t_1 - q\,\dfrac{S_1}{\lambda_1} \\[2mm] t_3 = t_2 - q\,\dfrac{S_2}{\lambda_2} = t_1 - q\left(\dfrac{S_1}{\lambda_1} + \dfrac{S_2}{\lambda_2} \right) \end{array} \right\} \qquad (6-14)$$

例6－1 平壁炉墙由黏土砖砌成，厚度 $S = 230\text{mm}$，炉墙内表面温度550℃，外表面温度50℃。已知黏土砖的导热系数为 $\lambda_{\text{黏土砖}} = 0.698 + 0.00058t\ \text{W/(m·℃)}$，求单位面积热阻与导热速率。如果平壁材料改为铸铁，其导热系数 $\lambda_{\text{铸铁}} = 52.3\text{W/(m·℃)}$，单位面积热阻与导热速率为多少？

解： 当炉墙为黏土砖时，其单位面积导热热阻为：

$$r_\lambda = \frac{S}{\lambda} = \frac{0.23}{0.698 + 0.00058 \times \dfrac{550 + 50}{2}} = 0.264\text{m/(℃·W)}$$

导热速率为：

$$q = \frac{t_1 - t_2}{\dfrac{S}{\lambda}} = \frac{500}{0.264} = 1896\text{W/m}^2$$

如果炉墙改为铸铁，则其单位面积热阻为：

$$r_\lambda = \frac{S}{\lambda} = \frac{0.23}{52.3} = 0.0044\text{m/(℃·W)}$$

导热速率为：

$$q = \frac{t_1 - t_2}{\dfrac{S}{\lambda}} = \frac{500}{0.0044} = 113696\text{W/m}^2 \approx 113.7\text{kW/m}^2$$

可见，改用铸铁后炉子的热损失增加了大约60倍。

例6－2 平壁炉墙由两层砖组成，内层为硅砖，$S_1 = 460\text{mm}$，外层为轻质黏土砖，$S_2 = 230\text{mm}$，炉墙内表面温度1600℃，外表面温度150℃。已知各层的导热系数分别为：

$$\lambda_{1,\text{硅砖}} = 0.93 + 0.0007t\ \text{W/(m·℃)}$$

$$\lambda_{2,\text{黏土砖}} = 0.35 + 0.00026t\ \text{W/(m·℃)}$$

求通过炉墙的热流密度。

解： 为了求砖的导热系数 λ，必须先求出各层砖的平均温度 t，但界面温度 t_2 为未知数，故先假设 $t_2 = 1100℃$。于是得到硅砖的导热系数 λ_1 和轻质黏土砖的导热系数 λ_2 为：

$$\lambda_1 = 0.93 + 0.0007t = 0.93 + 0.0007 \times \frac{1600 + 1100}{2} = 1.875\text{W/(m·℃)}$$

$$\lambda_2 = 0.35 + 0.00026t = 0.35 + 0.00026 \times \frac{1100 + 150}{2} = 0.513\text{W/(m·℃)}$$

将已知各值代入式（6－13），得：

$$q = \frac{t_1 - t_3}{\dfrac{S_1}{\lambda_1} + \dfrac{S_2}{\lambda_2}} = \frac{1600 - 150}{\dfrac{0.46}{1.875} + \dfrac{0.23}{0.513}} = 2090\text{W/m}^2$$

再将 q 值代入式（6－14），验算所假设的温度 t_2：

$$t_2 = t_1 - q\frac{S_1}{\lambda_1} = 1600 - 2090 \times \frac{0.46}{1.875} = 1087℃$$

温度 t_2 与所设的1100℃的误差为13℃。为了提高估算精度，采用逐步逼近试算法，再取 $t_2 = 1087℃$，重新计算，则：

$$\lambda_1 = 0.93 + 0.0007t = 0.93 + 0.0007 \times \frac{1600 + 1087}{2} = 1.870\text{W/(m·℃)}$$

$$\lambda_2 = 0.35 + 0.00026t = 0.35 + 0.00026 \times \frac{1087 + 150}{2} = 0.511 \, \text{W/(m·℃)}$$

将已知各值代入式（6-13），得：

$$q = \frac{t_1 - t_3}{\dfrac{S_1}{\lambda_1} + \dfrac{S_2}{\lambda_2}} = \frac{1600 - 150}{\dfrac{0.46}{1.870} + \dfrac{0.23}{0.511}} = 2083 \, \text{W/m}^2$$

再将 q 值代入式（6-14），验算所假设的温度 t_2：

$$t_2 = t_1 - q\frac{S_1}{\lambda_1} = 1600 - 2083 \times \frac{0.46}{1.870} = 1088 \, ℃$$

所得温度与假设值 1087℃ 相差仅 1℃，因此，热流密度值 2083 W/m² 有效。

6.1.3.3　单层圆筒壁的导热

通过平壁的导热计算公式不适用于圆筒壁的导热，因为圆筒壁的环形截面积沿半径方向变化，所以通过不同截面的热流密度实际上也是不同的。

如图 6-5 所示，设圆筒壁的内外半径分别为 r_1 和 r_2，圆筒壁长度 l 远远大于其外直径 d 时，该圆筒壁的温度只沿径向改变，轴向的变化略去不计。内外表面的温度分别 t_1 和 t_2，且 $t_1 > t_2$。设材料的导热系数为 λ，且不随温度变化。在离圆筒中心 r 处取一厚度为 dr 的环形薄层，根据导热基本定律，单位时间通过此薄层的热量为：

$$Q = -\lambda \frac{\mathrm{d}t}{\mathrm{d}r}A = -\lambda \frac{\mathrm{d}t}{\mathrm{d}r} 2\pi r l$$

式中　l——圆筒壁的长度，m。

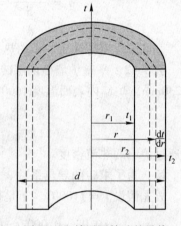

图 6-5　单层圆筒壁的导热

分离变量：　$\mathrm{d}t = -\dfrac{Q}{2\pi\lambda l} \cdot \dfrac{\mathrm{d}r}{r}$

根据所给边界条件 $r = r_1$，$t = t_1$；$r = r_2$，$t = t_2$ 进行积分：

$$\int_{t_1}^{t_2} \mathrm{d}t = -\frac{Q}{2\pi\lambda l}\int_{r_1}^{r_2}\frac{\mathrm{d}r}{r}$$

得到单层圆筒壁的热量计算公式：

$$Q = \frac{2\pi\lambda l}{\ln\dfrac{r_2}{r_1}}(t_1 - t_2) = \frac{2\pi\lambda l}{\ln\dfrac{d_2}{d_1}}(t_1 - t_2) \quad (\text{W}) \tag{6-15}$$

对于圆筒壁，如其厚度和半径相比很小时，例如当 $r_2/r_1 \leqslant 2$ 时，可以近似地用平壁的导热计算公式，即把圆筒壁当作展开了的平壁。这时壁的厚度 $\delta = r_2 - r_1$，而管壁的面积取内外表面积的平均值，即：

$$A = \pi(r_1 + r_2)l$$

则可以得到简化公式：

$$Q = \frac{t_1 - t_2}{\dfrac{\delta}{2\pi\lambda l(r_1 + r_2)}} \quad (\text{W})$$

这种计算所得的 Q 值稍大一些。

6.1.3.4 多层圆筒壁的导热

多层圆筒壁的导热问题，可以像处理多层平壁那样，运用串联热阻叠加的原理，即可得到计算公式，如三层圆筒壁的热流量公式为：

$$Q = \frac{t_1 - t_4}{\frac{1}{2\pi l}\left(\frac{1}{\lambda_1}\ln\frac{r_2}{r_1} + \frac{1}{\lambda_2}\ln\frac{r_3}{r_2} + \frac{1}{\lambda_3}\ln\frac{r_4}{r_3}\right)} \quad (W) \qquad (6-16)$$

如果层数为 n 时，则可得出稳定热态下任意层数圆筒壁的导热公式为：

$$Q = \frac{t_1 - t_{n+1}}{\frac{1}{2\pi l}\sum_{i=1}^{n}\frac{1}{\lambda_i}\ln\frac{r_{i+1}}{r_i}} \quad (W) \qquad (6-17)$$

其单位长度的热流量即热流密度为：

$$q = \frac{Q}{l} = \frac{t_1 - t_{n+1}}{\frac{1}{2\pi}\sum_{i=1}^{n}\frac{1}{\lambda_i}\ln\frac{r_{i+1}}{r_i}} \quad (W/m) \qquad (6-18)$$

例 6-3 某热风管，导热系数 $\lambda_1 = 58W/(m \cdot ℃)$，管的内径 $d_1 = 85mm$，外径 $d_2 = 100mm$，内表面温度 $t_1 = 140℃$，如果用玻璃棉保温，其导热系数 $\lambda_2 = 0.0526W/(m \cdot ℃)$，若要求保温层外壁温度不高于 $40℃$，允许的热损失为 $50W/m$，计算玻璃棉保温层最小厚度。

解： 设保温层最小厚度为 x，根据圆筒壁导热速率公式：

$$q = \frac{t_1 - t_3}{\frac{1}{2\pi}\left(\frac{1}{\lambda_1}\ln\frac{d_2}{d_1} + \frac{1}{\lambda_2}\ln\frac{d_3}{d_2}\right)} \quad (W/m)$$

即：

$$50 = \frac{140 - 40}{\frac{1}{2\pi}\left(\frac{1}{58}\ln\frac{100}{85} + \frac{1}{0.0526}\ln\frac{2x+100}{100}\right)}$$

$$\ln\frac{2x+100}{100} = 0.0526 \times \left(4\pi - \frac{1}{58}\ln\frac{100}{85}\right) = 0.6608$$

解方程得：

$$x = \frac{194 - 100}{2} = 47mm$$

所以，玻璃棉保温层厚度至少应该为 47mm。

例 6-4 圆筒形炉壁由两层耐火材料组成，第一层为镁砂，内外直径分别为 3m 及 3.6m，其导热系数为 $\lambda_1 = 4.3 - 0.48 \times 10^{-3}t \ W/(m \cdot ℃)$；第二层为黏土砖，外直径为 4m，其导热系数 $\lambda_2 = 0.698 + 0.58 \times 10^{-3}t \ W/(m \cdot ℃)$。两层紧密接触，炉壁温度分别为 1200℃ 与 150℃，求导热热流及界面温度。

解： 可以忽略轴向的导热，只考虑径向导热以转化为一维问题。因为界面温度未知，先假设其为 $t_2 = 850℃$，则可用多层圆筒壁导热公式计算。

$$\lambda_1 = 4.3 - 0.48 \times 10^{-3} \times \frac{1200 + 850}{2} = 3.808W/(m \cdot ℃)$$

$$\lambda_2 = 0.698 + 0.58 \times 10^{-3} \times \frac{850 + 150}{2} = 0.988W/(m \cdot ℃)$$

根据式（6－17），$n=2$，且 $d_1=3\text{m}$；$d_2=3.6\text{m}$；$d_3=4\text{m}$：

$$q = \frac{t_1 - t_3}{\frac{1}{2\pi}\left(\frac{1}{\lambda_1}\ln\frac{d_2}{d_1} + \frac{1}{\lambda_2}\ln\frac{d_3}{d_2}\right)}$$

$$q = \frac{1200 - 150}{\frac{1}{2\pi}\left(\frac{1}{3.808}\ln\frac{3.6}{3} + \frac{1}{0.988}\ln\frac{4}{3.6}\right)} = 42696\text{W/m}$$

验算界面温度：$t_2 = t_1 - \frac{q}{2\pi\lambda_1}\ln\frac{d_2}{d_1} = 1200 - \frac{42696}{2 \times 3.14 \times 3.808}\ln\frac{3.6}{3} = 875℃$

验算，误差 $= \frac{875 - 850}{875} \times 100\% = 2.9\%$，与假设值相差较大。因此需要再次试算，假设界面温度 $t_2 = 875℃$：

$$\lambda_1 = 4.3 - 0.48 \times 10^{-3} \times \frac{1200 + 875}{2} = 3.802\text{W/(m·℃)}$$

$$\lambda_2 = 0.698 + 0.58 \times 10^{-3} \times \frac{875 + 150}{2} = 0.966\text{W/(m·℃)}$$

$$q = \frac{1200 - 150}{\frac{1}{2\pi}\left(\frac{1}{3.802}\ln\frac{3.6}{3} + \frac{1}{0.966}\ln\frac{4}{3.6}\right)} = 42022\text{W/m}$$

验算界面温度：$t_2 = 1200 - \frac{42202}{2 \times 3.14 \times 3.802}\ln\frac{3.6}{3} = 880℃$

验算值与假设值相差仅为 5℃，误差 $= \frac{880 - 875}{880} \times 100\% = 0.5\%$。

所以界面温度为 875℃，导热速率 42022W/m。

6.2 对流换热

流体流过固体表面时，如果两者存在温度差，相互间就要发生热的传递，这种传热过程称为对流换热。这种过程既包括流体位移所产生的对流作用，同时也包括分子间的传导作用，是一个复杂的传热现象。研究对流换热的主要目的是确定对流换热量，计算采用牛顿冷却公式，即：

$$Q = a(t_w - t_f)A \quad \text{(W)} \tag{6－19}$$

式中　t_w，t_f——分别代表固体表面和流体的温度，℃；

　　　　A——换热面积，m^2；

　　　　a——对流换热系数，W/(m·℃)。

将上式与平壁传导传热公式比较，可以改写为：

$$Q = \frac{t_w - t_f}{\frac{1}{aA}} \quad \text{(W)} \tag{6－20}$$

式中，$1/aA$ 称为对流换热热阻，单位为℃/W。

对流换热系数 a 是指当流体与固体表面温度差为 1℃ 时，换热面积为 1m^2 时，单位时间内的换热量。对流换热系数的大小受流体的流速、流体的导热系数、流体的热容、流体的黏度以及固体表面的尺寸、形状和位置等因素的影响。因为对流换热这样一个复杂的过程，不可能只用一个简单的代数方程来描述。研究对流换热的关键，就是要确定对流换热系数与各影响因素的关系，找出各种情况下对流换热系数的数值。

由气体力学可知，当气体流经固体表面时，由于黏性力的作用，在接近表面处存在一个速度梯度很大的流体薄层，称为速度边界层。与速度边界层类似，在表面附近也存在一个温度发生急剧变化的薄层，称为热边界层，一般情况下，热边界层的厚度 δ_t 不一定等于速度边界层的厚度 δ。

由于层流边界层内分子没有垂直于固体表面的运动，所以其中的热传递只能依靠传导作用，即使层流底层很薄，对热传递仍有不可忽视的影响。炉内作为载热体的炉气其导热系数很小，因此对流换热的热阻主要在于热边界层中。至于紊流核心中，流体兼有垂直于固体表面方向的运动，强烈的混合大大提高了热传递的强度，基本上不存在温度梯度。

由以上分析可见，凡是影响边界层状况和紊流紊乱程度的因素，都影响到对流换热的速率。例如流体的流速 v（速度的大小决定边界层的厚薄）、流体的导热系数 λ（λ 越大层流底层的热阻越小）、流体的黏度 μ（黏度越大边界层越厚）、流体的热容 c、流体的密度 ρ、流体和固体表面的温度 t_f 及 t_w、固体表面的形状 φ 和尺寸 l 等。对流给热系数 a 是以上各因素的复杂函数，即：

$$a = f(v, \lambda, \mu, c, \rho, t_f, t_w, \varphi, l \cdots)$$

显然，要建立 a 与上述因素的真正数学关系式是十分困难的。研究对流换热的方法（求解 a）有两种，一种是数学分析的方法，另一种是实验的方法。前者是建立起描述换热现象的一组微分方程式，然后给出一些边界条件，积分求解。由于对流现象的复杂性，目前只是在做了大量简化假定以后才能解出，结果误差也比较大。研究对流换热现象更主要的是采用相似原理指导下的实验法。

6.3 辐射换热

6.3.1 热辐射的基本概念

辐射与传导或对流有着完全不同的本质。传导与对流传递热量要依靠传导物体或流体本身，而辐射是电磁能的传递，能量的传递不需要任何中间介质的直接接触，真空中也能进行。辐射是一切物体固有的特性，只要物体温度在绝对零度以上，都会向外辐射能量，不仅使高温物体把能量辐射给低温物体，而且低温物体也向高温物体辐射能量。所以辐射换热就是物体之间相互辐射和吸收过程的结果，只要参与辐射的各物体温度不同，辐射换热的差值就不会等于零，最终低温物体得到的热量就是热交换的差额。因此，辐射即使在两个物体温度达到平衡后仍在进行，只不过换热量等于零，温度没有变化而已。

物体中带电微粒的能级如发生变化，就会向外发射辐射能。辐射能的载运体是电磁波，电磁波根据其波长不同，有宇宙射线、γ 射线、X 射线、紫外线、可见光、红外线和无线电波等。物体把本身的内能转化为对外发射辐射能及其传播的过程称为热辐射。热辐射效应最显著的射线，主要是红外线波（0.76 ~ 20μm），其次是可见光波（0.38 ~

0.76μm）。作为工业炉上所涉及的温度范围，热辐射主要位于红外线波的区段，也称为热射线。

6.3.2 物体对热辐射的吸收、发射和透过

热射线和可见光线的本质相同，所以可见光线的传播、反射和折射等规律，对热射线也同样适用。

如图 6 – 6 所示，当辐射能 Q 投射到物体上以后，一部分能量 Q_a 被物体吸收，一部分能量 Q_r 被反射，另一部分能量 Q_d 透过该物体。于是按能量平衡关系可得：

$$Q = Q_a + Q_r + Q_d \qquad (6-21)$$

或

$$\frac{Q_a}{Q} + \frac{Q_r}{Q} + \frac{Q_d}{Q} = 1$$

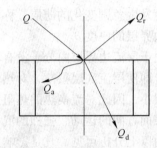

图 6 – 6 辐射能的吸收、反射和投射

式中，$\dfrac{Q_a}{Q}$、$\dfrac{Q_r}{Q}$、$\dfrac{Q_d}{Q}$ 分别称为该物体的吸收率，反射率和透过率，并依次用符号 a、r、d 表示，由此可得：

$$a + r + d = 1 \qquad (6-22)$$

绝大多数工程材料对热射线的透过能力很弱，即 $d = 0$，$a + r = 1$。

当 $r = 0$，$d = 0$，$a = 1$，即落在物体上的全部辐射热能，都被该物体所吸收，这种物体称为绝对黑体，简称黑体。凡是属于黑体的一切物理量，都用下标"0"标注。

当 $a = 0$，$d = 0$，$r = 1$，即落在物体上的全部辐射热能，完全被该物体发射出去，这种物体称为绝对白体，简称白体。如果对辐射热能的反射角等于入射角，形成镜面反射，这样的物体称为镜体。白体和白色概念是不同的，白色物体是指对可见光线有很好的反射性能，而白体是指对热射线有很好的反射能力，例如石膏是白色的，但并不是白体，因为它能吸收落在它上面的热辐射的90%以上，更接近于黑体。

当 $a = 0$，$r = 0$，$d = 1$，即投射到物体上的辐射热，全部能透过该物体，这种物体称为绝对透明体或透热体。透明体也是对热射线而言的，例如玻璃对可见光来说是透明体，但对热辐射却几乎是不透明体。在加热炉或轧钢机前的操纵台上装有玻璃窗，可以透过可见光便于操作，而挡住长波热射线的辐射。

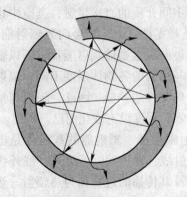

图 6 – 7 绝对黑体模型

自然界所有物体的吸收率、发射率和透过率的数值都在 0～1 的范围内变化，绝对黑体并不存在。但绝对黑体这个概念，无论在理论上还是实验研究工作上都十分重要。用人工方法可以制成近乎绝对黑体的模型。如图6 – 7 所示，在空心物体的壁上开一个小孔，各部分温度均匀，此小孔就具有绝对黑体的性质。若小孔面积小于空心物体内壁面积的 0.6%，所有进入小孔的辐射热，在多次反射以后，99.6%以上都将被内壁吸收。因此，空腔壁上的小洞具有黑体的特征。

6.3.3 热辐射的基本定律

6.3.3.1 普朗克定律

单位时间内物体单位表面积所辐射出去的（向半球空间所有方向）总能量，称为辐射能力 E，单位是 W/m^2。如果单位面积物体在单位时间内向空间辐射出去的波长从 λ 到 $\lambda + \Delta\lambda$ 波段范围内的辐射能量为 dE，则 dE 与波长间距 $d\lambda$ 的比值称为单色辐射力，用 E_λ 表示，即：

$$E_\lambda = \lim_{\Delta\lambda \to 0} \frac{\Delta E}{\Delta \lambda} = \frac{dE}{d\lambda} \qquad (6-23)$$

式中 E_λ——单色辐射力，W/m^3 或 $W/(m^2 \cdot \mu m)$。

显然辐射能力与单色辐射力之间存在下列关系：

$$E = \int_0^\infty E_\lambda d\lambda \quad (W/m^2) \qquad (6-24)$$

普朗克根据量子理论，导出了黑体的单色辐射力 $E_{0\lambda}$（0 表示黑体）和波长及绝对温度之间的关系，即：

$$E_{0\lambda} = \frac{c_1 \lambda^{-5}}{e^{c_2/(\lambda T)} - 1} \quad (W/m^3) \qquad (6-25)$$

式中 λ——波长，m；

T——黑体的绝对温度，K；

e——自然对数的底；

c_1——常数，等于 $3.743 \times 10^{-16} W/m^2$；

c_2——常数，等于 $1.4387 \times 10^{-2} m/K$。

式（6-25）称为普朗克定律。

由普朗克定律可以推导出维恩定律、斯蒂芬-玻耳兹曼定律。图6-8所示为普朗克定律所揭示的关系。由图可见，当 $\lambda = 0$ 时，$E_{0\lambda}$ 等于零，随着波长的增加，单色辐射力也增

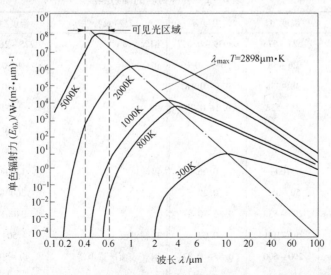

图 6-8 黑体的单色辐射力与波长和温度的关系

大，当波长达到某一值时，$E_{0\lambda} - \lambda$ 曲线的峰值越向左移。同时由图也可看出，在工业炉的温度范围，辐射力最强的多是在 λ 等于 $0.8 \sim 10\mu m$ 的区域，这正是红外线的波长范围，而波长较短的可见光占的比重很小。炉内钢锭温度低于 $500\,^\circ\!C$ 时，由于没有可见光的辐射，因而看不见颜色的变化。但温度逐渐升高后，钢锭颜色开始由暗红转向黄白色，直至白热，这正说明随温度的升高，钢锭辐射的可见光不断增加。

对于普朗克定律表达式求极值，可得到对应于黑体单色辐射力 $E_{0\lambda}$ 最大值的波长 λ_{max}，即维恩位移定律：

$$\lambda_{max} T = 2898 \mu m \cdot K \tag{6-26}$$

根据测得的太阳光谱，太阳最大单色辐射力的波长为 $0.5\mu m$，则太阳表面的绝对温度为 5796K。根据维恩定律及图 6-8 可见，在太阳温度下（约 5800K），单色辐射力的最大值才处于在可见光的范围内。

6.3.3.2 斯蒂芬－玻耳兹曼定律

根据式（6-25）可写出黑体的辐射能力为：

$$E_0 = \int_0^\infty E_{0\lambda} d\lambda = \int_0^\infty \frac{c_1 \lambda^{-5}}{e^{c_2/(\lambda T)} - 1} d\lambda = \sigma_0 T^4 \quad (W/m^2) \tag{6-27}$$

上式为斯蒂芬－玻耳兹曼定律。σ_0 为绝对黑体的辐射常数，其值为 $5.67 \times 10^{-8} W/(m^2 \cdot K^4)$，说明黑体的辐射能力与其绝对温度的四次方成正比，也称为四次方定律。应用时通常采用下列更便于计算的形式：

$$E_0 = C_0 \left(\frac{T}{100}\right)^4 \quad (W/m^2) \tag{6-28}$$

式中 C_0——绝对黑体的辐射系数，等于 $5.67 W/(m^2 \cdot K^4)$。

由于辐射能力与其绝对温度的四次方成正比，在温度升高的过程中，辐射能力的增长非常迅速。炉子的温度愈高，辐射传热方式在整个热交换中占的比重愈大。各种材料的辐射黑度见表 6-1。

表 6-1 各种材料的辐射黑度

材料及特性	温度/℃	黑度 ε	材料及特性	温度/℃	黑度 ε
铝（表面光亮）	$225 \sim 575$	$0.039 \sim 0.057$	钼丝	$725 \sim 2600$	$0.096 \sim 0.202$
（表面粗糙）	$26 \sim 38$	$0.055 \sim 0.07$	钼	1000	0.096
（表面氧化）	$38 \sim 538$	$0.1 \sim 0.18$		1200	0.121
（严重氧化）	$38 \sim 538$	$0.2 \sim 0.33$		1400	0.145
				1600	0.168
				1800	0.189
黄铜（表面光亮）	100	0.06	钨丝	1200K	0.138
（表面无光泽）	$50 \sim 350$	0.22		2000K	0.259
（表面氧化）	$205 \sim 538$	$0.56 \sim 0.61$		3400K	0.348
紫铜（表面光亮）	$50 \sim 100$	0.02	轧制钢板	50	0.56
（表面氧化）	$200 \sim 600$	$0.57 \sim 0.87$	钢（表面严重生锈）	$40 \sim 500$	$0.88 \sim 0.98$
（氧化发黑）	20	0.78			

材料及特性	温度/℃	黑度 ε	材料及特性	温度/℃	黑度 ε
锌板	50	0.20	不锈钢（表面光亮）	100	0.074
镀锌铁皮	100	0.21	18Cr－8Ni 表面棕色	215～490	0.36～0.44
银（表面光亮）	40～370	0.022～0.031	在 525℃加热 2h 后	215～525	0.62～0.73
			25Cr29Ni 表面氧化	215～525	0.89～0.97
纯铂片（表面光亮）	225～625	0.054～0.104	高铝砖	1400	0.29
铂丝	25～1230	0.036～0.192	刚玉砖	1000	0.46
纯镍（表面光亮）	38	0.045	耐火黏土砖	1100	0.75
	538	0.10	镁砖	1000	0.38
	1000	0.19	碳板（表面粗糙）	100～320	0.77
镍铬合金	50～1035	0.64～0.75	碳板石墨化	100～320	0.76～0.75
镍铬线（表面光亮）	50～1000	0.65～0.79	石墨（压实、表面磨光）	250～510	0.98
镍铬线（表面氧化）	50～500	0.95～0.98	碳化硅	580～800	0.95～0.88

普朗克定律证明了黑体单色辐射力的分布规律。但一切实际物体在任何波长的辐射力都小于黑体在该波长的辐射力。如果某物体的辐射光谱是连续的，在任何温度下任何波长的单色辐射力 E_λ 与黑体在同一波长的单色辐射力 $E_{0\lambda}$ 之比都是同一数值，等于 ε，这种物体称为灰体，ε 称为该物体的黑度：

$$\varepsilon = \frac{E_\lambda}{E_{0\lambda}} = \frac{E}{E_0} \quad \text{或} \quad E = \varepsilon E_0 \tag{6-29}$$

灰体（实际物体）的黑度在温度变化不大时，近似地认为不随温度而变，因此灰体的四次方定律为：

$$E = \varepsilon E_0 = \varepsilon C_0 \left(\frac{T}{100}\right)^4 = C \left(\frac{T}{100}\right)^4 \tag{6-30}$$

式中，C 为灰体的辐射系数，$W/(m^2 \cdot K^4)$，其数值大小与物体的表面状况、温度及物体的性质有关。

严格说来，实际物体的黑度随波长不同而变化，并且这一变化极不规则。如金属的单色黑度随波长的增加而下降，而绝缘体的单色黑度随波长增大而增加。计算时所选取的黑度 ε 值是一个所有波长和所有方向上的平均值。在工程计算上都习惯于把实际物体当做灰体看待。认为其辐射能力仍与绝对温度四次方成正比，而误差可用黑度的数值来修正。

物体的黑度取决于物体的材质、温度和它的表面状态（如粗糙程度、氧化程度），黑度的数据通过试验方法测定获得。

6.3.3.3 克希荷夫定律

克希荷夫定律确定了物体黑度与吸收率之间的关系，它可以从两表面间辐射换热的关系导出。设有两个互相平行相距很近的平面，每一个平面所射出的辐射能全部可以落到另一个平面上。表面 1 是绝对黑体，表面 2 是灰体。两个表面的温度、辐射能力和吸收率分别为 T_0、E_0、$A_0(=1)$ 和 T、E、a。表面 1 辐射的能量 E_0，落在表面 2 上被吸收 aE_0，其余 $(1-a)E_0$ 发射回去，被表面 1 吸收；表面 2 辐射的能量 E，落在表面 1 上被全部吸收。则表面 2 所吸收热量与所辐射的热量差值为：

$$q = E - aE_0$$

当体系处于热平衡状态时，$T = T_0, q = 0$，上式变为：

$$E = aE_0 \quad 或 \quad \frac{E}{a} = E_0$$

把这种关系推广到任意物体，可以得到：

$$\frac{E_1}{a_1} = \frac{E_2}{a_2} = \cdots = \frac{E}{a} = E_0 \tag{6-31}$$

式（6-31）说明了任何物体的辐射能力和吸收率的比值，恒等于同温度下黑体的辐射能力，与物体的表面性质无关，仅是温度的函数，这就是克希荷夫定律。

已知 $E = \varepsilon E_0$，将这一关系代入式（6-31），得：

$$\varepsilon E_0 = aE_0$$

$$\varepsilon = a \tag{6-32}$$

因为表面 2 是一个任意表面，所以得出这样的结论：任何物体的黑度等于它对黑体辐射的吸收率。也就是说，物体的辐射能力愈大，它的吸收率就愈大，反之亦然。

应当指出，克希荷夫定律是在两表面处于热平衡并且投入辐射来自黑体时导出的，所以确切地说只有在热平衡（$T = T_0$）条件下，定律才是正确的。但是灰体的单色吸收率与波长无关，不论投入辐射的情况如何，灰体的吸收率只取决于自身的情况而与外界情况无关；其次，四次方定律对灰体也是适用的，黑度只与本身情况有关，且不随温度和波长而变，也不涉及外界条件。因此，不论投入辐射是否来自黑体，也不论是否处于热平衡状态，灰体的黑度与吸收率数值上都是相等的。至于实际物体情况更为复杂，例如实际物体的吸收率要根据投射与吸收物体两者的性质和温度来确定，这是很困难的。但一般情况下，我们都把工程材料在热辐射范围内近似地看做灰体，克希荷夫定律也能近似地适用。

6.3.4　物体表面间的辐射换热

6.3.4.1　两平面组成的封闭体系的辐射换热

设有温度分别为 T_1 和 T_2 的两个互相平行的黑体表面，组成了一个热量不向外散失的封闭体系，设 $T_1 > T_2$，表面 1 投射的热量 E_1，全部落到表面 2 上并被完全吸收；表面 2 投射的热量 E_2，也全部落到表面 1 上并被完全吸收。结果 2 面所得的热量是热交换能量的差额，即

$$q = E_1 - E_2 = C_0\left(\frac{T_1}{100}\right)^4 - C_0\left(\frac{T_2}{100}\right)^4 = C_0\left[\left(\frac{T_1}{100}\right)^4 - \left(\frac{T_2}{100}\right)^4\right] \quad (\text{W/m}^2)$$

$$\tag{6-33}$$

如果两个平面不是黑体而是灰体，情况就要复杂得多。设两表面的吸收率分别为 a_1 和 a_2，投射率 $d_1 = d_2 = 0$。可以推测：表面 1 传给表面 2 的热量应等于 1 面热量收支的差额：

$$q = \frac{E_1 A_2 - E_2 A_1}{A_1 + A_2 - A_1 A_2}$$

因为 $E_1 = C_1\left(\frac{T_1}{100}\right)^4, E_2 = C_2\left(\frac{T_2}{100}\right)^4$，代入上式可得：

$$q = \frac{\left(\frac{T_1}{100}\right)^4 - \left(\frac{T_2}{100}\right)^4}{\frac{1}{C_1} + \frac{1}{C_2} - \frac{1}{C_0}} = C\left[\left(\frac{T_1}{100}\right)^4 - \left(\frac{T_2}{100}\right)^4\right] \quad (\text{W/m}^2) \quad (6-34)$$

式中，C 称为导来辐射系数，$\text{W/(m}^2 \cdot \text{K}^4)$。

由于 $C_1 = \varepsilon_1 C_0$，$C_2 = \varepsilon_2 C_0$。因此

$$C = \varepsilon C_0 = 5.67\left(\frac{1}{\varepsilon_1} + \frac{1}{\varepsilon_2} - 1\right)^{-1} \quad (\text{W/(m}^2 \cdot \text{K}^4))$$

上面是两个平行表面之间辐射换热的情况，如果是任意放置的两个表面，表面 1 辐射的能量不能全部落到表面 2 上，问题就更复杂一些。这种情况需要引入一个新的概念——角度系数。

6.3.4.2 角度系数

假设由两个任意放置的黑体表面组成一个辐射换热系统，两个表面的面积及温度各为 A_1、T_1 和 A_2、T_2。取中心距离为 r 的两个微元面积 $\text{d}A_1$ 和 $\text{d}A_2$，连线 r 与它们的法线的夹角各为 φ_1 和 φ_2。如表面之间的介质对热辐射是透明的。根据余弦定律可以求得，A_1 面上微元面积 $\text{d}A_1$ 向 A_2 面上微元面积 $\text{d}A_2$ 辐射的热量为：

$$\text{d}Q_{1-2} = E_1 \cos\varphi_1 \cos\varphi_2 \frac{\text{d}A_1 \text{d}A_2}{\pi r^2}$$

同理：

$$\text{d}Q_{2-1} = E_2 \cos\varphi_1 \cos\varphi_2 \frac{\text{d}A_1 \text{d}A_2}{\pi r^2}$$

由于两个表面辐射出去的热量不能全部落在另一个表面上，若把一个面辐射出去的总能量能落在另一个面上的份数，称为第一个面对第二个面的角度系数 φ_{12}，即：

$$\varphi_{12} = \frac{Q_{1-2}}{E_1 A_1} \quad \text{或} \quad Q_{1-2} = E_1 A_1 \varphi_{12}$$

$$\varphi_{21} = \frac{Q_{2-1}}{E_2 A_2} \quad \text{或} \quad Q_{2-1} = E_2 A_2 \varphi_{21}$$

对 $\text{d}Q_{1-2}$、$\text{d}Q_{2-1}$ 沿 A_1 与 A_2 积分，可得：

$$\varphi_{12} = \frac{1}{A_1}\int_0^{A_1}\int_0^{A_2} \frac{\cos\varphi_1 \cos\varphi_2}{\pi r^2}\text{d}A_1 \text{d}A_2$$

$$\varphi_{21} = \frac{1}{A_2}\int_{A_1}\int_{A_2} \frac{\cos\varphi_1 \cos\varphi_2}{\pi r^2}\text{d}A_1 \text{d}A_2 \quad (6-35)$$

式（6-35）就是角度系数的定义式，这个式子积分可以求出某些几何形状物体的两个辐射面之间的角度系数。

在一般炉子计算中，只运用一些简单的封闭体系的角度系数，不必去作复杂的运算。而是利用角度系数的下列三个特性，决定某些角度系数：

（1）角度系数的互换性：由式（6-35）可以算出：

$$A_1 \varphi_{12} = A_2 \varphi_{21} \quad (6-36)$$

这个关系也称互换原理。这个式子包含的只有几何参数，所以它可以适用于任何黑度和温度的物体。

（2）角度系数的完整性：对于有几个平面或凸面所组成的封闭体系，从其中任何一个

表面发射的辐射能,必全部落到其他表面上,因此表面1对其余各表面的角度系数的总和等于1,即:

$$\varphi_{12} + \varphi_{13} + \cdots + \varphi_{1n} = 1 \qquad (6-37)$$

这一关系就称为角度系数的完整性。

(3)根据辐射线直线传播的原则,平面或凸面辐射的能量不能落在自身上,即不能"自我投射"。

假定有一个由三个凸面组成的封闭体系,其垂直于水平面的方向很长,从两端射出的辐射能可以忽略不计。根据角度系数互换性的式(6-36)和完整性的式(6-37),可以写出:

$$A_1\varphi_{12} = A_2\varphi_{21}$$
$$A_1\varphi_{13} = A_3\varphi_{31}$$
$$A_2\varphi_{23} = A_3\varphi_{32}$$
$$\varphi_{12} + \varphi_{13} = 1$$
$$\varphi_{21} + \varphi_{23} = 1$$
$$\varphi_{31} + \varphi_{32} = 1$$

这是一个六元一次联立方程组,可以分别解出六个未知的角度系数,例如:

$$\varphi_{12} = \frac{A_1 + A_2 - A_3}{2A_1}, \quad \varphi_{13} = \frac{A_1 + A_3 - A_2}{2A_1}, \quad \varphi_{31} = \frac{A_1 + A_3 - A_2}{2A_3}$$

6.3.4.3 两个相距很近表面组成的封闭体系的辐射换热

任意放置的两表面间的辐射换热的分析,利用有效辐射的概念要简单得多。所谓有效辐射是指表面本身的辐射和投射到该表面被发射的能量的总和,例如:

[表面1的有效辐射] = [表面1的辐射] + [对表面2发射的有效辐射]

根据热平衡可以得出一个表面得到的净热,即投射到该面的热量减去该面的有效辐射,例如:

从表面2之外观察,表面2得到的净热为:

$$Q_2 = Q_{效1}\varphi_{12} - Q_{效2}\varphi_{21}$$

同时,从表面2之"内"观察可以写出:

$$Q_2 = (Q_{效1}\varphi_{12} + Q_{效2}\varphi_{22})\varepsilon_2 - E_2A_2$$

上式的右侧第一项是表面2吸收的热量,第二项是释放的热量。两式合并,可得:

$$Q_{效2} = Q_2\left(\frac{1}{\varepsilon_2} - 1\right) + \frac{E_2}{\varepsilon_2}A_2$$

同理:

$$Q_{效1} = Q_1\left(\frac{1}{\varepsilon_1} - 1\right) + \frac{E_1}{\varepsilon_1}A_1$$

表面1得到的热量应等于表面2失去的热量,即:

$$Q_1 = -Q_2$$

将以上各式联立,得到任意放置的两表面组成的封闭体系的辐射换热量计算公式($T_1 > T_2$):

$$Q_2 = \frac{5.67}{\left(\frac{1}{\varepsilon_1} - 1\right)\varphi_{12} + 1 + \left(\frac{1}{\varepsilon_2} - 1\right)\varphi_{21}}\left[\left(\frac{T_1}{100}\right)^4 - \left(\frac{T_2}{100}\right)^4\right]A_1\varphi_{12} \quad (\text{W}) \quad (6-38)$$

当 $\varphi_{12}=1$，即表面 1 辐射的能量全部可以被表面 2 吸收，根据互变原理 $\varphi_{21}=\dfrac{A_1}{A_2}$，式 (6-38) 简化为：

$$Q_2 = \frac{5.67}{\frac{1}{\varepsilon_1} + \frac{A_2}{A_1}\left(\frac{1}{\varepsilon_2}-1\right)}\left[\left(\frac{T_1}{100}\right)^4 - \left(\frac{T_2}{100}\right)^4\right]A_1 \quad \text{(W)} \qquad (6-39)$$

例 6-5 设马弗炉的内表面温度为 900℃，黑度为 0.8，其面积为 $A_1=1\text{m}^2$；炉底架子上有两块钢坯相互紧靠，料坯表面的面积为 $A_2=0.3\text{m}^2$，钢的黑度为 0.7。求钢坯温度达到 500℃ 时，炉壁对钢坯的辐射热流量。

解： 由于钢坯马弗炉内加热的情况，可以认为钢坯表面为表面 1，炉子内表面为表面 2，两表面组成封闭体系，表面 1 辐射的能量可以全部落在表面 2 上，$\varphi_{12}=1$，将已知：

$$\varepsilon_1 = 0.7, \quad T_1 = 500+273 = 773\text{K}, \quad A_1 = 0.3\text{m}^2$$

$$\varepsilon_2 = 0.8, \quad T_2 = 900+273 = 1173\text{K}, \quad A_2 = 1\text{m}^2$$

代入式 (6-39)，得：

$$Q_{12} = -Q_{21} = \frac{5.67}{\frac{1}{0.7} + \frac{1}{0.3}\left(\frac{1}{0.8}-1\right)}\left[\left(\frac{773}{100}\right)^4 - \left(\frac{1173}{100}\right)^4\right] \times 0.3 = -11552\text{W}$$

即钢坯温度达到 500℃ 时，炉壁对钢坯的辐射热流量 11552W。

6.3.4.4 有隔热板时的辐射换热

工程上常常需要减少两表面间的辐射换热强度，这时可在两表面间设置隔热板，如图 6-9 所示，平板 1 和平板 2 及隔热板的温度、黑度和面积分别为 A，T_1，ε_1；A，T_2，ε_2；A，T_3，ε_3。该换热体系中，隔热板并不改变整个系统的热量，只是增加两表面间的热阻。

如果两平板的温度分别为 T_1 和 T_2，且 $T_1 > T_2$，未装隔热板时，两平板间的辐射换热量由式 (6-39) 得：

$$Q_{12} = \frac{5.67}{\frac{1}{\varepsilon_1} + \frac{1}{\varepsilon_2} - 1}\left[\left(\frac{T_1}{100}\right)^4 - \left(\frac{T_2}{100}\right)^4\right]A$$

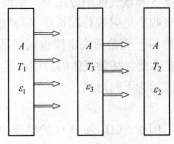

图 6-9 隔热板的作用

如在两平板之间安置一块黑度为 ε_3 的隔热板，在达到热平衡时，必定有 $Q'_{12} = Q_{13} = Q_{32}$

即 $Q'_{12} = \dfrac{5.67}{\dfrac{1}{\varepsilon_1} + \dfrac{1}{\varepsilon_2} - 1}\left[\left(\dfrac{T_1}{100}\right)^4 - \left(\dfrac{T_3}{100}\right)^4\right]A = \dfrac{5.67}{\dfrac{1}{\varepsilon_3} + \dfrac{1}{\varepsilon_2} - 1}\left[\left(\dfrac{T_3}{100}\right)^4 - \left(\dfrac{T_2}{100}\right)^4\right]A$

整理上式可得：

$$Q'_{12} = \frac{5.67}{\frac{1}{\varepsilon_1} + \frac{1}{\varepsilon_2} + \frac{2}{\varepsilon_3} - 2}\left[\left(\frac{T_1}{100}\right)^4 - \left(\frac{T_2}{100}\right)^4\right]A$$

如 $\varepsilon_1 = \varepsilon_2 = \varepsilon_3$，则：

$$Q'_{12} = \frac{1}{2}\left[\frac{5.67}{\frac{1}{\varepsilon_1} + \frac{1}{\varepsilon_2} - 1}\right]\left[\left(\frac{T_1}{100}\right)^4 - \left(\frac{T_2}{100}\right)^4\right]A \quad (\text{W}) \qquad (6-40)$$

比较式（6-34）和式（6-40）可见，当设置一块隔热板以后，可使原来两平面间的辐射换热量减少一半。如果设置 n 块隔热板时，辐射热流将减少原来的 $1/(n+1)$。显然，如以反射率高的材料（黑度较小）作为隔热板，则能显著地提高隔热效果。

6.3.5　气体辐射

6.3.5.1　气体辐射的特点

气体辐射与固体辐射有显著的区别，气体辐射具有以下特点：

（1）气体只辐射和吸收某些波长范围内的射线，其他波段的射线既不吸收也不辐射，所以说气体的辐射和吸收是有选择性的。而固体的辐射光谱是连续的，可以辐射波长从 $0 \sim \infty$ 所有波长的电磁波。

（2）不同气体的辐射能力和吸收能力的差别很大。单原子气体（He、Ar）、对称双原子气体（如 O_2、N_2、H_2）的辐射能力和吸收能力都很小，可认为是热辐射的透明体（$d=1$，$a=0$）。三原子气体（如 CO_2、H_2O、SO_2 等）、多原子气体和不对称双原子气体（如 CO），则有较强的辐射能力（$a \neq 0$）。燃烧产物的辐射主要是其中 CO_2 和 H_2O 的辐射。

（3）气体的辐射和吸收是在整个容积内进行，固体的辐射和吸收都是在表面上进行。当射线穿过气层时，是边透过边吸收的，能量因被吸收而逐渐减弱。气体对射线的吸收率，与射线沿途所碰到的气体分子的数目有关，而气体分子数又和射线所通过的路线行程长度 S 和该气体的分压 P（浓度）的乘积成正比，此外也和气体的温度 T 有关。所以气体的吸收率是射线行程长度 S 与气体的分压 P 的乘积及温度 T 的函数。

（4）克希荷夫定律也同样适用于气体，即气体的黑度等于同温度下的吸收率，即 $\varepsilon_g = a_g$。因此，某种气体的黑度也是射线行程长度 S 与该气体分压 P 的乘积和温度 T 的函数，可表示为下列形式：

$$\varepsilon_g = f(T, PS)$$

例如，CO_2 和 H_2O 的黑度分别为烟气温度、气体分压 P、射线行程长度 S 的函数。在具体计算中可以通过先计算其气体分压 P 与射线行程长度 S 的乘积，然后在 $\varepsilon - T$ 图表中查出相应乘积及特定温度下的黑度值。

气体辐射并不遵守四次方定律，例如 CO_2 和 H_2O 的辐射能力分别与其温度的 3.5 和 3 次方成正比：

$$Q_{CO_2} = 3.5(P_{CO_2}S)^{1/3}\left(\frac{T}{100}\right)^{3.5} \quad (\text{W/m}^2) \qquad (6-41)$$

$$Q_{H_2O} = 3.5P_{H_2O}^{0.8}S^{0.6}\left(\frac{T}{100}\right)^{3.0} \quad (\text{W/m}^2) \qquad (6-42)$$

但是工程上为仍采用四次方定律以简化计算，并在计算气体黑度时作适当的修正。

6.3.5.2　气体的黑度

气体黑度的定义仍和固体一样，是指气体的辐射能力与同温度下黑体辐射能力之比，即 $\varepsilon_g = E_g/E_0$。实际应用中气体的黑度是由实验测定的。

在炉子热工计算中，经常需要计算燃烧产物的黑度。燃烧产物中的辐射气体基本上只有 CO_2 和 H_2O，炉气黑度近似等于二者黑度之和：

$$\varepsilon_g = \varepsilon_{CO_2} + \beta\varepsilon_{H_2O} \tag{6-43}$$

利用图线求 CO_2 及 H_2O 的黑度必须知道气体的分压、温度和射线行程长度。由于燃烧产物基本上分别为 CO_2 及 H_2O 在不同的气体分压与射线行程的乘积时（图6-10和图6-11），黑度-温度关系图线。根据式（6-43）可知，在计算实际炉气黑度时，通过查图6-11得到水蒸气黑度值后，还必须乘以修正系数 β，该值不仅受到水蒸气分压力值与其射线行程的乘积的影响，而且与水蒸气分压值的变化密切相关，如图6-12所示。

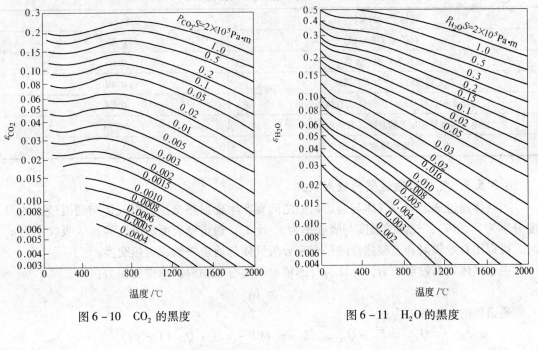

图6-10　CO_2 的黑度　　　　　　　图6-11　H_2O 的黑度

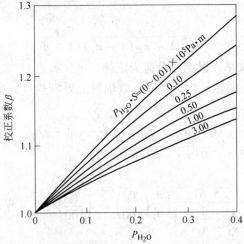

图6-12　水蒸气分压对 H_2O 黑度影响的校正系数

实际生产过程中，燃烧产物通常在一个大气压下，因此可以认为 CO_2 和 H_2O 的分压等于燃烧产物中 CO_2 和 H_2O 的体积百分数。当总压力不等于一个大气压并相差较大时，需要进行修正。气体的射线行程长度取决于气体容积 V 及其形状和尺寸（包围气体的表面积为 A），气体沿各方向射线的行程长度是不同的，计算中取平均射线行程，近似的公式是

$$S = 3.6 \frac{V}{A} \quad (m) \tag{6-44}$$

一些简单形状的气体空间中的气体平均射线行程见表6-2。

表6-2　气体辐射的平均射线长度

气体空间的形状	射线长度 S
直径为 d 的球状	$0.6d$
边长为 a 的立方体	$0.6a$
无限长的直径为 d 的圆柱体	$0.9d$
高度 h 和直径 d 相等的圆柱（对侧面辐射）	$0.6d$
高度 h 和直径 d 相等的圆柱（对底面中心辐射）	$0.77d$
在两平行面间厚度为 h 的气层	$1.8h$

6.3.5.3　气体和通道壁的辐射换热

当气体通过通道时，气体与通道内壁之间要产生辐射热交换。设气体与通道壁面的温度分别为 T_1 和 T_2，气体的黑度与吸收率为 ε_1 及 a_1，通道壁表面的黑度为 ε_2、吸收率为 a_2 时，可以用有效辐射和差额热量的概念来分析气体与通道壁的辐射热交换。

由于气体没有发射能力，气体自身的辐射即其有效辐射，单位面积为：

$$Q_{效1} = E_1$$

通道壁的有效辐射为：

$$Q_{效2} = E_2 + Q_{效2}\varphi_{22}(1-a_1)(1-a_2) + Q_{效1}(1-a_2)$$

可得：

$$Q_{效2} = \frac{E_2 + E_1(1-a_2)}{1 - \varphi_{22}(1-a_1)(1-a_2)}$$

式中，a_2 为通道壁的吸收率，根据克希荷夫定律，$a_2 = \varepsilon_2$。

所以投射到通道壁上的热量与通道壁有效辐射的差额热量，就是通道壁所得到的净热 Q_2，即：

$$Q_2 = E_1 + Q_{效2}\varphi_{22}(1-a_1) - Q_{效2}$$

在容器内壁包围气体这一情况下，显然 $\varphi_{22}=1$。

可得：

$$Q_2 = \frac{5.67}{\frac{1}{\varepsilon_2} + \frac{1}{a_1} - 1}\left[\frac{\varepsilon_1}{a_1}\left(\frac{T_1}{100}\right)^4 - \left(\frac{T_2}{100}\right)^4\right] \quad (W/m^2) \tag{6-45}$$

通常可以认为气体的吸收率 a_1 与气体在通道壁表面温度 T_2 时的黑度相等，即用通道壁面温度求出的气体黑度就是气体的吸收率。当气体的温度与通道壁面温度相差不大时，

即 $T_1 \approx T_2$，气体近似于灰体，可以认为 $a_1 = \varepsilon_1$，这时式（6-45）化简为：

$$Q_2 = \frac{5.67}{\frac{1}{\varepsilon_1} + \frac{1}{\varepsilon_2} - 1}\Big[\Big(\frac{T_1}{100}\Big)^4 - \Big(\frac{T_2}{100}\Big)^4\Big] \quad (\text{W/m}^2) \qquad (6-46)$$

式（6-46）与前面求得的式（6-34）完全一样，这是因为把气体当做灰体，作了简化处理。

例 6-6 假设烟气中含有的 CO_2 和 H_2O 的体积分数分别为 8% 和 10%，在流过一个直径为 0.8m 的圆形砖体烟道后，温度由 800℃ 降至 600℃。已知：烟道内表面的黑度 $\varepsilon_2 = 0.85$，烟道表面的进出口处温度分别为 475℃ 和 425℃。试求烟气通过辐射传给烟道的热量。

解： 由表 6-1 查得，对于圆形烟道平均射线长度为：

$$S = 0.9d = 0.9 \times 0.8 = 0.72\text{m}$$

由烟气的成分可算出：

$$P_{CO_2}S = 0.08 \times 0.72 = 0.0576 \times 10^5 \text{Pa} \cdot \text{m}$$

$$P_{H_2O}S = 0.10 \times 0.72 = 0.072 \times 10^5 \text{Pa} \cdot \text{m}$$

烟气的平均温度：

$$t_1 = \frac{800 + 600}{2} = 700℃$$

烟道壁的平均温度：

$$t_2 = \frac{475 + 425}{2} = 450℃$$

根据以上数据，查 CO_2 和 H_2O 的黑度与温度关系如图 6-10 和图 6-11 所示，可得烟气在 700℃ 时 CO_2 8% 和 H_2O 10% 的黑度分别为 $\varepsilon_{CO_2} = 0.098$，$\varepsilon_{H_2O} = 0.13$。同时，查图 6-12 可得，10% 水蒸气的黑度校正系数 $\beta = 1.08$，则相应的烟气黑度为：

$$\varepsilon_1 = 0.098 + 1.08 \times 0.13 = 0.238$$

代入式（6-46），因为气体与壁面温度相差不大，气体的吸收率与黑度相等，则得：

$$Q_2 = \frac{5.67}{\frac{1}{\varepsilon_1} + \frac{1}{\varepsilon_2} - 1}\Big[\Big(\frac{T_1}{100}\Big)^4 - \Big(\frac{T_2}{100}\Big)^4\Big]$$

$$= \frac{5.67}{\frac{1}{0.238} + \frac{1}{0.85} - 1}\Big[\Big(\frac{700 + 273}{100}\Big)^4 - \Big(\frac{450 + 273}{100}\Big)^4\Big]$$

$$= 8069\text{W/m}^2$$

6.3.5.4 火焰的辐射

气体燃烧或没有灰分的燃料完全燃烧时，燃烧产物中可辐射气体只有 CO_2 和 H_2O，由于它们的辐射光谱中没有可见光的波段，所以火焰不仅黑度小，而且亮度也很小，呈现淡蓝色或近于无色。当燃烧重油、固体燃料时，火焰中含有大量分解的炭黑、灰粒，这些悬浮的固体颗粒，不仅黑度大，而且可以辐射可见光波，火焰是明亮发光的。前者称为暗焰，后者称为辉焰。黑度很高的辉焰的辐射能力和固体相似，但是辉焰的黑度很难用公式来计算，因为它和燃料种类、燃烧方式和燃烧状况都有关系，同时炉子内不同部位火焰的温度和各成分的浓度还在变化。所以暗焰的黑度可以按上述计算气体黑度的公式来计算，而辉焰的黑度只能参考经验数据。部分火焰黑度的参考数据见表 6-3。

表 6 – 3   部分火焰黑度的实测数据

燃料种类	燃烧方式	ε
发生炉煤气	二级喷射式烧嘴	0.32
高炉焦炉混合煤气	部分混合的烧嘴（冷风）	0.16
高炉焦炉混合煤气	部分混合的烧嘴（热风）	0.213
天然气	内部混合烧嘴	0.2
天然气	外部混合烧嘴	0.6 ~ 0.7
重 油	喷 嘴	0.7 ~ 0.85
粉 煤	粉煤烧嘴	0.3 ~ 0.6
固体燃料	层状燃烧	0.35 ~ 0.4

从传热的观点看，辉焰的辐射能力强，对热交换有利。但燃料热分解所产生的碳粒必须在火焰进入烟道前烧完，否则燃料的不完全燃烧增加，炉内的燃烧温度也受影响。

6.4   稳态综合传热

生产实践中一个传热过程通常都是传导、对流、辐射等几种方式的两种或三种的综合，这种传热过程称为综合传热。

6.4.1   综合传热过程的分析和计算

当热流体流过一个固体表面时，所发生的传热过程包括固体表面通过对流方式从流体得到热量，以及通过对流体的辐射热的吸收而得到热量。根据牛顿冷却式（6 – 19）和式（6 – 46），上述的传热过程的总热流量等于：

$$q = a_{对}(t_1 - t_2) + C\left[\left(\frac{T_1}{100}\right)^4 - \left(\frac{T_2}{100}\right)^4\right] \quad (\text{W/m}^2)$$

式中，t_1、T_1、t_2、T_2 分别代表气体与固体表面的温度，$a_{对}$ 为对流换热系数，C 为气体对固体表面辐射的导来辐射系数。

将上式右侧第二项变形，可得：

$$q = a_{对}(t_1 - t_2) + \frac{C\left[\left(\frac{T_1}{100}\right)^4 - \left(\frac{T_2}{100}\right)^4\right]}{t_1 - t_2}(t_1 - t_2)$$

$$= a_{对}(t_1 - t_2) + a_{辐}(t_1 - t_2) = a_{\Sigma}(t_1 - t_2) \quad (\text{W/m}^2) \qquad (6 - 47)$$

式中 $a_{辐}$——辐射换热系数；

         a_{Σ}——综合换热系数，$a_{\Sigma} = a_{对} + a_{辐}$。

如果要求 $a_{辐}$，必须先算出辐射热流量，再除以温度差（$t_1 - t_2$）。

6.4.2   通过平壁的传热

如图 6 – 13 所示，有一厚度为 δ、面积为 A 的平壁，其导热系数为 λ。壁的左侧是温度为 t_{f1} 的气体，它与平壁面的综合给热系数为 a_1；壁的右侧是温度为 t_{f2} 的另一气体，它与平壁面的综合给热系数为 a_2。平壁两侧的温度分别为 t_{w1} 和 t_{w2}。

如果 $t_{w1} > t_{w2}$，则热量将通过平壁由一气体传给另一个气体。在稳定态情况下，气体传给壁面的热等于通过平壁传导传递的热，也等于壁面右侧传给另一气体的热。对同一热流 q 可以写出：

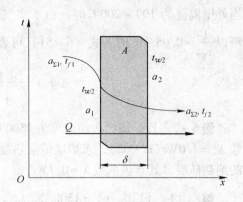

$$q = a_{\Sigma 1}(t_{f1} - t_{w1})$$

$$q = \frac{\lambda}{\delta}(t_{w1} - t_{w2})$$

$$q = a_{\Sigma 2}(t_{w2} - t_{f2})$$

图 6-13 平壁两侧流体的传热

对上述各式变形，求出 Δt 表达式后相加，可得：

$$t_{f1} - t_{f2} = q\left(\frac{1}{a_{\Sigma 1}} + \frac{\delta}{\lambda} + \frac{1}{a_{\Sigma 2}}\right)$$

$$q = \frac{t_{f1} - t_{f2}}{\frac{1}{a_{\Sigma 1}} + \frac{\delta}{\lambda} + \frac{1}{a_{\Sigma 2}}} \quad (\text{W/m}^2) \qquad (6-48)$$

或

$$Q = K(t_{f1} - t_{f2})A \quad (\text{W}) \qquad (6-48a)$$

式中 K——传热系数，即：

$$K = \frac{1}{\frac{1}{a_{\Sigma 1}} + \frac{\delta}{\lambda} + \frac{1}{a_{\Sigma 2}}} \quad (\text{W/}(\text{m}^2 \cdot \text{℃}))$$

求出热流量 q 以后，可以计算壁面的温度 t_{w1} 和 t_{w2}：

$$t_{w1} = t_{f1} - q\frac{1}{a_{\Sigma 1}}$$

$$t_{w2} = t_{f2} + q\frac{1}{a_{\Sigma 2}}$$

传热系数的倒数，称为总热阻，即：

$$R = \frac{1}{K} = \frac{1}{a_{\Sigma 1}} + \frac{\delta}{\lambda} + \frac{1}{a_{\Sigma 2}} \qquad (6-49)$$

由式（6-49）可知，传热的总热阻等于其三个分热阻的和。如果有多层平壁，可以根据热阻叠加的原理，计算其总热阻及传热系数。

其传热热阻与串联电路类似，因此可以直接写出通过多层平壁传热的公式，即：

$$Q = \frac{t_{f1} - t_{f2}}{\frac{1}{a_{\Sigma 1}} + \frac{\delta_1}{\lambda_1} + \frac{\delta_2}{\lambda_2} + \cdots + \frac{\delta_n}{\lambda_n} + \frac{1}{a_{\Sigma 2}}}A \quad (\text{W}) \qquad (6-50)$$

在炉子计算中，式（6-48）中的 $a_{\Sigma 1}$ 计算起来比较困难，而实践中求炉墙内表面的温度 t_{w1} 比求炉气温度 t_{f1} 容易，因此有：

$$q = \frac{t_{w1} - t_{f2}}{\frac{\delta}{\lambda} + \frac{1}{a_{\Sigma 2}}} \quad (\text{W/m}^2) \qquad (6-51)$$

在计算中，式中的 t_{f2} 实际上是车间的环境温度，$a_{\Sigma 2}$ 是炉墙对空气的综合给热系数，当外壁温度为 $100 \sim 200\,℃$ 时，由于空气条件变化不大，$a_{\Sigma 2}$ 一般在 $15 \sim 20\,W/(m^2 \cdot ℃)$，所以 $\dfrac{1}{a_{\Sigma 2}} \approx 0.05 \sim 0.07$，式（6-51）可表示为：

$$q = \frac{t_{w1} - t_{f2}}{\dfrac{\delta}{\lambda} + 0.06} \quad (W/m^2) \tag{6-52}$$

例 6-7　设炉墙内表面温度为 $1500\,℃$，车间温度为 $25\,℃$，墙厚 $350\,mm$，墙的导热系数 $\lambda_w = 1.0\,W/(m \cdot ℃)$，求炉墙的散热量及炉墙的外表面温度。如果在炉墙外加砌 $120\,mm$ 的绝热砖层，其导热系数 $\lambda = 0.1\,W/(m \cdot ℃)$，炉墙散热量及炉墙外表面温度是多少？

解：（1）已知：$t_{w1} = 1500\,℃$，$t_{f2} = 25\,℃$，$\lambda_w = 1.0\,W/(m \cdot ℃)$，$\delta = 350\,mm$，$\dfrac{1}{a_{\Sigma 2}} \approx 0.06$；根据式（6-52），可得炉墙的散热量为：

$$q = \frac{1500 - 25}{\dfrac{0.35}{1.0} + 0.06} = 3598\,W/m^2$$

所以，炉墙外表面温度 t_{w2} 为：

$$t_{w2} = t_{f2} + \frac{q}{a_{\Sigma 2}} = 25 + 3598 \times 0.06 = 241\,℃$$

显然，炉墙外表面温度高达 $241\,℃$，无法满足生产操作需要，因此需采取措施降低炉体外表面温度。

（2）在炉体外砌加绝热砖层以降低散热损耗，当其厚度为 $120\,mm$ 时，其他各项条件不变，则根据式（6-50），炉墙的散热量为：

$$q = \frac{1500 - 25}{\dfrac{0.35}{1.0} + \dfrac{0.120}{0.1} + 0.06} = 916\,W/m^2$$

在此条件下，炉体的外墙温度 $t_{w2} = 25 + 916 \times 0.06 = 80\,℃$。

从上述计算可见，在炉体外墙砌加绝热砖体以后，炉墙的热损失大约减少了 3/4，炉墙外表面温度也下降到生产操作允许的温度。在实际生产中，可以根据具体冶炼温度确定炉体外墙的砌砖层的厚度，以减少能耗，节约生产成本。

6.4.3　通过圆筒壁的传热

圆筒壁的传热问题与通过平壁的传热基本类似，但是由于圆筒壁的外表面和内表面面积不同，因此其内外侧表面的传热系数在数值上也不相等。在实际计算中，通常以圆筒外表面积为准进行计算，以简化计算过程。设圆筒的长度为 l，内外直径分别为 d_1 和 d_2，圆筒壁的厚度 $\delta = d_2 - d_1$，管内流过温度为 t_{f1} 的热气体，圆筒壁外为温度 t_{f2} 的冷气体。圆筒的导热系数为 λ，圆筒内外侧的总换热系数分别为 $a_{\Sigma 1}$ 和 $a_{\Sigma 2}$，因为圆筒壁的侧面面积为 πdl，根据稳定态传热的原理，可以推导出圆筒单位长度的传热量为：

$$q = \frac{t_{f1} - t_{f2}}{\dfrac{1}{a_{\Sigma 1} d_1} + \dfrac{1}{2\lambda} \ln \dfrac{d_2}{d_1} + \dfrac{1}{a_{\Sigma 2} d_2}} \pi \quad (W/m)$$

或
$$Q = \frac{t_{f1} - t_{f2}}{\frac{1}{a_{\Sigma 1} d_1} + \frac{1}{2\lambda} \ln \frac{d_2}{d_1} + \frac{1}{a_{\Sigma 2} d_2}} \pi l \quad (\text{W}) \tag{6-53}$$

当管壁不太厚时（$d_2/d_1 < 2$ 时），可以近似地把圆筒壁作为平面壁来考虑，这时单位长度圆筒壁的传热量为：

$$q = \frac{t_1 - t_2}{\frac{1}{a_{\Sigma 1}} + \frac{\delta}{\lambda} + \frac{1}{a_{\Sigma 2}}} \pi d_x \quad (\text{W/m}) \tag{6-54}$$

式中，d_x 为计算直径，其数值可按下列情况选定：

当 $a_{\Sigma 1} \ll a_{\Sigma 2}$ 时，　　　　　　　　$d_x = d_1$

当 $a_{\Sigma 1} \gg a_{\Sigma 2}$ 时，　　　　　　　　$d_x = d_2$

当 $a_{\Sigma 1} \approx a_{\Sigma 2}$ 时，　　　　　　　$d_x = \dfrac{d_1 + d_2}{2}$

对于多层圆筒壁导热的问题，可以直接写出下式：

$$Q = \frac{t_{f1} - t_{f2}}{\frac{1}{a_{\Sigma 1} d_1} + \sum_{i=1}^{n} \frac{1}{2\lambda} \ln \frac{d_{i+1}}{d_i} + \frac{1}{a_{\Sigma 2} d_{i+1}}} \pi l \quad (\text{W}) \tag{6-55}$$

例 6-8　某车间的蒸汽导管的内外直径分别为 $d_1 = 200\text{mm}$，$d_2 = 220\text{mm}$，管体外表面包裹厚度为 100mm 的石棉层，其导热系数 $\lambda_2 = 0.116\text{W}/(\text{m} \cdot \text{℃})$，蒸汽温度 $t_{f1} = 300\text{℃}$，环境空气温度 $t_{f2} = 25\text{℃}$，管壁的导热系数 $\lambda_1 = 46.5\text{W}/(\text{m} \cdot \text{℃})$。已知蒸汽与导管内壁的总换热系数 $a_{\Sigma 1} = 116\text{W}/(\text{m}^2 \cdot \text{℃})$，周围环境中的空气与导管外壁的总换热系数 $a_{\Sigma 2} = 10\text{W}/(\text{m}^2 \cdot \text{℃})$，求平均单位长度导管的热损失及隔热层的外表面温度？

解： 已知：$t_{f1} = 300\text{℃}$，$t_{f2} = 25\text{℃}$，$\lambda_1 = 46.5\text{W}/(\text{m} \cdot \text{℃})$，$\lambda_2 = 0.116\text{W}/(\text{m} \cdot \text{℃})$，$d_1 = 200\text{mm}$，$d_2 = 220\text{mm}$，$d_3 = 420\text{mm}$；根据式（6-55），可得单位长度导管的散热量为：

$$Q_L = \frac{t_{f1} - t_{f2}}{\frac{1}{a_{\Sigma 1} d_1} + \frac{1}{2\lambda_1} \ln \frac{d_2}{d_1} + \frac{1}{2\lambda_2} \ln \frac{d_3}{d_2} + \frac{1}{a_{\Sigma 2} d_3}} \times \frac{\pi l}{l} \quad (\text{W/m})$$

$$= \frac{300 - 25}{\frac{1}{116 \times 0.2} + \frac{1}{2 \times 46.5} \ln \frac{0.22}{0.2} + \frac{1}{2 \times 0.116} \ln \frac{0.42}{0.22} + \frac{1}{10 \times 0.42}} \times 3.14$$

$$= 281\text{W/m}$$

同时，导管外表面与周围空气的传热方程为：

$$Q_L \approx a_{\Sigma 2}(t_{w3} - t_{f2}) \pi d_3 \quad (\text{W})$$

隔热层的外表面温度为：

$$t_{w3} \approx \frac{Q_L}{a_{\Sigma 2} \pi d_3} + t_{f2} = \frac{281}{10 \times 3.14 \times 0.423} + 25 = 46\text{℃}$$

所以，隔热层的外表面温度为 46℃。

6.5　非稳态导热

物体加热或冷却时，其温度场随时间而变化，这时物体内部的导热属于非稳态导热。

研究非稳态导热时需要找出物体内部各点的温度和传递的热量随时间变化的规律。求解这类问题的方法有数学分析法、数值解法和实验法。

6.5.1 数学分析解法及单值条件

数学分析解法的实质是求解导热微分方程式。微分方程式是根据一般规律推演的，能满足一切导热物体的温度场，因而它在数学上有无穷多解。求解工程实际问题不满足于得到微分方程式的通解，而是为了得到单一的特解。因此，必须把特定表达数学式与导热微分方程式联立，完整地描述特定的导热问题，这就是非稳态导热方程。

解非稳态导热问题的单值条件有两种：（1）已知几何形状与物体物理性质的条件下，给出初始条件；例如：初始条件中的时刻 $\tau = 0$，而且，其物体内部的温度场视为均匀，即 t_0 = 常数。（2）已知几何形状与物体物理性质的条件下，给出边界条件。例如：假设物体边界上（即表面上）的温度或换热情况为特定情形。

描述与导热现象有关的边界条件可以归纳为以下三类：

（1）第一类边界条件。给出物体表面温度变化的情况，即 $t_{表} = f(\tau)$。物体表面温度随时间的变化规律复杂多样，比较典型的有两种情况：

1）物体表面温度等于常数（例如：加热开始，被加热物体的瞬时表面温度即可达到所需的温度，并在整个加热过程中保持不变）。即：

$$t_{表面} = 常数$$

2）物体表面温度随时间呈直线变化，即：

$$t_{表面} = t_0 + k\tau$$

式中　k——加热或冷却速度，℃/h；

　　　τ——加热或冷却时间，h。

（2）第二类边界条件。给出通过物体表面的热流密度与时间的关系，即：

$$q = f(\tau) \quad 或 \quad -\lambda\left(\frac{\partial t}{\partial n}\right) = f(\tau)$$

式中，n 为表面的法线方向。

热流密度随时间变化的诸多规律中，最简单的一种情况是通过物体表面的热流密度不随时间变化，即：

$$q = 常数$$

（3）第三类边界条件。给出周围介质的温度随时间变化的规律及物体表面与周围介质间的热交换规律，这类边界条件可表示为：

$$-\lambda\left(\frac{\partial t}{\partial n}\right) = a_{\Sigma}(t_{炉气} - t_{表面})$$

$$t_{炉气} = f(\tau)$$

式中　$t_{炉气}$——周围介质温度或炉气温度；

　　　a_{Σ}——物体与周围介质的综合换热系数。

最简单的情况例如物体在恒温炉中加热时，物体周围介质的温度为常数，即：

$$t_{炉气} = 常数$$

导热微分方程式是偏微分方程，解这类方程的数学过程比较复杂。将各类边界条件下微分方程式的解整理成准函数的形式，即：

$$\frac{t_{表面} - t}{t_{表面} - t_0} = f(Fo, Bi, \frac{x}{\delta}) \tag{6-56}$$

式中 t，t_0——被研究断面在任意时刻的温度及初始温度；

Fo——傅里叶准数，$Fo = \frac{a\tau}{l^2}$，a 为平均热扩散系数，τ 为任意时刻，l 为物体的特征尺寸（长度，直径）；

Bi——毕欧准数，$Bi = \frac{a_{\Sigma} l}{\lambda}$，它表示物体内部导热热阻与表面上换热热阻之比，$Bi$ 值越小则内热阻越小，外热阻越大。当 $Bi < 0.1$ 时，物体内部温度趋于一致，可忽略断面上的温差，物体称为"薄材"，$Bi > 0.1$ 时，称为"厚材"；

$\frac{x}{\delta}$——几何准数，x 为所研究断面的位置，δ 为加热或冷却时的透热深度。单面加热时，$\delta = d$；双面加热时，$\delta = d/2 = r$。

热扩散系数 a（thermal diffusion coefficient；thermal diffusivity）的定义为：

$$\alpha = \lambda / \rho C_p \quad (m^2/s) \tag{6-57}$$

式中 λ——导热系数，W/(m·K)；

ρ——密度，kg/m³；

C_p——热容，J/(kg·K)。

热扩散系数的物理意义为：在物体受热升温的非稳态导热过程中，进入物体的热量沿途不断地被吸收而使当地温度升高，在此过程持续到物体内部各点温度全部扯平为止。由热扩散率的定义式可知：（1）物体的导热系数 λ 越大，在相同的温度梯度下可以传导的热量更多；（2）分母表示单位体积的物体温度升高1℃所需的热量。ρc 乘积越小，温度升高1℃所吸收的热量越小，剩余更多热量继续向物体内部传递，使物体各点的温度随界面温度的升高而升高的速度越快。热扩散系数 α 是 λ 与 $1/\rho C_p$ 两个因子的结合。α 越大，表示物体内部温度趋于平衡的能力越大，因此也称为热扩散率；α 越大，材料中温度变化传播的越迅速。可见 α 也是材料传播温度变化能力大小的指标，因而也称为导温系数。

6.5.2 第一类边界条件下的加热

6.5.2.1 物体表面温度等于常数的加热

钢锭在均热炉内或金属在盐浴炉内的加热，以及金属在液体中的淬火，都可以认为物体表面的温度等于常数的加热。属于这类边界条件下的导热时，物体表面温度一开始就达到一定值，并基本保持不变，而内部的温度则随时间增加而渐近于表面温度。

这类问题有两种不同的初始条件，第一种是开始时物体内部没有温度梯度，各点温度均匀一致；第二种情况是开始时物体内部温度呈抛物线分布。

A 开始时物体内部无温度梯度

初始条件：$\tau = 0$，$t_0 =$ 常数。

边界条件：$x = \pm S$（两面对称加热，两个表面间距为 $2S$），$t_{表面} =$ 常数。

几何条件：无限大平板（面积相对于厚度很大，即 $A \gg \delta$）。

根据上述条件，得到微分方程式（6-56）的解为：

$$t = t_{表面} + (t_0 - t_{表面}) \frac{4}{\pi} \sum_{n=1}^{\infty} \frac{(-1)^{n+1}}{2n-1} \cos\left[\frac{(2n-1)}{2}\pi\right] \frac{x}{s} e^{-[(2n-1)\pi/2]^2 a\tau/S^2} \qquad (6-58)$$

在这个式子中，无穷级数的和可以用无因次的特征数准函数来表示，上式经过整理得到一般形式：

$$\frac{t_{表面} - t}{t_{表面} - t_0} = \varphi\left(\frac{a\tau}{S^2}, \frac{x}{S}\right) \qquad (6-59)$$

上式给出了物体内部温度 t 随时间 τ 的变化关系，已知加热时间，可算出坐标 x 点的温度 t，反之也可以求得将物体内部某点加热到温度 t 所需要的时间 τ，或求出加热过程中物体内各点的温度差。

研究一般物体加热时，找出中心温度和时间的关系可以简化问题的复杂性。即 $x = 0$，$t = t_{中}$，式（6-59）可写为：

$$\frac{t_{表面} - t_{中}}{t_{表面} - t_0} = \varphi_{中}\left(\frac{a\tau}{S^2}\right) \qquad (6-60)$$

式中　$t_{中}$——在时间 τ 时，物体中心的温度。

各种不同形状的物体，将其函数 $\varphi_{中} \sim \frac{a\tau}{S^2}$ 关系绘成图6-14，只要给出时间 τ 便可求出中心温度 $t_{中}$，或者已知中心温度，也可由此计算加热到该温度所需的时间。

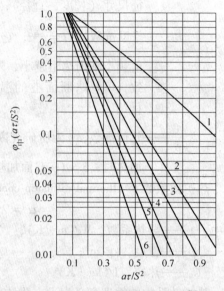

图6-14　表面温度一定时的 $\varphi_{中} \sim \frac{a\tau}{S^2}$ 关系

1—平板；2—长方体；3—无限长圆柱体；
4—立方体；5—高与直径相等的圆柱体；6—球体

B　加热开始时物体内部温度呈抛物线分布

初始条件：$\tau = 0$，断面温度呈抛物线分布，t_0 为初始中心温度，且 $\Delta t_0 = t_{表面} - t_{中}$，则 $t = t_0 + \Delta t_0 x^2/S^2$。

边界条件：$x = \pm s$ 时，$t_{表面} = t_0 + \Delta t_0 = $ 常数，在加热过程中 $t_{表面} = $ 常数。

根据上述条件，得到平板微分方程式的特解为：

$$\frac{t_{表面} - t}{t_{表面} - t_0} = \varphi\left(\frac{a\tau}{S^2}, \frac{x}{S}\right)$$

式中，函数 $\varphi \sim \frac{a\tau}{S^2}$ 关系绘成图6-15 的图线。

6.5.2.2　物体表面温度呈直线变化的加热

在等速条件下（加热速度 k 等于常数）加热，物体表面温度将呈直线变化，这种情况在材料的加热或冷却，特别是热处理时常发生的情况。如果温度的变化不符合直线关系时，可以近似地将温度变化区间划分为若干直线线段来计算。

初始条件：$\tau = 0$，$t_0 = 0$ 或 $t_0 = $ 常数。

边界条件：$x = \pm S$，$t_{表} = t_0 + k\tau$（k 为加热速度，℃/h）。

将上述单值条件与导热微分方程式联立求解，得到：

对平板
$$t = t_0 + k\tau + \frac{ks^2}{2a}\left(\frac{x^2}{S^2} - 1\right) + \frac{ks^2}{a}\varphi\left(\frac{a\tau}{S^2}, \frac{x}{S}\right) \tag{6-61}$$

对圆柱体
$$t = t_0 + k\tau + \frac{kR^2}{4a}\left(\frac{r^2}{R^2} - 1\right) + \frac{kR^2}{a}\varphi\left(\frac{a\tau}{R^2}, \frac{r}{R}\right) \tag{6-62}$$

对于加热圆柱体时，式（6-62）中的函数关系 φ 如图6-16所示。

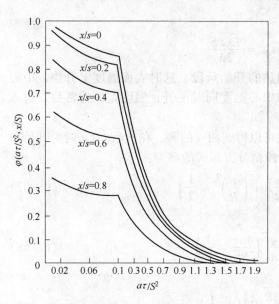
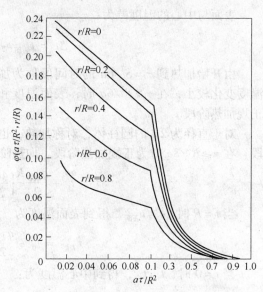

图6-15　表面温度一定，平板内初始温度　　　图6-16　加热速度恒定时，适用于圆柱
　　　　呈抛物线分布的 $\varphi \sim a\tau/S^2$ 关系　　　　　　　体的 $\varphi \sim a\tau/R^2$ 关系

6.5.3　第二类边界条件下的加热

第二类边界条件是给出物体表面上热流变化的规律，其中最简单的情况是 $q_{表面} = $ 常数。假定被加热件是厚度为 $2s$ 的大平板，且两面对称加热。

初始条件：$\tau = 0$，$t = t_0 = $ 常数。

边界条件：$x = \pm S$，$-\lambda \dfrac{\partial t}{\partial x} = $ 常数。

导热微分方程式 $\dfrac{\partial t}{\partial \tau} = a \dfrac{\partial^2 t}{\partial x^2}$ 的解为：

$$t = t_0 + \frac{q_{表面}S}{2\lambda}\left[\frac{2a\tau}{S^2} + \left(\frac{x}{S}\right)^2 - \frac{1}{3} + \frac{4}{\pi^2}\sum_{n=1}^{\infty}\frac{(-1)^{n+1}}{n^2}e^{\frac{-(n\pi)^2 a\tau}{S^2}}\cos\left(n\pi\frac{x}{S}\right)\right] \tag{6-63}$$

根据式（6-63）可以按照已知的时间 τ，可得到与中间面距离 x 远处等温面的温度 t；或者已知温度 t，求加热时间 τ。显然，随着 τ 的增加，式（6-63）中无穷级数的和趋近于零。当 $\tau \geqslant \dfrac{S^2}{6a}$ 时，$\dfrac{4}{\pi^2}\sum_{n=1}^{\infty}\dfrac{(-1)^{n+1}}{n^2}e^{\frac{-(n\pi)^2 a\tau}{S^2}}\cos\left(n\pi\dfrac{x}{S}\right) \to 0$。式（6-63）简化为：

$$t = t_0 + \frac{q_{表面}S}{2\lambda}\left[\frac{2a\tau}{S^2} + \left(\frac{x}{S}\right)^2 - \frac{1}{3}\right] \tag{6-64}$$

当 $x = \pm S$ 时，$t = t_{表面}$，得到表面温度为：

$$t_{表面} = t_0 + \frac{q_{表面}S}{2\lambda}\left(\frac{2a\tau}{S^2} + \frac{2}{3}\right) \tag{6-65}$$

当 $x = 0$ 时，$t = t_{中}$，得到中心温度为：

$$t_{中} = t_0 + \frac{q_{表面}S}{2\lambda}\left(\frac{2a\tau}{S^2} - \frac{1}{3}\right) \tag{6-66}$$

表面与中心的温度差为：

$$\Delta t = t_{表面} - t_{中} = \frac{q_{表面}S}{2\lambda}$$

由开始加热到 $\tau = S^2/6a$ 的时间段称为加热的开始阶段，这时表面温度上升快，中心温度变化较小；在 $\tau > S^2/6a$ 时，表面温度和中心温度同时上升，温度差保持常数，进入正规加热阶段。

对于直径为 $2R$ 的圆柱体，对称加热，也可以得到相应的解。在 $\tau < R^2/8a$ 时为开始阶段，在 $\tau \geqslant R^2/8a$ 时为正规加热阶段。加热阶段微分方程式的解为：

$$t = t_0 + \frac{q_{表面}R}{2\lambda}\left[\frac{4a\tau}{R^2} + \left(\frac{r}{R}\right)^2 - \frac{1}{2}\right] \tag{6-67}$$

当 $r = R$ 时，$t = t_{表面}$，得到表面温度为：

$$t_{表面} = t_0 + \frac{q_{表面}R}{2\lambda}\left(\frac{4a\tau}{R^2} + \frac{1}{2}\right) \tag{6-68}$$

当 $r = 0$ 时，$t = t_{中}$，得到中心温度为：

$$t_{中} = t_0 + \frac{q_{表面}R}{2\lambda}\left(\frac{4a\tau}{R^2} - \frac{1}{2}\right) \tag{6-69}$$

表面与中心的温度差为：

$$\Delta t = \frac{q_{表}R}{2\lambda}$$

6.5.4 第三类边界条件下的加热

第三类边界条件适用于周围介质温度随时间变化的关系，及介质与物质之间热交换的规律。最常见情况是周围介质温度一定，即 $t_{炉} = $ 常数，例如恒温炉的加热，如果为非恒温炉加热的情况，则需要根据时间或位置划分若干区间段，使各区间的介质温度近似等于常数，以便于计算解决金属的加热问题。

假设加热材料为厚度 $2S$ 的大平板，且对称加热。

初始条件：$\tau = 0$，$t = t_0 = $ 常数。

边界条件：$x = \pm S$，$-\lambda\dfrac{\partial t}{\partial x} = a_\Sigma(t_{炉} - t)$。

则导热微分方程式 $\dfrac{\partial t}{\partial \tau} = a\dfrac{\partial^2 t}{\partial x^2}$ 的解为：

$$\frac{t_{炉} - t}{t_{炉} - t_0} = \sum_{n=1}^{\infty} \frac{2\sin\delta}{\delta + \sin\delta\cos\delta} e^{-\frac{\delta^2 a\tau}{S^2}\cos(\delta\frac{x}{S})}\cos\left(\delta\frac{x}{S}\right)$$

式中，δ 是 $\dfrac{a_\Sigma s}{\lambda}$ 的函数，上式可写为如下的函数形式：

$$\frac{t_{炉} - t}{t_{炉} - t_0} = \varphi\left(\frac{a\tau}{S^2}, \frac{a_\Sigma S}{\lambda}, \frac{x}{S}\right) \tag{6-70}$$

当 $x = \pm s$ 时，$t = t_{表面}$，式（6-70）变为：

$$\frac{t_{炉} - t_{表面}}{t_{炉} - t_0} = \varphi_{表面}\left(\frac{a\tau}{S^2}, \frac{a_\Sigma S}{\lambda}\right) \tag{6-71}$$

当 $x = 0$ 时，$t = t_{中}$，得到：

$$\frac{t_{炉} - t_{中}}{t_{炉} - t_0} = \varphi_{中}\left(\frac{a\tau}{S^2}, \frac{a_\Sigma S}{\lambda}\right) \tag{6-72}$$

对于圆柱体，微分方程式的解与上面平板的结果类似，只是函数 φ 的值不同而已。

式（6-71）及式（6-72）中，$\varphi \sim \frac{a\tau}{S^2}$ 或 $\varphi \sim \frac{a\tau}{R^2}$ 可以做出类似于图6-15和图6-16的图线形式，相关计算中，函数 φ 的值可以直接查表。

例6-9 设直径 $d = 200mm$ 的圆钢轴，加热至 $800℃$，断面上温度分布均匀。浸入温度为 $60℃$ 的循环水中淬火。设钢的平均热扩散系数 $a = 0.04m^2/h$。求 $12min$ 后钢轴的中心温度为多少？

解： 如果忽略在钢轴表面所形成的蒸汽层的影响，则可以认为表面温度立即冷却到 $t_{表面} = 60℃$，并一直保持不变；并认为钢柱形状为无限长圆柱体。

已知 $t_0 = 800℃$；$a = 0.04m^2/h$；$R = \frac{d}{2} = 0.1m$；$\tau = \frac{12}{60} = 0.2h$

则

$$Fo = \frac{a\tau}{R^2} = \frac{0.04 \times 0.2}{0.1^2} = 0.8$$

根据图6-13，查出 $\varphi_{中} = \dfrac{t_{表面} - t_{中}}{t_{表面} - t_0} = 0.015$

即

$$\frac{60 - t_{中}}{60 - 800} = 0.015$$

$$t_{中} = 60 + (800 - 60) \times 0.015 = 71.1℃$$

例6-10 厚度为 $200mm$ 的钢板坯，在连续加热炉中加热，表面温度 $t_{表面} = 950℃$，表面与中心的温度差 $\Delta t_0 = 250℃$，若要将钢板坯在 $\Delta t = 25℃$ 时出炉，求加热时间应为多少？（已知钢的平均热扩散系数 $a = 0.03m^2/h$）。

解： 已知 $S = \frac{0.2}{2} = 0.1m$，$t_{表面} = 950℃$，$\Delta t_0 = 250℃$，$\Delta t = 25℃$。所以，

初始中心温度　　　　　　　$t_0 = 950 - 250 = 700℃$
出炉时中心温度　　　　　　$t_{中} = 950 - 25 = 925℃$

$$\varphi = \frac{950 - 925}{950 - 700} = \frac{25}{250} = 0.1$$

对于 $\frac{x}{S} = 0$，由图6-13得 $\frac{a\tau}{S^2} = 1.05$

则　　　　　　　　　　$\tau = 1.05 \times \frac{0.1^2}{0.03} = 0.35h = 21min$

所以，需要的加热时间应为 $21min$。

例6-11 直径 $200mm$ 的圆钢柱体，其开始加热时的表面温度为 $100℃$，在炉内以

300℃/h 的速度等速加热，如果钢的平均热扩散系数 $a = 0.03 \text{m}^2/\text{h}$，求在加热 6min 后距表面 60mm 处的温度为多少？

解： 已知圆柱体的半径 $R = \dfrac{0.2}{2} = 0.1 \text{m}$，则距表面为 60mm 处与圆柱体中心的距离为

$$r = 0.1 - 0.06 = 0.04 \text{m}$$

所以

$$\frac{r}{R} = \frac{0.04}{0.1} = 0.4$$

又知初始温度 $t_0 = 100℃$，$k = 300℃/\text{h}$，$a = 0.03 \text{m}^2/\text{h}$。在加热 6min 后，即 $\tau = 0.1 \text{h}$ 时：

$$\frac{a\tau}{R^2} = \frac{0.03 \times 0.1}{0.1^2} = 0.3$$

由图 6-15 查得 $\varphi\left(\dfrac{a\tau}{R^2}, \dfrac{r}{R}\right) = \varphi(0.3, 0.4) = 0.041$，代入式（6-60），得：

$$t = t_0 + k\tau + \frac{kR^2}{4a}\left(\frac{r^2}{R^2} - 1\right) + \frac{kR^2}{a}\varphi\left(\frac{a\tau}{R^2}, \frac{r}{R}\right)$$

$$t = 100 + 300 \times 0.1 + \frac{300 \times 0.1^2}{4 \times 0.03}(0.4^2 - 1) + \frac{300 \times 0.1^2}{0.03} \times 0.041 = 113℃$$

在加热 6min 后距表面 60mm 处的温度为 113℃。根据同样方法求若干个间隔时间的温度值，即可得到不同加热时刻的温度变化曲线。

例 6-12 断面为 100mm × 100mm 的钢坯在热流不变的炉中单面加热，热流密度为 $q_{表面} = 46000 \text{W}/\text{m}^2$，钢坯的初始温度 $t_0 = 10℃$，加热使其达到的最高温度为 $t_{表面} = 750℃$，钢的热扩散系数 $a = 0.04 \text{m}^2/\text{h}$，导热系数 $\lambda = 46 \text{W}/(\text{m} \cdot ℃)$，如果导热系数不随温度变化，使计算达到最高温度所需要的加热时间为多少？

解： 由于是单面加热，因此钢坯可以视为厚度 $S = 100 \text{mm} = 0.1 \text{m}$ 的大平板，则：

$$\Delta t = \frac{q_{表面}S}{2\lambda} = \frac{46000 \times 0.1}{2 \times 46} = 50℃$$

$$\Delta t_{中} = t_{表面} - \Delta t = 750 - 50 = 700℃$$

根据式（6-65）可得正式加热时间：

$$t_{表面} = t_0 + \frac{q_{表面}S}{2\lambda}\left(\frac{2a\tau}{S^2} + \frac{2}{3}\right)$$

$$750 = 10 + \frac{46000 \times 0.1}{2 \times 46}\left(\frac{2 \times 0.04 \times \tau}{0.1^2} + \frac{2}{3}\right)$$

$$\tau = \frac{1}{8} \times \left(\frac{750 - 10}{50} + \frac{2}{3}\right) = 1.93 \text{h} = 116 \text{min}$$

正规加热开始前的时间（初始时间）τ' 为：

$$\tau' = \frac{S^2}{6a} = \frac{0.1^2}{6 \times 0.04} = \frac{1}{24} \text{h} = 2.5 \text{min}$$

由上述计算可见，加热的开始阶段仅为 2.5min，与长达近 2h 的整个加热过程相比，完全可以忽略。所以在实际处理此类问题时，采用简化式（6-65）计算，所产生的计算误差可以接受。

7 耐火材料及保温材料

7.1 耐火材料简述

砌筑热处理炉时，需使用的材料主要包括耐火材料、保温材料、炉用金属材料以及一般建筑材料。

7.1.1 耐火材料

凡是能够抵抗高温并承受在高温下所产生的物理、化学作用的材料，统称为耐火材料。耐火材料一般是指耐火度在 1580℃ 以上的无机非金属材料，它包括天然矿石及按照一定的目的要求经过一定的工艺制成的各种产品。具有一定的高温力学性能、良好的体积稳定性，是各种高温设备必需的材料。耐火材料的主要性能有耐火度、荷重软化点、高温化学稳定性、热震稳定性、高温体积稳定性等。

7.1.2 耐火材料分类

主要包括耐火黏土砖、高铝砖、轻质砖、碳化硅耐火制品、耐火纤维、耐火混凝土、陶瓷涂料、耐火泥等。

（1）酸性耐火材料通常指 SiO_2 含量大于 93% 的耐火材料，它的主要特点是在高温下能抵抗酸性渣的侵蚀，但易于与碱性熔渣起反应。

（2）碱性耐火材料一般是指以氧化镁或氧化镁和氧化钙为主要成分的耐火材料。这类耐火材料的耐火度都较高，抵抗碱性渣的能力强。

（3）硅酸铝质耐火材料是指以 SiO_2 – Al_2O_3 为主要成分的耐火材料，按其 Al_2O_3 含量的多少可以分为半硅质（Al_2O_3 15% ~ 30%），黏土质（Al_2O_3 30% ~ 48%），高铝质（Al_2O_3 大于48%）三类。

（4）熔铸耐火材料是指用一定方法将配合料高温熔化后，浇注成的具有一定形状的耐火制品。

（5）中性耐火材料是指高温下与酸性或碱性熔渣都不易起明显反应的耐火材料，如炭质耐火材料和铬质耐火材料。有的将高铝质耐火材料也归于此类。

（6）特种耐火材料是在传统的陶瓷和一般耐火材料的基础上发展起来的新型无机非金属材料。

（7）不定型耐火材料是由耐火骨料和粉料、结合剂或另掺外加剂一定比例组成的混合料，能直接使用或加适当的液体调配后使用。不定型耐火材料是一种不经煅烧的新型耐火材料，其耐火度不低于 1580℃。

目前，国产的耐火材料及耐火制品面临国外的长寿、节能、功能化新型产品的挑战，市场竞争日趋激烈。我国耐材产业应当加快优化调整，实行强强联合，淘汰落后生产线，加强科研和生产经营，调整产品结构，以尽快适应国内外钢铁工业发展的需要。

经常使用的普通耐火材料有硅砖、半硅砖、黏土砖、高铝砖、镁砖等。经常使用的特殊材料有 AZS 砖、刚玉砖、直接结合镁铬砖、碳化硅砖、氮化硅结合碳化硅砖，氮化物、硅化物、硫化物、硼化物、碳化物等非氧化物耐火材料；氧化钙、氧化铬、氧化铝、氧化镁、氧化铍等耐火材料。经常使用的隔热耐火材料有硅藻土制品、石棉制品、绝热板等。经常使用的不定形耐火材料有补炉料、耐火捣打料、耐火浇注料、耐火可塑料、耐火泥、耐火喷补料、耐火投射料、耐火涂料、轻质耐火浇注料、炮泥等。

耐火材料的物理性能包括结构性能、热学性能、力学性能、使用性能和作业性能。

耐火材料的结构性能包括气孔率、体积密度、吸水率、透气度、气孔孔径分布等。

耐火材料的热学性能有热导率、热膨胀系数、比热、热容、导温系数、热发射率等。

耐火材料的力学性能包括耐压强度、抗拉强度、抗折强度、抗扭强度、剪切强度、冲击强度、耐磨性、蠕变性、黏结强度、弹性模量等。

耐火材料的使用性能包括耐火度、荷重软化温度、重烧线变化、抗热震性、抗渣性、抗酸性、抗碱性、抗水化性、抗 CO 侵蚀性、导电性、抗氧化性等。

耐火材料的作业性包括稠度、坍落度、流动度、可塑性、黏结性、回弹性、凝结性、硬化性等。

7.2 耐火材料的作用与发展趋势

耐火材料泛指耐火度不低于 1580℃ 的一类无机非金属材料。耐火度是指锥形体耐火材料试样在没有荷重情况下，在高温作用出现软化、熔倒现象时所对应的临界摄氏温度。耐火材料广泛用于冶金、化工、石油、机械制造、硅酸盐、动力等工业领域，在冶金工业中用量最大，占总产量的 50% ~ 60%。耐火材料应用于钢铁、有色金属、玻璃、水泥、陶瓷、石化、机械、锅炉、轻工、电力、军工等国民经济的各个领域，是保证上述产业生产运行和技术发展必不可少的基本材料，在高温工业生产发展中起着不可替代的重要作用。

中国在 4000 多年前就使用杂质少的黏土，烧成陶器，并已能铸造青铜器。东汉时期（公元 25 ~ 220）已用黏土质耐火材料做烧瓷器的窑材和匣钵。20 世纪初，耐火材料向高纯、高致密和超高温制品方向发展，同时发展了完全不需烧成、能耗小的不定型耐火材料和高耐火纤维（用于 1600℃ 以上的工业窑炉）。前者如氧化铝质耐火混凝土，常用于大型化工厂合成氨生产装置的二段转化炉内壁，效果良好。50 年代以来，原子能技术、空间技术、新能源开发技术等的迅速发展，要求使用耐高温、抗腐蚀、耐热震、耐冲刷等具有综合优良性能的特种耐火材料，例如熔点高于 2000℃ 的氧化物、难熔化合物和高温复合耐火材料等。

自 2001 年以来，在钢铁、有色、石化、建材等高温工业高速发展的强力拉动下，耐火材料行业保持着良好的增长态势，已成为世界耐火材料的生产和出口大国。2011 年中国耐火材料产量约占全球的 65%，产销量稳居世界耐火材料第一。冶金炉是高温设备，是大量优质耐火材料的主要消耗者。例如砌一座 1513m³ 高炉需耐火材料 3000t；砌一座 42m³ 沸腾炉大约消耗耐火材料 150t；砌一座 210m³ 炼铜反射炉需 1500t。因而耐火材料费用在冶炼生产成本中占有重要的比例，据不完全统计，平炉钢吨钢消耗量（耐火材料）约为45~60kg，1t粗铜需消耗2~5kg镁砖，而镁砖是较昂贵的材料。因此，降低耐火材料单位消耗指数，可以降低冶炼生产成本。除工艺条件外，主要是取决于耐火材料本身质量的提高和合理选择、适用耐火材料。这样既可以延长炉子寿命、减少修炉次数，又使炉子有效生产实践增加，为提高产量创造了条件。

冶炼过程中，由于液态金属直接与耐火材料接触，在高温下耐火材料的某些成分有时会进入熔融金属中，而影响产品质量，特别是生产高纯度金属或合金时，尤其突出。显然，提高耐火材料质量，有助于提高金属产品的纯度。由此可知，耐火材料与冶金炉的关系十分密切。为了高速度发展我国的钢铁以及有色冶金工业，必须大力发展耐火材料生产。截至2011年，我国耐火材料行业企业从业人员超过30多万人，实现产品销售利润超过470亿元。但是，由于无序开采、加工技术水平不高，资源综合利用水平较低，浪费较为严重，作为耐火材料原料的高品位矿产资源已越来越少，因此，节约资源、综合利用资源已是当务之急。同时，我国耐火材料企业众多，企业规模、工艺技术、控制技术、装备水平参差不齐，先进的生产方式与落后的生产方式共存。行业整体清洁生产水平不高，节能减排任务非常艰巨。

7.3 耐火材料的性质

耐火材料的物理性能包括结构性能、热学性能、力学性能、使用性能和作业性能。耐火材料的结构性能包括气孔率、体积密度、吸水率、透气度、气孔孔径分布等。耐火材料的热学性能包括热导率、热膨胀系数、比热、热容、导温系数、热发射率等。耐火材料的力学性能包括耐压强度、抗拉强度、抗折强度、抗扭强度、剪切强度、冲击强度、耐磨性、蠕变性、黏结强度、弹性模量等。耐火材料的使用性能包括耐火度、荷重软化温度、重烧线变化、抗热震性、抗渣性、抗酸性、抗碱性、抗水化性、抗 CO 侵蚀性、导电性、抗氧化性等。为了合理使用耐火材料，延长使用寿命，了解和研究耐火材料的性质十分重要。

7.3.1 耐火材料的物理性质

耐火材料物理性质与使用性能有着密切的关系。物理性质是影响使用性能的重要因素，也是衡量耐火材料质量优劣的主要依据。耐火制品的致密程度（致密性）是评价耐火制品质量的重要指标之一，它通常用气孔率、吸水率、体积密度、真比重和透气性来表示。

气孔率是指耐火制品中气孔体积占总体积的百分率。由于耐火砖制造过程中水分蒸发，在砖内留下孔隙；此外，颗粒之间也必然存在孔隙，因而在耐火材料内部存在许多大小不一、形状不同的气孔。气孔主要分三种：与外界大气相通的称为开口气孔；不与大气相通的叫闭口气孔；贯穿整个耐火砖的称作连通气孔。显气孔包括开口气孔和连通气孔，在耐火砖中占多数。气孔率分为总气孔率和显气孔率。显气孔率是鉴定耐火材料质量的重要指标之一，耐火砖的使用寿命主要取决于显气孔率的大小，气孔率越大则耐火砖寿命越短。因为显气孔率大的耐火砖在使用过程中，熔融炉渣容易通过开口及连通气孔浸入耐火砖内部，缩短耐火砖的寿命。此外，显气孔率高的耐火砖在储存过程中也因为其容易吸收外界水分而受潮，降低耐火砖的质量。所以，在耐火砖质量指标中一般对显气孔率有规定，例如普通黏土的显气孔率不得超过28%。

吸水率是指填充制品中的全部开口气孔所需水的质量 G_1 占制品质量 G 的百分数，即：

$$吸水率 = \frac{G_1 - G}{G} \times 100\% \qquad (7-1)$$

体积密度是指单位体积耐火砖（包括气孔体积）的质量，用符号 ρ 表示。体积密度大的耐火砖，内部致密，气孔率低，抵抗炉渣侵蚀的能力较强。

真比重是指耐火材料去除全部气孔后单位体积的质量。真比重的大小反映出原料的纯度、烧结程度及制品的基本特性。

透气性是指单位时间内单位压力的气体透过耐火材料任意截面和厚度的气体量，即：

$$V = 0.0098 k\tau \Delta P \frac{A}{\delta} \qquad (7-2)$$

式中　　V——透过试样的气体体积，m^3；

　　　　k——透气系数，$m^2/(Pa \cdot h)$；

　　　　τ——气体通过试样的时间，h；

　　　　ΔP——试样两侧的气体压力差，N/m^2；

　　　　A——试样的截面面积，m^2；

　　　　δ——试样的厚度，m。

显然，耐火材料的透气性能可以用透气系数（k）来表征。其物理意义是在压强差为1Pa时，1h内通过厚度为1m、面积为 $1m^2$ 的耐火材料的气体量。对于一般耐火材料来说，制品的透气性愈小愈好，但是具有透气性能的耐火材料具有净化功能。例如，采用特制透气砖对钢液进行净化处理，透气性被视为主要性能指标之一。影响耐火材料透气性的因素主要为组织结构，透气性与制品的致密度成反比关系。实际应用中往往要求制品既有良好的透气性又具有足够的强度。其透气性一般通过调整原料粒级配比，减少细粉、增加中间粒度配比、提高烧成温度等途径来实现。

7.3.2　耐火材料的力学性质

常温耐压强度指耐火材料在常温条件下单位面积上所能承受的压力（N/cm^2），是衡量耐火材料质量的重要指标之一。常温耐压强度能反映耐火砖制造过程中成型以及烧成的质量，同时常温耐压强度大的耐火砖对于冲击及摩擦等机械作用的抵抗能力较强；加之常温耐压强度的测定简单迅速。耐火砖在冶金炉中所承受的实际荷重一般小于 $9.8 \sim 19.6 N/cm^2$，炉顶砖小于 $39.2 \sim 49.0 N/cm^2$，大型高炉炉底、平炉蓄热室格子砖下层最大荷重小于 $98.1 N/cm^2$，高级耐火材料的耐压强度大于 $2452 \sim 2942 N/cm^2$。普通黏土砖的常温耐压强度大于 $1226 N/cm^2$，普通高铝砖大于 $3927 N/cm^2$。

高温耐压强度是根据耐火材料实际使用温度的要求，将试样加热到某一高温条件下测定其耐压强度。通过特定温度下的耐压强度值，了解耐火材料在高温使用过程中组织结构、性能等的变化规律，对于耐火材料材质的选择和使用具有指导意义。

弹性变形用于分析耐火制品在使用过程中受热时所产生的应力和应变特性，通常用弹性模量来表征。根据胡克定律，在弹性限度内，材料所受的应力和它产生的应变成正比，它可表示为：

$$P = E \frac{\Delta L}{L} A \tag{7-3}$$

式中　P——材料所受应力，N；

　　　E——弹性模量，N/cm^2；

　　$\Delta L / L$——受力材料在弹性范围内的相对长度变化；

　　　A——材料受力的截面积，cm^2。

显然，耐火材料的弹性变形量（$\Delta L / L$）与弹性模量（E）成反比。弹性模量与耐火材料的热稳定性相关，弹性变形越大，热稳定性越好，表示该材料缓冲因热膨胀所产生的内应力的能力越强。

7.3.3　耐火材料的热学性质

热膨胀性指耐火材料具有热胀冷缩的可逆变化的性质。热膨胀的大小用线膨胀百分率 β 来表示：

$$\beta = \frac{L_t - L_0}{L_0} \times 100\% \tag{7-4}$$

另外，耐火材料的热膨胀性也可用平均线膨胀系数 β_m 来表示。即在某一温度范围内，温度升高或降低1℃时耐火材料平均长度的变化值：

$$\beta_m = \frac{L_t - L_0}{L_t} \cdot \frac{1}{t - t_0} \tag{7-5}$$

式中　t_0——试样的开始温度，℃；

　　　t——试样的终止温度，℃；

　　L_0，L_t——分别代表在 t_0 和 t 时试样的长度，cm。

耐火材料的热膨胀性取决于其化学矿物组成，同一种耐火材料线膨胀性取决于受热温度范围。耐火材料的膨胀系数为在砌筑炉体时预留膨胀缝隙提供依据，同时也为研究耐火材料的热稳定性及损坏机理提供参考。例如：在 20 ~ 1000℃ 范围内，黏土质及莫来石（70% Al$_2$O$_3$）耐火材料的平均线膨胀系数 $\beta_m = (4.5 \sim 6.0) \times 10^{-6}$，刚玉制品（99% Al$_2O_3$）的 $\beta_m = (8.0 \sim 8.5) \times 10^{-6}$，硅质制品的 $\beta_m = (7.4 \sim 11.6) \times 10^{-6}$，镁石制品（90% ~92% MgO）的 $\beta_m = (11.0 \sim 14.3) \times 10^{-6}$。因此，工业炉砌砖平均在1000℃时每米砌砖体应留膨胀缝为：普通黏土砖 5 ~6mm；硅砖 12mm；镁砖 12 ~ 14mm。一般情况下，耐火制品的体积膨胀系数为线膨胀系数的 3 倍。

导热性指耐火材料传递热量的性能，导热能力用导热系数 λ 值衡量，该值愈大，则耐火材料的导热能力愈大，反之，导热能力愈小。普通耐火材料中，碳质耐火材料的导热能力最强，其次是镁质耐火材料。影响耐火材料导热能力的主要因素是化学矿物组成、气孔率及温度。一般晶体的导热能力大于非晶体的导热率；气孔率大，导热能力低；大多数耐火材料的导热系数 λ 值随温度升高而增加，但镁质和碳化硅质耐火材料例外。热容指常压下加热 1kg 物质使其温度升高1℃所需要的热量，用符号 C_p 表示，单位是 kJ/(kg·℃)。耐火材料的比热容 C_p 与矿物组成及使用时的温度有关。实验测定证明，比热容 C_p 随温度的升高而缓慢增加，工业计算中一般采用平均比热容。耐火材料的热容是计算砌体蓄热量的重要参数，同时热容的大小对耐火材料的热稳定性也有影响。导温系数则表示物体被加热或冷却时的温度传递速度，它决定耐火材料急热急冷时内部温度梯度的大小，导温系数a的大小与耐火材料的密度、导热系数、热容有关，表达见式（6-57）。由于各种耐火材料的热容差别不大，所以不同耐火材料的导温系数主要取决于导热系数λ和体积密度ρ。同一耐火材料的导温系数则取决于温度的高低。

导电性是指在低温下，除含碳质耐火材料有较好的导热性之外，大部分耐火材料都是电的绝缘体。由于高温下耐火材料的易熔成分熔化成液相，当温度升高到1000℃以上时，耐火材料的导热性会明显增加。耐火材料的电阻R与温度T的关系为$\lg R = AT^{-1} + B$（式中A和B为常数）。随着耐火材料的原料纯度的提高，其电绝缘性能显著提高。

7.3.4　耐火材料的工作性能

耐火材料的寿命主要决定于其工作使用性能，而工作使用性能主要与耐火材料的化学矿物组成以及物理性质密切相关。耐火材料的工作性能主要包括耐火度、荷重软化温度、抗渣蚀性、热稳定性、高温体积稳定性等。

7.3.4.1　耐火度

耐火度是耐火材料抵抗高温而不熔融的性能，以耐火材料在一定条件下开始熔融软化的温度来表示。耐火材料包括多种化学矿物成分，不是纯物质，故没有一定的熔点。耐火度仅仅代表材料开始熔融软化到一定程度时的温度。影响耐火度的因素，主要是耐火材料的化学矿物组成。易熔玻璃质成分质量愈高，则耐火度愈低。一般而言，纯结晶物质的熔点较高，例如：黏土质耐火材料的主要结晶纯莫来石$3Al_2O_3 \cdot 2SiO_2$（可简写为A_3S_2）的熔点为1870℃，但由于易熔物质的影响，导致该耐火材料的耐火度低于1870℃。

确切的耐火度数据通过比较法测定。根据行业标准，将欲测的耐火材料试样三角锥截头，并与已知耐火度的尺寸形状相同的标准锥同放置于电阻炉内，以一定的升温速度进行加热。到某一温度，当试样锥的顶部与标准锥的顶部同时弯倒接触底盘时，则该标准锥的耐火度即作为试样的耐火度。我国以标准锥的锥号来表示耐火度，锥号WZ171即表示耐火度为1710℃，锥号WZ183的耐火度为1830℃。

耐火材料在实际使用过程中，除经受高温作用外，还承受荷重，炉渣侵蚀等各种作用，是耐火材料能够承受的温度降低。因此，耐火度不能作为材料的使用温度来考虑，实际上一般仅作为耐火材料纯度的鉴定指标。

7.3.4.2　荷重软化温度

荷重软化温度是指耐火材料在高温下对荷重的抵抗性能。耐火材料在常温下的耐压强度很高，但是在高温下由于耐火材料内部易熔成分的熔化，使其在高温下的耐火强度大大降低。因此，测定耐火材料的荷重软化温度在冶金炉砌体中具有实际意义。

荷重软化点的测定方法是将试样做成直径36mm，高50mm的小圆柱，置于碳粒电阻炉内按一定升温速度（800℃以下每分钟不超过10℃，温度高于800℃时每分钟不超过4~5℃）连续均匀加热，并与试样上施加2kg/cm²的恒定压力。测出试样开始软化变形的温度即荷重软化开始温度点。应该注意，耐火度是在不承受荷重情况下的软化变形温度，所以荷重软化温度一定低于耐火度。实际条件下耐火材料的荷重软化温度比实验室内测定的荷重软化温度高。

影响荷重软化温度的主要因素是：（1）耐火材料化学矿物组成和结构特征。纯晶体的荷重软化温度与它的熔点相近，因为只有在接近熔点温度的耐火材料才开始产生塑性变形。但是，各种耐火材料中含有一定数量的杂质，导致耐火材料在较低的温度下产生液相，因此降低了其荷重软化温度。耐火材料中杂质愈多，产生的液相愈多，其黏性愈小，它的软化温度降低得愈多。耐火材料晶体部分的结构特征对耐火材料的荷重软化温度有一定影响。如果耐火材料中基本物质的晶体呈交错网结构时，它的荷重软化温度接近晶体的熔点（如硅砖）；如果耐火材料中基本物质的晶体呈孤岛状分散在易熔的玻璃相中，形成玻璃质结构时，尽管基本晶体的熔点很高，其荷重软化温度也比较低（如黏土砖）。（2）耐火材料的致密度。提高耐火材料的致密度，可以提高耐火材料的荷重软化开始温度，但对于它的荷重软化终了温度没有影响。（3）烧成温度和原料的纯度。提高耐火材料的烧成温度能降低它的气孔率，增大晶粒和改善晶粒间的相互结合，从而提高了耐火材料的荷重软化开始温度。提高耐火材料原料纯度，可以提高它的荷重软化开始和软化终了温度，因此，荷重软化温度向耐火度靠近。

7.3.4.3　抗渣蚀性

抗渣蚀性是指耐火材料在高温下抵抗熔渣侵蚀的能力。这些熔渣包括熔炼的炉渣、钢锭加热炉的氧化铁皮，煤燃烧后残留的灰分等。熔渣侵蚀是各种冶金炉（特别是熔炼炉）中耐火材料损坏的主要原因，所以抗渣蚀性对耐火材料有着十分重要的意义。熔渣侵蚀耐火材料的主要原因是高温下熔渣与耐火材料起化学反应，所生成的易熔化合物在高温下从耐火材料表面熔融脱落，因而使耐火材料由表面至内部被侵蚀。化学侵蚀、物理溶解以及机械冲刷是熔渣侵蚀耐火材料的三种原因。被化学侵蚀及物理溶解的耐火材料表层，容易被流动的液态炉渣冲走；而机械冲刷又不断使耐火材料暴露出新的表面，加剧化学侵蚀及物理溶解。一般情况下，化学侵蚀是主要原因。高温条件下液态炉渣通过耐火材料的气孔渗入，有可能使耐火材料中某些成分物理溶解于炉渣中，再加上流动性熔渣的机械冲刷作用，也将引起耐火材料的表面逐渐脱落。

耐火材料抗渣蚀性测定方法很多，常用的有坩埚法和标准法。抗渣蚀性的主要影响因素的研究对于合理使用耐火材料，延长其寿命，是很必要的，同时也有助于深入了解熔渣侵蚀耐火材料的机理。（1）抗渣蚀性与耐火材料和熔渣的化学成分密切相关。以 SiO_2 为主要成分的氧化硅质等酸性耐火材料，能够抵抗酸性熔渣（含酸性氧化物 SiO_2、P_2O_5 等较多的熔渣），因此两者之间不起化学反应。但酸性耐火材料容易被含碱性氧化物 CaO、MgO 等较多的碱性熔渣所侵蚀，因高温下酸性耐火材料与碱性炉渣起化学反应，生成易熔硅酸盐化合物。以 CaO、MgO 为主要成分的氧化镁质、白云石等碱性耐火材料则相反，对碱性熔渣（含碱性氧化物 CaO、MgO 较多）的抵抗能力强，但对酸性熔渣的抵抗能力差。而中性耐火材料，如碳质耐火材料，无论对酸性或碱性熔渣都有较强的抵抗能力，因此中性耐火材料与熔渣之间不起化学反应。（2）抗渣蚀性与熔炼炉的炉内温度密切相关。化学反应的速度随着温度的升高而加速，熔渣对耐火材料的化学侵蚀也是如此，温度在 800～900℃ 之间时，熔渣侵蚀一般尚不明显，到 1200～1400℃ 以上化学侵蚀反应速度急剧增加。此外，随着炉内温度的升高，熔渣黏度显著降低，流动性增加，更容易渗入耐火材料的气孔及砖缝中，反应接触面增加，侵蚀加剧。此外熔渣与耐火材料的物理溶解和机械冲刷，也随着温度的升高而加剧。所以，炉内温度是影响耐火材料抗渣性的重要因素。（3）抗渣蚀性与耐火材料的气孔率密切相关。气孔率（尤其是开口以及连通气孔率）愈低，则熔渣愈不容易渗入，反应接触面愈小，耐火材料的抗渣性就愈好。因此，生产气孔率低的致密耐火砖是提高抗渣能力，延长使用寿命的有效措施。

7.3.4.4 热稳定性

耐火材料在实际使用过程中，往往遭受温度的急剧变化。耐火材料抵抗温度急变而不破坏的能力，称为耐急冷急热性或热稳定性。耐火材料破损的原因，除了熔渣侵蚀以外，温度急剧变化是导致耐火材料损坏的重要因素。提高耐火材料抵抗急冷急热的能力，是延长耐火材料寿命的重要措施之一。同时，在使用过程中，应避免温度的激烈波动。

耐急冷急热性的测定是将欲测定的耐火材料试样加热到850℃，然后放入水或空气中急速冷却。如此重复急速加热和冷却，待耐火材料表层崩裂和脱落而损失的重量达到原试样重量的20%为止。以耐火材料所能承受的急冷急热次数，作为耐急冷急热的指标。当然，测定条件与耐火材料的实际使用条件不完全相同，测定结果主要作为各种耐火材料耐急冷急热性的比较。

急冷急热使耐火砖破坏的原因，是由于耐火砖的导热性较差。当耐火砖遭受急冷时，耐火砖表层温度突然下降，急剧收缩，表层产生张应力，使耐火砖表层引起破裂或剥落；而急热时，耐火砖表层温度激烈上升（因耐火砖导热性差，内部温度尚变化不大），猛烈膨胀，表层产生剪切应力，同样使表层产生崩裂或脱落。

影响耐急冷急热性的因素主要有3个：（1）产生热应力的因素。首先是耐火砖的导温系数。导温系数较大，在急冷急热过程中，内外温度相差较小，产生的热应力较小，故耐急冷急热性较好。碳质耐火材料的导温系数较大，因而耐急冷急热性好。产生热应力的第二个因素是耐火砖的热膨胀系数。热膨胀系数愈小，则温度激烈波动使碰撞或收缩所产生的热应力愈小，耐急冷急热的能力愈强。普通黏土砖的热膨胀系数小，故耐急冷急热性较好，测定的指标约为5~25次。（2）缓冲热应力的因素。生产实践证明，粗颗粒配料制成的耐火材料，由于颗粒间空隙较多，热应力有缓冲的余地。弹性模量是衡量这种缓冲热应力的主要指标，弹性模愈小，表示弹性能愈好，缓冲热应力愈强，则耐急冷急热性愈好。以黏土质为例，粗颗粒制品的耐急冷急热性指标达25次以上，而细颗粒制品只有5~8次。（3）抵抗热应力的因素。热应力产生以后，能否使耐火砖受到破坏，不仅与缓冲热应力的能力有关，而且与耐火砖抵抗热应力的能力有关。极限抗张强度和抗剪切强度较高的耐火砖，具有较强的抵抗热应力的能力，故耐急冷急热性较好。

7.3.4.5 高温体积稳定性

耐火砖在高温使用过程中，某些在烧成过程中未进行完的物理–化学变化将继续进行，使耐火砖的体积发生收缩或膨胀，通常称为残存收缩或膨胀（即重烧收缩或膨胀）。与热胀冷缩的体积变化不同，残余收缩或膨胀不可逆。耐火材料的残余收缩或膨胀，是在一定温度下用重烧方法测定的。重烧温度是根据各种耐火材料的主要要求及使用条件来决定，对于黏土耐火材料和半硅质耐火材料为1250~1450℃；对于硅质耐火材料为1450℃；镁质耐火材料为1650℃；高铝耐火材料为1500~1600℃。在重烧时产生的残余膨胀或收缩的数量，是用测量试样在重烧后的体积变化的百分数来表示。

重烧线收缩或膨胀按下式计算：

$$\Delta l\% = \frac{l_2 - l_1}{l_1} \times 100\% \qquad (7-6)$$

式中　l_1，l_2——分别为加热（重烧）前后试样的长度。

重烧体积收缩或膨胀按下式计算：

$$\Delta V\% = \frac{V_2 - V_1}{V_1} \times 100\% \qquad (7-7)$$

式中　V_1，V_2——分别为加热前后试样的体积。

引起残余收缩的原因是由于耐火砖在高温作用下，继续生成易熔结合物，熔化成液相填充于孔隙中，使结晶颗粒进一步靠近；或由于在结晶作用使晶粒增大，密度增加，而体积缩小。残余收缩会导致冶金炉炉壁砖缝加大，使强度降低以及熔渣侵蚀加剧。对于炉拱的危害性更大，若耐火砖残存收缩过大，砖缝过宽，有可能引起炉顶的下沉，甚至倒塌。残余膨胀不大时，砖缝致密，在一定条件下对炉子寿命特别是炉顶寿命带来良好的影响；但用残余膨胀过大的耐火砖砌筑炉子时，容易使砌砖体因膨胀而变形，破坏炉体结构。因此，规定各种耐火材料的重烧率不得超过 0.5% ~ 1%。

7.3.5　工业炉用耐火材料的性能要求

耐火材料用于各种高温设备中，它受着高温条件的物理化学侵蚀和机械破坏作用，所以耐火材料的性能应满足如下要求：（1）耐火度高。现代冶金炉和其他工业窑炉的加热温度一般都在 1000 ~ 1800℃ 之间。耐火材料应该在高温作用下具有不易熔化的性能。（2）高温结构强度大。耐火材料不仅应具有较高的溶化温度，而且还应具有在受到炉子砌体的荷重下或其他机械震动下，不发生软化变形和坍塌。（3）热稳定性好。冶金炉和其他工业窑炉在操作过程中由于温度骤变引起材料各部分温度不均匀，砌体内部会产生应力而使材料破裂和剥落。因此，耐火材料应具有抵抗这种破损的能力。（4）抗渣蚀能力强。耐火材料在使用过程中，常受到高温炉渣、金属和炉气、烟尘的化学腐蚀作用。因此，耐火材料必须具有抵抗腐蚀的能力。（5）高温体积稳定。耐火材料在长期高温使用中，砖体内部会产生体积收缩或膨胀，造成砌体的损坏。因此，要求耐火材料在高温时体积稳定。（6）外形尺寸公差小。砌体的砖缝虽用耐火泥浆填充，但密度和强度均比制品差，在烘干和使用过程中容易脱落，因而砖缝是砌体的薄弱环节，容易漏气和受侵蚀，因此应使砖缝愈小愈好，只有准确的外形尺寸才能达到这种要求，所以制品不能有大的扭曲、缺边、缺角、溶洞和裂纹等缺陷，尺寸公差要合乎规定的要求。

在实际应用中必须根据具体的工作条件及使用环境，合理地选用耐火材料。

7.4　耐火材料的分类

耐火材料品种繁多、用途各异，有必要对耐火材料进行科学分类，以便于科学研究、合理选用和管理。耐火材料的分类方法很多，其中主要有化学属性分类法、化学矿物组成分类法、生产工艺分类法、材料形态分类法等多种方法。

7.4.1　根据耐火度的高低分类

普通耐火材料：1580 ~ 1770℃。

高级耐火材料：1770～2000℃。

特级耐火材料：＞2000℃。

7.4.2 依据制品形状及尺寸的不同分类

标准型：230mm×113mm×65mm；不多于4个量尺，（尺寸比）Max：Min＜4：1；异型：不多于2个凹角，（尺寸比）Max：Min＜6：1；或有一个50°～70°的锐角；特异型：（尺寸比）Max：Min＜8：1；或不多于4个凹角；或有一个30°～50°的锐角；特殊制品：坩埚、器皿、管等。

7.4.3 按制造方法分类

块状制品有烧成制品、不烧成制品和熔铸制品；不定形制品有耐火混凝土、耐火可塑料、耐火捣打料、耐火泥和耐火喷涂料、投射料。

7.4.4 按材料的化学属性分类

酸性耐火材料、中性耐火材料、碱性耐火材料等。在普通和特种耐火材料中，常用的品种主要有以下几种：

（1）酸性耐火材料：用量较大的有硅砖和黏土砖。硅砖是含93%以上 SiO_2 的硅质制品，使用的原料有硅石、废硅砖等。硅砖抗酸性炉渣侵蚀能力强，但易受碱性渣的侵蚀，它的荷重软化温度很高，接近其耐火度，重复煅烧后体积不收缩，甚至略有膨胀，但是抗热震性差。硅砖主要用于焦炉、玻璃熔窑、酸性炼钢炉等热工设备。黏土砖中含30%～46%氧化铝，它以耐火黏土为主要原料，耐火度1580～1770℃，抗热震性好，属于弱酸性耐火材料，对酸性炉渣有抗蚀性，用途广泛，是目前生产量最大的一类耐火材料。

（2）中性耐火材料：高铝质制品中的主晶相是莫来石和刚玉，刚玉的含量随着氧化铝含量的增加而增高，含氧化铝95%以上的刚玉制品是一种用途较广的优质耐火材料。铬砖主要以铬矿为原料制成的，主晶相是铬铁矿。它对钢渣的耐蚀性好，但抗热震性差，高温荷重变形温度较低。用铬矿和镁砂按不同比例制成的铬镁砖抗热震性好，主要用作碱性平炉顶砖。

Al_2O_3 – SiO_2 二元系相图对陶瓷与耐火材料都是很重要的。长期以来对此二元系相图的认识的主要分歧是：形成的莫来石化合物是否一致熔融；莫来石是否形成固溶体以及固溶的范围。产生这些分歧的原因除与实验研究的条件、杂质的存在有关外，还与高温下 SiO_2 气化产生 SiO 有关。图7-1所示为文献中常引用的两种不同 Al_2O_3 – SiO_2 系相图。图7-1（a）中莫来石是不一致熔融化合物，图7-1（b）中莫来石则是一致熔融化合物。

Al_2O_3 – SiO_2 系相图虽在认识上存在分歧，但对相图中 SiO_2 含量高的一侧基本上无大的分歧。此外，对莫来石形成固溶体的看法现在也基本一致，认为 Al_2O_3 含量在71.8%～77.4%即相当于分子式 $3Al_2O_3 \cdot 2SiO_2$（ A_3S_2 ）与 $2Al_2O_3 \cdot SiO_2$ 之间存在一个莫来石固溶体区域，即莫来石与刚玉之间能形成固溶体。

从 Al_2O_3 – SiO_2 系相图可知：1）熔融温度低于1650℃的组成范围狭窄，因此该二元系大部分组成可做耐火材料。各种名称的铝硅质耐火材料的大致组成范围示于图7-1

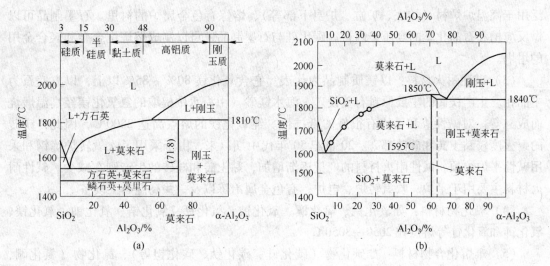

图 7 - 1　两种常用的 $Al_2O_3 - SiO_2$ 二元系相图

（a）不一致熔融型莫来石；（b）一致熔融型莫来石

（a）。2）靠近 SiO_2 端元 Al_2O_3 含量为 0 ~ 5.5% 处，液相线陡峭，表明 SiO_2 中加入少量 Al_2O_3，熔点将急剧下降。当 SiO_2 中含有 Al_2O_3，在共熔点温度时其液相量达 18%。这就是为什么要求硅砖中 Al_2O_3 含量要低，以及在使用中要求硅砖不能与半硅质、黏土砖或高铝砖接触的原因。3）Al_2O_3 含量在 2% ~15% 范围内，由于熔融温度低，不能作耐火材料。4）Al_2O_3 含量在 15% ~50% 间，液相线较平坦，温度稍有升高，液相量大量增多。5）Al_2O_3 含量小于 71.8% 的平衡矿物相为莫来石与方石英或鳞石英，并有一低共熔点。因此 Al_2O_3 含量在此以下的 $Al_2O_3 - SiO_2$ 质耐火材料，其荷重软化开始温度通常不会高于低共熔点温度。6）Al_2O_3 含量大于 71.8% 的 $Al_2O_3 - SiO_2$ 质耐火材料，耐火性能较高。

莫来石具有很多优良性质。莫来石砖与莫来石纤维主要是由莫来石矿物构成的，它是一些高温窑炉的优良耐火材料。

在 $Al_2O_3 - SiO_2$ 系中除莫来石外，在自然界还存在硅线石类矿物：硅线石、红柱石、蓝晶石。它们是在高压下形成的矿物（见图 7 - 1（b）），其分子式都为 $Al_2O_3 - SiO_2$（Al_2O_3 含量 62.8%），但晶体结构不同。由于它们的晶体在常压下是不稳定的，加热至高温时都将不可逆地分解为莫来石和石英，故在 $Al_2O_3 - SiO_2$ 系相平衡图上没有这类矿物。

碳质制品是另一类中性耐火材料，根据含碳原料的成分和制品的矿物组成，分为炭砖、石墨制品和碳化硅质制品三类。炭砖是用高品位的石油焦为原料，加焦油、沥青作黏合剂，在 1300℃ 隔绝空气条件下烧成。石墨制品（除天然石墨外）用碳质材料在电炉中经 2500 ~2800℃ 石墨化处理制得。碳化硅制品则以碳化硅为原料，加黏土、氧化硅等黏结剂在 1350 ~1400℃ 烧成。也可以将碳化硅加硅粉在电炉中氮气氛下制成氮化硅 - 碳化硅制品。

碳质制品的热膨胀系数很低，导热性高，耐热震性能好，高温强度高。在高温下长期使用也不软化，不受任何酸碱的侵蚀，有良好的抗盐性能，也不受金属和熔渣的润湿，质轻，是优质的耐高温材料。缺点是在高温下易氧化，不宜在氧化气氛中使用。碳质制品广泛用于高温炉炉衬（炉底、炉缸、炉身下部等）、熔炼有色金属炉的衬里。石墨制品可以做反应槽和石油化工的高压釜内衬。碳化硅与石墨制品还可以制成熔炼铜合金和轻合金用的坩埚。

（3）碱性耐火材料：以镁质制品为代表。它含氧化镁 80% ~ 85% 以上，以方镁石为主晶相。生产镁砖的主要原料有菱镁矿、海水镁砂（由海水中提取的氢氧化镁经高温煅烧而成）等。对碱性渣和铁渣有很好的抵抗性。纯氧化镁的熔点高达 2800℃，因此，镁砖的耐火度较黏土砖和硅砖都高。20 世纪 50 年代中期以来，由于采用了吹氧转炉炼钢和采用碱性平炉炉顶，碱性耐火材料的产量逐渐增加，黏土砖和硅砖的生产则在减少。碱性耐火材料主要用于平炉、吹氧转炉、电炉、有色金属冶炼以及一些高温热工设备。

（4）氧化物材料：如氧化铝、氧化镧、氧化铍、氧化钙、氧化锆、氧化铀、氧化镁、氧化铈和氧化钍等熔点在 2050 ~ 3050℃。

（5）难熔化合物材料：如碳化物（碳化硅、碳化钛、碳化钽等）、氮化物（氮化硼、氮化硅等）、硼化物（硼化锆、硼化钛、硼化铪等）、硅化物（二硅化钼等）和硫化物（硫化钍、硫化铈等）。它们的熔点为 2000 ~ 3887℃，其中最难熔的是碳化物。

（6）高温复合材料：如金属陶瓷、高温无机涂层和纤维增强陶瓷等。

7.4.5 按耐火度分类

按耐火材料耐火度的高低分为：普通耐火制品（耐火度为 1580 ~ 1770℃），高级耐火制品（耐火度为 1770 ~ 2000℃），特级耐火制品（耐火度大于 2000℃）。

7.4.6 按化学矿物质组成进行分类

此种分类法能够很直接地表征各种耐火材料的基本组成和特性，在生产、使用、科研上是常见的分类法，具有较强的实际应用意义。

根据化学矿物组成可将耐火材料分为：硅质（氧化硅质）、硅酸铝质、刚玉质、镁质、镁钙质、铝镁质、镁硅质、碳复合耐火材料、锆质耐火材料、特种耐火材料等。

7.4.6.1 硅质耐火材料

以 SiO_2 为主要成分的耐火材料，主要品种有：硅砖（$SiO_2 > 93\%$）和石英玻璃制品（$SiO_2 > 99\%$）。

7.4.6.2 硅酸铝质耐火材料

硅酸铝质耐火材料均含有 Al_2O_3 和 SiO_2，主要品种有：半硅砖（Al_2O_3 15% ~ 30%，$SiO_2 > 65\%$）、黏土砖（Al_2O_3 30% ~ 46%）、高铝砖（$Al_2O_3 > 46\%$）。

7.4.6.3 含镁系耐火材料

以 MgO 为主要成分，主要品种有：（1）镁石质制品一般含 MgO > 80%，主要包括镁砖（MgO > 90%）、镁铝砖（MgO > 80%、Al_2O_3 5% ~ 10%）、镁硅砖（MgO > 83%，SiO_2 5% ~ 11%、CaO < 2.5%）、镁铬砖（MgO 55% ~ 80%，Cr_2O_3 15% ~ 30%）和镁钙砖。（2）白云石制品主要包括普通白云石制品（CaO > 40%，MgO > 30%）、镁质白云石（MgO 75% ~ 77%，CaO 19% ~ 21%）制品和抗水性白云石制品。（3）镁橄榄石制品

（MgO 35% ~55%）。（4）铬制品（$Cr_2O_3 > 30\%$）。

7.4.6.4 含碳系耐火材料

含有一定数量的碳或碳化物，主要有碳砖含石墨黏土制品、石墨高铝制品和碳化硅制品。

7.4.6.5 含锆系耐火制品

主要有锆英石制品、二氧化锆制品和含锆莫来石制品。

7.4.6.6 特种耐火材料

包括纯氧化物制品，难熔金属的碳化物、氮化物、硼化物制品，金属陶瓷等。特种耐火材料可分为高温陶瓷材料和金属陶瓷材料两大类。

A 高温陶瓷材料

高温陶瓷材料包括高熔点的纯氧化物和某些元素的碳化物、硅化物、氮化物、硼化物及硫化物等。

a 纯氧化物

纯氧化物包括 Al_2O_3、MgO、CaO、BeO、CeO、ZrO_2、TuO_2、UO_2 等的制品。这些制品的主要特点是耐火度高、致密性好、高温结构强度大、热稳定性和化学稳定性好。此外，大多数氧化物具有电绝缘性。氧化物制品的主要特点及其应用如下：（1）氧化铝 Al_2O_3 的化学稳定性好，在 1700 ~1800℃时刻抵抗除氟外的一切气体的作用；使用温度可达 1900℃的熔融氧化铝制品可作高温电炉及火焰炉的炉衬材料，也可作为钨丝炉和钼丝炉缠绕钨丝和钼丝的材料；在结晶氧化铝绝缘管可作为铂—铂铑热电偶的绝缘材料。刚玉坩埚可熔炼多种金属、刚玉材料的其他制品有热电偶保护套、火花塞、高温下液态金属和气体过滤器。氧化铝还经常作为金属陶瓷的主要原料。（2）氧化铍 BeO 的熔点为 2570℃，稳定性好，特别是抵抗还原的能力很强，在所有的氧化物中，氧化铍抵抗碳在高温时的还原作用最强；氧化铍的导热率高（但导电率低），热膨胀小且均匀，因而热稳定性很好，同时，在高温下化学稳定性大，可用来盛装熔融金属；氧化铍坩埚可用于真空感应电炉中熔化纯铍和纯铂；氧化铍还可做温度高达 2350℃的加热元件，以及感应电炉中的反射屏。氧化铍的性能好，但价格昂贵且剧毒，因此使用受到限制。（3）氧化钙 CaO 的熔点为 2600℃，抵抗金属和炉渣的作用强，是一种很好的坩埚材料，但氧化钙制品在空气中易水化而破坏，为了增加氧化钙制品的稳定性，可加进各种加入物，例如 TiO_2、BeO 等，因为这些加入物在煅烧过程中，会在 CaO 晶体表面上生成易熔的低熔化合物，能防止 CaO 晶体的水化作用。氧化钙坩埚可熔化铂族金属，有 TiO 作稳定剂的氧化钙制品可用作熔炼磷酸盐矿石用的回转窑衬里。（4）氧化镁 MgO 的熔点为 2800℃，加热时剧烈膨胀，使用温度可超过 2000℃，但高温（2300 ~2400℃）时，易被还原和挥发，因此在还原条件下应用时，限制在 1700℃左右，真空下不超过 1600 ~1700℃；氧化镁具有良好的化学稳定性，氧化镁坩埚可熔炼钼族金属；氧化镁还可用来作为燃烧气体燃料的高温炉（2200℃）的炉衬材料。（5）氧化锆 ZrO_2 的熔点为 2677℃，导热性好，热容量小，因而它是高温炉窑中很好的结构材料，在氧化性气氛和中等还原性气氛中使用时和 Al_2O_3 一样比较稳定，同许多金属及氧化物相接触时和锆石英（$ZrO_2 \cdot SiO_2$）稳定性相近。使用温度比氧化铝和锆石英高，但价格昂贵。氧化锆属酸性氧化物，高温下能抵抗酸性和中性物质的化学作用，和碱性氧化物作用生成锆酸盐。氧化锆和钢水接触时不发生作用，可在连续铸钢时应用稳定氧化锆制品。氧化锆坩埚可用于熔融二硅化钼等耐火材料，也可用来熔融钯、铑等贵金属。氧化锆导电性较好，可作为高频发热元件，但在低频感应磁场中不会被加热，因此作为感应炉中的坩埚或绝缘材料。

b 碳化物

碳化物是一种最耐高温的材料，碳化物的热稳定性很高，很多碳化物的熔点均在3000℃以上。碳化物比其他耐火材料具有更高的导热性和导电性，抗氧化性差，很多碳化物的抗氧化性能力比高熔点金属、碳、石墨的抗氧化能力高。部分碳化物的熔点如下：HfC 3887℃，Mo_2C 2640~2740℃，NbC 3500℃，SiC 2100℃，TaC 3877℃，TiC 3140℃，WC 2867℃，W_2C 2857℃，ZrC 3530℃。

目前工业上作为高温材料应用得最多的是碳化钛和碳化硅。

TiC 制成的坩埚可熔炼 Na、Bi、Sn 等金属。SiC 是良好的发热体材料，在空气中碳化硅热元件最高使用温度为 1500℃ 左右，寿命 400~500h，一般使用温度为 1300℃。

碳化物的熔点高、硬度大，常作为金属陶瓷中的耐火陶瓷部分。

c 硼化物

二硼化物的特点是强度大、熔点高。在氧化性气氛中可使用到 1400℃，在中性或还原性气氛或在真空中使用到 2000℃ 以上。例如 TiB_2、ZrB_2、CeB_2 在真空气中的使用温度可达 2500℃ 以上。

硼化物的导电性比碳化物还好，即使在高温下也保持这一特点。同时导热性和热稳定性也很高，并能长期抵抗氟化物的作用，但对 Ni 和 Fe 的侵蚀作用抵抗性差。硼化物可以作为电接触器和电极材料、火箭喷嘴、热电偶保护管积极磁流体发电机中的高温材料。

几种硼化物的熔点：CrB_2 1850℃，HfB_2 3250℃，MoB 2180℃，NbB_2 3250℃，TaB_2 3000℃，ThB_2 3250℃，TiB_2 2980℃，ZrB_2 3010℃，V_2B_2 2100℃，WB 2860℃，WB_2 2920℃，W_2B 2770℃。

d 硅化物和硫化物

硅化物具有良好的抗氧化性。例如 $MoSiO_2$ 在氧化气氛中可使用到 1700℃ 左右，并且由于所有的硅化物都是电的良导体，因此 $MoSiO_2$ 作为发热体广泛的用于高温电炉上。不过，硅化物的高温蠕变速度快。许多硅化物的熔点在 2000℃ 以上，例如 $MoSiO_3$ 的熔点为 2020℃，$TaSiO_2$ 为 2400℃，ZrSi 为 2095℃。

硫化物在空气和水蒸气中会氧化，因此硫化物制品只能在真空中或在干燥的惰性气体中使用。除铂族金属外，硫化物和一切金属不起作用。因此，用 TaS 制品的坩埚可在干燥的气体或真空中冶炼纯的金属，特别是当需要放置金属被氧化物沾污时，硫化物是最合适的坩埚材料。某些硫化物的熔点：TaS 2200℃，CeS（2450±100）℃，NbS 2100℃，Ys 2040℃。

B 金属陶瓷

金属陶瓷是用物理或化学的方法将陶瓷相和金属相结合成整体的一种材料。陶瓷相包括氧化物、碳化物、氮化物、硼化物和硅化物等，其中的任何一种或几种都可以为金属陶瓷中的陶瓷相。金属相可以是纯金属或合金。工业中常用的熔点超过 1650℃ 的二元合金系包括：（1）钨合金系列：W – Re，W – Ta，W – Nb，W – Mo，W – Pt，W – Cr。（2）钼合金系列：Mo – Cr，Mo – Pt，Mo – Ti，Mo – Zr。（3）铂合金系列：Pt – Ir，Pt – Rh，Pt – Ru，Rh – Pd。常用的耐热金属及合金列于表 7 – 1。其中，挥发减量在 100h 内不超过 1% 的使用温度为最高温度。

表 7 – 1　常用热金属的熔点、在熔点时的蒸汽压和最高使用温度

金　属	熔点/℃	在熔点时的蒸汽压/$N \cdot m^{-2}$	最高使用温度/℃
铬（Cr）	1890 ± 10	1.33×10^{-1}	895
铱（Ir）	2454 ± 3	4.73×10^{-3}	1990
钼（Mo）	2625 ± 50	2.93	1910
铌（Nb）	2415 ± 15	7.80×10^{-2}	2230
锇（Os）	2700 ± 200	1.80	2110
铂（Pt）	1775 ± 5	2.13×10^{-3}	1600
铑（Rh）	1966 ± 3	1.33×10^{-1}	1670
铼（Re）	3180 ± 20	3.27	2380
钌（Ru）	2500 ± 100	1.31	1900
钽（Ta）	2996 ± 50	6.67×10^{-1}	2400
钛（Ti）	1725 ± 10	1.12×10	1100
钒（V）	1735 ± 50	1.6×10^{-2}	1440
钨（W）	3410 ± 20	2.33	2560
锆（Zr）	1830 ± 40	1.87×10^{-3}	1500

陶瓷材料具有熔点高、硬度大、耐热性强和比金属为佳的抗氧化性等优点，但脆性较大和热稳定性较小。金属材料有良好的塑性、延展性、热电传导性和热稳定性，但耐热性和抗氧化性差。金属陶瓷即将二者结合起来，取长补短，可以制取全面满足要求的新型耐火材料。金属陶瓷中，常用的金属有 Fe、Cr、Ni、Mo、Al、Co 等，常用的陶瓷材料有 Al_2O_3、Cr_2O_3、TiC、WC、Cr_3O_2、TiN 等。

金属陶瓷的种类很多，主要有：（1）涂层制品。它是金属材料表面上涂上一层陶瓷材料而制得的制品。（2）结合制品。将金属粉末与陶瓷粉末进行配料、成型，在一定保护气氛下进行烧结或热压而制得的制品。（3）浸润制品。把素烧的多孔陶瓷材料浸润在熔融的金属液中而制得的制品。此外，还有层状制品和金属丝加固的制品。

金属陶瓷可以作为各种性能优良的制品。例如各种磁性材料、加热元件、刀具、模具、轴承等。现在无线电技术、火箭喷气技术、原子能工业上应用金属陶瓷材料是很普通的。

7.4.7　按不定型耐火材料分类

根据使用方法分类：浇注料、喷涂料、捣打料、可塑料、压住料、投射料、涂抹料、干式振动料、自流浇注料、耐火泥浆等。

7.5　耐火砖按形状及尺寸的分类

在选择耐火砖形状、设计其尺寸及进行耐火砌砖计算时，都直接涉及有一定形状及具体尺寸的耐火砖的类别。为了讨论方便，这里按形状及尺寸将耐火砖分类。

按形状及尺寸的复杂程度，耐火砖分为普型、异型及特型。这里仅讨论纳入标准的通用耐火砖。按形状，通过耐火砖分为直形砖、楔形砖及拱角砖。

所谓直形砖，它是由长度 a、宽度 b 及厚度 c 三个尺寸构成的直平行六面体，也称作"矩形砖"。直形砖的规格习惯上表示为 $a \times b \times c$。按用途直形砖分为墙用直形砖、错缝用直形砖及辐射形砌砖中于楔形砖配砌的直形砖。

按形状的对称与否，楔形砖分为不对称的单面楔形砖及对称的双面楔形砖。通常将单面楔形砖称作斜形砖，而将双面楔形砖称作楔形砖。这样，所谓楔形砖，均指小面（宽与厚形成的平面）、中面（长与厚形成的平面）或大面（长与宽形成的平面）为对称梯形的六面体。斜形砖指大面（长与宽形成的平面）为直角梯形的六面体。这里，将斜形砖对称梯形面两底的较大尺寸及较小尺寸分别称作大头尺寸 a 及小头尺寸 a_1，梯形两底间的高称作大小头距离 b，大小头尺寸 a 及 a_1 发生在厚度上的楔形砖称作厚楔形砖（或者说小面为对称梯形的六面体）称作侧厚楔形砖，一般简称为侧楔形砖。大小头距离 b 发生在长度上的厚楔形砖（或者说中面为对称梯形的六面体）称作竖厚楔形砖，一般简称作竖楔形砖。大小头尺寸 a 及 a_1 发生在宽度上，以及大小头距离 b 发生在长度上的楔形砖（或者说大面对称梯形的六面体）称作竖宽楔形砖，因为大小头尺寸 a 及 a_1 发生在宽度上、大小头距离 b 发生在厚度上的楔形砖很少用，一般都把竖宽楔形砖简称做宽楔形砖。每组大小头距离 b 的楔形砖，按其大小头尺寸差 $a - a_1$ 由小到大，分为微楔形砖、楔形砖、锐楔形砖、特锐楔形砖。

决定楔形砖特性的尺寸有大小头距离 b，大小头尺寸 a 及 a_1，把它们称为有效尺寸；而另一尺寸 c 并不影响楔形砖的特性参数。为突出有效尺寸，楔形砖的规格表示为 $b \times a/a_1 \times c$。

中心角小于180°的拱顶砌砖的两端都采用具有一定倾斜角的拱角砖（或冷却拱脚构件）。

楔形砖中形状及尺寸最复杂的是球顶砖。各种耐火砖制品的形状及尺寸分别见表7-2和表7-3。

表7-2　一般工业炉用耐火砖制品的形状和尺寸（拱角砖）

形　状	砖号	尺寸/mm						体积/cm³	质量/kg		
		a	b	c	b_1	d	α		黏土砖	半硅砖	硅砖
	T-46	275	230	150	80	15	60°	6565	13.5	13.1	12.5
	T-47	275	230	450	80	15	60°	19695	40.4	39.4	37.5
	T-48	275	275	150	65	65	45°	8040	16.5	16.1	15.3
	T-49	275	345	150	135	65	45°	10930	22.4	21.9	20.8

形　状	砖号	尺寸/mm						体积 /cm³	质量/kg		
		a	b	c	b_1	d	α		黏土砖	半硅砖	硅砖
	T-50	275	230	123	105	60	60°	6150	12.6	12.3	11.7
	T-51	205	230	113	68	43	45°	3860	7.7	7.5	7.3
	T-52	275	230	113	115	75	60°	5850	12.0	11.7	11.1
	T-53	275	230	345	115	75	60°	17850	36.0	35.7	34.0
	T-54	240	230	113	115	40	60°	4940	8.7	8.5	8.4
	T-55	240	230	345	115	40	60°	15100	31.0	30.2	28.7
	T-56	205	230	113	109	84	45°	4500	9.2	9.0	8.5
	T-57	205	230	113	145	57	60°	4620	9.5	9.2	8.8
	T-58	135	123	250	61	28	60°	3325	6.8	6.7	6.4
	T-59	135	123	375	61	28	60°	5000	10.3	10.0	9.5
	T-60	135	123	250	36	48	45°	3200	6.6	6.4	6.1
	T-61	135	113	230	56	37	60°	2890	6.0	5.8	5.5
	T-62	135	113	345	56	37	60°	4310	8.8	8.6	8.2
	T-63	135	113	230	33	55	45°	2680	5.5	5.4	5.1

表7-3　一般工业炉用耐火砖制品的形状和尺寸（楔形砖）

制品形状及名称	砖号	尺寸 a	b	c	c_1	体积/cm³	黏土砖	半硅砖	硅砖	高铝砖 (LN)-65	(LN)-55	(LN)-48	轻质黏土砖($\gamma=0.8$)
厚楔形砖	T-17	230	113	75	65	1820	3.7	3.6	3.5	4.6	4.2	4.0	—
	T-18	230	113	75	55	1690	3.5	3.4	3.2	4.2	3.9	3.7	—
	T-19	230	113	65	55	1560	3.2	3.1	3.0	3.9	3.6	3.4	1.25
	T-20	230	113	65	45	1430	3.0	2.9	2.7	3.6	3.3	3.2	1.14
	T-21	250	123	75	65	2150	4.4	4.3	4.1	5.4	5.0	4.7	—
	T-22	250	123	75	55	1845	3.8	3.7	3.5	4.6	4.3	4.1	1.50
	T-23	250	123	65	45	1685	3.5	3.4	3.2	4.2	3.9	3.7	—
	T-24	171	113	65	55	1160	2.4	2.3	2.2	2.9	2.7	2.6	—
	T-25	171	113	65	45	1060	2.2	2.1	2.0	2.6	2.4	2.3	—
	T-26	300	150	65	55	2700	5.5	5.4	5.1	6.8	6.2	6.0	—
宽厚楔形砖	T-27	230	171	75	65	2750	5.6	5.5	5.2	6.9	6.3	6.1	—
	T-28	230	171	75	55	2560	5.2	5.1	4.9	6.4	5.9	5.6	—
	T-29	230	171	65	55	2360	4.8	4.7	4.5	5.9	5.5	5.2	1.90
	T-30	230	171	65	45	2160	4.4	4.3	4.1	5.4	5.0	4.8	1.73
	T-31	250	186	75	65	3260	6.7	6.5	6.2	8.1	7.5	7.2	—
	T-32	250	186	65	55	2790	5.5	5.3	5.3	7.0	6.4	6.1	—
	T-33	250	186	65	45	2550	5.2	5.1	4.8	6.4	5.9	5.6	—
	T-34	300	225	65	55	4050	8.3	8.1	7.7	10.1	9.3	8.9	—
	T-35	300	225	65	45	3710	7.6	7.4	7.0	9.3	8.6	8.2	—
侧厚楔形砖	T-36	230	113	75	65	1820	3.7	3.6	3.5	4.6	4.2	4.0	—
	T-37	230	113	75	55	1690	3.5	3.4	3.2	4.2	3.9	3.7	—
	T-38	230	113	65	55	1560	3.2	3.1	3.0	3.9	3.6	3.5	1.25
	T-39	230	113	65	45	1430	3.0	2.9	2.7	3.6	3.3	3.2	1.14
	T-40	250	123	75	65	2150	4.4	4.3	4.1	5.4	5.0	4.7	1.50
	T-41	250	123	65	55	1845	3.8	3.7	3.5	4.6	4.3	4.1	—
	T-42	250	123	65	45	1700	3.5	3.4	3.2	4.3	3.9	3.8	—
辐射形砖		a	b	c	d								
	T-43	230	113	96	65	1550	3.2	3.1	2.9	3.9	3.6	3.4	—
	T-44	230	113	76	65	1415	2.9	2.8	2.7	3.6	3.3	3.1	1.13
	T-45	230	113	56	65	1280	2.6	2.5	2.4	3.2	3.0	2.8	—

7.6 保温材料

为减少炉体因为热传导所引起的热损失，提高炉子的热效率，耐火层外需加砌一层保温材料。工程上把导热率（导热系数）小于 0.2W/(m·℃) 的材料称为保温材料，由于其相对较低的导热系数，因此也将此类材料称为绝热材料或隔热材料。常用的保温材料主要包括石棉、矿渣棉、蛭石、硅藻土、膨胀珍珠岩、岩棉等。炉用金属材料：普通金属材料、炉用耐热钢等。在工业和建筑中采用良好的保温技术与材料，往往可以起到事半功倍的效果。建筑中每使用一吨矿物棉绝热制品，一年可节约一吨石油。工业设备和管道的保温，采用良好的绝热措施和材料，可显著降低生产能耗和成本，改善环境，同时有较好的经济效益。保温材料产品种类很多，包括气凝胶毡、泡沫塑料、矿物棉制品、泡沫玻璃、膨胀珍珠岩绝热制品、胶粉 EPS 颗粒保温浆料、矿物喷涂棉、发泡水泥保温制品、无机保温材料。

7.6.1 保温材料的发展与应用

保温材料又称隔热材料或绝热材料，是指对热流具有显著阻抗性的材料或材料复合体。绝热材料的品种很多，按材质分类，可分为无机绝热材料、有机绝热材料和金属绝热材料三大类。按形态分类，可分为纤维状、微孔状、气泡状和层状等。

传统的保温隔热材料是以提高气相空隙率，降低导热系数和传导系数为主。纤维类保温材料在使用环境中要使对流传热和辐射传热升高，必须要有较厚的覆层；而型材类无机保温材料要进行拼装施工，存在接缝多、有损美观、防水性差、使用寿命短等缺陷。为此，人们一直在寻求与研究一种能显著提高保温材料隔热反射性能的新型材料。随着社会进步与工业发展，人们对能源的需求不断增加，能源与需求的矛盾越来越尖锐，开发新的清洁能源与节约用能是实现经济可持续发展的必经之路。我国建筑能耗占社会总能耗的28% 左右。因此，必须重视保温隔热材料的研究。建筑保温对绝热材料的基本要求是：导热系数一般小于 0.174W/(m·K)，表观密度应小于 1000kg/cm^3。工业用保温隔热材料的导热系数往往更低一些，具体指标要求与行业领域和具体应用密切相关。为此，人们一直在寻求与研究一种能大大提高保温材料隔热反射性能的新型材料。20 世纪 90 年代，美国国家航空航天局（NASA）的科研人员为解决航天飞行器传热控制问题而研发采用的一种新型太空绝热反射瓷层（Therma - Cover），该材料是由一些悬浮于惰性乳胶中的微小陶瓷颗粒构成的，它具有高反射率、高辐射率、低导热系数、低蓄热系数等热工性能，具有卓越的隔热反射功能。这种高科技材料在国外由航天领域推广应用到民用，用于建筑和工业设施中，并已出口到我国，用于一些大型工业设施中。但美中不足的是，该材料的昂贵售价令国内许多行业难以承受。由此，国内掀起一股研发隔热保温新材料的热潮，逐渐研制成功了具有高效、薄层、隔热节能、装饰防水于一体的新型太空反射绝热涂料。该涂料选用了具有优异耐热、耐候性、耐腐蚀和防水性能的硅丙乳液和水性氟碳乳液为成膜物质，采用极细中空陶瓷颗粒为填料，由中空陶粒多组合排列制得的涂膜构成的，它对 400～1800nm 范围的可见光和近红外区的太阳热进行高反射，同时在涂膜中引入导热系数极低的空气微孔层来隔绝热能的传递。这样通过强化反射太阳热和对流传递的显著阻抗性，能有效地降低辐射传热和对流传热，从而降低物体表面的热平衡温度，可使屋面温度最高降低20℃，室内温度降低5~10℃。产品绝热等级达到 R-33.3，热反射率为89%，导热系数为 0.030W/(m·K)。

　　建筑物隔热保温是节约能源、改善居住环境和使用功能的一个重要方面。建筑能耗在人类整个能源消耗中所占比例一般在30%~40%，绝大部分是采暖和空调的能耗，故建筑节能意义重大。而且由于该隔热保温涂料以水为稀释介质，不含挥发性有机溶剂，对人体及环境无危害；其生产成本仅约为国外同类产品的1/5，而它作为一种新型隔热保温涂料，有着良好的经济效益、节能环保、隔热效果和施工简便等优点而越来越受到人们的关注与青睐。且这种太空绝热反射涂料正经历着一场由工业隔热保温向建筑隔热保温为主的方向转变，由厚层向薄层隔热保温的技术转变，这也是今后隔热保温材料主要的发展方向之一。太空反射绝热涂料通过应用陶瓷球形颗粒中空材料在涂层中形成的真空腔体层，构筑有效的热屏障，不仅自身热阻大，导热系数低，而且热反射率高，减少建筑物对太阳辐射热的吸收，降低被覆表面和内部空间温度，因此它被行家公认为有发展前景的高效节能材料之一。

　　当今，全球保温隔热材料正朝着高效、节能、薄层、隔热、防水外护一体化方向发展，在发展新型保温隔热材料及符合结构保温节能技术同时，更强调有针对性使用保温绝热材料，按标准规范设计及施工，努力提高保温效率及降低成本。随着我国对建筑节能的日益重视和建筑保温隔热材料技术及材料研究的进一步深入，新型的建筑保温隔热技术及材料将为我国建筑节能的快速发展提供技术保障。

7.6.2　保温材料的分类

　　在工业生产过程中，耐火砖的导热能力使通过炉体传导而散失到外界的热量很大，一般占炉子热量总支出的10%~20%。对于间歇作业的炉子，还有砌砖体周期性的蓄热和散热损失。为减少炉子砌体的导热损失，必须在耐火砖的外层加砌保温材料。保温材料不仅能够降低热损耗、节约热能、提高经济效益，而且有利于保证炉内温度，并改善炉子周围的劳动条件。

　　耐火砖外面砌了保温层后，整个耐火砖层的平均温度升高，对高温熔炼炉衬的使用寿命造成不利影响。保温材料的导热系数较低，一般为 0.3W/(m·K) 以下，气孔率一般在50%以上。由于气孔多，因而体积密度小（小于 1.3g/cm³），机械强度较低。根据工作温度，将保温材料分为高温（>1200℃）、中温（900~1200℃）和低温（<900℃）三种。按照体积密度分为一般保温材料（体积密度小于 1.3g/cm³）、常用保温材料（等于 0.6~1.0g/cm³）和超轻质保温材料（小于 0.3g/cm³）。

7.6.2.1　中低温绝热材料

常用的中低温绝热材料有蛭石、硅藻土、石棉、矿渣棉等制品。

A　蛭石制品

　　蛭石又称为含水黑云母或金云母，矿物呈层状结构，层间有5%~10%的水。分子式为 $(Mg, Fe)_3(H_2O)_2 \cdot (Si, Al \cdot Fe)_4 \cdot O_{10} \cdot 4H_2O$，熔点为1300~1370℃。加热后脱水而产生爆破松散，变为膨胀蛭石，其体积密度约 0.08~0.22g/cm³。蛭石的膨胀过程从200℃开始，到800℃时达到最大值。蛭石制品是以蛭石为原料，加入胶结物硅酸镁作为结合剂，经高压成型和烧成制得。由于蛭石受热后产生较大的体积膨胀，导热性小，所以是一种良好的绝热材料。

B　硅藻类制品

硅藻类是藻类有机物在地壳中腐败之后，形成的一种多孔矿物，其主要成分是非结晶的 SiO_2（>89%），1%~10% 的化合物及少量有机物质和黏土等杂质。硅藻土粉料的体积密度为 $0.6g/cm^3$，导热系数在 500℃ 约为 0.19~0.23W/(m·K)，硅藻土隔热砖的隔热性能比蛭石砖差，可作隔热填充材料。硅藻土砖通常以煅烧过的硅藻土熟料为主，添加生硅藻土或黏土做结合剂制成。硅藻土隔热砖分为 A、B、C 三级，耐火度 ≥1280℃，最高使用温度 ≤1000℃，气孔率分别为 78.2%、77%、76%，体积密度分别为 $500kg/m^3$，$550kg/m^3$，$650kg/m^3$。

C　石棉制品

石棉是纤维状的蛇纹石或角闪石类矿物，前者应用最多，其化学成分为含水硅酸镁，分子式为 $3MgO·2SiO_2·2H_2O$。石棉有较小的体积密度和导热性，例如一级石棉粉的体积密度在 $0.6g/cm^3$ 以下，导热系数小于 0.08W/(m·K)，是隔热性能较好的材料，也是使用很普遍的隔热材料。但石棉的耐热度较差，在温度达到 500℃ 时失去结晶水，强度降低，当加热到 700~800℃ 时变脆。所以，石棉的长期使用温度在 550~600℃ 以下，短期使用可达 700℃。

石棉可以作为粉末形式使用，也可加黏结材料制成石棉板，或用石棉纱编结成石棉绳等制品。石棉制品的使用温度在 500℃ 以下，超过此温度则由于脱水而变成粉末。

D　矿渣棉和水渣

矿渣棉是熔融的高炉或其他冶金炉的炉渣流出时，用高压蒸汽喷吹成纤维状后，迅速在空气中冷却而得到的人造矿物纤维。矿渣棉的体积密度 $<200g/cm^3$，导热系数 $≤0.052W/(m·K)$，使用温度因成分不同而出现差异，但是状态在 700~900℃ 之间。矿渣棉是一种良好的隔热材料，但当堆积过厚或受振动时，易被压实而降低隔热性能。水渣是熔融高炉炉渣流入水中急冷而获得的一种白色、疏松的颗粒状材料。水渣的导热系数约为 0.15W/(m·K)，可直接作隔热材料，或加胶结剂制成水渣板使用。

7.6.2.2　高温绝热材料

使用温度在 1200℃ 以上的绝热材料称为高温绝热材料。包括轻质黏土砖、轻质高铝砖、轻质硅砖、耐火纤维、耐火纤维制品、空心球制品等。

A　轻质高铝砖

轻质高铝砖是一种良好的高温绝热材料。体积密度为 $1.2~1.35g/cm^3$，耐压强度可达 $294~588N/cm^2$，气孔率 >50%。轻质高铝砖采用熟料为高铝矾土和生料结合黏土制成。如果用掺入可燃物法制造氧化铝含量为 50%~60% 的制品时，高铝钒土和结合黏土的配比为 40%~50% 和 50%~60%，外加 20%~25% 的锯木屑，混合均匀后的坯料，在适当的温度和湿度下储放 24h，充分发挥结合黏土的可塑性能和结合性能，以改善坯料的成型性能。

B　空心球氧化铝砖

氧化铝空心球及其制品是一种 $\gamma-Al_2O_3$ 含量 >98% 的新型保温材料。用工业氧化铝做原料，在电弧炉内熔融，然后用压缩空气（压力为 $68.6~78.5N/cm^2$）将熔融液流（温度为 2200~2300℃）吹散而成空心球氧化铝砖。吹出的球大小不一，分成大于 5.13mm、

5.13~3.22mm、3.22~2.0mm、2.0~1.0mm、1.0~0.5mm 等五种规格。空心球的大小比例决定制品的气孔率，若大球减少，小球配比增加，气孔率下降；同时，体积密度增加，强度增大，导热系数增大，制品的保温性能随之降低。反之，如果大球量增多，保温性能提高，但制品的强度较低。因而，在选择配料时要适当配合。

　　C　耐火纤维

　　耐火纤维（又称陶瓷纤维）是一种新型的纤维状耐高温的保温材料，具有一般纤维的特性，如柔软、有弹性、有一定的抗拉强度，可以进一步把它加工成各种纸、线、绳、带、毯和毡等制品；又具有一般纤维所没有的耐高温、耐腐蚀性能。耐火纤维分为非晶质（玻璃态）和多晶质（结晶态）两大类。非晶质耐火纤维，包括硅酸铝质、高纯硅酸铝质、含铬硅酸铝质和高铝质耐火纤维。多晶质耐火纤维，包括莫来石纤维、氧化铝纤维和氧化锆纤维。

　　1941 年美国巴布科克与威尔科克斯公司的中央研究所，发现用压缩空气喷吹高岭土熔体的流股，得到一种形状和石棉相似的纤维。后于 1954 年公布了这种纤维的生产设备和工艺专利，并正式投入生产。20 世纪 60 年代初，美国发展了耐火纤维制品的生产工艺，并将技术传到日本和欧洲。60 年代中期，各国开始采用耐火纤维毯、耐火纤维湿毡代替耐火砖，作工业炉内衬，并陆续研制出高纯硅酸铝纤维、高铝耐火纤维等新品种。70 年代又研制成功多晶纤维，并得到迅速发展，1974 年英国帝国化学工业公司首先建成一套生产多晶氧化铝纤维的半工业试验装置，1979 年建成 500~700t/a 的工业生产线。80 年代日本又研制出 Al_2O_3 含量为 80% 的莫来石质纤维，美国也生产出 Al_2O_3 含量 72% 的莫来石质纤维。使用范围从热处理炉扩大到加热炉等高温领域。

　　中国从 20 世纪 70 年代初开始试制硅酸铝质耐火纤维，并成功地用于工业炉。80 年代在纤维的基础理论，新产品开发和推广应用方面都取得很大进展。已成功地研制 Al_2O_3 含量分别为 72%，80%，95% 的多晶质耐火纤维。在试验室还研制成功 ZrO_2 多晶纤维。

　　耐火纤维作为耐火隔热材料，柔软、弹性好，还是理想的密封材料，由于具有绝缘、消声、抗氧化、耐油和耐水性能，施工方便，因此在冶金、建材、石油、化工、机械、建材、船舶、电力、航空、航天等领域应用广泛。耐火纤维是继传统的耐火砖和不定型耐火材料以后的第三代耐火材料。耐火纤维材料耐高温、容重轻、热稳定性及化学稳定性好，保温性能、介电及吸声性能也好。因而，此种材料可广泛地用于各种工业部门。耐火纤维的特点是：质量轻（只有轻质砖的 1/5~1/10），热容量小、升降温快，可提高炉窑的周转率；导热率低（为轻质砖的 1/3）、绝热率高，耐热振和机械振动，寿命长；耐火纤维衬内厚度只有轻质砖炉衬厚度的 1/2；耐火纤维炉衬结构轻，可节省钢材和基建费用。耐火纤维是良好的红外辐射材料，具有良好的热能力和红外加热效应，使用耐火纤维制品可有效节约能源，是理想的节能增效材料。生产实践证明，将耐火纤维应用于连续加热工业炉可节能 15% 以上，用在间歇式工业加热炉可节能 30% 以上，同时可提高生产率和改善产品质量，实现炉体结构轻型化、大型化，综合性能好。

　　多晶耐火纤维是 20 世纪 70 年代初继非晶质耐火纤维之后发展起来的新型高温隔热材料，主要用在工作温度高于 1400℃ 的高温窑炉，可节能 25%~40%。多晶耐火纤维还可作为复合增强材料和催化剂载体，应用效果良好。多晶耐火纤维也可应用于宇航导弹和原子能领域。目前，国际上已工业化生产和应用的多晶耐火纤维主要有多晶氧化铝纤维

（80%～90% Al_2O_3，21%～20% SiO_2）、多晶莫来石纤维（72%～79% Al_2O_3，21%～28% SiO_2）和多晶氧化锆纤维（92% ZrO_2，8% Y_2O_3）等。

目前，能源问题已经引起世界各国的广泛关注，一方面能源消耗在逐年增加，另一方面能源利用率仍十分低下，在我国这一矛盾表现得尤为突出。我国热工窑炉方面的能源利用率仅为发达国家的 50%～60%，节能材料的研究开发已成为材料领域面临的紧迫任务，耐火纤维由于其具有优异的保温隔热性能而成为节能材料的开发热点。由于耐火纤维制品的保温性能好，蓄热量小，可用它来代替耐火砖和不定型耐火材料，可以节约燃料及电能达 20%～30% 以上，因此在冶金、化工炉窑上得到了广泛的应用。

国外多晶耐火纤维的研究开发起步较早，目前的生产技术已趋成熟，工艺稳定，纤维制品综合性能优越，已在许多领域获得应用。作为多晶耐火纤维的主要品种，多晶氧化铝纤维具有优异的性价比和巨大的商业价值。自 20 世纪 70 年代以来，许多发达国家投入大量精力研制开发多晶氧化铝纤维。以英国的 ICI 公司为例，该公司已有 20 多年生产多晶氧化铝纤维的历史，生产的多晶纤维使用温度可达 1600℃。国外多晶耐火纤维不仅用作高温绝热材料，而且还用作高级陶瓷、金属和塑料的增强材料。

我国于 70 年代初开始生产普通硅酸铝纤维。近年来已能生产高纯硅酸铝纤维、高铝纤维及含铬硅酸铝纤维等耐火纤维及其二次制品。国内多晶耐火纤维主要以多晶莫来石纤维和多晶氧化铝纤维为主，20 世纪 70 年代末，洛阳耐火材料研究院和上海第二耐火材料厂开始多晶莫来石纤维的开发。目前国内多晶莫来石的生产多以氯化铝水溶液和金属铝粉为原料，采用胶体法进行生产。主要用于使用温度为 1350～1400℃ 的陶瓷贴面。由洛阳耐火材料研究院研制生产的多晶氧化铝纤维（80%～95% Al_2O_3）主要用于 1500～1650℃ 的高温窑。

我国制造多晶氧化铝纤维主要采用胶体工艺法，将铝盐制成溶液，加热收缩，制成纺丝胶体，然后在特定条件下成纤和热处理，获得多晶氧化铝纤维。与国外相比，国内多晶耐火纤维在技术水平和产品质量上都还存在一定差距，生产工艺和装备也相对落后。

多晶耐火纤维属高档新型绝热材料，具有很大的发展潜力。今后的发展方向是研制一系列具有更高使用温度和更佳使用性能，能满足各种特殊要求的多晶耐火纤维相关制品。以多晶耐火纤维为原料生产纤维浇注料、可塑料以及涂料等来替代耐火砖及不定型耐火材料等传统耐火材料，可充分发挥多晶耐火纤维材料在节能、环保等方面的优异性能，拓展多晶耐火纤维的使用范围。多晶耐火纤维主要用于：各种隔热工业窑炉的炉门密封、炉口幕帘；高温烟道、风管的衬套、膨胀的接头；石油化工设备、容器、管道的高温隔热、保温；高温环境下的防护衣、手套、头套、头盔、靴等；汽车发动机的隔热罩、重油发动机排气管的包裹、高速赛车的复合制动摩擦衬垫；输送高温液体、气体的泵、压缩机和阀门用的密封填料、垫片；高温电器绝缘；防火门、防火帘、灭火毯、接火花用垫子和隔热覆盖等防火缝制品；航天、航空工业用的隔热、保温材料、制动摩擦衬垫；深冷设备、容器、管道的隔热、包裹；高档写字楼中的档案库、金库、保险柜等重要场所的绝热、防火隔层，消防自动防火帘。

D 纤维化方法

a 喷吹法

用压缩空气或高温水蒸气等喷吹电弧炉或电阻炉流口中流出的熔融液流股，便能形成耐火纤维，这就是喷吹法工艺。压缩空气或高温水蒸气的压力为 59～69N/cm²。采用喷吹法工艺，所用设备比较简单，制得的耐火纤维比较短而细。

b 甩丝法

使熔融液流股落在高速回转离心辊的表面上，由于离心力的拉伸作用，使熔融液分散，经二级或三级离心便制得了纤维，这就是甩丝法工艺。甩丝法工艺所用的甩丝机，设备复杂，所制得纤维较长而粗，主要用来制造耐火纤维绳和布等织物。

E 几种主要耐火纤维

a 普通硅酸铝纤维

它是以高岭土或耐火黏土等天然矿物的煅烧料为原料，有的再加入少量的 B_2O_3 或 ZrO_2 等添加剂，在电弧炉或电阻炉中熔融形成稳定流股，用喷吹法或甩丝法工艺，使熔融液流股分散并纤维化，便制成普通硅酸铝纤维。高岭土和耐火黏土的主要矿物是高岭石 $Al_2O_3 \cdot 2SiO_2 \cdot 2H_2O$，煅烧后 Al_2O_3 和 SiO_2 的总含量为 92% ~ 97%，而 TiO_2、Fe_2O_3、CaO、MgO、Na_2O、K_2O 及其他氧化物的总量为 3% ~ 8%。我国主要采用煅烧的焦宝石耐火黏土原料，制造普通硅酸铝耐火材料，并进一步加工成各种形式的二次制品。

b 高纯硅酸铝纤维

也称为"标准型"硅酸铝纤维，是采用纯度较高的工业氧化铝粉及硅石砂或石英砂为原料，有的也加少量 B_2O_3 或 ZrO_2 添加剂，在电弧炉或电阻炉中熔融，形成稳定流股，用喷吹法或甩丝法工艺进行纤维化而制得的。所用工业氧化铝粉及硅石砂中，Al_2O_3 和 SiO_2 的总含量应大于 99%。

c 高铝纤维

在高纯硅酸铝纤维的基础上，进一步提高 Al_2O_3 含量，则纤维的耐热性能也随之提高。现在国内外制造的高铝纤维，Al_2O_3 的含量为 60% ~ 62%，长期使用温度为 1200℃ 左右。高铝纤维的制造，也是采用工业氧化铝及硅石砂，按照 Al_2O_3 含量为 60% ~ 62% 及 SiO_2 含量为 38% ~ 40% 的质量比配料，经混料、压团、煅烧并破碎成 20 ~ 60mm 的料块，再用电弧炉或电阻炉熔融，进行纤维化，制得高铝纤维。

此外还有含铬硅酸铝纤维、多晶莫来石纤维、多晶氧化铝纤维、稳定化氧化锆纤维。

硅酸铝纤维被加热后，尤其是在温度较高的情况下，硅酸铝纤维就会产生再结晶逐渐析出莫来石（$3Al_2O_3 \cdot 2SiO_2$）及方石英（SiO_2）结晶。析出结晶后，纤维便逐渐失去其原有的透明度、纤维变脆，甚至粉化。硅酸铝纤维的这一再结晶现象，称为"析晶"或"失透"。

硅酸铝纤维的析晶量同加热温度及加热时间有关。实验表明，当加热温度为 1260℃ 时，数十小时后，再结晶便达到 90% 以上。而当加热温度超过 1260℃ 时，硅酸铝纤维便析出方石英结晶。而且随着温度的升高，结晶逐渐长大，甚至使纤维互相烧结在一起。因此，硅酸铝纤维的最高使用温度为 1260℃。

当硅酸铝纤维中含有较多杂质及低熔点物质时，析晶温度会降低，在还原性气氛中，由于 Fe_2O_3 等杂质的还原，析晶温度会更低。普通硅酸铝纤维是用天然原料制成的，杂质含量较高，长期使用温度小于 1000℃。如果在还原性气氛中使用，使用温度会更低一些。高纯硅酸铝纤维是由高纯原料制成的，析出温度比普通硅酸铝高，长期使用温度小于 1100℃。

F 耐火纤维制品

近些年来，国内外生产的耐火纤维制品在市场上出售的有散状纤维、纤维毯、纤维毡、湿纤维毡、纤维纸、纤维绳、布等。

a 散状纤维

散状纤维有两种，一种是未加工的原棉，另一种是经过处理的加工棉，其长度一般在 25mm 以下。主要用作工业炉窑膨胀缝的充填材料、背衬材料、耐火纤维制品的原料。

b 纤维毯

纤维毯是用纤维原棉叠成层状的制品。它质量轻、柔软、施工方便。毯完全不含有机黏结剂或其他有机成分，在高温下使用时，不污染炉内气氛，不产生难闻的气味，可直接用作工业炉窑的内衬，也可作为高温密封材料、过滤材料、隔热材料、衬垫材料等。

c 纤维毡

纤维毡是将纤维原棉加入少量的有机黏结剂或耐火热性无机黏结剂成型为板状的制品。毡比毯稍硬，并具有适宜的柔软性、自立性，搬运施工性能较好，添加有机黏结剂的毡，当高温加热时，有机黏结剂被烧掉后，由于纤维本身交织在一起而保持了原来的形状，但强度和抗风速性较差，添加无机黏结剂的毡，高温加热时，由于黏结剂仍具有结合能力，所以这种毡仍具有较高强度和抗风速性能。

此外，还有湿纤维毡、纤维纸、纤维异形制品、编制制品。工业炉常用耐火材料及保温（绝热）材料的基本性能数据分别见表 7-4~表 7-18。

表 7-4 常用隔热材料的主要性能

材料名称	密度 /kg·m⁻³	允许工作温度 /℃	比热容 /kJ·(kg·℃)⁻¹	耐压强度 /MPa	热导率 /W·(m·℃)⁻¹
硅藻土砖	500 ± 50	900			$0.105 + 0.233 \times 10^{-3}t$
硅藻土砖	500 ± 50	900			$0.131 + 0.233 \times 10^{-3}t$
硅藻土砖	650 ± 50	900			$0.159 + 0.314 \times 10^{-3}t$
泡沫硅藻土砖	500	900			$0.111 + 0.233 \times 10^{-3}t$
优质石棉绒	340	500			$0.087 + 0.233 \times 10^{-3}t$
矿渣棉	200	700	0.754		$0.07 + 0.157 \times 10^{-3}t$
玻璃绒	250	600			$10.037 + 0.256 \times 10^{-3}t$
膨胀蛭石	$100 \sim 300$	1000	0.657		$0.072 + 0.256 \times 10^{-3}t$
石棉板	$900 \sim 1000$	500	0.816		$0.163 + 0.174 \times 10^{-3}t$
石棉绳	800	300			$0.073 + 0.314 \times 10^{-3}t$
硅酸钙板	$200 \sim 230$	1050			$<0.056 + 0.11 \times 10^{-3}t$
硅藻土粉	550	900			$0.072 + 0.198 \times 10^{-3}t$
硅藻土石棉粉	450	800			0.0698
碳酸钙石棉灰	310	700			0.085
浮 石	900	700		$10 \sim 20$	0.2535
超细玻璃棉	20	$350 \sim 400$			$0.0326 + 0.0002t$
超细无碱玻璃棉	60	$600 \sim 650$			$0.0326 + 0.0002t$
膨胀珍珠岩	$31 \sim 135$	$200 \sim 1000$			$0.035 \sim 0.047$
磷酸盐珍珠岩	220	1000			$0.052 + 0.029 \times 10^{-3}t$
磷酸镁石棉灰	140	450			0.047

注：热导率公式中的温度（t）为制品的平均温度（℃）。

7 耐火材料及保温材料

118

表7-5 蛭石的主要性能

性能		密度/g·cm⁻³	允许工作温度/℃	热导率/W·(m·℃)⁻¹	粒径/mm
等级	Ⅰ级	0.1	1000	0.065~0.05	2.5~20
	Ⅱ级	0.2	1000	0.045~0.05	2.5~20
	Ⅲ级	0.3	1000	0.045~0.05	2.5~20

表7-6 蛭石制品的主要性能

性能	密度/g·cm⁻³	允许工作温度/℃	热导率/W·(m·℃)⁻¹	抗压强度/MPa
水泥蛭石制品	430~500	600	0.08~0.12	>0.25
水玻璃蛭石制品	400~450	800	0.07~0.9	>0.5
沥青蛭石制品	300~400	70~90	0.07~0.9	>0.2

表7-7 电热材料与耐火材料的反应温度

材料	Al₂O₃	BeO	MgO	ThO₂	ZrO₂	黏土砖	碱性耐火材料	石墨
Mo	1900	1900①	1600①	1900①	2200烧结	1200	1600	1200℃以上生成碳化物
W	2000①	2000①	2000①	2200①	1600①	1200	1600	1400℃以上生成碳化物
Ta	1900	1600	1800	1900	1600	1200	1600	1000℃以上生成碳化物

①真空度为1.3×10⁻²Pa时，实际反应温度应该比表中的数据低100~200℃。

表7-8 常用材料的密度

材料名称	密度/g·cm⁻³(t·m⁻³)	材料名称	密度/g·cm⁻³(t·m⁻³)
碳钢	7.8~7.85	紫铜	8.9
铸钢	7.8	黄铜	8.4~8.85
高速钢（含钨9%）	8.3	铸造黄铜	8.62
高速钢（含钨18%）	8.7	锡青铜	8.7~8.9
镍铬钢	7.9	无锡青铜	7.5~8.2
合金钢	7.9	轧制磷青铜	8.8
灰铸铁	7.0	冷拉青铜	8.8
可锻铸铁	7.3	可铸铝合金	2.7
白口铸铁	7.55	铝镍合金	2.7
工业用铝	2.7	镍	8.9
镁合金	1.74	铅	11.37
硅钢片	7.55~7.8	锡	7.29
锡基轴承合金	7.34~7.75	锌（轧制）	7.1
铅基轴承合金	9.33~10.67	金	19.32
硬质合金（钨钴）	14.5~14.9	银	10.5
硬质合金（钨钴钛）	9.5~12.4	汞	13.55
		聚氯乙烯	1.35~1.40

材料名称	密度/g·cm⁻³(t·m⁻³)	材料名称	密度/g·cm⁻³(t·m⁻³)
胶木板，纤维板	1.3~1.4	聚苯乙烯	0.91
纯橡胶	0.93	有机玻璃	1.18~1.19
皮革	0.4~1.2	赛璐珞	1.4
木材	0.4~0.75	酚醛层压板	1.3~1.45
石灰石	2.4~2.6	尼龙6	1.13~1.14
花岗石	2.6~3.0	尼龙66	1.14~1.15
砌砖	1.9~2.3	尼龙1010	1.04~1.06
混凝土	1.8~2.45	橡胶夹布传送带	0.8~1.2
生石灰	1.1	黏土耐火砖	2.10
熟石灰	1.2	硅质耐火砖	1.8~1.9
水泥	1.2	镁质耐火砖	2.6
碳化硅	3.10	镁铬质耐火砖	2.8
无填料的电木	1.2	高铬质耐火砖	2.2~2.5

表 7-9　膨胀珍珠岩制品性能

性能			硅酸盐水泥珍珠岩制品	矾土水泥珍珠岩制品	水玻璃①珍珠岩制品	磷酸铝珍珠岩制品
结合剂			硅酸盐水泥	矾土水泥	水玻璃	磷酸铝（含量50%）
珍珠岩密度/g·cm⁻³			80~150	60~130	60~150	80~100
结合剂:膨胀珍珠岩（体积比）			1:(10~14.5)	1:(8~10)	质量比1:(1~1.3)	1:(18~20)
水灰比			2.1	1.6~1.7	—	—
压缩比			1.6~1.8	1.6~2.0	1.8	2
干密度/g·cm⁻³			250~450	450~500	200~380	200~350
耐压强度/MPa			0.5~1.7	1.2~2.6	0.6~1.7	0.5~1.6
热导率/W·(m·℃)⁻¹	20℃		0.045~0.075	0.062~0.076	0.047~0.080	0.045~0.069
	高温	热面温度/℃	600	1000	600	1000
		平均温度/℃	400	635	400	680
		数值	0.070~0.105	0.097~0.105	0.071~0.115	0.110~0.105
最高使用温度/℃			≤600	≤800	60~650	≤900

①水玻璃（模数2.4，密度1.38~1.42g/cm³）尿素占水玻璃重2%~3%（质量分数）。

表 7-10　常用金属在不同温度下的比热容

温度/℃	铝	铜	纯铁	钢 0.3%C	钢 0.6%C	钢 0.8%C	铸铁 0.6%Mn, 1.5%Si, 3.7%C	铸铁 0.7%Mn, 1.5%Si, 4.2%C	高合金钢 0.13%C, 0.25%Mn, 12.9%Cr
100	0.938	0.389	0.465	0.469	0.481	0.502	—	0.544	0.473
200	0.950	0.398	0.490	0.481	0.486	0.502	0.461	0.565	0.513
300	0.955	0.410	0.511	0.502	0.515	0.523	0.494	0.565	0.553

温度/℃	铝	铜	纯铁	钢 0.3%C	钢 0.6%C	钢 0.8%C	铸铁 0.6%Mn, 1.5%Si, 3.7%C	铸铁 0.7%Mn, 1.5%Si, 4.2%C	高合金钢 0.13%C, 0.25%Mn, 12.9%Cr
400	0.959	0.410	0.536	0.515	0.528	0.536	0.507	0.565	0.607
500	0.971	0.423	0.561	0.536	0.544	0.553	0.515	0.586	0.682
600	0.978	0.435	0.595	0.568	0.574	0.586	0.536	0.607	0.779
700	1.453	0.444	0.599	0.603	0.607	0.615	0.603	0.641	0.875
800	1.344	0.448	0.632	0.687	0.678	0.691	0.666	0.691	0.691
900	1.352	0.444	0.649	0.699	0.678	0.678	0.678	0.712	0.670
1000	—	0.465	0.632	0.699	0.678	0.670	0.670	0.720	—
1100	—	0.662	0.678	0.699	0.682	0.653	0.670	0.733	—
1200	—	0.689	0.678	0.703	0.682	0.653	0.871	0.909	—
1300	—	0.641	0.682	0.703	0.687	0.653	0.879	0.909	—
1400	—	0.628	0.691	0.703	0.687	0.653	0.883	0.913	—
1500	—	0.632	0.699	—	—	—	—	—	—

表 7 - 11　耐热钢的特性和用途

类型	牌　号	特性和用途
奥氏体型	5Cr21Mn9Ni4N	经受高温强度为主的炉用部件
	2Cr21Ni2N	抗氧化为主的炉用部件
	2Cr23Ni13	承受 980℃ 以下反复加热的抗氧化钢。加热炉部件,重油燃烧器
	2Cr25Ni20	承受 1035℃ 以下反复加热的抗氧化钢。加热炉部件、喷嘴、燃烧室等
	1Cr16Ni35	抗渗碳、渗氮性大的钢种,可承受 1035℃ 以下的反复加热
	0Cr15Ni25Ti2MoAlVB	耐 750℃ 高温的风机叶轮、螺栓、叶片、轴等
	0Cr18Ni9	通用耐氧化钢可承受 870℃ 以下反复加热
	0Cr23Ni13	比 0Cr18Ni9 耐氧化性好,可承受 980℃ 以下反复加热的炉用部件
	0Cr25Ni20	比 0Cr23Ni13 耐氧化性好,可承受 1035℃ 加热的炉用部件
	0Cr17Ni12Mo2	高温具有优良的蠕变强度,作热交换器用部件,高温耐蚀螺栓
	4Cr14Ni14W3Mo	较高的热强性,承受重载荷的炉用部件
	3Cr18Mn12Si2N	较高的高温强度和一定的抗氧化性,较好的抗硫及抗增碳性
	2Cr20Mn9Ni2N	特性和用途同 3Cr18Mn12Si2N,还可以用作盐浴坩埚和加热炉管道等
	0Cr19Ni13Mo3	高温具有良好的蠕变强度,作热交换器用部件
	1Cr18Ni9Ti	有良好的耐热性和抗腐蚀性。做加热炉管、燃烧室筒体、退火炉罩等
	0Cr18Ni10Ti	作在 400 ~ 900℃ 腐蚀条件下使用的部件,高温用焊接材料部件
	0Cr18Ni11Nb	作在 400 ~ 900℃ 腐蚀条件下使用的部件,高温用焊接材料部件
	0Cr18Ni13Si4	具有与 0Cr25Ni20 相当的抗氧化性和类似的用途
	1Cr20Ni14Si2	具有较高的高温强度和抗氧化性,对含硫气氛较敏感,在 600 ~ 800℃
	1Cr25Ni20Si2	有析出相的脆化倾向,适于制作承受应力的各种炉用部件

类型	牌　号	特性和用途
铁素体型	2Cr25N	耐高温腐蚀，在1082℃以下不产生容易剥落的氧化皮，用于燃烧室
	0Cr15Al	由于冷却硬化少，用于退火箱、淬火台架
	0Cr12	耐高温氧化，作要求焊接的部件，炉子燃烧室构件
	1Cr17	作900℃以下耐氧化部件、散热器、炉用部件、油喷嘴
马氏体型	1Cr5Mo	抗石油裂化过程中产生的腐蚀。作再热蒸气管、石油裂解管、炉内吊架
	4Cr8Si2	有较高的热强性，作炉子料盘，辐射管吊挂
	4Cr10Si2Mo	有较高的热强性，用于850℃以下工作的炉用部件
	8Cr20Si2Ni	做耐磨性为主的炉用部件
	1Cr11MoV	有较高的热强性、良好的减振性及组织稳定性。用于高温风机的叶片
	1Cr12Mo	作汽轮机叶片
	2Cr12MoVNbN	作高温结构部件
	1Cr12WMoV	有较高的热强性、良好的减振性及组织稳定性
	2Cr12NiMoWV	作高温结构部件
	1Cr13	作800℃以下耐氧化用部件
	1Cr13Mo	作耐高温高压蒸气用机械部件
	2Cr13	淬火状态下硬度高，耐蚀性良好
	1Cr17Ni2	作具有较高程度的耐硝酸及有机酸腐蚀的零件、容器和设备
	1Cr11Ni2W2MoV	具有良好的韧性和抗氧化性能，在淡水和湿空气中有良好的耐蚀性
沉淀硬化型	0Cr17Ni4Cu4Nb	作燃气透平压缩机叶片、燃气透平发动机绝缘材料
	0Cr17Ni7Al	作高温弹簧、膜片、固定器、波纹管等

表7-12　耐热钢铸件的化学成分、性能及用途

牌　号	化学成分（质量分数）/%								使用温度/℃	特性和用途
	C	Mn	Si	Cr	Ni	Mo(N)	P	S		
ZG40Cr9Si2	0.35 ~ 0.50	≤0.07	2.00 ~ 3.00	8.00 ~ 10.00			≤0.035	≤0.03	≤800	抗氧化最高温度800℃，长期工作载荷温度低于700℃。用于坩埚、炉门等构件
ZG30Cr18Mn12Si2N	0.26 ~ 0.36	11.0 ~ 13.0	1.60 ~ 2.40	17.0 ~ 20.0		(0.22 ~ 0.28)	≤0.06	≤0.04	≤950	高温强度和抗疲劳性能较好，用于炉罐和炉底料、料筐、传送带导轨、支撑架等炉用构件
ZG35Cr24Ni7SiN	0.30 ~ 0.40	0.80 ~ 1.50	1.30 ~ 2.00	23.0 ~ 25.5	0.26 ~ 0.36	(0.22 ~ 0.28)	≤0.04	≤0.03	≤1100	抗氧化性好，用于炉罐、炉辊、通风机叶片、炉滑轨、炉底板、玻璃水泥窑及搪瓷窑等构件

牌 号	化学成分（质量分数）/%								使用温度/℃	特性和用途
	C	Mn	Si	Cr	Ni	Mo（N）	P	S		
ZG30Cr26Ni5	0.20 ~ 0.40	≤1.0	≤2.0	24.0 ~ 28.0	4.0 ~ 6.0	≤0.50	≤0.04	≤0.04	≤1050	承载使用温度达650℃，轻负荷时可达 1050℃，用于矿石焙烧炉和不需高温强度的高硫环境下工作的炉用构件
ZG30Cr20Ni10	0.20 ~ 0.40	≤2.0	≤2.0	18.0 ~ 23.0	8.0 ~ 12.0	≤0.50	≤0.04	≤0.04	≤900	基本不形成 σ 相，可用于炼油厂加热炉、水泥干燥窑、矿石焙烧炉和热处理炉构件
ZG35Cr26Ni12	0.20 ~ 0.50	≤2.0	≤2.0	24.0 ~ 28.0	11.0 ~ 14.0		≤0.04	≤0.04	≤1100	高温强度高，抗氧化性能好，广泛用于多种类型炉子构件，不宜于用于温度急剧变化的炉子构件
ZG40Cr28Ni16	0.20 ~ 0.50	≤2.0	≤2.0	26.0 ~ 30.0	14.0 ~ 18.0		≤0.04	≤0.04	≤1150	具有较高温度的抗氧化性用途同 ZG40Cr25Ni20
ZG40Cr25Ni20	0.35 ~ 0.45	≤1.50	≤1.75	23.0 ~ 27.0	19.0 ~ 22.0	≤0.50	≤0.04	≤0.04	≤1150	具有较高的蠕变和持久强度，抗高温气体的腐蚀能力强，常用于作炉辊及需要较高蠕变强度的零件
ZG40Cr30Ni20	0.20 ~ 0.60	≤2.0	≤2.0	28.0 ~ 32.0	18.0 ~ 22.0	≤0.50	≤0.04	≤0.04	≤1150	高温含硫气体中耐蚀性好，气体分离装置，焙烧炉衬板
ZG35Ni24Cr18Si2	0.30 ~ 0.40	≤1.50	1.50 ~ 2.50	17.0 ~ 20.0	23.0 ~ 26.0		≤0.035	≤0.03	≤1100	加热炉传送带、螺杆、紧固件等高温承载零件
ZG305Ni35Crl5	0.20 ~ 0.35	≤2.0	≤2.5	13.0 ~ 17.0	33.0 ~ 37.0		≤0.04	≤0.04	≤1150	抗热疲劳性好，用渗碳炉构件、热处理炉炉底板、导轨、蒸馏器、辐射管及周期加热的紧固件
ZG45Ni35Cr26	0.35 ~ 0.75	≤2.0	≤2.0	24.0 ~ 28.0	33.0 ~ 37.0	≤0.50	≤0.04	≤0.04	≤1150	抗氧化及抗渗碳性好，高温强度高，用于乙烯裂解管、炉辊及热处理用夹具等

注：1. 本表适用于普通工程用耐热铸钢件，不包括特殊用途的耐热铸钢件。

    2. 铸件的力学性能一般不作为验收项目，只有在合同中明确提出时，测定项目应符合表中要求。

    3. 除 ZG40Cr9Si2 需要进行 950℃ 退火外，其余牌号铸件均可不经热处理，以铸态交货。

表7-13 耐热钢国内外牌号对照表

中国 GB 1221	日本 JIS	美国 AISI、ASTM	英国 BS 970、BS 1449	德国 DIN17440 DIN17224	法国 NFA35-572 NFA35-576~582、NFA35-584	苏联 ГОСТ5632
5Cr21Mn9Ni4N	SUH35		349S52			
2Cr23Ni13	SUH309	309, S30900	309S24		Z15CN24.13	20X23H12
2Cr25Ni20	SUH310	310, S31000	310S24	CrNi2520	Z12CN25.20	20X25H20C2
1Cr16Ni35	SUH330	330			Z12NCS35.16	
0Cr15Ni25Ti2MoAlVB	SUH660	660, K66286			Z6NCTDV25.15B	
0Cr18Ni9	SUS304	304, S30400	304S15	X5CrNi189	N6CN18.09	08X18H10
0Cr23Ni13	SUS309S	309S, S30908				
0Cr25Ni20	SUS310S	319S, S31008				
0Cr17Ni12Mo2	SUS316	316, S31600	316S16	X5CrNiMo1810	Z6CND17.12	08X17H13M2T
4Cr14Ni14W2Mo						45X14H1482M
0Cr19Ni13Mo3	SUS317	317, S31700	317S16			08X17H15M3T
1Cr18Ni9Ti				X10CrNiTi189		
0Cr18Ni10Ti	SUS321	321, S32100	321S12/20	X10CrNiTi189	Z6CNT18.10	08X18H10T
0Cr18Ni11Nb	SUS347	347, S34700	347S17	X10CrNiNb189	Z6CNNb18.10	08X18H12E
0Cr18Ni13Si4	SUSXM15J1	XM15, S38100				
ZCr25N	SUH446	446, S44600				
0Cr13Al	SUS405	405, S40500	405S17	X7CrAl13	Z6CAl3	
00Cr12	SUS410L					
1Cr17	SUS430	430, S43000	430S15	X8Cr17	Z8C17	12X17
1Cr5Mo		502				15X5M
4Cr9Si2					Z45CS9	40X9C2
4Cr10Si2Mo					Z40CSD10	40X10C2M
8Cr20Si2Ni	SUH4	443S65			Z80CN20.02	
2Cr12MoVNbN	SUH600				Z20CDNbV11	
2Cr12NiMoWV	SUH616	616				
1Cr13	SUS410	410	410S21	X10Cr13	Z12C13	12X13
1Cr13Mo	SUS410J1					
2Cr13	SUS420J1	420, S42000	420S37	X20Cr13	Z20C13	
1Cr17Ni2	SUS431	431, S43100	431S29	X22CrNi17	Z15CN16-02	14X17H2
1Cr11Ni2W2MoV						11X11H282MΦ
0Cr17Ni4Cu4Nb	SUS630	630, S17400			Z6CNU17.04	
0Cr17Ni7Al	SUS631	631, S17700		X7CrNiAl177	N8CNAl17.7	09X17H710

表7－14　常用热工单位换算表

物理量名称	符号	换算系数		
		国际单位制	米制工程单位	英制工程单位
压　力	P	$10^5 Pa$	$atm \cdot kgf \cdot cm^{-2}$	$psi \cdot lbf \cdot in^{-2}$
		1	1.01972	14.5083
		0.980665	1	14.2233
		0.0689476	0.070307	1
运动黏度	ν	$m^2 \cdot s^{-1}$	$m^2 \cdot s^{-1}$	$ft^2 \cdot s^{-1}$
		1	1	10.7639
		0.092903	0.092903	1
			$1st = 10^4 m^2/s$	
动力黏度	μ	$kg \cdot (m \cdot s)/(N \cdot s \cdot m^{-2})$	$kgf \cdot s \cdot m^{-2}$	$lbf \cdot s \cdot ft^{-2}$
		1	0.101972	0.671969
		9.80665	1	6.58976
		1.48816	0.151750	1
热　量	Q	kJ	$kcal$	Btu
		1	0.238846	0.94783
		4.1868	1	
		1.05504		1
比热容	c	$kJ \cdot (kg \cdot ℃)^{-1}$	$kcal \cdot (kgf \cdot ℃)^{-1}$	$Btu \cdot lbf^{-1}$
		1	0.238846	0.238846
		4.1868	1	1
		4.1868	1	1
热流密度	q	$10^5 Pa$	$atm \cdot kgf \cdot cm^{-2}$	$psi \cdot lbf \cdot in^{-2}$
		1	0.859845	0.316992
		1.163	1	0.368662
		3.15465	2.71251	1
热导率	λ	$W \cdot (m \cdot ℃)^{-1}$	$kcal \cdot (m \cdot h \cdot ℃)^{-1}$	$Btu \cdot (ft \cdot h)^{-1}$
		1	0.859845	0.577789
		1.163	1	0.671969
		1.73073	1.48816	1
换热系数	α	$W \cdot (m^2 \cdot ℃)^{-1}$	$kcal \cdot (m^2 \cdot h \cdot ℃)^{-1}$	$Btu \cdot (ft^2 \cdot h)^{-1}$
		1	0.859845	0.176111
传热系数	k	1.163	1	0.204817
		5.67824	4.882441	1
功　率	P	$W \cdot (J \cdot s)^{-1}$	$kcal \cdot h^{-1}$　　$kgf \cdot (m \cdot s)^{-1}$	$lbf \cdot ft \cdot s^{-1}$
		1	0.859845　　0.101972	0.737562
		1.163	1　　0.118583	0.857785
		9.8665	8.433719　　1	7.233012
		1.355818	1.165793　　0.138255	1

表 7-15　常用材料的摩擦系数

材料名称	摩擦系数 f			
	静 摩 擦		动 摩 擦	
	无润滑剂	有润滑剂	无润滑剂	有润滑剂
钢—钢	0.15	0.1 ~ 0.12	0.15	0.05 ~ 0.1
钢—软钢			0.2	0.1 ~ 0.2
钢—铸铁	0.3		0.18	0.05 ~ 0.15
钢—青铜	0.15	0.1 ~ 0.15	0.15	0.1 ~ 0.15
软铁—铸铁	0.2		0.18	0.05 ~ 0.15
软钢—青铜	0.2		0.18	0.07 ~ 0.15
铸铁—铸铁		0.18	0.15	0.07 ~ 0.12
铸铁—青铜			0.15 ~ 0.2	0.07 ~ 0.15
青铜—青铜		0.1	0.2	0.07 ~ 0.1
软钢—槲木	0.6	0.12	0.4 ~ 0.6	0.1
软铁—榆木			0.25	
铸铁—槲木	0.65		0.3 ~ 0.5	0.2
铸铁—榆、杨木			0.4	0.1
青铜—槲木	0.6		0.3	
木材—木材	0.4 ~ 0.6	0.1	0.2 ~ 0.5	0.07 ~ 0.15
皮革（外）—槲木	0.6		0.3 ~ 0.5	
皮革（内）—槲木	0.4		0.3 ~ 0.4	
皮革—铸铁	0.3 ~ 0.5	0.15	0.6	0.15
橡皮—铸铁			0.8	0.5
麻绳—槲木	0.8		0.5	

表 7-16　金属材料的密度和热导率

材料名称	密度 ρ /kg·m^{-3}	温度/℃									
		-100	0	100	200	300	400	600	800	1000	1200
		热导率 λ/W·(m·℃)$^{-1}$									
纯 铝	2710	243	236	240	238	234	228	215			
铝合金（96Al-4Cu-Mg）	2790	124	160	188	188	193					
铝合金（92Al-8Mg）	2610	86	102	123	148						
铝合金（87Al-13Si）	2660	139	158	173	176	180					
铍	1850	382	218	170	145	129	118				
纯 铜	8930	421	401	393	389	384	379	366	352		
铝青铜（90Cu-10Al）	8360		49	57	66						
青铜（89Cu-11Sn）	8800		24	28.4	33.2						

续表 7 – 16

材料名称	密度 ρ /kg·m^{-3}	温度/℃									
		-100	0	100	200	300	400	600	800	1000	1200
		热导率 λ/W·(m·℃)$^{-1}$									
黄铜（70Cu – 30Zn）	8440	90	106	131	143	145	148				
铜合金（60Cu – 40Ni）	8920	19	22.2	23.4							
黄金	19300	331	318	313	310	305	300	287			
纯铁	7870	96.7	83.5	72.1	63.5	56.5	50.3	39.4	29.6	29.4	31.6
阿姆口铁	7860	82.9	74.7	67.5	61.0	54.8	49.9	38.6	29.3	29.3	31.1
灰铸铁约3% C	7570		28.5	32.4	35.8	37.2	36.6	20.8	19.2		
碳钢约0.5% C	7840		50.5	47.5	44.8	42.0	39.4	34.0	29.0		
碳钢约1.0% C	7790		43.0	42.8	42.2	41.5	40.6	36.7	32.2		
碳钢约1.5% C	7750		36.8	36.6	36.2	35.7	34.7	31.7	27.8		
铬钢约5% C	7830		36.3	35.2	34.7	33.5	31.4	28.0	27.2	27.2	27.2
铬钢约13% C	7740		26.5	27.0	27.0	27.0	27.6	28.4	29.0	29.0	
铬钢约17% C	7710		22	22.2	22.6	22.6	23.3	24.0	24.8	25.5	
铬钢约26% C	7650		22.6	23.8	25.5	27.2	28.5	31.8	35.1	38	
铬镍钢18%~20% Cr, 8%~12% Ni	7820	12.2	14.7	16.6	18.0	19.4	20.8	23.5	26.3		
铬镍钢17%~19% Cr, 9%~13% Ni	7830	11.8	14.3	16.1	17.5	18.8	20.2	22.8	25.5	28.2	30.9
镍钢约1% Ni	7900	40.8	45.2	46.8	46.1	44.1	41.2	35.7			
镍钢约3.5% Ni	7910	30.7	36.0	38.8	39.7	39.2	37.8				
镍钢约25% Ni	8030										
镍钢约35% Ni	8110	10.9	13.4	15.4	17.1	18.6	20.1	23.1			
镍钢约44% Ni	8190		15.7	16.1	16.5	16.9	17.1	17.8	18.4		
镍钢约50% Ni	8260	17.3	19.4	20.5	21.0	21.1	21.3	22.5			
锰钢12%~13% Mn, 约3% Ni	7800			14.8	16.0	17.1	18.3				
锰钢	7860			51.0	50.0	47.0	43.5	35.5	27		
钨钢	8070		18.4	19.7	21.0	22.3	23.6	24.9	26.3		
铅	11340	37.2	35.5	34.3	32.8	31.5					
镁	1730	160	157	154	152	150					
钼	9590	146	139	135	131	127	123	116	109	103	93.7
镍	8900	144	94	82.8	74.2	67.3	64.6	69.0	73.3	77.6	81.9
铂	21450	73.3	71.5	71.6	72.0	72.8	73.6	76.6	80.0	84.2	88.9
银	10500	431	428	422	415	407	399	384			
锡	7310	75	68.2	63.2	60.9						
钛	4500	23.3	22.4	20.7	19.9	19.5	19.4	19.9			
铀	19070	24.3	27	29.1	31.1	33.4	35.7	40.6	45.6		
锌	7140	123	122	117	112						
锆	6570	26.5	23.2	21.8	21.2	20.9	21.4	22.3	24.5	26.4	28.0
钨	19350	204	182	166	153	142	134	129	119	114	110

表 7 – 17　耐热钢的弹性模量、热导率和线胀系数

1Cr11MoV

弹性模量 E/MPa	20℃	200℃	300℃	400℃	500℃	550℃
	0.2×10^5	2.1×10^5	2.0×10^5	1.9×10^5	1.77×10^5	1.68×10^5

线胀系数 $\alpha/10^{-6} \cdot ℃^{-1}$	20~200℃	20~500℃	20~600℃
	11.4	11.9	12.3

1Cr12WMoV

弹性模量 E/MPa	20℃	300℃	400℃	500℃	580℃
	2.16×10^5	2.0×10^5	1.9×10^5	1.8×10^5	1.7×10^5

线胀系数 $\alpha/10^{-6} \cdot ℃^{-1}$	20~100℃	20~200℃	20~300℃	20~400℃	20~500℃	20~600℃
		1.05~1.04	10.7	11.0~11.1	11.2~11.5	11.6~11.8

热导率 $\lambda/W \cdot (m \cdot ℃)^{-1}$	100℃	200℃	300℃	400℃	500℃	600℃
	0.059	0.060	0.062	0.063	0.064	0.065

1Cr18Ni9Ti

弹性模量 E/MPa	20℃	100℃	200℃	300℃	400℃	500℃	550℃	600℃	650℃	700℃
	2.02×10^5	1.98×10^5	1.93×10^5	1.86×10^5	1.77×10^5	1.69×10^5	1.64×10^5	1.6×10^5	1.55×10^5	1.3×10^5

热导率 $\lambda/W \cdot (m \cdot ℃)^{-1}$	100℃	200℃	300℃	400℃	500℃	600℃	700℃
	16.33	17.58	18.84	21.35	23.03	24.70	26.80

线胀系数 $\alpha/10^{-6} \cdot ℃^{-1}$	20~100℃	20~200℃	20~300℃	20~400℃	20~500℃	20~600℃	20~700℃
	16.6	17.0	17.2	17.5	17.9	18.3	18.6

热导率 $\lambda/W \cdot (m \cdot ℃)^{-1}$			
100℃时 λ=16.75	300℃时 λ=21.10	600℃时 λ=22.19	800℃时 λ=22.19

4Cr9Si2

线胀系数 $\alpha/10^{-6} \cdot ℃^{-1}$	20~100℃	20~200℃	20~300℃	20~400℃	20~500℃	20~600℃	20~700℃	20~800℃	20~900℃
	11.5	12.3	14	14.4	14.4	14.5	14.4	16.1	9.6

弹性模量 E/MPa			
25℃时 E=2.11×10^5	315℃时 E=1.93×10^5	425℃时 E=2.06×10^5	540℃时 E=1.72×10^5

1Cr5Mo

热导率 $\lambda/W \cdot (m \cdot ℃)^{-1}$	100℃	300℃	500℃	600℃
	36.43	34.75	33.49	32.66

线胀系数 $\alpha/10^{-6} \cdot ℃^{-1}$	0~425℃	0~485℃	0~540℃	0~650℃	0~705℃
	12.3	12.5	12.7	13.0	13.1

续表 7－17

4Cr14Ni4W2Mo

弹性模量 E/MPa	20℃	300℃	400℃	500℃	600℃	700℃	800℃
	1.81×10^5	1.47×10^5	1.44×10^5	1.41×10^5	1.27×10^5	0.91×10^5	0.475×10^5

线胀系数 $\alpha/10^{-6}\cdot℃^{-1}$	20~100℃	20~200℃	20~300℃	20~400℃	20~500℃	20~600℃	20~700℃
	16.6	17.2	17.7	17.9	18.0	18.6	18.9

4Cr14Ni4W2Mo

热导率 $\lambda/\mathrm{W}\cdot(\mathrm{m}\cdot℃)^{-1}$	100℃	200℃	300℃	400℃	500℃	600℃	700℃	800℃	900℃
	0.038	0.042	0.046	0.049	0.053	0.057	0.061	0.066	0.072

弹性模量 E/MPa	20℃	200℃	300℃	400℃	500℃	550℃
	2.21×10^5	2.1×10^5	2.02×10^5	1.93×10^5	1.83×10^5	1.68×10^5

1Cr13

热导率 $\lambda/\mathrm{W}\cdot(\mathrm{m}\cdot℃)^{-1}$	100℃	200℃	300℃	400℃	500℃
	25.12	25.96	26.80	28.05	28.89

线胀系数 $\alpha/10^{-6}\cdot℃^{-1}$	20~100℃	20~200℃	20~300℃	20~400℃	20~500℃
	10.5	11.0	11.5	12.0	12.0

1Cr23Ni3

弹性模量 E/MPa　20℃时 $E=2.22\times10^5$

热导率 $\lambda/\mathrm{W}\cdot(\mathrm{m}\cdot℃)^{-1}$　100℃时 $\lambda=18.00$　200℃时 $\lambda=18.84$　300℃时 $\lambda=21.77$

线胀系数 $\alpha/10^{-6}\cdot℃^{-1}$	20~100℃	20~200℃	20~300℃	20~500℃	20~800℃	20~1000℃
	16.0	17.0	18.0	18.0	18.5	19.5

1Cr23Ni18

弹性模量 E/MPa　20℃时 $E=2.1\times10^5$

热导率 $\lambda/\mathrm{W}\cdot(\mathrm{m}\cdot℃)^{-1}$	20℃	100℃	500℃	1100℃
	13.82	15.91	18.84	31.82

线胀系数 $\alpha/10^{-6}\cdot℃^{-1}$	20~100℃	20~300℃	20~500℃	20~800℃	20~1000℃
	15.5	16.5	17.5	18.5	19.5

1Cr20Ni14Si2

热导率 $\lambda/\mathrm{W}\cdot(\mathrm{m}\cdot℃)^{-1}$　20℃时 $\lambda=12.7$　100℃时 $\lambda=14.1$

线胀系数 $\alpha/10^{-6}\cdot℃^{-1}$	20~200℃	20~400℃	20~600℃
	16.6	17.5	18.3

续表 7-17

1Cr25Ni20Si2

弹性模量 E/MPa	20℃时 E=2.03×10⁵				
热导率 λ/W·(m·℃)⁻¹	20℃时 λ=14.65		500℃时 λ=18.84		
线胀系数 α/10⁻⁶·℃⁻¹	20~100℃	20~300℃	20~500℃	20~800℃	20~1000℃
	15.5	16.5	17.5	18.5	19.5

3Cr18Mn12Si2N

线胀系数 α/10⁻⁶·℃⁻¹	17~122℃	120~207℃	207~308℃	308~400℃	400~500℃	500~600℃	600~700℃
	15.277	17.69	18.91	19.67	21.11	22.11	21.11

2Cr20Mn9Ni2Si2N

线胀系数 α/10⁻⁶·℃⁻¹	13~100℃	13~200℃	13~300℃	13~400℃	13~500℃	13~600℃	13~700℃	13~800℃	13~900℃	13~1000℃
	15.6	16.5	16.8	17.5	17.9	18.5	18.7	18.9	19.1	19.8

5Cr21Mn9Ni4N

弹性模量 E/MPa	20℃	600℃	700℃	800℃				
	2.129×10⁵	1.499×10⁵	1.499×10⁵	1.101×10⁵				
热导率 λ/W·(m·℃)⁻¹	20℃时 λ=14.24			800℃时 λ=24.7				
线胀系数 α/10⁻⁶·℃⁻¹	20~100℃	20~200℃	20~300℃	20~400℃	20~500℃	20~600℃	20~700℃	20~800℃
	12.2	14.5	15.7	16.5	17.1	17.6	18.1	18.6

2Mn18Al15SiMoTi

热导率 λ/W·(m·℃)⁻¹	80℃	100℃	200℃	300℃	400℃	500℃	600℃	700℃	800℃	900℃
	10.89	11.30	12.98	14.65	16.33	18.00	19.26	20.93	22.61	24.28
线胀系数 α/10⁻⁶·℃⁻¹	20~100℃	20~200℃	20~300℃	20~400℃	20~500℃	20~600℃	20~700℃	20~800℃	20~900℃	
	16.8	17.8	18.7	19.4	19.9	20.4	20.7	21.0	21.3	

2Cr13

弹性模量 E/MPa	20℃	100℃	200℃	300℃	400℃	500℃	600℃
	2.33×10⁵	2.18×10⁵	2.12×10⁵	2.04×10⁵	1.93×10⁵	1.84×10⁵	1.72×10⁵
线胀系数 α/10⁻⁶·℃⁻¹	20~100℃	20~200℃	20~300℃	20~400℃	20~500℃		
	10.5	11.0	11.5	12.0	12.0		
热导率 λ/W·(m·℃)⁻¹	100℃	200℃	300℃	400℃	500℃		
	0.053	0.056	0.059	0.061	0.063		

1Cr11Ni2W2MoV

弹性模量 E/MPa							
20℃	300℃	400℃	450℃	500℃	550℃		
2.0×10^5	1.75×10^5	1.65×10^5	1.57×10^5	1.45×10^5	1.25×10^5		
线胀系数 $\alpha/10^{-6}\cdot℃^{-1}$							
20~100℃	20~200℃	20~300℃	20~400℃	20~500℃	20~600℃		
11.0	11.3	11.6	12.0	12.3	12.6		
热导率 $\lambda/\text{W}\cdot(\text{m}\cdot℃)^{-1}$							
20℃	100℃	200℃	300℃	400℃	500℃	600℃	700℃
0.05	0.053	0.057	0.061	0.065	0.067	0.068	0.069

3Cr24Ni7SiN

弹性模量 E/MPa									
12℃	100℃	200℃	300℃	400℃	500℃	600℃	700℃		
2.1×10^5	2.06×10^5	1.98×10^5	1.89×10^5	1.78×10^5	1.71×10^5	1.62×10^5	1.52×10^5		
线胀系数 $\alpha/10^{-6}\cdot℃^{-1}$									
29~100℃	29~200℃	29~300℃	29~400℃	29~500℃	29~600℃	29~700℃	29~800℃	29~900℃	
15.6	16.7	17.0	17.4	17.8	18.0	18.2	18.6	18.9	
电阻率 $\rho/\Omega\cdot\text{mm}^2\cdot\text{m}^{-1}$									
21℃	100℃	200℃	300℃	400℃	500℃	600℃	700℃	800℃	900℃
0.835	0.87	0.947	1.014	1.057	1.108	1.152	1.193	1.220	1.250

3Cr24Ni7SiNRE

弹性模量 E/MPa									
12℃	100℃	200℃	300℃	400℃	500℃	600℃	700℃		
2.1×10^5	2.06×10^5	1.98×10^5	1.89×10^5	1.78×10^5	1.71×10^5	1.62×10^5	1.52×10^5		
线胀系数 $\alpha/10^{-6}\cdot℃^{-1}$									
29~100℃	29~200℃	29~300℃	29~400℃	29~500℃	29~600℃	29~700℃	29~800℃	29~900℃	
15.6	16.7	17.0	17.4	17.8	18.0	18.2	18.6	18.9	
电阻率 $\rho/\Omega\cdot\text{mm}^2\cdot\text{m}^{-1}$									
21℃	100℃	200℃	300℃	400℃	500℃	600℃	700℃	800℃	900℃
0.835	0.87	0.947	1.014	1.057	1.108	1.152	1.193	1.220	1.250

1Cr21Ni32

弹性模量 E/MPa：20℃时 $E=1.974\times10^5$

热导率 $\lambda/\text{W}\cdot(\text{m}\cdot℃)^{-1}$：20℃时 $\lambda=12.56$　　500℃时 $\lambda=18.84$

线胀系数 $\alpha/10^{-6}\cdot℃^{-1}$					
20~100℃	20~300℃	20~400℃	20~500℃	20~800℃	20~1000℃
14.5	16	16.2	16.5	17.5~18.0	18.4~18.5

表7-18 高电阻电热合金的性能数据

项　目	Cr5Ni60	Cr20Ni80	Cr13Al4	Cr17Al5	0Cr25Al15	0Cr24Al16RE	0Cr27Al15	0Cr27Al17Mo2	Mo	W	硅碳棒	硅钼棒
20℃时电阻系数 /Ω·mm²·m⁻¹	1.10	1.11	1.26	1.30	1.45	1.25	1.50	1.50	0.054	0.055	—	0.25
密度/g·cm⁻³	8.15	8.40	7.40	7.20	7.10	7.10	7.10	7.10	10.2	19.3	3.5	5.4
电阻温度系数 /×10⁻⁵·℃⁻¹	20~1000℃ 14	20~1100℃ 8.5	20~850℃ 15	20~1000℃ 6	20~1200℃ 3~4	20~1000℃ 2~3	—	-0.65	550	550	—	—
线胀系数 /×10⁻⁶·℃⁻¹	13.0	14.0	16.5	15.5	15.0	13.0	—	14.6	6.1	5.9	5	7.5
热导率 /W·(m·℃)⁻¹	12.25	16.75	16.75	16.75	16.75	—	—	—	146.5	129.7	23.3	30.2
比热容 /kJ·(kg·℃)⁻¹	0.46	0.44	0.63	0.63	0.63	—	—	—	0.314	0.147	0.172	—
熔点/℃	1390	1400	1450	1500	1500	1500	—	—	2625	3410	—	2000
抗拉强度 α_b/×10⁴Pa	6.4~7.8	6.4~7.8	5.4~7.4	5.8~7.8	6.8~7.8	6.5~8.0	6.8~8.6	7.4~8.3	7.8~12	10.8	—	抗弯>12
伸长率/%	25~35	25~35	15~30	10~30	20~25	>15	9~20	15	—	—	—	—
界面收缩率/%	60~75	60~70	65~75	65~75	70~75	—	64~73	65	—	—	—	—
硬度(HBS)	130~150	130~150	200~280	200~260	200~260	—	—	210~240	—	—	—	—
快速寿命试验/h 1300℃	—	—	—	—	80~123	84	127~185	—	—	—	—	—
快速寿命试验/h 1400℃	—	—	—	—	21~22	32~41	60	—	—	—	—	—

8 真 空 系 统

葛利克做的马德堡半球实验表明我们周围充满空气,它对物体施加压力。虽然把经抽气后的球内空间称为真空,但真空不空,技术上不能完全排除某个很小空间内的空气,不同的真空度意味着不同的气体分子密度。电视机显像管需要高真空才能保证图像清晰,此时真空度达到几十亿分之一个大气压,其内 1 立方厘米大小的空间也有数百亿个空气分子。在高能加速器上,为防止加速的基本粒子与管道中的空气分子碰撞而损失能量,需要管道保持几亿亿分之一个大气压的超高真空,即使在这样的空间,1 立方厘米空间内存在约 1000 个空气分子。太空实验室是高度真空的,每立方厘米的空间也有数个空气分子。

以抽出空气方式得到的真空称为技术真空,科学家称技术真空的极限,即完全没有任何实物粒子存在的真空,为"物理真空"。按照狄拉克的观点,物理真空是一个填满了负能电子的海洋。20 世纪 20 年代,英国物理学家狄拉克结合狭义相对论和量子力学,建立了一个描述电子运动的方程。它一方面十分正确地描述了电子运动,另一方面又预言了科学家当时尚未认识的负能量电子。狄拉克预言说,假如能聚集起足够的能量,以前没有这种粒子的地方就会出现这么一个"反电子"。为了电荷守恒,出现这么一个"反电子"的同时,必定也得出现一个电子。这样,能量就可以以电子—反电子的形式直接用来创造物质了。1932 年,美国物理学家安德森在研究太空宇宙射线时,发现当高能射线穿过铅板时,会从铅板中轰击出与电子质量相等、电荷数量相同、但电荷性质相反的粒子。这正好与狄拉克对自然界存在带正电荷的电子的预言一致,安德森把它称为正电子。安德森果然找到了正电子,而狄拉克的理论也终为大家所接受了。

固体受热转变为液体,液体受热蒸发为气体,这些状态转变只需温度达到几百度或上千度就可发生。温度高达几十万,几百万或几千万度时,气体原子就要解体,变成叫做离子的带电粒子。同样,温度足够高时,口袋也将解体,质子及中子等基本粒子不再是基本的物质形式,它们将成一锅由夸克和胶子组成的高温粥,称为夸克–胶子等离子体,物理真空也就成了简单真空。

迄今还没有人能够在一次碰撞事件中测量上百个粒子。尽管科学家使用核乳胶测量方法可以获得很高的分辨率,仍然对此无能为力,它不适宜于探测高能加速实验中的夸克–胶子等离子体。工程中所说的真空泛指低于该地区大气压的稀薄气体状态,此时的真空空间即:低于 1 个环境大气压强的气态空间。如果建立这样一个气态环境,并在该环境中工艺制作、测量分析和科学试验等,所需的理论及技术称为"真空科学与技术"。

真空技术或工程真空泛指涉及真空环境的技术,实际又包含真空环境的制备和真空条件的应用等。从真空的制备技术来看,作为一门相对独立的学科,主要是真空获取设备的制造技术。从真空应用方面来看,真空被广泛地应用在工业生产和科学研究等领域。在材料科学与技术领域中更是随处可见真空技术的应用,例如真空冶炼、真空热处理、真空镀膜、真空钎焊、真空条件下的材料制备等等,涉及真空条件的更包括各种气氛控制设备,材料检测仪器等等。

8.1 真空的计量单位

真空度是表达气体的稀薄程度的度量。气体通常是以分子状态存在于三维空间中，所以它的稀薄程度（密度）是用单位体积空间中气体的分子数量度量。人们发现气体分子在作用于物体表面的时候，由于分子的热运动，其对物体表面形成的压强与气体的稀薄程度相关，因而通过测量气体的压强，可以间接反映气体的稀薄程度。

中华人民共和国法定计量单位（简称法定单位）是以国际单位制（SI 制）单位为基础，同时选用了一些非国际单位制的单位构成的。国际单位制 SI 是法文 Le System International el' Unites 的缩写。SI 单位制的提出和完善是国际间合作的一项重要成果，也是物理学发展的又一标志。国际单位制有许多优点：首先是通用性，适用于任何一个科学技术部门，也适用于商品流通领域和社会日常生活；第二是科学性和简明性，构成的原则科学明了，采用十进制，换算简便；第三是准确性，单位都有严格的定义和精确的基准。SI 单位制中还规定了一系列配套的导出单位和通用的词冠，形成了一套严密、完整、科学的单位制。1875 年在签署米制公约时，规定以米为长度单位，以千克为质量单位，以秒为时间单位。这就是所谓米·千克·秒（MKS）单位制。

国际单位制实际上来源于米制，并继承了米制的优点（如十进位，用专门词冠（词头）构成十进倍数与分数单位），同时克服了米制的缺点（例如单位过多），是米制的现代形式。国际单位制以米、千克、秒、安培、开尔文、坎德拉和摩尔（m、kg、s、A、K、cd、mol）七个单位为基本单位，其中开尔文是绝对温度的单位，坎德拉是发光强度的单位。并把词冠扩大到从 $10^{-18} \sim 10^{18}$ 的范围，同时保留了少数广泛使用的国际制以外的单位，以适应各个学科的需要。真空技术中淘汰的压力计量单位及替代的法定计量单位值，见表 8 - 1。

表 8 - 1　真空技术中淘汰的压力计量单位及替代的法定计量单位值

应淘汰的压力单位的名称和符号	用法定计量单位表示的形式值
毫巴 mb	100Pa
托 torr	133. 322Pa
标准大气压 atm	101325Pa
工程大气压 at	98. 0665Pa
达因每平方厘米 dyn/cm^2	0. 1Pa
毫米水柱 mmH_2O	9. 80665Pa
毫米汞柱 mmHg	133. 322Pa
千克力每平方米 kgf/m^2	9. 80665Pa

在 MKS 单位制中，压强单位为牛顿/m^2，而 1 牛顿/m^2 称 1 帕斯卡（pascal），简称帕（Pa）。帕是国际单位制采用的压强单位。由于历史形成的原因，在与压力相关的计量单位中，我们还常见到毫米汞柱 mmHg、标准大气压、托（毛）等等非 SI 单位。在我国，这

些非 SI 单位均是非法定单位，而按照我国的国家法令规定，这些非法定单位均应限期废除。

毫米汞柱 mmHg 早期使用至今仍在使用，例如血压计。其与千帕斯卡（kPa）的换算系数为 1mmHg = 0.133kPa。曾经规定 760 毫米汞柱为一个标准大气压。

标准大气压：1 标准大气压 = 101325 帕。虽然国家有关部门十分重视国际单位制的推广，但许多情况下还是可以见到人们沿用非常熟悉的压力单位，就是因为这些单位制长期以来被人们所熟悉和很贴近人们的日常生活，例如"标准大气压"。

托（Torr）是由发现真空现象的科学家托里切利（Torricelli）的名字命名的单位，一个标准大气压的 1/760 等于 1 托，因为 1 托几乎等于一个毫米汞柱（两者仅差七百万分之一），1Torr = 1mmHg。真空技术中最早使用的压力单位是托。

"真空度"与气体压力为同一物理量的概念。真空度越高，即气体压力越小；反之真空度越低，即气体压力越大。真空度的上限就是一个标准大气压，即 760 毫米汞柱。1 标准大气压又称物理大气压，指的是地球大气层的大气在海平面上的压力。其定义为在标准条件下，重力加速度 g = 980.665cm/s^2，温度 T = 273K，760mm 高度的 Hg 所施加的压力。若把 273K 下 Hg 的密度定义为 13.59509g/cm^3，则该数值相当于 101325N/m^2。根据计量单位的定义：1 毫米汞柱 = 1/760 标准大气压 = 133.322N/m^2。在 1958 年第四届国际真空会议上决定采用"托"（Torr）来作为真空度的单位，以替代"毫米汞柱"，并以此来纪念著名的意大利物理学家，真空的发现者托里切利。1 托 = 1/760 标准大气压 = 133.322 N/m^2，托的采用是真空度量单位上的进步，其摆脱了汞密度、温度和重力加速度等变化的影响，又可以与长度单位在概念上有明显区别。

8.2 真空技术的物理基础

8.2.1 理想气体定律及其状态方程

理想气体是假想的、理想化的气体模型。理想气体严格地遵守气体实验定律，也就是严格地遵守理想气体状态方程。理想气体是实际气体的近似和简化，是实际气体在压强趋于零时的极限。从微观上讲，理想气体模型的特点是，分子的大小与分子间平均距离相比可以忽略不计；除碰撞外，分子间以及分子与器壁间的相互作用可以忽略不计；分子间以及分子与器壁间的碰撞是完全弹性的。也就是说，理想气体的分子间除弹性碰撞外没有能量交换，理想气体的内能严格地等于分子动能之和，只与温度有关，与压强或体积无关。

在工程中遇到的并不是真正的理想气体，但由于在真空技术中研究的气体大多数处于常温和低压状态下，和理想气体给出的条件非常接近，所以运用理想气体定律和公式可以得到很符合实际的结果。

理想气体状态方程，即 PV/T = 常数。它描述的是气体的压力 P（Pa）、体积 V（m^3）、温度 T（K）和质量 m（kg）等状态参量之间的函数关系。虽然实际的理想气体并不存在，但理想气体状态方程却是在实验的基础上建立的，在一定的实验条件下，理想气体分别服从下述气体实验定律：

等温定律 即"波义耳－马略特定律（Boyle's Law）"：一定质量的气体，当温度维持不变时，气体的压力和体积成反比，即两者的乘积为常数。即：

$$PV = 常数 \tag{8-1}$$

等压定律 即"盖·吕萨克定律（Gay - Lussac's Law）"：一定质量的气体，当压力维持不变时，气体的体积与其绝对温度成正比，即：

$$V/T = 常数 \tag{8-2}$$

等容定律 即"查理定律（Charles' Law）"：一定质量的气体，当体积维持不变时，气体的压力与其绝对温度成正比，即：

$$P/T = 常数 \tag{8-3}$$

上面三个定律常被称为气体实验三定律，与下面两个定律共同组成关于气体热学行为的 5 个基本实验定律，成为建立理想气体概念的实验依据。

阿伏伽德罗定律（Avogadro's Law）：在相同的温度和压力下，1 摩尔任何气体都占有同样的体积，即：

$$V/n = 常数 \tag{8-4}$$

V 体积气体的摩尔数为 n。也可以说：同温同压下，相同体积的任何气体都含有相同的分子数，或者说，同温同压下，相同分子数目的不同种类气体占据相同的体积。

在标准状态下（$P_0 = 1.01325 \times 10^5 \text{Pa}$，$T_0 = 0℃$），1mol 任何气体的体积 V_0 称为摩尔体积，$V_0 = 2.24 \times 10^{-2} \text{m}^3/\text{mol}$。1mol 任何气体的分子的数目 $N_A = 6.022 \times 10^{23} \text{mol}^{-1}$，称之为阿伏伽德罗常数（Avogadro's Constant）。根据摩尔的定义，组成物质系统的基本单元可以是原子、分子，也可以是离子、电子、其他粒子或这些粒子的特定组合。因此，阿伏伽德罗定律也可推广为：1 摩尔任何物质所包含的基本单元（分子，原子，离子等）数都等于阿伏伽德罗常数。阿伏伽德罗常量是物理学和化学中的基本常量之一。

上述定律是基于化学纯气体条件推出的。在混合气体条件下，要用到气体分压定律。

气体分压定律 即"道尔顿定律（Dalton's Law）"：由相互之间不起化学作用各种气体混合而成的混合气体，其气体总压力等于各种气体的分压力之和，即：

$$P = P_1 + P_2 + \cdots + P_n \tag{8-5}$$

这里所说的混合气体中某一组分气体的分压力，也就是这种气体单独存在时的压力。道尔顿定律表明了各组分气体压力是相互独立的，也是可以线性叠加的。

总结一下上面提到的气体定律，就可得到反映 P、V、T、m 四个气体状态参量之间定量关系的理想气体状态方程（Ideal Gas Law）：

$$PV = \frac{m}{M}RT \tag{8-6}$$

式中，M 为气体的摩尔质量（kg/mol）；R 为普适气体常数（$8.31\text{J}/(\text{mol} \cdot \text{K})$）。

一定质量的气体，由一个状态（参量值为 P_1、V_1、T_1）经过任意一个热力学过程变成另一状态（参量值为 P_2、V_2、T_2），根据状态方程，可得

$$P_1V_1/T_1 = P_2V_2/T_2 \tag{8-7}$$

理想气体状态方程经过变换，还可用来计算单位体积空间内的气体分子数目和气体质量，即气体分子密度 $n(\text{m}^{-3})$ 和气体密度 $\rho(\text{kg/m}^3)$：

$$n = mN_A/MV = PN_A/RT = P/kT \tag{8-8}$$

$$\rho = \frac{m}{V} = \frac{PM}{RT} \tag{8-9}$$

系数 $k = R/N_A = 1.38 \times 10^{-23}$ J/K，称为玻耳兹曼常数（Boltzmann Constant）。

8.2.2　气体分子运动论（Kinetic Theory of Gases）基础

麦克斯韦速度分布律（Maxwell Distribution）。麦克斯韦（J. C. Maxwell）利用统计方法得出了气体分子的速度分布定律，被称为麦克斯韦速度分布律（Maxwell Distribution）。令 N 表示系统的分子总数，dN 表示速率分布在某一区间 $v \sim v + dv$ 内的分子数，则处于平衡状态的理想气体分子热运动速率介于 $v \sim v + dv$ 之间的几率为：

$$\frac{\mathrm{d}N}{N} = F(v)\,\mathrm{d}v \tag{8-10}$$

式中，$F(v)$ 称为速率分布函数，满足归一化条件。

理想气体的压强公式是气体动理论的基本公式之一。根据理想气体的微观模型，将宏观量压强与微观量气体分子的平均平动动能 $1/2\,(mv^2)$ 联系起来，压强是大量分子对器壁碰撞的结果，具有统计意义。

$$P = \frac{1}{3}nm_0 v_s^2 = \frac{1}{3}\rho v_s^2 \tag{8-11}$$

使用理想气体的压强公式时，应该注意：

（1）理想气体的压强公式把宏观量压强和微观量 n 以及分子平动动能的统计平均值联系起来，揭示了压强的微观本质和统计意义。

（2）压强是大量气体分子对器壁碰撞而产生的。压强的大小反映了器壁所受大量分子碰撞时冲力的统计平均效果。若容器中只有零星的少量分子时，谈压强是没有意义的。

（3）压强是统计条件下获得的平均值。在测量压强时要求测量的时间间隔 Δt 和压强计接触气体的面积 ΔA 在宏观上足够小，这样可以确定容器中特定点特定时间的压强；但从统计学来说，又要求它们足够大，以使统计的分子数足够多，测得的压强值就越准确。

（4）气体的压强可以直接测量，但是气体的分子数密度 n 和分子的平均平动动能不能直接测量。所以上述压强公式不能直接用实验验证。尽管如此，运用压强公式却能很好地解释和推导理想气体的有关定律。

8.2.2.1　气体分子的平均自由程

气体中某一个分子与其他分子发生两次碰撞之间所走过的路程称为这个分子的自由程（Mean free path），各个分子的自由程存在很大差异，但是大量分子自由程的统计平均值是一定值，称为平均自由程 $\bar{\lambda}$（m）。某单一种类的气体分子平均自由程为：

$$\bar{\lambda} = \frac{1}{\sqrt{2}\pi d^2 n} = \frac{kT}{\sqrt{2}\pi d^2 p} \tag{8-12}$$

公式表明平均自由程 $\bar{\lambda}$ 与分子有效直径 d 的平方以及单位体积内的分子数 n 成反比。如果是含有 k 种成分的混合气体，则：

$$\bar{\lambda} = \left[\sum_{j=1}^{k} \sqrt{1 + \frac{m_l}{m_j}} \pi \left(\frac{d_l + d_j}{2} \right)^2 n_j \right]^{-1} \tag{8-13}$$

式中，d 是气体分子的有效直径（m），下标 l、j 分别代表第 l、j 种气体。还可定义电子和离子在气体中运动的平均自由程 $\overline{\lambda}_e$ 和 $\overline{\lambda}_i$：

$$\overline{\lambda}_e = \frac{4}{\pi n d^2} = \frac{4kT}{\pi d^2 p} = 4\sqrt{2}\overline{\lambda} \qquad (8-14)$$

$$\overline{\lambda}_i = \frac{1}{\pi n d^2} = \frac{kT}{\pi d^2 p} = \sqrt{2}\overline{\lambda} \qquad (8-15)$$

上述电子或离子的自由程，是指电子或离子在气体中运动时与气体分子连续二次碰撞间所走过的路程，而没有考虑电子或离子本身之间的碰撞，所以电子和离子平均自由程计算式中出现的都是气体分子的参数，而与电子或离子的空间密度无关。

在低真空条件下的气体为黏滞流态，气体分子的平均自由程远小于导管最小截面处的直径，此时的气体视为连续的流体。气体的黏滞性表示内摩擦在气体流动中起决定性作用。黏滞流（滞流或称层流）时，两个相连通的真空容器达到平衡的条件是压力相等，如果二容器内的温度不同，那么根据气体状态方程，二者内部气体达到状态平衡时的分子密度就会有差异。二容器内气体压力、温度及分子密度关系为：

$$P_1 = P_2, \quad n_1/n_2 = T_1/T_2 \qquad (8-16)$$

在高真空条件下的气体为分子流态，气体分子的平均自由程远大于导管最大截面直径。二容器内气体达到动力平衡的条件，是在连通处的入射率 γ 相等，从而有关系：

$$\gamma_1 = \gamma_2, \quad n_1/n_2 = \sqrt{T_2/T_1}, \quad P_1/P_2 = \sqrt{T_1/T_2} \qquad (8-17)$$

从式（8-17）可以看出，两个连通空间由于温度不同将引起气体流动，当流动达动力平衡时则产生压力梯度，称为热流逸（Thermal Transpiration）现象。真空测量时这种现象引起的误差不容忽视。

8.2.2.2 气体吸附（Gas Adsorption）

气体（包括蒸汽）被固体的表面俘获，并以单层或多层气体分子层的形式附着在固体表面，这种现象称为吸附。有捕集气体能力的固体称为吸附剂（Adsorbent），而被吸附的气体成分称为吸附质（Adsorbate）。吸附是某种物质的原子或分子附着在另一种物质的表面上的现象。物质（凝聚相）表面层的分子总是处于受力不均衡的状态，即表面层有剩余力（范德华力和化学键力）存在。气体分子或溶质分子运动到表面时，就会受到表面层剩余力的作用而停留在表面上，这就是吸附产生的原因。由于吸附了某种物质后，使原来表面层不平衡的力场得到了补偿而表面能降低，因此物质表面可以自动吸附那些能够降低它的表面自由焓的物质。

根据吸附力的不同（范德瓦尔斯力和化学键力），气体吸附可分为物理吸附（Physisorption）和化学吸附（Chemisorption）。

物理吸附是气体分子受范德瓦尔斯力的吸引作用而附着在吸附剂表面之上的现象，与化学吸附相比，物理吸附的特点是吸附较弱，吸附热较小，吸附不稳定，较易脱附，但对吸附的气体一般无选择性，温度越低吸附量越大，能形成多层吸附。分子筛吸附泵和低温泵就是利用物理吸附的原理吸附气体的。

化学吸附是通过吸附剂固体的表面原子与气体分子间形成化学键来实现的吸附，与发生化学反应相类似，化学吸附的特点是吸附强，吸附热大，吸附稳定且不易脱附，但吸附行为有选择性，温度较高时发生化学吸附的气体分子会增多，化学吸附只能是紧贴表面的单层发生吸附，但在化学吸附的分子上面仍然还能再形成物理吸附。溅射离子泵和电子管中吸气剂就是利用化学吸附原理的例子。

气体的脱附是气体吸附的逆过程，即被吸附的气体或蒸汽从吸附表面释放出来，重新回到空间的过程，也称为解吸（Desorption）。一般情况下，自然解吸与吸附过程处在动态平衡中。在气体温度压力一定的条件下，吸附速率等于脱附速率，达到平衡，表面上的气体吸附量将维持在某个确定值上；在抽真空的过程中，随着气体压力不断降低，吸附表面的脱附速率总是大于吸附速率，因而表面的气体吸附量逐渐减少，气体从表面上缓缓放出，真空工程中把这种现象称为材料的放气或出气。真空设计中当计算系统处在低真空阶段时，因表面吸附及表面放气与空间气体相比，数量很小，其影响忽略不计；在中真空阶段，表面放气量已接近空间气体量；进入高真空及超高真空阶段，表面放气（不计系统漏气时）成为系统的主要气体负荷，抽真空所需时间的长短主要取决于表面放气速度的大小。

真空技术中，需要采取措施促进气体的解吸，这种办法称为去气或除气（Degassing）。人工除气就是要尽量获得没有气体分子遮盖的清洁表面，加速系统达到极限真空的过程。通过加热烘烤来提高吸气表面的温度，增加分子热运动能量，从而促进吸附气体解吸，常见于超高真空系统的容器内表面及内部构件的除气，真空电子元件内灯丝加热也属于除气。

离子轰击去气方法是在真空环境中，利用电场或磁场产生等离子体放电，被电离的气体离子在电场作用下加速，而加速的高能离子轰击待除气的固体表面，产生溅射而使吸附的气体发生脱附。因为离子轰击除气相当有效，在有气体放电条件或有离子源的设备中被广泛采用。

8.2.3   真空系统中的气体流动

工程上的真空是低于一个大气压力的负压环境，所以制备及维持真空的过程依然有气体流动。真空条件下的气体流动和常压下的气体流动在微观上存在差异，但在宏观上却相似，当真空管道两端存在压力差时，气体扩散会表现为自动地从高压处向低压处流动。在真空系统的组成构件中，通常包括有待抽容器、管道及阀门及真空泵等。气体从真空室经过管道系统，向着抽气口源源不断流动。

在真空系统中，依据真空度的不同，气体沿着管道流动的状态可以划分为几种基本形式：从常压开始抽真空时，管道中气体压力高、流速大，气体的惯性力在流动中起主要作用，气体流动状态称为湍流（Turbulence）或称涡流亦为紊流；随着流速减缓和气压降低，在低真空区域内，气流由湍流转变成规则的层流流动，气流在各不同流度的流动层中流动，其流线平行于管道的中轴线，气体分子的平均自由程 λ 仍远小于导管最小截面尺寸 d，因为气体的黏滞力在流动中起主导作用，这种流态叫做黏滞流（Viscous Flow）；进入高真空范围，气体分子的平均自由程 λ 远远大于导管直径 d 时，气体分子之间的碰撞几率远小于其与管壁之间的碰撞几率，分子的热运动方向和速率是随机的，只是各个分子的独立运动叠加而形成宏观流动着的气体，这种气体流动称作分子流（Molecular Flow）；发生在介于黏滞流与分子流之间的中等真空度的气体流动状态叫做中间流（Intermediate Flow）或过渡流。

在不同的流动状态下，管道中的气体流量和导气能力计算方法不同，因此在气体流动计算时，首先要进行流态判别。常见判断气流状态的根据是比较分子自由程与管道直径的比值，称为克努森数（Number of Knudsen）。由于在真空抽气过程中湍流的出现时间较短，常常不加以单独考虑，而是将其归入黏滞流态。其他流动状态的判别可用克努森数 λ/d 或管道中平均压力 $\overline{P}$ 与几何尺寸 d 的乘积作为判据：

黏滞流 $\quad \dfrac{\overline{\lambda}}{d} < \dfrac{1}{100}$;

中间流 $\quad \dfrac{1}{100} < \dfrac{\overline{\lambda}}{d} < \dfrac{1}{3}$;

分子流 $\quad \dfrac{\overline{\lambda}}{d} < \dfrac{1}{3}$

衡量管道中流过的气体数量的多少，可以使用气体的质量流率 q_m（kg/s）也就是单位时间内通过管道某一截面的气体质量。工程中广泛使用的是单位时间内流过管道指定截面的气体体积，即体积流率 q_v（m³/s）。在气体压力为 P 的截面上，q_m 与 q_v 的关系为：

$$q_m = \frac{PM}{RT}q_v \qquad (8-18)$$

在真空泵入口处的气体体积流率（Volume Flow Rate）（m³/s）又称为真空泵的抽速，真空泵的抽速是选泵时的重要性能指标之一。由于在不同压力下，相同的体积流率对应有不同的质量流率（Mass Flow Rate），所以在计算体积流率量值时，必须指明所对应的气体压力以便对比。

工程中将气体的压力与其体积的乘积定义为气体量 G，即 $G = PV$，Pa·m³ = J；单位时间内流过指定横截面的气体量为流量：

$$qG = \frac{\mathrm{d}G}{\mathrm{d}t}, \ \mathrm{Pa \cdot m^3/s} = \mathrm{J/s} \qquad (8-19)$$

在任一指定截面上，气体流量、压力和抽速间的关系为：

$$qG = Pq_{vi} \qquad (8-20)$$

在稳定流动状态下，即管道各截面处的气体压力不随时间变化时，根据质量守恒原理，真空系统任一截面上的气体质量流率 q_m 相等；若整个系统中各处温度相同，则化为流量连续方程，即各截面上的气体流量相等：

$$qG = p_1 q_{v1} = p_2 q_{v2} = p_i q_{vi} \qquad (8-21)$$

如果气体流动过程中温度有变化，例如流过冷却器后温度由 T_1 降至 T_2，则对应的流量 qG_1、qG_2 间的关系为：

$$qG_1/T_1 = qG_2/T_2 \qquad (8-22)$$

设单位长度管道的流量为 Q，则：

$$Q = C(P_1 - P_2) \qquad (8-23)$$

上式表明流量 qG 与管道两端的压力差 $P_1 - P_2$ 成正比。式中的比例系数 C 反映的是管道允许流过气体能力的大小。C 被称为该段管道的流导，单位为 m³/s。

在真空系统设计时，流导是计算各种真空系统元件的主要技术指标之一，流导的大小直接反映该元件对气体流动的阻碍程度。元件的流导与所流过气体的流动性质有关：气体流动为黏滞流时，流导值与元件的几何结构尺寸及流过气体的平均压力相关；为分子流时，流导仅与几何结构尺寸相关。

在真空系统里面，将几个真空元件（如管道）的入口和出口分别并接在一起，并联后元件的总流导等于各分支流导之和：

$$C = C_1 + C_2 + \cdots + C_n \qquad (8-24)$$

将几个元件首尾串接在一起，称为元件的串联，串联后元件的总流导的倒数等于各元件流导的倒数之和：

$$\frac{1}{C} = \frac{1}{C_1} + \frac{1}{C_2} + \cdots + \frac{1}{C_n} \qquad (8-25)$$

如果将一个被抽容器的出口和一台真空泵的入口，用总流导为 C 的真空管路连接起来，设真空泵在其入口处抽速为 S，则该真空系统在被抽容器出口处所能产生的有效抽速 Se 为

$$Se = \frac{SC}{S+C} \qquad (8-26)$$

上式是真空技术的基本方程。通常真空泵的入口抽速是由产品样本提供的，而实际所需的有效抽速是设计选择或规定的，所以可用上式作为选择泵的依据。从方程可以看出，若想要获得较大的 Se，只单独增大真空泵的入口抽速 S 或管路的流导 C 中的一个，并不能获得最理想的效果，只有二者数值相当时才会产生最好的搭配效果。

8.3 真空测量

8.3.1 概述

测量低于大气压的气体压强的工具称为真空计（Vacustat or Vacuum Gauge）。真空计可以直接测量气体的压强，例如静态液体真空计、压缩式真空计等；也可以通过与压强有关的物理量来间接地测量压强，例如热导真空计、电离真空计等。前者称为初级真空计或绝对真空计，后者称为次级真空计或相对真空计。按照真空计的不同原理与结构可以分为：静态变形真空计，静态液体真空计，压缩式真空计，热传导真空计，电离真空计，气体放电真空计，辐射真空计等。

静态变形真空计：这种真空计属于弹性式压力计，是利用气体分子作用在弹性元件上的力与压强有对应关系的原理进行压力测量的，可以测量较高压强，测量范围从毫帕到 100MPa，可用来测量粗真空。例如弹簧管压力计。

静态液体真空计：利用注入的水银或扩散油在 U 形管两端液面高度差指示压强，这种真空计是一种最简单的真空计，也是使用最早的真空计，适用于测量粗真空。

压缩式真空计：压缩式真空计也称麦氏真空计或麦氏计。它是直接利用波义耳 - 马略特定律算出气体压强的一种绝对真空计。在压缩式真空计中，先将待测的气体用汞（或油）压缩到一极小体积，然后比较开管和闭管的液柱高度差指示气体压强。压缩式真空计常被用来作为标准真空计对其他真空计进行校正。

热传导真空计：这是一类利用气体分子的热导，在某个气体压强范围内，与气体分子的密度有关来间接测量真空度的真空计。这类真空计在生产中常见的有电阻真空计和热偶真空计两种。电阻真空计是利用加热元件的电阻与温度有关，元件的温度又与气体传导有

关的原理，通过电桥电路来测量真空度的真空计；热偶真空计是利用热电偶的电势与加热元件的温度有关，元件的温度又与气体的热传导有关的原理来测量真空度的真空计。

电离真空计（Ion Vacuum Gauge）：电离真空计也是一类真空计，包括热阴极电离真空计、中量程真空计、B-A规、冷阴极放电真空计、各种磁控电离真空计、各种极高真空测量计等。热阴极电离真空计由筒状收集极、栅网及位于栅网中心的灯丝构成，筒状收集极在栅网外面。热阴极发射电子电离气体分子，离子被收集极收集，根据收集的离子流大小来测量气体压强。B-A规是一种阴极与收集极倒置的热阴极电离规。收集极是一根细丝，放在栅网中心，灯丝放在栅网外面，因而减少软X射线影响，延伸测量下限，可测超高真空。冷阴极电离计（Cold Cathode Gauges）的阳极筒的两端有一对阴极板，在外加磁场作用，阳极筒内形成潘宁放电产生离子，根据阴极板收集的离子流的大小来测定气体压强的真空计。

在低真空及中度真空领域，可以使用热电偶真空计（Thermocouple Gauge），高真空领域用离子真空计（Ion Gauge），超高真空就可以用B-A离子真空计（B-A Ion Gauge）测量。

每种真空计都有其适用的测量范围，测量不同的压强范围应选用不同的真空计，表8-2给出一些真空计的测量范围。

表8-2　一些真空计的测量范围

真空计名称	测量范围/Pa	真空计名称	测量范围/Pa
水银U形真空计	大气压~13.33	高真空电离真空计	$10^{-1} \sim 10^{-5}$
油U形真空计	13332~1.333	高压强电离真空计	$1 \sim 10^{-4}$
光干涉油微压计	$1 \sim 10^{-2}$	B-A超高真空电离计	$10^{-3} \sim 10^{-8}$
压缩真空计（一般型）	$1000 \sim 10^{-3}$	分离规、抑制规	$10^{-7} \sim 10^{-11}$
压缩真空计（特殊型）	$1000 \sim 10^{-5}$	宽量程电离真空计	$10 \sim 10^{-8}$
静态变形真空计	大气压~133.3	放射能电离真空计	大气压~10^{-1}
薄膜真空计	$1000 \sim 10^{-2}$	冷阴极磁控放电真空计	$1 \sim 10^{-5}$
振膜真空计	$10^5 \sim 10^{-2}$	磁控管型放电真空计	$10 \sim 10^{-1}$
热传导真空计（一般型）	$133 \sim 10^{-1}$	克努森真空计	$10^{-1} \sim 10^{-5}$
热传导真空计（对流型）	$10^{-5} \sim 10^{-3}$	分压强真空计	$10^{-1} \sim 10^{-3}$

8.3.2　压缩式真空计

压缩式真空计也叫麦克劳真空计（McLeod Vacuum Gauge），简称麦氏计。麦氏计的测量范围约为$1.3 \times 10^3 \sim 1.3 \times 10^{-8} Pa$，其原理是玻璃管中的水银把待测压力空间中的气体与外界隔离，被隔离的气体随后被压缩至一个已知量，并用压力计量出其最终的压力。然后再根据气体的原始体积和最终体积，利用波义耳定律公式计算出气体的初始压力。操作麦氏真空计需要应用液氮冷阱以防止水银蒸汽压给测量压力值带来的不利影响，这种真空计测量精度高，可作为测量标准计，用来校正其他真空计，这种真空计在真空泵制造厂家和科研单位用量较多。

8.3.3　热传导式真空计

热传导式真空计是根据在低压强下气体的热导率 K 与压强之间存在的函数关系制成的一类真空计。与麦氏真空计不同,热传导式热偶真空计是相对真空计。

其测量原理为:当大气压强低于某一定值时,气体的导热系数 K 与压强 P 成正比,即:$K = bP$,其中 b 是比例常数。热导真空计的工作原理是假设灯丝由导热损失的热量与加热电流 I 所产生的热量平衡时,灯丝温度不变,其平衡方程为:

$$I^2 R = E_1 + E_2 + E_3 \qquad\qquad (8-27)$$

式中,R 为灯丝电阻;E_1 为气体分子迁移热量;E_2 为辐射迁移热量;E_3 为引出导线的迁移热量。若由于压力减小而使 E_1 减小,则当加热电流 I 不变时,方程显示的平衡关系将被打破,使灯丝温度变化。由此可根据灯丝温度来衡量气体压强的变化,所以热导真空计是通过测量灯丝温度来决定压力大小的。

虽然都是根据热传导系数与压强之间成正比的原理,但按照测定气体热传导方法的不同,热导式真空计又可分为电阻真空计和热电偶真空计两种。

(1) 电阻真空计,又称为皮拉尼真空计 (Pirani Gauge)。

低气压下气体的导热系数与压强成正比,据此原理制成了皮拉尼真空计,也称为电阻真空计。电阻真空计主要由电阻式规管和测量电路两部分组成。电阻式规管可以是玻璃外壳也可以是金属外壳。在玻璃管中焊有金属支架,支架上连接着极细金属电阻丝,其中通以电流加热。在使用时开口端与待测的真空系统相连接,因此真空计内的气压与待测的气压相同。封装在电阻规管内的电阻丝有较大的电阻温度系数,常用的电阻丝有钨丝和铂丝。测量时规管与被测真空计系统相连。在较低压力 (小于 13.3Pa) 时,热电阻丝的电阻值取决于周围真空环境的气体的压强。

当真空系统的气压改变时,与之相连通的真空计中的气压当然也一定同时改变。此时气体的导热系数也要改变,所以在加热电流恒定的情况下,金属丝的温度也要随之变化,而温度的变化又会引起其电阻的改变,金属丝电阻的改变量可以用连接在支架引出端的测量电路 (可用惠斯登电桥等) 来精确地测出。因此只要测量出金属丝电阻的变化,即可以计算出待测的气体压强。由于各种气体的导热性质不同,故在使用之前,应先用绝对真空计对其加以校正才能正确进行计算。电阻真空计一般被用来测量 13.3 ~ 0.013Pa 的真空度,它的最大优点在于能够连续地记录待测的压强。

(2) 热偶真空计 (Thermocouple Vacuum Gauge)。

热偶真空计是用在低气压下气体的热导率与气体压强间有依赖关系制成的。由于它利用气体分子的导热进行真空度的测量,所以它通常用来测量低真空,可测范围为 13.33 ~ 0.1333Pa。热偶真空计测量真空度的元件是热偶规管。它主要由玻璃壳、铂丝、热电偶构成。热电偶由镍铬—镍铝丝制成,其作用是在它的加热端与冷端 (非加热端) 温度不同时,会产生温差电动势。

热偶真空计的使用:热偶真空计从显示方式上,可分为数字式和指针式两类。无论哪种类型的真空计都可配用同样的测量规管。测量规管的外壳有玻璃的,也有金属的。规管直接安置在被测系统上,规管的引脚通过导线与测量仪表连接。规管内的热丝在使用时被电流加热,但加热的电流维持不变,约为 75 ~ 150mA。确定各热偶的适用加热电流的方法如下：无论是玻壳还是金属壳，每支热偶规在启封前管内是真空的，此时把规管安装在真空计上通电流加热热丝，调节加热电流并观察热偶到达满刻度，将加热电流记录下来，此电流就是热偶测量时使用的加热电流。

使用时为了防止热丝过早损坏，在未开始抽真空时不能通电测量。热偶真空计的测量范围为低真空，约 $100 \sim 0.1\mathrm{Pa}$，在真空度达到下限前，不能开启热偶真空计，因为此时气体密度较大，对热丝的氧化作用明显，会使热丝迅速老化，寿命缩短。通常的做法是，在抽真空开始后，先用小电流通入热丝，在抽真空一段时间之后（比如 5 分钟）再逐渐调高电流。测量过程需要缓慢调整电流，因为热偶真空计的指示一般都有明显的滞后。调整加热电流的时候注意指针的移动速度，如果指针指示明显呆滞，可停止测量，及时检测系统是否有泄漏问题。热偶真空计结构简单、操作方便，并且能观察真空度的连续变化，因此应用很广。

8.3.4　普通热阴极电离真空计

普通热阴极电离真空计（Ionization Gauge）测量范围在 $10^{-1} \sim 10^{-5}\mathrm{Pa}$ 之间，这种真空计的使用范围恰好与热偶真空计衔接，所以使用普通阴极电离真空计的场合通常也配合使用热偶真空计。它也是由测量规管和与之配套的仪表部分组成。当气体导电时，电子与气体分子的碰撞频率跟气体分子的密度有关。密度大，碰撞的频率就高，产生的离子也越多，气体中的电流就越强。又由于气体分子的密度与气体的压强是直接相关的，因此，测定了气体中电流的大小，即可确定气体的压强。

电离真空计规管（Ion Vacuum Gauge Tube）就是一支专门用来测量真空度的真空电子管。直热式阴极（灯丝）通电被加热后发射电子，而栅极上加有约为 $150 \sim 200\mathrm{V}$ 的正电压并吸引阴极电子，这些从阴极发射出来的电子在栅极上正电压所形成的加速电场的作用下，获得了足够高的能量飞向栅极并冲过栅极到达板极 A（阳极），而板极的电位又低于栅极，因此电子又被电场从板极推开，并再次加速飞向栅极。如此反复，在这些足够高能量的电子与气体分子碰撞的过程中将气体分子电离，形成正离子和二次电子。气体分子电离形成的正离子将被板极吸引，在板极电路中形成电流。正是气体分子电离后生成的正离子在规管板极上产生的电流与气体分子密度之间的相关关系，使我们能够根据这种电流的强度间接测量气体压强。

电离真空计实际包括热阴极电离真空计测量规管和仪表线路两部分。电离真空计测量规管的工作原理：阴极电子受加速极与阴极形成的电场的作用获得较大的能量，并在向加速极飞行的过程中使被测气体电离形成正离子和二次电子，这些正离子被板极收集后形成电流，就放大电路放大后由 mA 表或数字表输出指示值。任何形式的电离计规管，在稳定的工作条件下，收集极（板极）上的正离子流的大小与真空度成正比。实际当真空度较高的时候，正离子电流很小。在测量范围内，收集极上正离子电流 I^+ 的范围为 $10 \sim 0.01\mathrm{mA}$，可见电离规在其工作区内的阳极电流只有微安级别，所以电离真空计的仪表指示电路必须包括电流放大器，同时为了减少电流波动引起的误差，还需包括电源稳压装置和发射电流的稳定器。

中量程真空计的测量范围是 $10^{-2} \sim 10^{-4}\mathrm{Pa}$，介于热偶规和电离规之间。热偶规管和离子规的量程看来是恰好衔接的，但实际我们知道，处于中等真空程度的真空条件，无论是热偶规还是电离规都处在其量程的边缘地带，测量效果要打折扣。而中量程真空计在此区间测量精度更高。中量程真空计也可以说是离子真空计的一种，它也是利用气体被电离后，在收集极上测量电流强度并放大后指示气体压强的。与一般的热阴极真空计规管不同：低真空度条件下，气体分子密度大，阴极受氧化的可能性增大，为此需要采取必要的保护措施，例如：一般阴极使用钨材料，中真空离子规则采用铱作阴极，并且在其外面再涂覆一层高发射性能的氧化钍或氧化钇，这样处理的阴极在粗中真空环境中的使用寿命大大延长了。

超高真空电离真空计（Bayard – Alpert Gauge）是由 Bayard 和 Alpert 首先提出的，所以又名 B – A 计。B – A 计也是一种电离真空计，用来测量超高真空范围真空度，其真空度的测量范围为 $10^{-2} \sim 10^{-9}$Pa。B – A 规玻璃外壳内为电极，内部空间通过规管侧壁的金属座与真空系统连通，规的玻璃壳通常采用电子工业中常见的铅硼玻璃（Nonex）及硼硅酸盐耐热玻璃（Pyrex）材料，结构简洁。这类真空计使用加热灯丝产生电子使气体分子离子化，它的灯丝用的是两根镀上二氧化钍（Thoria）的铱丝（Iridium Filament），可以交替使用，加上加速栅极和中心的针状收集极，就构成了 B – A 规的基本结构。

B – A 真空计的特点是在构造上的设计，将离子收集极的面积减少，使 X 光的光电效应减少以降低背景读数，其 X 光射线背景极限是 2×10^{-9}Pa。虽然 B – A 规因收集极面积的减小而有效地降低了软 X 射线的干扰，却并不因此降低其灵敏度，相反由于电离效率的提高，使得某些 B – A 规的灵敏度大幅度提高，配合足够高灵敏度的离子电流放大器，其可测真空度就能高达 10^{-9}Pa 级别。

冷阴极磁控电离计（Cold Cathode Magnetron Gauge）也称为潘宁计（Penning Gauge），因规管寿命长，不易损坏，测量量程宽而被大量使用。冷阴极电离真空计同热阴极电离真空计一样，也是利用低压力下气体分子的电离电流与气体压强有关的特性，用测量放电电流来指示真空度的一种仪器。两者的不同之处在于电离源，热阴极电离真空计是热阴极发射电子；而冷阴极电离真空计是靠冷发射产生少量的初始自由电子，这些自由电子在电场、磁场的共同作用下最终形成自持气体放电（一般称为潘宁放电）。冷阴极电离规有着筒状的阳极，阳极筒的两端有一对一般接在同一电位上的阴极板，整个放电系统被置于轴向磁场中，在外加磁场的作用下，空间中残存的电子、离子产生轮滚线运动，于是在阳极筒内形成潘宁放电产生离子，再根据阴极板收集到的离子流的大小来测定气体压强。

由于热阴极电离真空计中存在高温热阴极，所以不适宜在暴露大气或放气量大的真空系统中，同时热阴极在此时发生的化学反应也给测量带来较大的误差。相比之下，冷阴极电离计却是一种能适应经常接触大气和能承受大量气体冲击的真空计。

冷阴极电离真空计也是由测量规管和测量线路两部分组成。阳极为扁形圆筒状，采用铝、镍不锈钢材料，要求有小的溅射率。磁钢为铝镍钴材料，磁场强度为 $0.04 \sim 0.06$ 特斯拉时灵敏度最高。

由于冷阴极电离真空计的结构简单，只有阳极和阴极，外加直流高压，放电电流又比较大，所以与之配套的测量电路非常简单，主要是需要直流高压稳压电源。如果采用老式的动圈式仪表，放电电流测量仪表通常采用 $0 \sim 100$mA 电流表，配分流电阻来扩展量程。

测量上限时依靠限流电阻控制电流,使之不会过大产生弧光放电。

冷阴极电离超高真空规管没有与压力无关光电流,没有热阴极,不怕大气冲击。冷阴极电离真空计的测量范围为 $10 \sim 10^{-4}$Pa。经过改进后的冷阴极电离真空计(如磁控管式真空计和倒置式磁控管真空计)的测量下限可以延伸到 10^{-11}Pa。

8.4 组成真空系统的零部件

在真空系统的组成中,除真空工作室、真空泵和真空测量组件之外,还有的就是连接真空各单位的系统管件和各种阀门、挡板等零部件。选择或设计真空系统时,应该了解被抽气体成分,气体中含不含可凝蒸汽,有无颗粒灰尘,有无腐蚀性等。选择真空泵时,需要知道气体成分,针对被抽气体选择相应的泵。如果气体中含有蒸汽、颗粒及腐蚀性气体,应该考虑在泵的进气口管路上安装辅助设备,如冷凝器、除尘器等。

8.4.1 真空阀

在真空系统中,用真空阀调节气体的流量或隔断气体。真空阀是真空系统中的控制单元,真空阀门的动作可以人工控制,也可以自动控制。

真空阀门的分类方式有下列几种:

按照阀门使用的压力范围:低真空阀、高真空阀、超高真空阀。

按照使用的用途:截止阀(Check Valve)、充气阀、微调阀、组合阀。

按照结构:蝶阀、挡板阀、翻板阀、插板阀、球阀(Ball Valve)、针阀。

按连接方式:直角式真空阀、直通式真空阀、多通式真空阀。

按驱动方式:手动阀、电动阀、液压阀、电磁阀、组合式驱动阀等。

真空阀与一般阀门比较,有下列基本要求:(1)密封性好,漏气率小;(2)密封件的抗磨损能力强,使用寿命长;(3)阀材料本身放气率要小,耐热耐烘烤能力要好,抗老化;(4)操作容易,控制方便,必要的时候可以拆卸清洗;(5)通导能力强大。

针阀(Needle Valve)。针阀的种类繁多,用途也非常广泛。微调阀门的螺杆有两段,两段螺杆的螺距不同,一段螺距大,另一段螺距小,转动螺杆时,阀针移动的位移是两个螺距之差。这种结构类似人们熟悉的测量工具千分尺。通过阀针与阀座之间的环形间隙的微小变化,从而实现控制和微调气体流量的目的。因为阀门的开度调节细腻,甚至可以微调,所以真空设备中的此类阀门又称为真空微调阀。针阀的基本结构常可见于日常生活或生产活动中,比如用作液化石油气瓶、医用或工业氧气瓶、甚至是自来水管道的针阀结构实际没有太大的差别,它们都是由手柄、调节螺杆、阀座、阀针、密封圈、弹簧等元件构成。如图 8 - 1 所示,针阀的开启或关闭动作是使阀针沿着调节螺杆抬起或下落实现的。

电动高真空微调进气阀是一种可变泄露阀,阀

(a)   (b)

图 8 - 1 手动真空阀

(a)手动高真空充气阀;(b)真空微调阀

体由高强度铝合金或不锈钢材料制成，密封圈为氟橡胶，配不锈钢波纹管连接，内部采用不锈钢和紫铜。这种阀能精确地控制单位时间内气体通过到真空腔室的泄露流量。此阀的截流孔变化是通过微调螺纹机械带动阀针的上下位移来达到，从而实现精密控制阀门的气体泄露量。阀的动密封采用不锈钢波纹管密封，保证了阀门动密封的可靠性。为了防止粉尘的进入，在阀的气流入口，装有滤气片，这样大大提高了阀门的使用寿命。阀针的上下位移均有限位装置，保证了阀针、阀座及波纹管的寿命。为了使用方便，微调阀可带有或不带有截止阀，从而更进一步提高了针阀的使用寿命及便于用户操作。

　　真空蝶阀（Vacuum Butterfly Valve）。蝶阀相对结构简单，通导能力大，占空间小，可用作真空容器及真空泵等部件的连通控制。真空蝶阀可用于低真空，也可用于高真空。阀的整体由阀体、阀盖、密封圈、操作手柄等组成。蝶阀的操作非常简单，手柄的位置限位90°，开启或关闭。大尺寸的蝶阀在高压力情况下需要较大的力矩才能开启，所以多采用气动或电动驱动。

　　真空充气阀是真空系统中重要元件之一。依靠人手旋转旋钮，启动阀板，可作真空系统中充入大气机构，阀门适用介质为空气或低腐蚀性气体。适用压力从 $1 \times 10^{-6} \sim 2 \times 10^{5} Pa$，此阀通常用于中小型真空系统的充气。

　　电磁压差阀（Magnetic Pressure Difference Valve）是安装在机械真空泵上的专用阀门，并与泵接在同一电源上。泵的开启与停止直接控制阀门的开启与关闭，当泵停止工作或电源突然中断时，阀门能依靠大气与真空的压差力，自动将真空系统封闭，保持其真空度，并将大气通过阀的节流孔，经泵进气口充入泵腔，从而避免泵油逆流污染真空系统。在此动作过程中，只有极少量的气体充入真空室，每平方厘米阀板面积其漏量约为 $0.1 Pa \cdot L$，因此影响真空腔的真空度是极其微量的。阀带有充气过滤器，在充气时可避免粉尘侵入泵腔，从而延长泵的使用寿命。高真空电磁压差阀如图 8 - 2 所示。

图 8 - 2　高真空电磁压差阀

　　真空隔膜阀（Diaphragm Valve）是一种常见形式的阀，高真空隔膜阀是利用阀杆将橡皮膜直接压在阀座上用来截止或接通真空系统。阀门适用的工作介质为空气及非腐蚀性气体。

　　高真空插板阀（Gate Valve）是真空系列中重要元件之一。转动手柄可将插板提起或插下，用来截止或接通中空系统。可作高真空管路中启闭机构，具有结构紧凑，性能可靠，流导大等一系列优点。适用介质为空气及非腐蚀性气体。适用压力从 $1 \times 10^{-6} Pa$ 至 $2 \times 10^{5} Pa$。

8.4.2　捕集器（阱）

　　同轴捕集器，真空系统中存在的可凝性气体，如油蒸汽、水蒸气等，对真空制备极为不利，水蒸气的存在导致真空度的降低，被加工工件被污染，影响加工质量，油蒸汽存在的系统中普遍使用捕集器，以防油蒸汽进入工作室。因此必须设法降低其在系统中的含量，使用捕集器就是常见的方法之一。捕集器按照捕集蒸汽的方式，可分为机械捕集器、冷凝捕集器和吸附捕集器等，下面首先介绍机械捕集器：

机械捕集器：常见的机械捕集器是挡板或水冷挡板。水冷挡板的作用是阻止扩散泵中的真空泵油蒸汽进入真空室。扩散泵与真空室之间可采用水冷式挡板。

冷凝捕集器：简称冷阱，利用制冷剂（如液氮）冷却冷凝翼片，由冷凝翼片阻挡油蒸汽分子的通过。此外，冷阱还是净化真空室可凝气体成分的重要装置。金属冷阱经常作为油扩散泵的一个附件。

分子筛吸附阱（Molecular Sieve）：随着科技水平的提高，分子筛在工业生产中的使用日益增多。分子筛是一类结晶的硅铝酸盐，由于它具有均一的孔径和极高的比表面积，所以具有许多优点：

（1）按分子的大小和形状不同，进行选择性吸附，即只吸附那些小于分子筛孔径的分子，而把大于其孔径的分子排除在洞外。

（2）分子筛对于极性分子有较高的亲和力，对于大小相近的分子，极性越大，不饱和度越高，其选择吸附性越强。

（3）具有强烈的吸水性。哪怕在较高的温度、较大的气流速和含水量较低的情况下，仍有相当高的吸水容量。

（4）分子筛吸附有机物分子的能力随着不饱和性增大而增加。在低的吸附质浓度和较高的吸附温度下有较高的吸附能力，在吸附质浓度很低的条件下，普通吸附剂如硅胶、活性氧化铝的吸附能力就要大大下降，而分子筛仍然能发挥作用，具有较高的吸附能力，从而有可能广泛地应用于气体和液体的深度干燥及净化。

（5）在较高的吸附温度下，分子筛仍然具有较高的吸附能力，而普通吸附剂的吸附能力就显著下降，乃至丧失吸附能力。

正是这些优良的性能作用，长期以来，分子筛一直是化学研究领域的热点之一。

吸附干燥器：在真空系统中常用干燥剂来防止水蒸气进入真空系统。常见的干燥剂主要成分为硅胶，化学分子式为 $SiO_2 \cdot nH_2O$，外观为透明或半透明固体颗粒状，无色无味无毒；通过物理吸附来吸收水分，性能温和，反应无剧烈变化。此外用得较多的干燥剂还有五氧化二磷等。干燥剂一般是置于容器中使用，这种容器称为干燥器。

8.4.3　除尘器

在低真空系统中，被抽气体很可能含有粉尘、颗粒等杂质，为了保护真空系统或真空泵，常需要在系统或泵的前面串接除尘器。除尘器包括两大类：（1）干式除尘器：包括重力沉降室、惯性除尘器、电除尘器、布袋除尘器、旋风除尘器。（2）湿式除尘器：包括喷淋塔、冲击式除尘器、文丘里洗涤剂、泡沫除尘器和水膜除尘器等。

旋风除尘器（Cyclone Separator）是利用旋转气流产生的离心力使尘粒从气流中分离的，常用来分离粒径大于 $5 \sim 10\mu m$ 以上的颗粒物，其在工业上的应用已有 100 多年的历史。旋风除尘器的特点是，结构简单，占地面积小，投资低，操作维修方便，压力损失中等，动力消耗不大，可用于各种材料制造，能用于高温、高压及腐蚀性气体，并可回收干颗粒物。一般的旋风除尘器的除尘效率随着颗粒尺寸减小而下降，除尘颗粒在 $10\mu m$ 时，效率只有 80% 左右，捕集 $d < 5\mu m$ 颗粒的效率更低，所以一般作预除尘用。

电除尘器。静电除尘器的工作原理：当含有粉尘颗粒的气体从接有高压直流电源的阴极线（又称电晕极）与接地的阳极板之间所形成的高压电场通过时，由于阴极发生电晕放电、气体被电离，此时，带负电的气体离子，在电场力的作用下，向阳板运动，在运动中与粉尘颗粒相碰，则使尘粒带负电，带负电荷的尘粒在电场力的作用下，亦向阳极运动，到达阳极后，放出所带的电子，尘粒沉积于阳极板上，而得到净化的气体排出防尘器外。

根据目前国内常见的电除尘器形式可概略地分为以下几类：按气流方向分为立式和卧式，按沉淀极板形式分为板式和管式，按沉淀极板上粉尘的清除方法分为干式、湿式等。

电除尘器的优点：（1）净化效率高，能够捕集 0.01μm 以上的细粒粉尘。在设计中可以通过不同的操作参数，来满足所要求的净化效率。（2）阻力损失小，和旋风除尘器比较，其总耗电量比较小。（3）允许操作温度高，如 SHWB 型电除尘器最高允许操作温度250℃，其他类型还有达到 350～400℃ 或者更高的。（4）处理气体范围量大。（5）可以完全实现操作自动控制。

电除尘器的缺点：（1）设备比较复杂，要求设备调运和安装以及维护管理水平高。（2）对粉尘比电阻有一定要求，所以对粉尘有一定的选择性，不能使所有粉尘都获得很高的净化效率。（3）受气体温度、湿度等的操作条件影响较大，同是一种粉尘如在不同温度、湿度下操作，所得的效果不同，有的粉尘在某一个温度、湿度下使用效果很好，而在另一个温度、湿度下由于粉尘电阻的变化几乎不能使用电除尘器了。（4）一次投资较大，卧式的电除尘器占地面积较大。（5）目前在某些企业实用效果达不到设计要求。

湿式除尘器（Scrubber）湿式除尘器是使含尘气体与液体密切接触，利用液滴和尘粒的惯性碰撞及其他作用捕集尘粒或使粒径增大的装置。

常见的湿式除尘器包括：喷淋塔、冲击式除尘器、文丘里洗涤器、泡沫除尘器和水膜除尘器等。从净化机理上这些湿式除尘器分别属于：重力喷雾洗涤器、旋风洗涤器、自激喷雾洗涤器、板式洗涤器、填料洗涤器、文丘里洗涤器、机械诱导喷雾洗涤器等。在真空系统中，可以直接采用真空泵油作为除尘工质，利用尘粒与真空油的雾滴之间润湿、扩散、碰撞、携带、离心力、重力、冷凝等多重机理，实现除尘的目的。

湿式除尘器可以有效地除去直径为 0.1～20μm 的液态或固态粒子，亦能脱除气态污染物。常见的湿式除尘器见表 8-3。

表 8-3　常见的湿式除尘器及其特点

装置名称	气体流速/m·s⁻¹	液气比/L·m⁻³	压力损失/Pa	分割直径/μm
喷淋塔	0.1～2	2～3	100～500	3.0
填料塔	0.5～1	2～3	1000～2500	1.0
旋风洗涤器	15～45	0.5～1.5	1200～1500	1.0
转筒洗涤器	300～750r/min	0.7～2	500～1500	0.2
冲击式洗涤器	10～20	10～50	0～150	0.2
文丘里洗涤器	60～90	0.3～1.5	3000～8000	0.1

8.5　真空获得设备

真空度不同时，其中气体的特性也不同。要达到不同真空所需泵浦（Pump）或真空计亦不同。和绝对真空不同，在工程真空技术里，真空是相对的，也就是说工程真空是个可以用真空程度描述的广阔区间。因为使用目的不同，可能更关注某个真空度区间段，同时，任何一个真空系统的有效工作区段都是有限的，不可能覆盖整个真空区。所以，为了方便我们常常习惯地把真空区分为几个不同的典型区间段：低真空 $10^5 \sim 10^2$ Pa；中真空 $10^2 \sim 10^{-1}$ Pa；高真空 $10^{-1} \sim 10^{-5}$ Pa；超高真空 $< 10^{-5}$ Pa。

不同的真空段适合不同的使用目的，真空做功实际主要是要利用真空压力与大气压力之间的压力差，像马德堡半球、吸尘器、真空输送器等等都是如此。如果要求得到中、高真空，目的主要利用其中空气分子少，运动粒子间碰撞机会少（平均自由程大）的性质，例如为了使显示器或电视机中的显像管中，由阴极射出的电子不与真空中剩余气体的分子碰撞而直接打到荧光面，就需要获得足够高的真空度。而若要做表面物理的研究，更是非得使用超高真空不可，因为真空中的剩余气体分子运动时，撞击到固体表面的分子会吸附在表面上。例如 10^{-4} Pa 的高真空下，每平方厘米容器壁上每秒钟的分子撞击数就可达 10^{14} 个的数量级，故不需几秒钟吸附在固体表面上的分子就会把它完全覆盖住（形成固体表面单原子层，每平方厘米的原子数约为 10^{15} 个），因此在这么高的真空度下我们仍将得不到干净的纯粹的固体表面。若使真空度高至 $10^{-7} \sim 10^{-8}$ Pa 的超高真空，干净的固体表面就可维持几小时，可供做表面科学的研究。又例如同步辐射仪的储存环，需要使电子束在储存环中运行几个小时，这时维持电子束不被剩余气体分子散射而损失，也需要 10^{-7} Pa 以上的超高真空。

要达到各种不同应用领域所需的真空度，所使用真空泵浦的种类也不同；正如要测量不同领域的真空度，也要使用不同的真空计一样。一般说来要达到高真空或超高真空，必定要使用两种以上不同泵浦及真空计的组合。例如要达到 10^{-5} Pa 的真空度，一般先用旋转式真空泵，从大气压抽至 10^{-1} Pa 左右，然后以扩散泵浦抽到 10^{-5} Pa。如需要 10^{-8} Pa 的超高真空，则可先使用吸收泵浦（Absorption Pump）从一个大气压抽至 10^{-1} Pa 左右，然后使用钛升华泵浦（Titanium Sublimation Pump）与离子泵浦（Ion Pump）的组合，再将真空系统烘烤几小时赶出水蒸气就可以达到。

8.5.1 真空泵的性能指标

在真空泵选择工作中常见的指标如下：

极限压力（Ultimate Pressure）真空泵的极限压力也称为极限真空度，是指在真空泵入口处所能达到的最低压力，也就是真空泵入口处的最高真空度。测量极限压力将真空泵和检测容器相连，对待测定空间中的气体长时间抽气，直到容器中的气体压力不再下降，而维持在某个压力很长时间不变，此压力即为该真空泵的极限压力。通常的做法是：真空容器须经 12h 炼气，再经 12h 抽真空，最后一个小时每隔 10min 测量一次，取其 10 次的平均值为极限真空值。

抽气流量（Throughput）用单位时间内流过的气体量表示流量，测量单位时间内流过真空泵进气口处的气体量就是此真空泵的流量。在真空技术中，流量 = 压力 × 体积/时间，即流量等于泵的抽气速率和入口压力的乘积。通常用 $Q = $ Pa $\cdot$ m^3/s 或 Pa $\cdot$ m^3/min 表示。产品手册常常会提供流量和入口压力的关系曲线以供使用时参考。

抽气速率即真空泵的体积流率（Volume Flow Rate）。在真空泵的吸气口测量单位时间内流过的气体体积即为此真空泵的抽气速率，简称抽速，$S = Q/P$，m^3/s。不同种类真空泵对不同的气体抽气速率不一样，比如低温泵对水蒸气的抽速就比较大，而且真空泵只有工作在自己使用范围才能获得较大的抽速。

启动压力（Starting Pressure）指真空泵可以无损坏地起动并有抽气作用的压力。真空泵的启动压力与泵的种类有关，例如旋片泵可以在大气压强下启动工作，罗茨泵（Roots Pump）就必须有前级泵为其预制较低的压力才能正常启动。

8.5.2 真空泵的分类

随着真空技术的发展，人们不断研制出各种各样的新型真空泵，一些新型真空泵产品已经能够在很宽的气体压力范围满足真空制备工艺的要求，但总的来说，低真空使用的真空泵和高真空采用的真空泵应该是不同类型的真空泵。为了获得高真空度，人们一般还要用不同类型的几台真空泵串联组成真空机组使用。

不同种类的真空泵工作原理也不同，按照真空泵的工作原理，可以把它们分为气体输送泵和气体捕集泵两大类。

体现真空泵技术特性的术语，除前面已经提及的极限真空度、流量、抽速和启动压力外，还包括前级压力：前级压力也称为前置压力，是指真空泵排气口的出口压力。扩散泵、增压泵、罗茨泵等都是在选用或系统设计时需要指出前级压力的真空泵，通常要求排气口压力低于一个标准大气压，即低于101325Pa。最大前级压力：有些类型的真空泵工作压力范围起始于某个较低的前级压力，前级压力高于这个压力时不能强行让这类泵工作，否则将导致真空泵因过载而过热，以至损坏，这种泵通常需给出前级压力指标（最大前级压力），指出其排气口要求能维持在某一个较低压力值之下才能正常工作。最大前级压力也称临界前级压力。最大工作压力：这个指标用于需前级泵配合的真空泵时，指对应于这种泵的最大输出流量的入口工作压力。这个指标用于可单独使用的机械真空泵或压缩机组中时，指能维持真空泵长时间正常工作的排气口最大气体压力。

8.5.3 旋片式机械真空泵

旋片式真空泵（简称旋片泵 Rotary Vane Pump）是油封式机械真空泵的一种。油封（液封）机械真空泵（Oil Sealed（liquid – sealed）Vacuum Pump），简称油封真空泵，是利用真空油密封各运动部件间的间隙和减少压缩室有害空间的旋转容积真空泵。油封真空泵可分为定片式、旋片式、滑阀式、余摆线式等。

旋片泵的工作压强范围为 $1.01 \times 10^5 \sim 1.33 \times 10^{-2}$ Pa，是一种低真空泵，它可以单独使用，也可以作为其他高真空泵或超高真空泵的前级泵。长期以来，旋片泵广泛地应用于冶金、机械、军工、电子、化工、轻工、石油及医药等生产和科研部门。

旋片泵可以抽除密封容器中的干燥气体，若是附带有气镇装置的旋片泵，还可以抽除一定量的可凝性气体。但它不适于抽除含氧过高、对金属有腐蚀性、对泵油会起化学反应以及含有颗粒尘埃的气体。

旋片泵是真空技术中最基本、最常见的真空获得设备之一。多数情况下旋片泵为中小型泵。旋片泵有单级和双级两种。所谓双级，就是在结构上将两个单级泵串联起来。双级旋片真空泵比单级的更常见，因为其可以获得较高的真空度。旋片泵的抽速与入口压强的关系规定如下：在入口压强为 1333Pa、1.33Pa 和 0.133Pa 的情况下，其抽速值分别不得低于泵的名义抽速的 95% 、50% 和 20% 。

旋片泵主要由泵体、转子、旋片、端盖、弹簧等组成。在旋片泵的腔内偏心地安装一个转子，转子外圆与泵腔内表面相切（二者有很小的间隙），转子槽内装有带弹簧的两个旋片。旋转时，靠离心力和弹簧的张力使旋片顶端与泵腔的内壁保持接触，转子旋转带动旋片沿泵腔内壁滑动。

两个旋片把转子、泵腔和两个端盖所围成的月牙形空间分隔成 A、B、C 三部分。当转子按顺时针方向旋转时，与吸气口相通的空间 A 的容积是逐渐增大的，正处于吸气过程。而与排气口相通的空间 C 的容积是逐渐缩小的，正处于排气过程。居中的空间 B 的容积也是逐渐减小的，正处于压缩过程。由于空间 A 的容积是逐渐增大（即膨胀），气体压强降低，泵的入口处外部气体压强大于空间 A 内的压强，因此将气体吸入。当空间 A 与吸气口隔绝时，即转至空间 B 的位置，气体开始被压缩，容积逐渐缩小，最后与排气口相通。当被压缩气体超过排气压强时，排气阀被压缩气体推开，气体穿过油箱内的油层排至大气中。由泵的连续运转，达到连续抽气的目的。如果排出的气体通过气道而转入另一级（低真空级），由低真空级抽走，再经低真空级压缩后排至大气中，即组成了双级泵。这时总的压缩比由两级来负担，因而提高了极限真空度。

气镇阀（Gas Ballast Valve）：在油封机械真空泵的压缩室上开一个小孔，并装上可调节的充气阀，当打开阀并调节入气量时，转子转到某一位置，空气就通过此孔掺入压缩室以降低压缩比，从而使大部分蒸汽不致凝结而和掺入的气体一起被排除泵外起此作用的阀门称为气镇阀。

油封泵连续工作时其工作温度一般在 70 ~ 800℃，此时的水蒸气饱和压力约为 400hPa。当被抽气体完全是水蒸气时，水蒸气压缩到 400hPa 时远没有达到 1333hPa 的排气压力，水蒸气就开始凝结成液体，水蒸气不能被真空泵排除，全部凝结在真空泵中。由此可知，没有任何装置的普通真空泵是不能将纯的蒸汽排出泵腔的。但只要在压缩过程中水蒸气的分压力小于其饱和压力就能将蒸汽排出泵腔。

油封真空泵被广泛地应用于各种真空系统中，但配置了排气过滤器及进气逆止阀的油封真空泵只适用于在一般空气中使用，一旦被抽气体中含有蒸汽即可凝性气体时，真空泵的使用就可能出现问题了。如不能有效地抽除蒸汽并把蒸汽排出泵腔，则蒸汽将凝结在泵腔内。这将导致真空泵润滑油发生乳化变质严重影响真空泵所能达到的极限压力，润滑性能下降，磨损加剧，不能正常工作，甚至将造成泵体及转子等零部件发生严重锈蚀，造成整机报废。只有安装了气镇阀的真空泵才能抽除纯的蒸汽。真空泵抽除蒸汽的能力可用最大水蒸气允许压力表示。增大气镇量，提高工作温度，降低排气压力，能有效地提高抽除蒸汽的能力。采用新油一次润滑真空泵，在真空管路上安装冷凝器都是非常有效的解决水蒸气问题的办法。在实际应用中很大一部分问题是由于维护保养不当造成的。根据被抽蒸汽量的多少选择合理的真空泵，再辅以正确的维护保养，水蒸气问题就迎刃而解了。

8.5.4 水环真空泵

水环真空泵（简称水环泵）是液环真空泵（Liquid Ring Vacuum Pump）的一种。液环真空泵中带有多叶片的转子偏心装在泵壳内，当它旋转时，把液体（此液体为水时，称为水环泵）抛向泵壳并形成液体与泵壳同心的环形流动。由于转子偏心旋转，上述液环同转子叶片形成了容积的周期变化，在泵的吸气口容积扩张形成负压吸入气体，在泵的排气口形成气体压缩将气体排出，从而完成抽气动作。所以水环真空泵是叶轮转子旋转而产生水环，由转子偏心旋转而使水环与叶片间容积发生周期性改变而进行抽气的真空泵。

水环真空泵是一种粗真空泵，它所能获得的极限真空为 2000~4000Pa，串联大气喷射器时可达 270~670Pa。水环泵也可用作压缩机，称为水环式压缩机，属于低压的压缩机，其压力范围为 (1~2)×10^5Pa 压力。

水环泵最初用作自吸水泵，而后逐渐用于石油、化工、机械、矿山、轻工、医药及食品等许多工业部门。在工业生产的许多工艺过程中，如真空过滤、真空引水、真空送料、真空蒸发、真空浓缩、真空回潮和真空脱气等，水环泵得到广泛的应用。由于真空应用技术的发展，水环泵在粗真空获得方面一直被人们所重视。由于水环泵中气体压缩是等温的，故可抽除易燃、易爆的气体，此外还可抽除含尘、含水的气体。

水环泵的工作原理如图 8-3 所示：在泵体中装有适量的水作为工作液。当叶轮按图中指示的方向顺时针旋转时，水被叶轮抛向四周，由于离心力的作用，水形成了一个决定于泵腔形状的近似于等厚度的封闭圆环。水环的上部分内表面恰好与叶轮轮毂相切，水环的下部内表面刚好与叶片顶端接触（实际上叶片在水环内有一定的插入深度）。此时叶轮轮毂与水环之间形成一个月牙形空间，而这一空间又被叶轮分成叶片数目相等的若干个小腔。如果以叶轮的上部 0° 为起点，那么叶轮在旋转前 180° 时小腔的容积由小变大，且与端面上的吸气口相通，

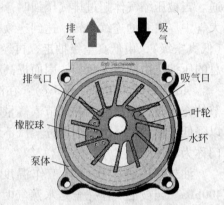

图 8-3 水环式真空泵工作原理

此时气体被吸入，当吸气终了时小腔则与吸气口隔绝；当叶轮继续旋转时，小腔由大变小，使气体被压缩；当小腔与排气口相通时，气体便被排出泵外。

水环泵和其他类型的机械真空泵相比有如下优点：（1）结构简单，制造精度要求不高，容易加工。（2）结构紧凑，泵的转数较高，一般可与电动机直联，无须减速装置。故用小的结构尺寸，可以获得大的排气量，占地面积也小。（3）压缩气体基本上是等温的，即压缩气体过程温度变化很小。（4）由于泵腔内没有金属摩擦表面，无须对泵内进行润滑，而且磨损很小。转动件和固定件之间的密封可直接由水封来完成。（5）吸气均匀，工作平稳可靠，操作简单，维修方便。

水环泵的缺点：（1）效率低，一般在 30% 左右，较好的可达 50%。（2）真空度低，这不仅是因为受到结构上的限制，更重要的是受工作液饱和蒸气压的限制。用水做工作液，极限压强只能达到 2000~4000Pa。用油做工作液，可达 130Pa。

总之，由于水环泵中气体压缩是等温的，故可以抽除易燃、易爆的气体。由于没有排气阀及摩擦表面，故可以抽除带尘埃的气体、可凝性气体和气水混合物。有了这些突出的特点，尽管它效率低，仍然得到了广泛的应用。

综上所述，水环泵是靠泵腔容积的变化来实现吸气、压缩和排气的，因此它属于变容式真空泵。

8.5.5　罗茨真空泵

罗茨真空泵（Roots Vacuum Pump）是转子之间及转子同泵壳内壁之间保持有一定间隙的旋转容积机械真空泵。罗茨泵内装有两个相反方向同步旋转的双叶形或多叶形转子。中等压力以上的罗茨泵不单独抽气，它的前级常须配油封泵或水环泵等可直排大气的真空泵。

罗茨真空泵（简称罗茨泵）是一种旋转式变容真空泵。它是由罗茨鼓风机演变而来的。根据罗茨真空泵工作范围的不同，又分为直排大气的低真空罗茨泵；中真空罗茨泵（又称机械增压泵）和高真空多级罗茨泵。

罗茨泵具有以下特点：（1）在较宽的压强范围内有较大的抽速；（2）起动快，能立即工作；（3）对被抽气体中含有的灰尘和水蒸气不敏感；（4）转子不必润滑，泵腔内无油；（5）振动小，转子动平衡条件较好，没有排气阀；（6）驱动功率小，机械摩擦损失小；（7）结构紧凑，占地面积小；（8）运转维护费用低。

罗茨泵的结构如图8-4所示，在泵腔内，有两个"8"字形的转子相互垂直地安装在一对平行轴上，由传动比为1的一对齿轮带动作彼此反向的同步旋转运动。在转子之间，转子与泵壳内壁之间，保持有一定的间隙，可以实现高转速运行。由于罗茨泵是一种无内压缩的真空泵，通常压缩比很低，故高、中真空泵需要前级泵。罗茨泵的极限真空除取决于泵本身结构和制造精度外，还取决于前级泵的极限真空。为了提高泵的极限真空度，可将罗茨泵串联使用。

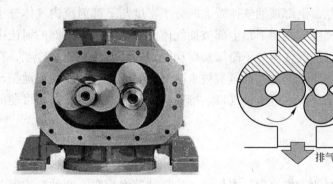

图8-4　罗茨泵结构及工作原理

罗茨泵的工作原理与罗茨鼓风机相似。由于转子的不断旋转，被抽气体从进气口吸入到转子与泵壳之间的空间 V_0 内，再经排气口排出。由于吸气后 V_0 空间是全封闭状态，所以，在泵腔内气体没有压缩和膨胀。但当转子顶部转过排气口边缘，V_0 空间与排气侧相通时，由于排气侧气体压强较高，则有一部分气体返冲到空间 V_0 中去，使气体压强突然增高。当转子继续转动时，气体排出泵外。

如图8-4所示，罗茨泵转子由0°转到180°的抽气过程。在0°位置时，右转子从泵入口封入 V_0 体积的气体。当转到45°位置时，该腔与排气口相通。由于排气侧压强较高，引起一部分气体返冲过来。当转到90°位置时，右转子封入的气体，连同返冲的气体一起排向泵外。这时，左转子也从泵入口封入 V_0 体积的气体。当转子继续转到135°时，左转子封入的气体与排气口相通，重复上述过程。180°位置和0°位置是一样的。转子主轴旋转一周共排出四个 V_0 体积的气体。

8.5.6　扩散泵

扩散泵（Diffusion Pump）是以低压高速蒸汽流（油或汞等蒸汽）作为工作介质的气体动量传输泵。气体分子首先扩散到蒸汽射流中，然后被送到出口排出。在射流中气体分子密度始终是低的。这种泵适于分子流条件下工作。扩散泵中的射流组件形成高速蒸汽流喷射，在分子流条件下，气体分子不断地向蒸汽射流中扩散，并被蒸汽带向泵出口方向，同时逐级被压缩后再由前级泵排出。由于这种泵的排出口会形成较大的反压，要求有较高的前级预真空度，所以这种真空泵一般要与前级泵（一般是机械泵）连在一起使用。由于工作物质的不同，扩散泵又可分为水银扩散泵和油扩散泵。

油扩散泵的工作原理：油扩散泵的进气口与真空工作室连通，排气口与配泵相接。泵腔内装有少量真空泵油，泵下部为加热电炉。通过加热电炉的加热使泵油沸腾并汽化形成蒸汽，油蒸汽向上至伞状射流器组件后沿伞翼（伞形喷嘴）折回并向外喷射。喷出的高温油蒸汽遇到由循环水冷却的泵体后，重新凝结成液态油，并沿泵内壁流回泵底部的油池中，从而形成"真空泵油→油蒸汽→真空泵油"的油气循环。

由于在预真空条件下泵内的压力很低，所以真空泵油能迅速蒸发形成相对高压蒸汽。当油蒸汽在伞状喷嘴内外巨大压力差下经过喷嘴时，油气在膨胀压力作用下被转化成动能强大的射流，并以音速从伞状喷嘴喷出并急剧膨胀。随着泵腔内向下油气射流速度的增大，压力及密度迅速降低，上部被抽气体较大的分子密度与下部射流内气体分子密度之间形成浓度梯度，在浓度梯度的作用下，上部被抽气体分子扩散进入下部的射流中。进入射流的被抽气体分子通过与蒸汽气体分子碰撞获得动能，并随射流到达水冷壁，在多级喷嘴的压缩作用下沿着水冷壁向下流动，油蒸汽被水冷壁冷凝成液态油流回油池循环，同时被抽气体被压缩到泵腔的下部，再进入排气口。排气口中是挡油冷阱，防止可能的油蒸汽外溢，最后将被抽气体排出。

8.5.7　油增压泵

油增压泵和油扩散泵的工作原理基本相同，均是油蒸汽流泵。两种泵均需要有预真空环境，也均不能直接向大气排气，需要有前级泵。油蒸汽泵的结构相当简单，维修和安装都很容易。由于没有机械磨损零件，其振动和噪声几乎可以忽略，使用寿命也很长。由于是利用蒸汽流带动气体分子排气，因此对越是分子量小的气体，其抽气能力就越大。

增压泵的功率比扩散泵要大。增压泵用于较大的环境和获取较高真空度，扩散泵用于较小环境和获取超高真空度。

真空泵油易于氧化，不应长时间暴露在大气环境中。使用后必须首先关闭通向真空室的管道阀门，以防真空室放气阀开启时，因压力急变导致真空泵油受激溅入真空室使之污染。使用后需待主泵中的泵油冷却后才可停止前级泵的运转，否则因主泵排气口处压力增高而侵入的空气将使高温的真空泵油严重氧化。

此类泵在泵油被加热开始蒸发和冷却循环后才进入正常的工作状态，因此启动较慢。

此外油蒸汽难免会有少量进入真空室，这对某些工艺是不允许的。

8.5.8 液压传动的工作原理

液压传动也称液压传递。液压传递是基于静压传递原理（Pascal's Law 帕斯卡原理）进行的。封闭容器内任意一点的压强相等，或者说容器内任意一处的压强变化都将导致全容器内各处压强大小相同的变化，用公式表示：

$$P = \frac{F_1}{A_1} = \frac{F_2}{A_2} \tag{8-28}$$

力的传递公式：

$$F_1 = \frac{A_1}{A_2}F_2 \tag{8-29}$$

在图 8-5 中的大液压缸直径为 D，小液压缸直径为 d，系统中力的传递：

$$F_1 = \frac{d^2}{D^2}F_2 \tag{8-30}$$

液压千斤顶的工作原理可以很好地说明静压传递原理在液压系统中的作用。如图 8-5 所示，当手柄压下时，小活塞上受力大于 F_1，通往大液压缸管道的单向阀开启，液体通过管道进入大液压缸推动大活塞向上运动；当手柄上受力小于 F_1 时，F_2 推动大液压缸形成向下运动的趋势，但此时是向着单向阀的截止方向，同时截止阀处于关闭状态，所以重物被保持在高位。当手柄抬起时，小液压缸相对油箱呈负压，油箱内的油液在大气压力作用下，沿着管道按着单向阀的导通方向进入小液压缸。

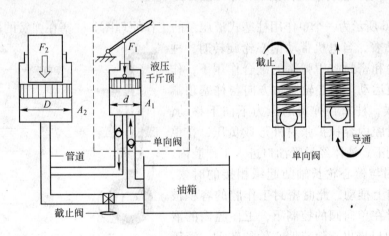

图 8-5　液压千斤顶工作原理图

图 8-5 所示系统中液压千斤顶的作用包括：（1）从小液压缸向大液压缸传递力；（2）将力放大，用较小的力举起较重的物体；（3）通过液压管路改变了力的作用方向，把向下的压力转变为向上的托举力。这里面阀门和管道起到了控制和引导力的传递方向的辅助作用。我们已经看到在液压千斤顶系统中有：杠杆手柄；小缸体；小活塞；单向阀；吸油管；管道；大活塞；大缸体；截止阀；油箱。将上述元件归类，推而广之到所有我们应用的液压系统，可以发现任意一个液压系统都应该是由几个基本部分构成的。

8.5.9　液压系统的组成

完整的液压系统可分为五个部分：动力元件、执行元件、控制元件、辅助元件和液压油。（1）动力元件构成系统的能源装置：液压系统的能源装置指在液压系统中，把机械能转化成液体压力能的装置，最常见的如液压泵（Hydraulic Motors）和液压缸。（2）执行元件构成系统的执行装置：把液体压力能转化成机械能输出的装置称为液压系统的执行装置，一般常见的形式是液压缸和液压马达。图 8-5 中的大液压缸将系统的液压能转换成推举重物的力输出，是系统的执行装置。（3）控制元件主要包括液压系统中的各种控制阀，图 8-5 中的单向阀和通往油箱的截止阀。在液压系统中被用来控制流体的压力、流量和方向，保证执行元件按照负载的需求进行工作。控制元件的类型及规格多种多样，即使是使用同一种阀，因其应用场合不同，用途也有差异。（4）辅助元件构成系统的辅助装置：油箱、管件、蓄能器、过滤器、热交换器、密封件等都是系统的辅助元件。在液压系统中，除能量转换装置、执行元件及控制元件以外，其他各类组件均属于辅助元件。辅件在液压系统中是必不可少的组成部分。辅助元件的选择和设计往往涉及系统工作的可靠性、工作效率、工作稳定性、工作寿命，还有污染控制等。（5）传动介质（液压油）：传递能量的液体介质，即各种液压工作介质。

8.6　液 压 泵

8.6.1　液压泵（能源装置）的工作原理及分类

图 8-6 所示为一个单作用柱塞式液压泵的工作原理图。柱塞在弹簧的压迫下与偏心轮外缘紧贴着，当电机带动偏心轮旋转时，柱塞在偏心轮和密封腔中弹簧的配合作用下，作上下的往复运动。偏心轮短轴方向与柱塞顶端相接的时候，柱塞在弹簧的压力下向下移动，封闭的密封腔内容积扩张对外形成负压，在单向阀的控制下，液体经过吸油口进入工作腔内。当柱塞顶端与偏心轮长轴凸起缘相接的时候，被偏心轮向上推动，此时密封工作腔的容积被压缩，同时在单向阀的控制下，工作腔内的液体被从排油口排出。随着偏心轮的转动，液压泵不断地吸油和排油，于是单作用柱塞泵就将

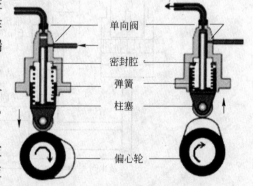

图 8-6　单作用柱塞液压泵的工作原理

电动机传递的机械能转变成了液体压力，成为液压系统的工作能源。

上述液压泵至少有一个密封的油腔，同时这个密封油腔的容积不断变化，其容积的大小和变化速率决定了液压泵输出油的能力。此类依靠密封腔容积变化实现泵浦的液压泵称为容积泵。

容积泵按照其输出流量是否可调，分为定量泵和变量泵两类。常见的容积泵还可以按结构形式，分为齿轮泵、螺杆泵、叶片泵和柱塞泵四种不同类型。

8.6.2 齿轮泵

相对于其他几种容积泵，齿轮泵（Gear Pump）结构简单、制造容易、体积小、质量轻、工作可靠、价格较低。齿轮泵的转速可变范围大，自吸性能较好，对油液污染不敏感，因此维护比较方便。但齿轮泵的容积效率不高，输出的流量和压力是脉动的，噪声较大。

齿轮泵按结构又可分为外啮合齿轮泵（External Gear Pump）和内啮合齿轮泵（Internal Gear Pump）。如图 8 - 7 所示，外啮合齿轮泵由一对啮合的齿轮和容纳这对齿轮的泵壳组成。泵体及侧盖板与齿轮的各个轮齿之间形成若干个小的封闭工作腔。齿轮转动过程中，吸入侧齿轮不断退出啮合，形成逐渐扩大的齿谷空间被吸入的油所填充，这些由齿谷、侧板和壳体构成的封闭小油腔在转动中被推向排出侧。排出口的齿轮不断进入啮合，将齿谷中的油挤出，从排油口进入输出管道中。齿轮的啮合线分隔开吸入侧和排出侧，避免油液在压力差下倒流。由于齿轮啮合点处的齿面接触线一直起着分隔高、低压腔的作用，故齿轮泵中不需要设置专门的配流机构。

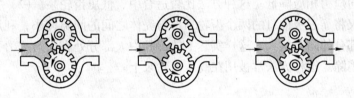

图 8 - 7 外啮合齿轮泵的工作原理

内啮合齿轮泵与外啮合齿轮泵比较：体积更小，流量脉动小，噪声小，但加工难度大，因而使用受到限制。常见内啮合齿轮泵有渐开线齿轮泵和摆线齿轮泵两种。渐开线内啮合齿轮泵由相互啮合的渐开线外齿轮和内齿轮、月牙板状隔离板及壳体等构成。月牙板的作用是把吸油腔和压油腔分隔开来，当内齿轮逆时针方向转动时，外齿轮也随着按同一方向转动。轮齿在退出啮合时形成局部真空，因而形成的吸力将油吸入。另一侧的齿轮啮合将油压出。

摆线齿轮泵也是一种内啮合齿轮泵，也称转子泵，BB - B 型摆线齿轮油泵是一种容积式内啮合齿油泵。由于该泵结构简单、噪音低、输油平稳、转速高、自吸性能好，因而广泛适用于 2.5MPa 以下的液压系统，可作为动力泵和润滑泵。BB - B 型摆线齿轮油泵的主要工作元件是一对内啮合的摆线齿轮（被称为内转子和外转子），其中内转子为主动轮，外转子为从动轮。内转子和外转子把容积室隔为几个封闭的包液腔。在啮合过程中，包液腔的容积不断发生变化，当包液腔由小逐渐变大时，形成局部真空。在大气压作用下，油腔吸油管道进入油泵吸油腔，填满包液腔，当包液腔达到最大容积位置后，由大逐渐变小时，油液被挤压形成油压，被带到压油腔，完成泵油过程。

为使齿轮泵平稳连续地供油和使吸入侧与排出侧分开，防止油液倒流，齿轮啮合的重叠系数必须大于1，也就是当一对齿轮尚未脱开啮合时，另一对齿轮已进入啮合，这样就出现同时有两对齿轮啮合的瞬间，两对齿轮的齿向啮合线之间形成了一个封闭容积，并有一部分油液被围困在两对轮齿形成的封闭空间内。当封闭的工作腔被压缩时，被困的油液产生很大的压力，从缝隙中挤出，此时泵的轴承等零件承受着额外的负载。当封闭空间扩张时，会产生局部真空，产生气穴、振动和噪声，这就是"困油"现象。

困油现象出现时，油液受到压缩应力的作用，但液体可压缩性很小，于是使闭死容积中的压力急剧升高，轴承受到很大的附加载荷，同时产生功率损失及液体发热等不良现象；另一方面，在闭死容积的空间增大的半周内，容积空间呈负压（真空），溶解于油液中的空气析出，油液也会汽化产生气泡，引起振动和噪声，还会导致气蚀现象。克服困油现象最常见的办法是在齿轮泵的侧板上或浮动轴套上开卸荷槽。卸荷槽要保证使封闭工作腔内的容积在减小时油液可以从卸荷槽进入排出侧，在工作腔容积扩张时油液可以通过卸荷槽从吸油侧进入，但必须保证在任何时候都不能使吸油腔与压油腔相互串通，这样的齿轮泵才不能反转。

齿轮泵的一侧吸油，另一侧压油，所以齿轮上受到的作用力不平衡，齿轮和轴承均受到弯曲的作用力矩，结果可能导致轴弯曲变形，降低轴承寿命，严重时齿轮的顶部在转动过程中和泵体的内表面发生摩擦，生产中称之为"扫膛"。

降低这种径向不平衡应力有两种办法：（1）缩小压油口，加大吸油口，使压力较大的油在齿轮上的作用面积减小。不言而喻，压油方向的力会因此而减小，吸油一侧的力可增大，从而使径向应力相应降低。这种方法比较适合中、低压齿轮泵。（2）扩大压油腔至接近吸油腔，仅仅将靠近吸油口的两个齿轮顶部与壳体之间的间隙调小，利用其起到密封的作用，而其余部分的间隙放大。这样实际上的油腔中大部分处在出口应力下，对称区域的径向应力得到消除。这种方法常被用在高压齿轮泵上。

8.6.3 叶片泵

叶片泵（Sliding Vane Pump）的特点是结构紧凑，工作压力较高，流量脉动小，工作平稳，噪声小，寿命较长等。其缺点是吸油特性不太好、对油液的污染也比较敏感、结构复杂、制造工艺要求比较高。

叶片泵根据作用次数的不同，可分为单作用和双作用两种。

单作用叶片泵的转子每转一周，吸、排油各一次，泵的构成包括配油盘、转动轴、转子、定子、叶片、壳体等几个部分。定子内表面是圆柱形，转子上面均匀分布有径向槽，矩形的叶片安装在径向槽中，并且可在槽中滑动。转子与定子的安装是偏心的，偏心距为 e。如果将偏心距 e 做成大小可调，将使之成为变量泵，e 增大，则泵的流量也增大，反之泵的流量就减小。在定子和转子的两端面处装有配油盘，盘上开有吸油窗口和排油窗口，分别与泵壳上的进油口及出油口相通。

转子转动时，叶片在离心力和叶片槽底部的压力油的作用下，紧贴住定子的内壁。此时两相邻的叶片与定子的内壁之间，以及转子外表面与两端的配油盘之间形成若干个密封的工作腔。当转子转动时，右侧的叶片在离心力的作用下以定子的内表面为界限伸展开去，同时叶片槽内叶片下端受到压力油的作用，使之贴紧定子的内表面，随着转子的转动，相邻叶片之间的容积增大，因此而形成局部真空，油箱中的油液在大气压力的作用下，经过配油盘的吸油窗口进入密封工作腔，从而完成一个吸油过程。

左侧的叶片被定子的内表面逐渐压入叶片槽内，工作容积随之减小，将油液经配油窗口排出，完成压油的过程。在单作用叶片泵的吸油区和压油区之间，上下半周各有一段封闭油区。由于这种泵是转子每转一周，每个密封的工作腔吸油和排油各一次，因此被称为单作用叶片泵。单作用叶片泵的转子受到排油区单向压力作用，轴承上承受较大的载荷，所以可称为"非卸荷式叶片泵"。由于轴承荷载较大，这种泵在高压使用场合受到限制。

双作用叶片泵的转子每转一周完成吸、排油各两次，与单作用叶片泵相比，其流量均匀性好，转子体所受径向液压力基本平衡。双作用叶片泵一般为定量泵，单作用叶片泵一般为变量泵，即改变偏心大小则可改变流量，改变偏心方向则可改变油的输出方向。

双作用叶片泵由于有两个吸油腔 a 和压油腔 b，并且各自的中心夹角是对称的，所以作用在转子上的油液压力是相互平衡的，因此双作用叶片泵又称为"卸荷式叶片泵"。考虑到要减小流量的脉动，设计双作用叶片泵的叶片数均为偶数，一般为 12 或 16 片。

双作用叶片泵的定子内表面的曲线是由四段圆弧和四段过渡曲线所组成的，为减小泵在运行时的冲击和噪声，应使叶片转到过渡曲线和圆弧交接点处的加速度突变不大。目前双作用叶片泵一般都使用综合性能较好的等加速等减速曲线作为过渡曲线。

8.6.4 柱塞泵与活塞泵

柱塞（Ram）与活塞（Piston）是两种不同的结构，柱塞泵（Plunger Pump）的塞体长，可充满柱塞缸；后者的活塞体较短，与连杆相连并在连杆带动下在缸体中往复运动。柱塞泵与活塞泵相比，加工难度低，有利于使泵的结构紧凑，泵的体积较小，所以柱塞泵被广泛用于高压、大流量、大功率的系统中和流量需要调节的场合，如龙门刨床、拉床、液压机、工程机械等方面。

柱塞泵的优点：（1）参数高：额定压力高，转速高，泵的驱动功率大；（2）效率高，容积效率为 95% 左右，总效率为 90% 左右；（3）寿命长；（4）变量方便，形式多；（5）单位功率的重量轻；（6）柱塞泵主要零件均受压应力，这对提高材料寿命和充分利用材料的强度有利。

柱塞泵的缺点：（1）结构较复杂，零件数较多；（2）自吸性（Self Priming）差；（3）制造工艺要求较高，成本较贵；（4）对油液污染较敏感，要求较高的过滤精度，对使用和维护要求较高。

柱塞泵的形式很多。柱塞泵按柱塞的排列和运动方向不同，可分为径向柱塞泵和轴向柱塞泵。柱塞泵按照配流方式的不同，可分为斜盘式（直轴式）和斜轴式。

轴向柱塞泵按结构特点可分为直轴式轴向柱塞泵和斜轴式轴向柱塞泵两种。直轴式轴向柱塞泵也称为倾斜盘式轴向柱塞泵，其缸体轴线与传动轴轴线相重合。斜轴式轴向柱塞泵也称倾斜缸式轴向柱塞泵，缸体轴线与传动轴轴线成一定夹角。

直轴式轴向柱塞泵的工作原理：斜盘、配油盘不动，传动轴带动缸体、柱塞一起转动。柱塞靠压力或弹簧力压紧在斜盘上。当传动轴按一定方向转动时，柱塞在自下而上的半周内向外伸出，密封工作腔容积增大，从吸油窗口吸油。柱塞在自上而下的半周内推入，密封工作腔容积减小，从压油窗口排油。改变斜盘倾角 γ 可作变量泵。

斜轴式轴向柱塞泵（Bent Axis Axial Plunger Pump）的工作原理：如图 8-8 所示，连杆传动的斜轴式轴向柱塞泵的工作原理及结构。通过中心杆，轴向与传动轴成一定夹角 γ 的缸体在传动轴的驱动下转动，结果是连杆被迫在柱塞腔内带动柱塞做往复直线运动，完成吸油和压油的动作。设计不同的缸体轴线与传动轴轴线的夹角 γ，就能够使柱塞的往复行程发生改变，从而改变泵的排量。

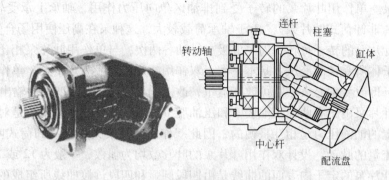

图 8-8　斜轴式轴向柱塞泵结构

径向柱塞泵（Radial Plunger Pump）的工作原理：如图 8-9 所示，由于径向柱塞泵径向尺寸大，结构复杂，自吸能力差，且配油轴受到径向不平衡液压力的作用，易于磨损，从而限制了它的转速和压力的提高。

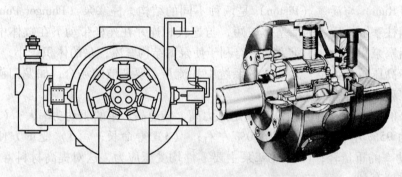

图 8-9　径向柱塞泵结构剖面

柱塞径向安装在转子内，并可以在其中自由滑动，在转子转动过程中，柱塞受离心力作用紧贴在泵的外壳定子的内壁上。由于转子与泵的外壳定子的内壁不同心，所以转子转动的同时，柱塞在定子的槽缸内不断地作往复运动，其往复运动的位移等于定子与转子之间的偏心距 e，改变这个偏心距的大小就可改变泵的排量，而改变这个偏心距的方向，就能改变泵的输油方向。油的吸入和排出孔都布置在泵轴心的配油轴上，泵在工作过程中，配油轴固定不动。

径向柱塞泵有两种。一种是旋转凸轮，而柱塞在定子内壁上不转动。由于转子为凸轮结构，它的转动将不断推动定子内壁上的柱塞在柱塞槽内作往复运动，从而完成柱塞的吸油和压油动作。另一种是柱塞随转子一起转动，配油轴不动，转子和定子有偏心。柱塞在上半周运动时向外伸出，密封容积增大，吸油。柱塞在下半周运动时向里推入，密封容积减小，排油。径向柱塞泵与轴向柱塞泵相比，效率较低，径向尺寸大，转动惯量大，自吸能力差，且配流轴受到径向不平衡压力的作用，易于磨损。但径向柱塞泵在极大的压力下可以产生非常平稳的输出。无论何种径向柱塞泵都可以通过调节转动轴与定子之间的偏心距来改变输出，当然也可以通过改变转速去改变输出。当转子轴心向上移动时，偏心距变小，流量也随之减小，直到减小到零。此时若继续向上移动转子轴心，偏心距又重新加大，流量也随之增大，但流动方向相反。

双螺杆泵（Screw Pump）是一种容积式回转泵，泵送元件由金属转子和弹性定子组成，转子是截面形状为圆形的单头偏心螺杆，而定子是具有双头螺旋腔室的桶，其截面形状为长腰型。将转子插入定子腔中，依靠过盈将两者之间形成的腔室互相密封，当万向节带动转子在定子腔内既作转动又上下往复运动时，密封腔内的液体由吸入口不断地向排出口输送，实现泵的输送功能。双螺杆泵是外啮合的螺杆泵，它利用相互啮合，互不接触的两根螺杆来抽送液体。双螺杆泵作为一种容积式泵，泵内吸入室应与排出室严密地隔开。因此，泵体与螺杆外圆表面及螺杆与螺杆间隙应尽可能小些。同时螺杆与泵体、螺杆与螺杆间又相互形成密封腔，保证密闭，否则就可能有液体从间隙中倒流回去。

双螺杆泵可分为内置轴承和外置轴承两种形式。在内置轴承的结构形式中轴承由输送物进行润滑。外置轴承结构的双螺杆泵工作腔同轴承是分开的。由于这种泵的结构和螺杆间存在的侧间隙，它可以输送非润滑性介质。此外，调整同步齿轮使得螺杆不接触，同时将输出扭矩的一半传给从动螺杆。正如所有螺杆泵一样，外置轴承式双螺杆泵也有自吸能力，而且多数泵输送元件本身都是双吸对称布置，可消除轴向力，也有很大的吸高。泵的这些特性使它在油田化工和船舶工业中得到了广泛的应用。外置轴承式双螺杆泵可根据各种使用情况分别采用普通铸铁、不锈钢等不同材料制造。输送温度可达 $250℃$。泵具有不同方式的加热结构，理论流量可达 $2000m^3/h$。

与双螺杆泵比较，多于两个螺杆的螺杆泵称为多螺杆泵（Multiple Screw Pump）。

双螺杆泵及多螺杆泵的特点：（1）无搅拌、无脉动、能平稳的输送各种介质；（2）内部流速小；（3）可以在黏度变化范围很大的各种油中适用；（4）泵的工作元件内始终存有泵送液体作为密封液体，自吸性好；（5）机械效率高；（6）噪声小；（7）可靠性好；（8）结构紧凑；（9）价格较高，维护不方便。

双螺杆泵的优点及用途：由双螺杆泵的原理知道，对于外置轴承的双螺杆泵，通过轴承定位，两根螺杆在衬套中互不接触，各齿侧之间保持恒定的间隙（其间隙值由工况及泵的规格决定），螺杆外圆与衬套内圆面也保持恒定的间隙不变。两根螺杆的传动由同步齿轮完成。齿轮箱中有独立的润滑，与泵工作腔隔开。这种结构的优点大大拓宽了双螺杆泵的使用范围，即：除了输送润滑性良好的介质外，还可输送大量的非润滑性介质，各种黏度的介质以及具有腐蚀性（酸、碱等性质），磨蚀性的液体。

双螺杆泵由于其恒定间隙的存在和型线上的特点，其属于非密封型容积泵，因此除了输送纯液体外，还可输送气体和液体的混合物，即可以进行汽和液体的混合输送，这也是双螺杆泵非常独特的优点之一。由于结构的独特设计，可以自吸而无须专门的自吸装置，而且由于轴向输送轴流速度较小而具备很强的吸上能力。由于运动部件在工作时互不接触，因此短时内的干转也不会破坏泵元件，这种特点给自动控制的流程提供了极大的方便，但干运转时间受多种因素限制，一般很短。另外双螺杆泵在输送过程中无剪切，无乳化作用，因此不会破坏分子链结构和工况流程中所形成的特定的流体性质，并且由于传动依靠同步齿轮，泵运转噪音低，振动小，工作平稳。

选择液压泵的原则：根据主机工况、功率大小和系统对工作性能的要求，首先确定液压泵的类型，然后按系统所要求的压力、流量大小确定其规格和型号。选泵过程大致分下面三步：（1）液压泵的类型选择。（2）液压泵的工作压力。（3）液压泵的流量。

8.7　液压系统的执行元件

动力元件通过能源装置把电能、机械能等转化为液压能，提供给液压系统，但最后液压系统还是要通过执行元件以运动的形式输出。

液压执行元件是将液压能转换为机械能的转换装置。常见的液压执行元件可分为液压马达和液压缸两大类。液压系统利用液压缸作为执行元件输出直线往复运动，利用液压马达作为执行元件输出旋转运动。

液压马达可以实现连续的回转运动。液压缸又可分为普通直线运动液压缸和摆动液压缸两种。直线运动的液压缸：可以实现直线往复运动，输出推力（或拉力）和直线运动速度。摆动液压缸：可以实现往复摆动，输出角速度。

8.7.1　液压缸

液压缸（Hydraulic Cylinder）俗称千斤顶（Hydraulic Jack）是液压系统中的执行元件，它的职能是将液压能转换成机械能。液压缸的输入量是流体的流量和压力，输出的是直线运动速度和力。液压缸的活塞能够完成直线往复运动，输出的直线位移是有限的。

液压缸的分类方法有多种，可以按照其作用方式分类，也可以按照缸的结构形式分类。

液压缸按作用方式可分为单作用缸（Single - acting）和双作用缸（Double - acting）两类。单作用缸只是向活塞一侧输入压力流体来实现单向运动，而反方向的运动则要利用外力，如自身重力、弹簧等等。双作用缸是通过交替地向活塞两侧输入压力流体来实现往复运动。

液压缸按照结构形式可分为柱塞式与活塞式（Ram Type Cylinder and Piston Cylinder）两类。传动介质为气体的气缸称为隔膜式液压缸。

按照安装方式对液压缸分类，可以分为固定式缸、轴销式缸。若按照额定压力分类，则有低压、中压、高压等。

活塞液压缸应用最多，活塞液压缸又分为单杆活塞液压缸和双杆活塞液压缸两种。

单杆活塞式液压缸特点：（1）单活塞杆式液压缸的往复运动速度不同，这一特点使其常被用于实现机床的快速退回和慢速工作进给。（2）活塞两端有效作用面积不同，输出推力也不相等，所以也称为非对称缸。当没有连杆一侧的工作腔吸油时，为工作进给运动（克服较大的外负载）。当有连杆一侧的工作腔进油时，为驱动工作部件快速退回运动（只克服摩擦力的作用）。（3）工作台运动范围等于活塞杆有效行程的两倍。

设活塞左右两端的有效作用面积分别为 A_1 和 A_2，且 $A_1 > A_2$，若输入液压缸左右两腔的流量 q 相等，则活塞向右和向左运动的速度 v_1 和 v_2 分别为：

$$v_1 = \frac{q}{A_1}\eta_v = \frac{4q}{\pi D^2}\eta_v \quad (\text{m/s}) \tag{8-31}$$

$$v_2 = \frac{q}{A_2}\eta_v = \frac{4q}{\pi(D^2 - d^2)}\eta_v \quad (\text{m/s}) \tag{8-32}$$

式中，D、d 分别为活塞直径，η_v 为液压缸的容积效率，由上式可以看出 $v_1 < v_2$。若进入

左右两腔的液压力 P 相等，回油压力 $P_0 \approx 0$，则活塞向右和向左的推力分别为：

$$F_1 = \eta_m P A_1 = \eta_m \frac{\pi D^2}{4} P \quad (\text{N}) \tag{8-33}$$

$$F_2 = \eta_m P A_2 = \eta_m \frac{\pi (D^2 - d^2)}{4} P \quad (\text{N}) \tag{8-34}$$

式中，η_m 为液压缸的机械效率，由上两式可以看出 $'F_1 > F_2$。

图 8-10 所示为一个工程中常见的双作用单杆活塞液压缸结构，为了减轻质量，活塞拉杆做成中空的。由于 A 孔和 B 孔都可以作为压力油出入口或回油出入口。

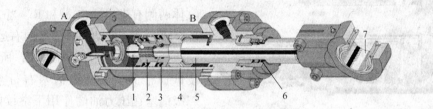

图 8-10 单杆活塞液压缸实物剖面结构
1—缓冲柱塞；2—活塞；3—挡圈；4—缸筒；5—活塞杆；
6—防尘胶圈；7—装有耳环的活塞杆头

双杆活塞式液压缸：前面所说的，无论是单作用活塞液压缸还是双作用活塞液压缸都只有一个连杆推动或拉动活塞运动，由于活塞两侧的有效作用面积不同使两侧的输出推力也不同。双作用液压缸实际还分为单杆式和双杆式两种，相比之下，双杆活塞式液压缸的活塞两侧输出推力相等，所以称为对称式液压缸（Balanced Cylinder），如图 8-11 所示。

双活塞杆液压缸常见的安装方式也有两种：（1）缸体固定：工作台往复运动范围为活塞有效行程的三倍，占地面积较大。常用于小型设备。（2）活塞杆固定：工作台往复运动的范围为活塞有效行程的两倍。活塞杆固定，缸筒与工作台相连，进出油口可以做在活塞杆的两端（油液从空心的活塞杆中进去）。也可以做在缸筒的两端（需用软管连接）。动力由缸筒传出。常用于中、大型设备上。

图 8-11 所示为双作用双活塞杆式液压缸结构，主要由缸体、活塞和两个活塞杆等零件组成，活塞和活塞杆用开口销连接。当液压缸右侧工作腔进油、左侧工作腔回油时，活塞左移；反之，活塞右移。由于两边活塞杆直径相同，所以活塞两端的有效作用面积相同。若左右两端分别输入相同压力和流量的油液，则活

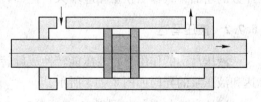

图 8-11 双杆活塞式液压缸

塞上产生的推力和往返速度也相等。这种液压缸常用于往返速度相同且推力不大的场合，如用来驱动外圆磨床的工作台等。

柱塞式液压缸（Hydraulic Ram）与活塞式结构比较，柱塞不像活塞要求的加工精度那么高，当行程较长时，柱塞的加工显然更有优越性。长行程的情况下常常采用柱塞式液压缸。柱塞液压缸只有一个方向受液压运动，另一个方向要借助重力或弹簧等其他力。这种情况下，为了能得到双向运动，此类液压缸常常成对地使用，布置在相向位置上。缸中活

塞的运动是在缸盖中导向套的引导下进行，活塞与缸筒壁不直接接触，所以缸的内壁不要求作精加工。柱塞是端部受压，为保证柱塞式液压缸有足够的推力和稳定性，柱塞一般较粗，重量较大，所以水平安装时易产生单边磨损，故柱塞式液压缸宜垂直安装。若需要水平安装使用时，为减轻重量和提高稳定性，可用无缝钢管制成中空的柱塞。柱塞式液压缸常用于长行程机床上，如龙门刨、导轨磨、大型拉床等。

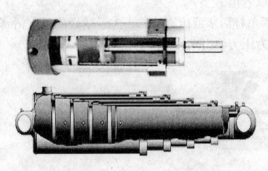

图 8 – 12　伸缩式套筒柱塞液压缸

伸缩式液压缸（Telescopic Cylinder）。图 8 – 12 所示为三级伸缩式液压缸结构图，主要组成零件有缸体、活塞、套筒活塞等。缸体两侧有进出油口 A 和 B。当 A 口进油，B 口回油时，推动一级活塞向右运动，由于一级活塞的有效作用面积大，所以运动速度低而推力大。一级活塞右行至终点时，二级活塞在压力油的作用下继续向右运动，因其有效作用面积小，所以运动速度快，但推力小。套筒活塞既是一级活塞，又是二级活塞的缸体，有双重作用。若 B 口进油，A 口回油，则二级活塞先退回至终点，然后一级活塞才退回。

伸缩式液压缸的特点是：活塞杆伸出的行程长，收缩后的结构尺寸小，适用于翻斗汽车，起重机的伸缩臂等。

摆动缸（Rotary Cylinder）是能绕轴实现小于 360°往复摆动运动的液压缸，由于它和一般液压缸输出直线运动不同，它直接输出扭矩，故又称为摆动液压马达。它有单叶片式、双叶片式和三叶片式三种结构形式。

单叶片摆动液压缸主要由叶片、缸体、输出轴和隔板等零件组成。两个工作腔之间的密封靠叶片和隔板外缘所嵌的框形密封件来保证。当叶片上腔进油而下腔回油时，叶片带动输出轴顺时针转动；反之，则逆时针转动。在相同体积下，且输入压力相同时，随着叶片数的增加，其输出扭矩相应增大，但回转角度相应减小。

8.7.2　液压马达

液压马达的作用是将液压能转换成旋转运动的机械能，从而输出扭矩和转速。液压马达和液压泵的异同如图 8 – 13 所示。

液压马达与泵的相同点：（1）马达和泵的工作原理是可逆的。泵用电机带动，输出的是压力能（压力和流量）；马达输入压力油，输出的是机械能（转矩和转速）。（2）马达和泵的结构相似。（3）马达和泵的工作原理均是利用密封工作容积的变化吸油和排油的。泵在工作容积增大时吸油，减小时排出高压油；

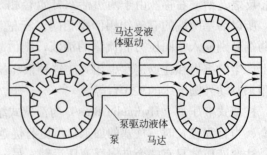

图 8 – 13　液压马达和液压泵的异同

马达在工作容积增大时进入高压油，减小时排出低压油。

泵和马达的不同点：（1）泵是能源装置，马达是执行元件。（2）泵的吸油腔一般为真空（为改善吸油性和抗气蚀耐力），通常进口尺寸大于出口，马达排油腔的压力稍高于大气压力，没有特殊要求，可以进出油口尺寸相同。（3）泵的结构需保证自吸能力，而马达无此要求。（4）马达需要正反转（内部结构需对称），泵一般是单向旋转。（5）马达的轴承结构，润滑形式需保证在很宽的速度范围内使用，而泵的转速虽相对比较高，但变化小，故无此苛刻要求。（6）马达起动时需克服较大的静摩擦力，因此要求起动扭矩大，扭矩脉动小，内部摩擦小（如齿轮马达的齿数不能像齿轮泵那样少）。（7）泵的希望容积效率高；马达的希望机械效率高。（8）叶片泵的叶片倾斜安装，叶片马达的叶片则径向安装（考虑正反转）。（9）叶片马达的叶片依靠根部的扭转弹簧，使其压紧在定子表面上，而叶片泵的叶片则依靠根部的压力油和离心力压紧在定子表面上。（10）液压马达的容积效率比泵低，通常泵的转速高。而马达输出较低的转速。（11）液压泵是连续运转的，油温变化相对较小，经常空转或停转，受频繁的温度冲击。（12）泵与原动机装在一起，主轴不受额外的径向负载。而马达直接装在轮子上或与皮带、链轮、齿轮相连接时，主轴将受较高的径向负载。

液压马达的分类及特点：

（1）高速液压马达：额定转速高于 500r/min 的属于高速液压马达。

（2）低速液压马达：额定转速低于 500r/min 的则属于低速液压马达。

高速液压马达的基本形式有齿轮式、螺杆式、叶片式和轴向柱塞式等。它们的主要特点是：转速较高，转动惯量小，便于起动和制动，调节（调速和换向）灵敏度高。通常高速液压马达的输出扭矩不大，仅几十 Nm 到几百 Nm，所以又称为高速小扭矩液压马达。

低速液压马达的基本形式是径向柱塞式，例如多作用内曲线式、单作用曲轴连杆式和静压平衡式等。低速液压马达的主要特点是：排量大，体积大，转速低，有的可低到每分钟几转甚至不到一转。通常低速液压马达的输出扭矩较大，可达几千 Nm 到几万 Nm，所以又称为低速大扭矩液压马达。

液压马达的工作参数及使用性能：

理论流量是指无泄漏的情况下，液压马达在单位时间内吸入油液的体积。工作压力是指输入油液的压力。在计算时应是马达进口压力和出口压力之差。正常工作条件下，按试验标准规定连续运转的最高压力即额定压力，马达的压力超过这个最高压力就称为超载。额定流量是指在额定转速和额定压力下输入到马达的流量。由于有泄漏损失，输入马达的实际流量必须大于它的理论流量。

液压马达的工作参数：

（1）排量 V：在无泄漏的情况下液压马达每转一弧度所需输入液体的体积，m^3/rad。

（2）理论角速度 ω_t 和理论转速 n_t：

$$\omega_t = q/V \qquad (rad/s) \qquad (8-35)$$

$$n_t = \frac{60}{2\pi} \cdot \frac{q}{V} \qquad (rad/min) \qquad (8-36)$$

式中的 q 为输入马达的流量，m^3/s。

（3）理论输出扭矩 T_t：

根据能量守恒定律，有 $T_t\omega = \Delta Pq$，则：

$$T_t = \Delta Pq/\omega = \Delta PV \qquad (\text{N/m}) \qquad (8-37)$$

式中，ΔP 为马达进口与出口之间的压差，N/m^2。

（4）理论输出功率 P_t：

理论输出功率 P_t 等于其输入功率 P_r，即：

$$P_t = P_r = \Delta Pq \qquad (\text{W}) \qquad (8-38)$$

（5）容积效率 η_V。

马达内部各间隙的泄漏所引起的损失称为容积损失，用 Δq 表示。为保证马达的转速满足要求，输入马达的实际流量应为 $q = q_t + \Delta q$。

液压马达的理论输入流量 q_t 与实际输入流量之比成为容积效率，即：

$$\eta_V = \frac{q_t}{q} = \frac{q - \Delta q}{q} = 1 - \frac{\Delta q}{q} \qquad (8-39)$$

（6）机械效率 η_m。

因为机械运动过程中有摩擦损失的存在，所以液压马达实际输出的扭矩 T 和理论输出扭矩 T_t 之间是有差距的，这个差距用马达的机械效率表示为：

$$\eta_m = T/T_t = \frac{T_t - \Delta T}{T_t} = 1 - \frac{\Delta T}{T_t} \qquad (8-40)$$

（7）总效率 η。

马达的总效率为输出功率与输入功率之比：

$$\eta = P/P_r = \frac{T\omega}{q\Delta P} = \frac{T\omega V}{\Delta PVq} = \frac{Tq_t}{T_t q} = \eta_m \eta_V \qquad (8-41)$$

（8）实际角速度 ω 和实际速度 n。

$$\omega = \omega_t \eta_V = \frac{q}{V}\eta_V \qquad (\text{rad/s}) \qquad (8-42)$$

$$n = n_t \eta_V = \frac{60}{2\pi} \cdot \frac{q}{V}\eta_V \qquad (\text{r/min}) \qquad (8-43)$$

（9）实际输出扭矩 T。

$$T = T_t \eta_m = \Delta PV \eta_m \qquad (\text{N} \cdot \text{m}) \qquad (8-44)$$

（10）实际输出功率 P。

$$P = P_r \eta = \Delta Pq\eta \qquad (\text{W}) \qquad (8-45)$$

或 $$P = T\omega$$

液压马达的使用性能：

（1）起动性能：马达的起动性能主要用起动扭矩和起动效率来描述。如果起动效率低，起动扭矩就小，马达的起动性能就差。起动扭矩和起动机械效率的大小，除了与摩擦力矩有关外，还受扭矩脉动性的影响。（2）制动性能：液压马达的容积效率直接影响马达的制动性能，若容积效率低，泄漏大，马达的制动性能就差。（因泄漏不可避免，常设其他制动装置）。（3）最低稳定转速：是指液压马达在额定负载下，不出现爬行现象的最低转速。爬行—油液中渗入空气的积聚使马达运转不平稳的现象。要求马达"起动扭矩要大"，"稳定速度要低"（一般希望最低稳定速度越小越好）。

马达与泵的区别是：在向马达定量供油的情况下，其输出的转速能够调节的马达，称为变量油马达。反之称为定量油马达。马达工作时存在泄漏，如果输入的压力小于额定压力且不为零的情况下，则额定流量＞进口流量＞理论流量。马达在额定压力下工作泄漏损失最大，所以额定压力下所需的输入流量为最大。工作时输入压力的大小（即工作压力）取决于负载（即马达的输出转矩）。

8.8　液压控制元件

8.8.1　液压控制元件

液压系统中的流体压力、流量和方向等，需要格式阀门进行控制，各种阀门规格繁多，用途各异，即使是同一种阀门在不同的地方也可以用于不同的用途。

压力控制阀（Pressure Control Valve）在液压系统中，凡是用来控制最高压力，或保持某一部分的压力值，以及利用油液的压力来控制油路的通断等等的阀通称为压力阀。这类阀的共同特点是利用油液压力和弹簧力相平衡的原理进行工作的。按功能和用途压力控制阀可分为溢流阀、减压阀、顺序阀、平衡阀和压力继电器等。

溢流阀（Pressure Relief Valve）也称为安全阀（Safety Valve），是油路压力控制阀门，其作用主要是防止系统过载，保护油泵和油路系统的安全及保持油路系统的压力恒定。

常用的溢流阀有先导式和直动式两种。

直动式溢流阀的基本构造由阀体、阀芯、弹簧和调压螺丝组成。阀芯在流体压力正常的情况下被压力弹簧作用处于关闭状态，但当流体压力大于弹簧的预置压力时，阀芯被抬起，流体从被抬起的阀芯通过溢流阀出口溢出，回流到油箱内。弹簧的预置压力可由调节螺丝调节控制。常见的直动式溢流阀包括球芯阀、锥芯阀和滑动芯阀三类。球阀的结构简单，容易制造，但球阀的撞击磨损比较严重，磨损后的密封性能下降。锥阀的性能好于球阀。滑阀芯的式样多种多样，相对于球阀及锥阀二者来说，滑阀的适用压力范围大些。

先导式溢流阀（Pilot Relief Valve）也称为复合溢流阀（Compound Relief Valve），由先导阀和主阀两部分组成。先导阀是一个小流量的直动式溢流阀。在系统内压力正常的情况下，溢流阀主阀关闭。主阀体有一个有节流作用的小孔通向阀体上端空间，使系统内及主阀上端和先导阀的球形阀芯前部区域相连并具有相同的压力 P，此时主阀前后（上端与下端）的压力相等。当压力 P 大于先导阀预先设置的压力时，先导阀芯抬起，开始从主阀中心孔溢流。此时主阀前后出现了压力差，但这个压力差还不足以使主阀开启溢流。

$$F = F_1 + PA_1 - PA = F_1 + P(A_1 - A) \qquad (8-46)$$

式中　F——主阀芯上的作用力；

　　F_1——主阀弹簧预置压力；

　　P——系统内压力；

A_1，A——主阀上、下端有效承压面积。

主阀芯上的作用力 F 在正常压力下主要为主阀弹簧预置的压力 F_1，主阀上端的有效承压面积 A_1 约等于主阀下端的有效承压面积 A。但当 P 大于先导阀的控制压力而使先导阀开启并经主阀芯孔向回油池溢流。由于溢流发生，主阀前端压力油经过阀体小孔流往先导阀，小孔的节流作用显现出来，节流前后的液体压力差为 ΔP。此时上式成为：

$$F = F_1 + PA_1 - PA = F_1 + P(A_1 - A) - \Delta PA_1$$

随着系统压力增大，先导阀的开启程度也增大，先导阀通过主阀杆芯孔的溢流流量也增大，主阀体孔中液体的流速进一步加快，节流作用使 ΔP 也增大。作用在主阀芯上端的力也因此而不断被减低，直到成为负值，主阀的阀芯开启，主阀打开向回流油池溢流。

溢流阀在液压系统中的应用：（1）防止系统过载。液压系统工作时，溢流阀处于常闭（Normally Closed）状态，但当系统压力超载时，溢流阀及时开启，使油液回流至油箱，压力重新恢复正常，从而防止系统超载引起的破坏。溢流阀的这个作用保证了系统的运行安全，所以溢流阀被称为安全阀。（2）溢流定压。在定量泵节流调速系统中，溢流阀处于常开（Normally Opened）状态，从而保证系统中泵的压力基本不变。（3）背压。在液压系统的回油回路上串联一个溢流阀，可以形成一个可调整的回油阻力，形成背压，从而改善执行元件的工作平稳度。（4）远程调压及系统卸载。先导型溢流阀可利用远程控制口进行远程调压及系统卸载。

减压阀（Pressure Reducing Valve）也称恒压阀（Constant Pressure Valve），作用是减压和稳压。当液压系统某回路上需要一个较小的压力时，采用减压阀获得这个比原始压力小的稳定压力。按照调节要求的不同，减压阀又可分为定值减压阀、定差减压阀和定比减压阀，定值减压阀应用最广，所以称减压阀多指这类阀。与溢流阀一样，减压阀也有直动式和先导式两种。

减压阀与溢流阀有如下区别：（1）减压阀控制的是阀门出口处的压力，保证阀门出口压力为某定值；溢流阀控制的是进口端的压力，保证阀的进口一侧的压力限定在某个值。（2）减压阀的阀门为"常开"式的，油流不断地流过阀门；溢流阀正常时候的阀门是常闭的，只有系统压力超标才开启溢流。（3）减压阀出口压力油提供给工作区，保持在特定的压力条件下；溢流阀出口至回油箱。（4）先导式溢流阀与先导式减压阀均可通过各自的先导阀利用远程调压阀实现远程调压或多级调压。

减压阀在液压系统中的应用：（1）提供给低压回路合适压力的液体压力。液压系统中各个回路不是都需要液压泵提供的高压油液，有些位置需要低压，例如控制、润滑系统等。这些位置需要在回路中布置减压阀。（2）稳定压力。减压阀输出的压力除比前级压力低外，其稳定性也有提高。减压阀可避免一次回路压力油波动的影响。（3）与其他阀组合成复合功能阀，例如与单向阀并联时单向减压。（4）远程减压。

定差式减压阀的结构原理如图 8－14 所示。其中包括阀芯及减压阀口，调节弹簧等。入口一次压力 P_1 和出口二次压力 P_2 在阀芯上的作用力之差由弹簧力相平衡，弹簧力调定后压力差（$P_1 - P_2$）保持恒定（P_1 和 P_2 可能变化）。

定差减压阀可使进出口压力保持为定值。高压油 P_1 经节流口减压后以低压 P_2 流出，同时低压油经阀芯中心孔将压力 P_2 传至阀芯上腔，其进出油压在阀芯有效作用面积上的压力差与弹簧力相平衡：

$$\Delta P = P_1 - P_2 = \frac{K(x_0 + x)}{\pi(D^2 - d^2)/4} \quad \text{(Pa)} \qquad (8-47)$$

式中 K——弹簧刚度，N/m；

              P_1——原始高压，Pa；

P_2——输出压力，Pa；

x_0——预压缩量，m；

x——弹簧在 ΔP 作用下伸长量，m；

$\pi(D^2 - d^2)/4$——阀芯的有效承压面积。

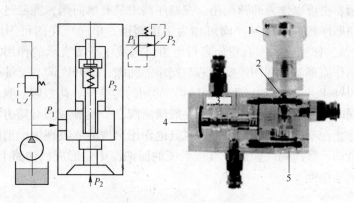

图 8 - 14　定差式减压阀

1—调节手轮；2—弹簧；3—减压阀；4—进油；5—出油

如果尽量减小弹簧刚度 K 并使 x 远小于 x_0，就可使压力差 ΔP 近似保持为定值。将定差减压阀的进出口分别与节流阀两端相连，可使节流阀两端压差保持恒定，此时，通过节流阀的流量将基本不受外界负载变动的影响。

定比式减压阀的阀芯平衡关系式为：

$$P_1/P_2 = D^2/d^2 \tag{8 - 48}$$

定比减压阀可使进出口压力间保持一定的比例，只要适当选择大小柱塞的直径比，即可获得所需的进、出口压力比。

8.8.2　顺序阀

顺序阀（Sequence Valve）直接利用进口油路本身的压力来控制液压系统中各液压元件动作的先后顺序，以实现油路系统的自动控制。顺序阀的功用是以系统压力为信号使多个执行元件自动的按先后顺序动作。根据控制压力的不同，顺序阀可分为内控式和外控制式两种。顺序阀也有直动式和先导式两类，同样直动式也多用于低压系统，而先导式多用于高中压系统。顺序阀的基本功能是控制多个执行元件的顺序动作，根据其功能的不同，分别称为顺序阀、背压阀、卸荷阀和平衡阀。

先导型顺序阀最大的缺点是外泄漏量过大。因先导阀是按顺序压力调整的，当执行元件达到顺序动作后，压力将同时升高，将先导阀口开得很大，导致大量流量外泄。故在小流量液压系统中不宜采用这种结构。

溢流阀排出的油直接流回油箱，不做功。顺序阀排出的油通过另一液压回路，输出的油有一定的压力，做功。

溢流阀的泄油通过内部通道及排油口直接流回油箱。顺序阀除在压力很低时内泄，而多数情况外泄。

溢流阀和减压阀的阀芯，要不断浮动以保证进油口压力（指溢流阀）和出油口压力

（指减压阀）基本恒定。而顺序阀的阀芯不需要随时浮动，只有开或关两个位置。

由于流经顺序阀的油液需要到下一个回路做功，所以希望通过顺序阀的液流在阀中形成的压力损失越小越好。而溢流阀和减压阀阀口上的压降都很大。

顺序阀的主要作用是使两个或两个以上的执行元件按一定的顺序工作。液控顺序阀可以作为背压阀用，也可以作为卸荷阀用。在顺序阀中装有单向阀，能通过反向液流的复合阀，被称为单向顺序阀。单向顺序阀可作为平衡阀用。单向顺序阀可用以防止执行机构（例如垂直油缸及工作机构）因自重而自行下滑，起液压平衡支承的作用，故也称为平衡阀。平衡阀的动作原理就是利用改变阀芯与阀座的间隙，即开度调节流量，属于调节阀。

背压阀（Back Pressure Controlled Valves）的用途为持压、防虹吸。具有保持管线所需压力与流量，同时排放过高压力，不同于一般泄压阀，一般泄压阀有压力泄放过多，无法持压的缺点。防止在泵的出口端由于重力或其他作用出现的虹吸现象，消除由于虹吸产生的流量及压力波动。背压阀一般装于液压系统的回油路中，形成回油路上一定的背压力，增加工作机构的平稳性。

8.9　辅助装置

液压系统中的辅助装置，如蓄能器、滤油器、油箱、热交换器、管件等，对系统的动态性能、工作稳定性、工作寿命、噪声和温升等都有直接影响。其中油箱需根据系统要求自行设计，其他辅助装置则做成标准件，供设计时选用。

8.9.1　蓄能器

蓄能器（Accumulator）是贮存和释放液体压力能的液压系统辅助装置，它贮存高压油，以便在不同场合及时间使用。

液压系统中的蓄能器主要功能：（1）维持系统压力（补充油液）。在液压泵停止向系统提供压力油的时候，由蓄能器向系统供油，以补充系统泄漏或充当应急能源，以使系统维持一定的压力。（2）吸收液压冲击和压力脉动。蓄能器吸收液压系统在液压泵、液压缸、控制阀等突然启动或突然停止时所形成的液压冲击和液压泵的压力脉动。（3）短期大量供油。液压系统有时会在短期要求很大的供油量，以实现系统的周期性动作，此时蓄能器可快速释放油液，与液压泵一起向系统供油（作应急能源）。

液体本身是不可压缩的，所以液压的机械能不可能直接存蓄在液体体内，总是要借助某种蓄能介质变成弹性能或压缩气体才能达到蓄能的目的。常见的蓄能器包括重力式蓄能器是利用重物的垂直位置变化来储存、释放液压能。弹簧式蓄能器是利用弹簧的压缩来储存能量。充气式蓄能器利用气体（一般用氮气）的压缩和膨胀来储存、释放液压能。充气式蓄能器又分气瓶式、活塞式、皮囊式几种。

国产蓄能器型号命名用汉语拼音词头字母，例如储气瓶（CQP），非隔离式蓄能器（FGXQ）、隔膜式蓄能器（GXQ）、活塞蓄能器（HXQ）、囊式蓄能器（NXQ）等。

蓄能器是一种能储存、释放液体压力能的元件，它总是并联于回路中。当回路压力大于蓄能器内压力时，回路中一部分液体充入蓄能器腔内，将液压能转变为其他工作物体的势能集存起来；当蓄能器内压力高于回路压力时，蓄能器中工作物体势能将腔内液体压入系统。所谓工作物体势能，常用的是气体压缩和膨胀的弹性势能，也可以是重锤的重力势能或弹簧的弹性势能等。

充气式蓄能器主要有气瓶式、皮囊式和活塞式几种。充气式蓄能器按气体与液体是否接触分为非隔离式（直接接触式）和隔离式两种。

在直接接触式蓄能器中，由于压缩空气直接与液压油接触，气体容易混入油液，影响工作的稳定性。这种蓄能器适用于大流量的低压回路采用。常用的隔离式蓄能器有活塞式和气囊式两种。

FGXQ 型非隔离式蓄能器（气瓶式）是以压力油作用在储存气上的方式储存能量，被油液压缩的气体被直接作为动力源，或在液压系统中起储能、稳定压力、补偿液压损耗等作用。气瓶式蓄能器具有容量大、功率损耗少、占地面积小等优点。

皮囊式蓄能器（Bladder Type Accumulator）是利用气体（一般为氮气）的可压缩性来蓄能的原理（即采用氮气作为压缩介质）而工作的。但气体不直接和工作油接触，所以为隔离式蓄能器。皮囊式蓄能器由油液压部分和带有气密隔离件的皮囊（内装氮气）构成，位于皮囊周围的油液与液压油路相通。因此，当压力升高时油液进入囊式蓄能器由此气体被压缩；当压力下降时，压缩气体膨胀，进而将压力油再压入回路。

充气蓄能器利用某种气体（氮气）的压缩性来蓄积液体机械能。活塞式蓄能器也是基于这种原理工作的。活塞式蓄能器由油液部分和带有作为气体密封隔离件的活塞的气体部分构成。活塞的气体侧预先充有氮气，其油液侧与液压回路连接在一起，因此当压力升高时蓄能器吸收液体压力能，气体被压缩。当液体压力下降时，被压缩的气体在减压条件下膨胀，同时将蓄积的压力油液压入液压回路。

国产系列活塞式蓄能器适合于高压液压系统中作吸收脉动，缓和压力冲击之用。其优点是：结构简单，寿命长，尺寸小，安装容易，便于维护，容易制造等。缺点是活塞惯性大，直接影响蓄能器的动态反应速度（尤其在低压液压系统中使用）。由于活塞处采用的是 O 形密封圈密封，其密封圈和蓄能器钢壁之间的摩擦阻力和摩擦损失都较大，因此也影响蓄能器动态反应速度，由于密封的关系使得蓄能器的充气压力受限，故使用范围也受到限制。

活塞式蓄能器虽然存在着许多缺陷，但它具有容易制造，成本低的优点。因此，解决活塞式蓄能器密封问题，提高它的最大充气压力，扩大使用范围，减小摩擦阻力，提高其动态反应速度具有重要意义。

皮囊式蓄能器的胶囊严密地隔离了油和气，避免了油中过量溶解气体对液压系统造成的损害（如降低了油液的弹性模量，易引起气压自然下降，造成系统工作不稳定等等）。克服了气液直接接触式蓄能器的缺点。其次，胶囊的质量惯性小，反应灵敏，没有重锤式蓄能器的不足，特别适合于液压系统需要快速充放油液的场合。三是胶囊和蓄能器壳体尺寸易做得较大，从而获得容量较大的蓄能器，以减少液压系统中所用蓄能器的数量。正因为囊式蓄能器所具有的上述特点和优点，它被广泛用于各类液压系统中，作为辅助或应急油源，用于吸收系统的冲击振动，或用于系统的补油保压等。

CQP 系列储气瓶属于高压储存容器，多数情况应与活塞式蓄能器配套使用，利用气体可压缩性，按气体定律原理工作。在液压系统中起着储能、稳压、补偿作用，在压差小的液压回路中效果突出，例如在压铸机液压系统使用等。

8.9.2　其他蓄能器

除上述蓄能器外，其他各种类型的蓄能器包括：如隔膜式、浮筒式、重锤式、弹簧式、气液接触式蓄能器。

重力蓄能器是利用重物的垂直位置变化将液压能转化成重力位能来储存、释放。重力式蓄能器产生的压力取决于重物的质量和柱塞面积的大小。最大特点是：在工作过程中，无论油液进出多少和快慢，均可获得恒定的液体压力，而且结构简单，工作可靠。缺点是：体积大、惯性大，反应不灵敏，有摩擦损失。重力式蓄能器常用于固定设备（如轧钢设备）中作蓄能用。

弹簧式蓄能器是利用弹簧的压缩来储存能量。这种蓄能器产生的压力取决于弹簧的刚度和压缩量。弹簧式蓄能器的特点是：结构简单、容量小。这种蓄能器一般用于小流量、低压（$P \leqslant 1.2\text{MPa}$）、循环频率低的场合。

隔膜式蓄能器（Diaphragm Accumulators）是应用可压缩气体（氮）存储液压能。气体仍然是必不可少的，因为液体几乎不可压缩，因此其本身不可能储存弹性能。隔膜将气体与液体隔开在蓄能器的两端。隔膜蓄能器的功能是当压力增加时从液压回路中提取液体并从而使气体压缩。当压力下降的时候，隔膜蓄能器通过气体膨胀再重新将蓄存的能量反馈给液压回路。隔膜与安全阀体连接同步以防隔膜从液体流出口脱出。一般的隔膜式蓄能器是主要由两个半球或两个柱体部分组成的压力容器，即容器可分为储液腔和储气腔，两者常见的结合部分可以是焊接结合，也可以是螺纹接合，中间由弹性隔膜（合成橡胶）分开。螺纹接合的隔膜蓄能器可以更换隔膜，进行隔膜维修。焊接型隔膜蓄能器是不可维修的，但其结构简单，轻巧而且成本较低。螺纹接合型蓄能器的气体压缩比为10∶1，焊接型为8∶1，囊式结构的气体压缩比只有4∶1。有较高的压缩比的蓄能器可以蓄存更大的能量。

8.9.3　滤油器

滤油器也称为过滤器（Filter），工业生产中的所有油循环回路几乎都有滤油器。

滤油器主要用于滤除混在油液中的颗粒污染物，降低系统中油液的污染度，保证系统正常地工作。滤油器按其滤芯材料的过滤机制来分，有表面型滤油器、深度型滤油器和吸附型滤油器三种。

表面型滤油器的整个过滤作用都是发生在一个几何面上。滤下的污染物杂质被截留在滤芯元件靠油液上游的一面。在这里，滤芯材料具有均匀的标定小孔，可以滤除比小孔尺寸大的杂质。由于污染杂质积聚在滤芯表面上，因此它很容易被阻塞住。

深度型滤油器的滤芯材料为多孔可透性材料，内部具有曲折迂回的通道。大于表面孔径的杂质直接被截留在外表面，较小的污染杂质进入滤材内部，撞到通道壁上，由于吸附作用而得到滤除。滤材内部曲折的通道也有利于污染杂质的沉积。大杂质直接被截在外表面，小杂质在内部被吸附。例如纸质、纤维制品、烧结式滤芯和毛毡、陶瓷等滤油器。

吸附型滤油器的滤芯材料把油液中的铁磁性杂质吸附在其表面上。磁性滤油器（磁塞）即属于此类。

过滤器的性能需满足液压系统对过滤精度的要求。过滤精度是指滤芯能够有效滤除的最小颗粒的尺寸。绝对过滤精度是能够通过的最大球状颗粒的直径的微米表示数。表示滤油器对各种不同尺寸的污染颗粒的滤除能力。

过滤精度：绝对过滤精度——β 值为 75 时的颗粒尺寸值；公称过滤精度——β 值为 20 时的颗粒尺寸值。

过滤精度用过滤比、过滤效率等参数来表示。

过滤比：指滤油器上游油液单位容积中大于给定尺寸的颗粒数与下游油液单位容积中大于同一尺寸的颗粒数之比（β 值）。β 值愈大，过滤精度愈高。

过滤效率：$E_C = 1 - 1/\beta$。

过滤器过油时不能引起过大的压力损失。在流量一定的情况下，油液的黏度愈大、滤芯的过滤精度愈高、滤芯的有效过滤面积愈小、压力降愈大；但滤芯所允许的最大压力降，应以不致使滤芯元件发生结构性破坏为原则。

过滤器纳垢容量要大。纳垢容量是指滤油器在压力降达到其规定值之前可以滤除并容纳的污染物数量。滤芯尺寸愈大，即过滤面积愈大，纳垢容量就愈大，使用寿命越长。

过滤器需要有适当的机械强度。在使用中应该承受油压而不被损坏。

过滤器易于清洗拆装，可以更换滤芯。

过滤器需具有耐腐蚀性能。在一定的温度下持久工作，而不要因为油液造成化学或机械的污染破坏。

过滤器的维护：（1）在正常情况下每工作 500h 应清洁或更换滤芯一次；（2）在日常管理中要注意滤油器进出口压差（原则上吸油滤油器压力降不大于 0.015MPa，压力油路上的压力降不大于 0.03MPa）；（3）低温工况下运行时，应旁通滤油器以防阻力过大损坏滤芯。

表面型滤油器包括编网式滤芯、线隙式滤芯等。

编网式滤芯滤油器的过滤精度与铜丝网层数及网孔大小有关。在压力管路上常用 100目、150 目、200 目（每英寸长度上孔数）的铜丝网，在液压泵吸油管路上常采用 20 ~ 40目铜丝网；压力损失不超过 0.004MPa；结构简单，通流能力大，清洗方便，但过滤精度低。

线隙式滤芯滤油器的滤芯由绕在心架上的一层金属线组成，依靠线间微小间隙来挡住油液中杂质的通过；压力损失约为 0.03 ~ 0.06MPa；结构简单，通流能力大，过滤精度高，但滤芯材料强度低，堵塞后不易清洗；用于低压管道中，当用在液压泵吸油管上时，它的流量规格宜选得比泵大。

深度型滤油器包括纸芯滤油器（Paper Filter）和陶瓷芯滤油器。

纸芯滤油器的结构与线隙式相同，但滤芯为平纹或波纹的酚醛树脂或木浆微孔滤纸制成的纸芯，为了增大过滤面积，纸芯常制成折叠形；压力损失约为 0.01 ~ 0.04MPa；过滤精度高，但堵塞后无法清洗，必须更换纸芯；通常用于精过滤。

烧结型滤油器：陶瓷芯材料是通过粉末冶金方法，对粉末金属氧化物挤压成型之后再经高温烧结制成的多孔金属陶瓷材料。

烧结陶瓷材料滤芯滤油器的滤芯由金属粉末烧结而成，利用金属颗粒间的微孔来挡住油中杂质通过，改变金属粉末的颗粒大小，就可以制出不同过滤精度的滤芯；压力损失约为 0.03 ~ 0.2MPa；过滤精度高，滤芯能承受高压，但金属颗粒易脱落，堵塞后不易清洗；适用于精过滤。

　　磁性过滤器（Magnetic Filter）：磁性滤油器的滤芯由永久磁铁或电磁铁制成，属于吸附型过滤器，能吸住油液中的铁屑、铁粉、带磁性的磨料等；磁性滤芯常与其他形式滤芯合起来制成复合式滤油器；由于对含铁杂质的特殊吸附作用，对加工钢铁件的机床液压系统特别适用。

　　以上滤油器均属于管道型滤油器，由于油液全面通过滤油器的过滤，因此滤过油液可以保证洁净质量。但上述管道式滤油器普遍的缺陷或者是滤油阻力大，或者是清洗或更换滤芯不方便。

　　Y形管式滤油器：Y形管式滤油器用于液压传动系统中，液压泵的吸油口过滤和系统回油路过滤其特点是采用Y形管式结构，结构简单，装拆更换滤芯方便。普通吸油口滤油器大多均安装在油箱内，更换滤芯时需打开油箱。采用Y形管式吸口滤油器，可直接安装于油箱外近液压泵吸口处，只需卸开滤油器小端盖即可更换滤芯，从而使滤芯的更换更为便捷。对回油路滤油器，采用Y形管式滤油器更换滤芯不必拆卸管路，也比普通回油管路滤油器方便。

　　Y形吸油管路滤油器用于液压泵吸油口过滤，避免颗粒杂质侵入，保护液压泵；采用铸造铝合金外壳，结构轻巧；采用网式滤芯，过滤精度分别有：80，100，180。

　　Y形回油管路滤油器用于液压系统回油路过滤，滤除油液中的金属磨损杂质，使流回油箱中的油液保持清洁；采用铸造铝合金外壳，结构轻巧，工作压力1.6MPa；采用化纤滤芯，绝对过滤精度为3、5、10、20；有些Y形管路滤油器还设计有压差发讯装置，当滤油器进出油口压差为0.35MPa时发出电讯号，表明此时滤芯已堵塞，应更换滤芯。

　　棒式磁性滤油器：棒式磁滤器又名油箱滤油器（Tank - trappers）。是利用磁化原理滤除油箱液中铁磁性污染物的磁性滤油器。

　　棒式磁滤器适用于机床加工设备、工程建筑机械、车辆船舶装备、矿山冶金机械、农林轻工机械用液压（润滑）油箱和齿轮箱。借以保证液压装置正常工作，大幅度提高传动元件的使用寿命。用于液压油箱时，可增加泵、马达元件寿命；用于齿轮箱时，可增加齿轮寿命；用于切削液，可大幅度提高刀具寿命。

　　传统式的磁性滤油器都为管路型或组合型。在结构上难以实现在线清洗，被吸附的颗粒往往还会被冲到系统中去重新成为污染源。即便定期拆洗，不但难以洗净，而且费工费时，在机理上，由于颗粒通过磁滤器磁场时的流速太高，吸附概率很低。因此，传统式的磁滤器没有得到广泛的应用，而作为油箱用的棒式磁滤器则很好地解决了上述问题。

　　棒式磁滤器是采用具有高矫顽力即高磁场强度的永磁材料和反铁磁性材料组合而成，其外罩为不锈钢套管。在磁路上设计成高效率的相斥排列式周期磁场，具有很高的恒定磁场强度。当油液被注入油箱或流回油箱时，流经棒式磁滤器的周期磁场，而混入油液的各种铁屑、铸铁粉等铁磁性颗粒则迅速被磁化，在磁力的作用下被吸附到磁滤器的圈套管上。由于油箱中油液的扩散流动和热循环流动速度低，各种铁磁性颗粒的吸附率很高，不但能吸附住铁、钴、镍及其合金和铁氧体化合物，而且还能够吸附某些弱铁磁性的杂质颗粒。

　　棒式磁滤器装入油箱或齿轮箱后，可根据油液污染程度确定拆洗时间间隔。一般可以不必停机，直接拆出清洗。其清洗方法极为简单只需用一块绸布，包住棒表面即可抹去吸附的杂质，然后再安装到原位置。

滤油器的选用和安装：滤油器按其过滤精度（滤去杂质的颗粒大小）分为粗过滤器、普通过滤器、精密过滤器和特精过滤器四种，它们分别能滤去大于 $100\mu m$、$10 \sim 100\mu m$、$5 \sim 10\mu m$ 和 $1 \sim 5\mu m$ 大小的杂质。

选用滤油器时应该考虑：过滤精度应满足预定要求；能在较长时间内保持足够的通流能力；滤芯具有足够的强度，不因液压的作用而损坏；滤芯抗腐蚀性能好，能在规定的温度下持久地工作；滤芯清洗或更换简便。

滤油器应根据液压系统的技术要求，按过滤精度、通流能力、工作压力、油液黏度、工作温度等条件选定其型号。

8.9.4 热交换器

热交换器包括加热器和冷却器。

热交换器的功能主要是调节油液的温度，保证系统正常地工作。液压系统中常用液压油的温度以 $30 \sim 50℃$ 为宜。油温过高将使油液迅速变质，油液泄露可能性增大，液压泵的容积效率也将下降；油温过低则使系统液压泵的启动困难。为使油温在适合液压系统工作的温度范围内，油温升高后不能依靠自然冷却降温至 $50℃$ 时，就需要加装冷却器；相反在环境温度较低时要使用加热器来保证系统正常启动。

冷却器可以分为水冷式、风冷式和制冷机冷却式三类。盘管式冷却器的特点是结构简单，但换热效果差。多管式水冷却器的换热面积大，效率高。风冷式冷却器的风冷结构简单，但冷却效果不如水冷。当要求较好地控制冷温及要取得较好的冷却效果的时候，应该采用制冷机强制换热的媒冷式冷却器。

加热器液压系统的加热一般常采用结构简单、能按需要自动调节最高和最低温度的电加热器。这种加热器的发热部分全部浸在油液内。加热器应安装在箱内油液流动处，以有利于热量的交换。由于油液是热的不良导体，单个加热器的功率容量不能太大，以免其周围油液过度受热后发生变质现象。

热交换器的油液的加热一般采用蒸汽或电加热（后者布置方便，不易污染油液，故使用较多）；油液的冷却一般采用强制风冷式或水冷式；液压系统中用得较多的冷却器是强制对流式多管冷却器；油液从进油口流入，从出油口流出；冷却水从进水口流入，通过多根水管与油液进行热交换后由出水口流出。隔板的作用是使油液在水管外部流动距离更长，从而使热交换效果更好。翅片管式冷却器是在圆管或椭圆管外嵌套上许多径向翅片，其散热面积可达光滑管的 $8 \sim 10$ 倍。椭圆管的散热效果一般比圆管更好。翅片管式结构即可作风冷式冷却器，也可作水冷式冷却器，作水冷式冷却器时，水管外面增加了许多横向或纵向的散热翅片，大大扩大了散热面积和热交换效果。

冷却器一般应安放在回油管或低压管路上。如溢流阀的出口，系统的主回流路上或单独的冷却系统。冷却器所造成的压力损失一般约为 $0.01 \sim 0.1 MPa$。

8.10 液压基本回路

液压系统所完成的复杂动作可以分解成一些基本动作的叠加和顺序组合，而每个基本动作可以通过一个所谓基本液压回路实现，所以任何液压系统都是由一些基本的液压回路组合而成的。液压基本回路是由一些液压元件通过各种方式连接组合，用来实现某种特定功能的压力液流（油）典型回路。熟悉和掌握这些基本回路的组成、工作原理及应用，是分析、设计和使用液压系统的基础。

8.10.1　速度控制回路

速度控制回路是液压系统中的速度调节和变换控制元件构成的系统结构，常用的速度控制回路包括有调速回路、快速回路、速度换接回路等。

调速回路是对液压系统的执行元件包括液压马达和液压缸进行速度控制的回路，液压马达的转速 n 由输入流量 q 和液压马达的排量 V 决定，即 $n = q/V$，液压缸的运动速度 v 由输入流量 q 和液压缸的有效作用面积 A 决定，即 $v = q/A$。

上述关系表明，要想调节液压马达的转速 n 或液压缸的运动速度 v，可通过改变输入流量 q、改变液压马达的排量 V 和改变缸的有效作用面积 A 等方法来实现。由于液压缸的有效面积 A 是定值，只有改变流量 q 的大小来调速，而改变输入流量 q，可以通过采用流量阀或变量泵来实现，改变液压马达的排量 V，可通过采用变量液压马达来实现。

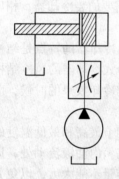

图 8 − 15　恒速节流阀回路

调速回路按照原理来分，主要有节流调速回路；容积调速回路；节流 − 容积联合调速回路三种。

节流调速回路：节流调速回路是通过调节流量阀的通流截面大小来改变进入执行机构的压力油流量，从而实现运动速度的调节。在如图 8 − 15 所示的节流回路中，如果调节回路里只有节流阀，则液压泵输出的油液全部经节流阀流进液压缸。根据流量计算的连续性方程，改变节流阀节流口的大小，虽然能改变油液流经节流阀速度的大小，而总的流量不会改变，在这种情况下节流阀并不能起调节流量的作用，液压缸的速度也不会被节流阀所控制。

进油节流调速回路：起调速作用的节流阀接入回路原理如图 8 − 16 所示，是将节流阀装在执行机构的进油路上进行进油调速的调速回路。

回路中溢流阀常开，泵的工作压力被溢流阀调定为 P_P，此时泵的流量可视为常数，即流量恒定，液压泵经过节流阀向液压缸的供油压力 P_1，进入液压缸的流量 Q_1 由节流阀的调节开口面积确定，压力作用在活塞 A_1 上，克服负载 F，推动活塞以速度 $V = Q_1/A_1$ 向左运动。活塞的移动速度与液压缸的流量成正比关系。

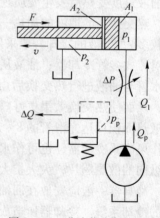

图 8 − 16　进油节流调速回路

活塞受力平衡方程：

$$P_1A_1 = F + P_2A_2 \qquad (8-49)$$

当回流油直接通向敞开式油箱的时候，相对压力 $P_2 = 0$，所以

$$P_1 = F/A_1 \qquad (8-50)$$

式（8 − 50）说明，缸的工作压力取决于负载 F 的大小。

忽略泄漏，则活塞运动的流量方程为：

$$Q_1 = A_1 V \tag{8-51}$$

$$Q_P = \Delta Q + Q_1 \tag{8-52}$$

式（8-52）表明，通过节流阀的流量越小，泵流量从溢流阀流往油箱的流量就越大，能量的损失也就越大。

流经节流阀的流量：

$$Q_1 = kA(P_P - P_1)^m \tag{8-53}$$

式中　k——节流阀孔的流量系数；

　　A——节流阀节流口截面积，m^2；

　　P_P——泵端压力，Pa；

　　P_1——液压缸端压力，Pa；

$P_P - P_1$——节流阀两端的压力降，Pa；

　　m——节流口指数，薄壁孔 $m = 0.5$，细长孔 $m = 1$。

速度-负载特性方程：将式（8-50）、式（8-51）、式（8-53）合并，得到进油节流调速回路的速度-负载特性方程：

$$v = \frac{Q_1}{A_1} = \frac{kA}{A_1}\left(P_P - \frac{F}{A_1}\right)^m = \frac{kA}{A_1^{m+1}}(P_P A_1 - F)^m \tag{8-54}$$

由式（8-54）可知，由于节流流通面积 A 及节流阀孔流量系数 k 被节流阀调定，泵压 P_P 被溢流阀限定，均视为常数，所以速度 v 的大小只取决于负载 F 的大小。

进油节流调速回路的速度-负载特性：速度 v 随负载增大而下降，两者关系曲线呈抛物线状，当负载达到极限时，速度将为零。速度 v 随负载增大而下降的速率称为速度刚度。当节流阀流通截面 A 一定时，负载 F 越小，速度刚度越大；当负载一定时，节流阀流通截面越小，流速刚度越大。

$$节流损失 = 节流阀两端压降 \times 流经节流阀的流量 = \Delta P Q_1$$

$$溢流损失 = 溢流阀上的压力 \times 溢流阀上的流量 = P_P \Delta Q = P_P(Q_P - Q_1)$$

进油节流调速回路的优点是液压缸回油腔和回油管中压力较低，当采用单杆活塞杆液压缸，使油液进入无杆一端腔内，其有效工作面积较大，可以得到较大的推力和较低的运动速度，这种回路多用于要求冲击小、负载变动小的液压系统中。

回油节流调速回路：回油节流调速回路将节流阀安装在液压缸的回油路上，其调速原理如图 8-17 所示。

回路中溢流阀常开，泵的工作压力被溢流阀调定为 P_P，从图 8-16 可以看到 $P_P = P_1$，此时泵的流量可视为常数，即流量恒定，液压泵经过节流阀向液压缸的供油压力 P_1，流出液压缸的流量 Q_2 由节流阀的调节开口面积 A 确定，因为油箱油压为零，所以节流阀两端的压力差 $\Delta P = P_2$，压力 P_1 作用在活塞 A_1 上，压力 P_2 作用在活塞 A_2 上，克服负载 F，推动活塞以速度 $V = Q_1/A_1 = Q_2/A_2$ 运动。可以看到，与进油节流阀调速回路一样，此时活塞的移动速度与液压缸的流量仍然成正比关系。

速度-负载特性方程：参照分析进油节流阀调节速度

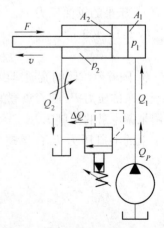

图 8-17　回油节流调速回路

的方法，可以得出回油节流阀调节速度的速度 - 负载特性方程：

$$V = \frac{kA}{A_2^{m+1}}(P_P A_1 - F)^m \tag{8-55}$$

比较式（8-54）和式（8-55）可以看出，回油节流调节速度回路与进油节流调节速度回路具有相同的速度 - 负载特性。当负载增大时速度就减小，当负载减小时速度就增大。

回油节流调速回路的节流阀在回油路上可以产生背压，相对进油调速而言，运动比较平稳，常用于负载变化较大，要求运动平稳的液压系统中。而且在 A 一定时，速度 v 随负载 F 增加而减小。

$$有用功率 = P_1 Q_1 = FV$$
$$节流损失 = 节流阀两端压降 \times 流经节流阀的流量 = P_2 Q_2 = \Delta P Q_2$$
$$溢流损失 = 溢流阀上的压力 \times 溢流阀上的流量 = P_P \Delta Q = P_P (Q_P - Q_1)$$

无论是进油节流调速回路还是回油节流调速回路，都是将节流阀串联在回路中，节流阀和溢流阀相当于并联的两个液阻，定量泵输出的流量不变，经节流阀流入液压缸的流量和经溢流阀流回油箱的流量的大小，由节流阀和溢流阀液阻的相对大小决定。节流阀通过改变节流口的通流截面，可以在较大范围内改变其液阻，从而改变进入液压缸的流量，调节液压缸的速度。

旁路节流调速回路由定量泵、安全阀、液压缸和节流阀组成，节流阀安装在与液压缸并联的旁油路上，液压缸速度与节流阀流通面积成反比。其调速原理如图 8-18 所示。

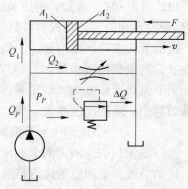

定油泵输出的流量 Q_P 的一部分（Q_1）进入液压缸，另一部分（Q_2）通过节流阀流回油箱。溢流阀常闭，在这里起安全阀的作用，回路在正常工作时，溢流阀不打开，当供油压力超过正常工作压力时，溢流阀才打开，以防过载。溢流阀的调节压力应大于回路正常工作压力，在这种回路中，缸的进油压

图 8-18　旁路节流调速回路

力 P_1 等于泵的供油压力 P_P，溢流阀的调节压力一般为缸克服最大负载所需的工作压力 $P_{1\max}$ 的 1.1 ~ 1.3 倍。

$$Q_1 = Q_P - Q_2 \tag{8-56}$$

Q_2 随着节流阀的流通口面积改变，于是液压缸的流量 Q_1 也随之改变，液压缸速度 v 改变。泵的压力 P_P 随着负载的变化而变化，因为溢流阀正常工作时是常闭的，所以它不被用来调定泵的出口压力。节流阀的出口直通油箱，所以出口压力为零，节流阀上的压降等于泵的出口压力 P_P；忽略管路损失时，视 $P_P = P_1 = F/A_1$，于是节流阀上的过油流量 Q_2：

$$Q_2 = kA\left(\frac{F}{A_1}\right)^m \tag{8-57}$$

$$v = \frac{Q_1}{A_1} = \frac{Q_P - Q_2}{A_1} = \frac{1}{A_1}\left[Q_P - kA\left(\frac{F}{A_1}\right)^m\right] \tag{8-58}$$

式（8-58）表明，活塞的速度还是随着负载的增加而减小，随负载的减小而增大。节流阀开口较大时，也就是执行机构的运行速度较低时，所能承受的最大负载较小。而当开口较小且负载较大时，速度受负载的影响较小。当节流阀的节流面积不变时，负载越大速度刚性越好。当负载一定时，节流阀流通面积越小（活塞的工作速度越高），速度刚性越好。

采用调速阀的节流调速回路：前面介绍的三种基本回路均采用节流阀进行调速，其速度的稳定性均随负载的变化而变化，而对于一些负载变化较大，对速度稳定性要求较高的液压系统，则可采用专门的调速阀来改善回路的速度－负载特性。节流阀、调速阀都是流量控制阀，并且都被用于控制流速，但调速阀带有压力补偿。

采用调速阀的调速回路也可按其安装位置不同，分为进油节流、回油节流、旁路节流三种基本调速回路。

图 8-19 所示为调速阀进油调速回路简图。其工作原理与采用节流的进油节流阀调速回路相似。在这里当负载 F 变化而使 P_1 变化时，由于调速阀中的定差输出减压阀的调节作用，使调速阀中的节流阀的前后压差 ΔP 保持不变，从而使流经调速阀的流量 Q_1 不变，所以活塞的运动速度 v 也不变。

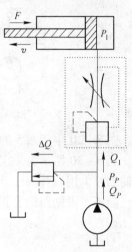

图 8-19　调速阀进油节流调速回路

在此回路中，调速阀上的压差 ΔP 包括节流口的压差和定差输出减压口上的压差两部分。所以调速阀的调节压差比采用节流阀时要大，一般 $\Delta P \geqslant 5 \times 10^5 \mathrm{Pa}$，高压调速阀则达 $10 \times 10^5 \mathrm{Pa}$。泵的供油压力 P_P 相应地比采用节流阀时高，故其功率损失也大。

采用调速阀的节流调速回路的低速稳定性、回路刚度、调速范围等，要比采用节流阀的节流调速回路都好，所以它在机床液压系统中获得广泛的应用。

8.10.2 容积调速回路

除了上述节流调速外，另一种重要的调速回路是容积调速回路。容积调速回路是通过改变回路中液压泵或液压马达的排量来实现调速的。其主要优点是功率损失小（没有溢流损失和节流损失）且其工作压力随负载变化，所以效率高、油的温度低，适用于高速、大功率系统。

按油路循环方式不同，容积调速回路有开式回路和闭式回路两种。

在开式回路中，液压泵从油箱吸油，执行机构的回油直接回到油箱，油箱容积大，油液能得到较充分冷却，但空气和污染物易进入回路。

在闭式回路中，液压泵将油输出进入执行机构的进油腔，又从执行机构的回油腔吸油。闭式回路结构紧凑，只需很小的补油箱，但冷却条件差。

为了补偿工作中油液的泄漏，一般设置补油泵，补油泵的流量为主泵流量的 $10\% \sim 15\%$。压力调节为 $3 \times 10^5 \sim 10 \times 10^5 \mathrm{Pa}$。容积调速回路通常有三种基本形式：变量泵和定量液动机的容积调速回路；定量泵和变量马达的容积调速回路；变量泵和变量马达的容积调速回路。

8.10.2.1　变量泵和定量液动机的容积调速回路

由变量泵与液压缸或变量泵与定量液压马达组成。其回路原理图如图 8 – 20 和图 8 – 21 所示，图 8 – 20 为变量泵与液压缸所组成的开式容积调速回路；图 8 – 21 为变量泵与定量液压马达组成的闭式容积调速回路。

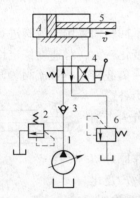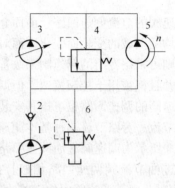

图 8 – 20　开式容积调速回路　　　　　　图 8 – 21　闭式容积调速回路

图 8 – 20 中活塞 5 的运动速度 v 由变量泵 1 调节，2 为安全阀，4 为换向阀，6 为背压阀。图 8 – 20 所示为采用变量泵 3 来调节液压马达 5 的转速，安全阀 4 用以防止过载，低压辅助泵 1 用以补油，其补油压力由低压溢流阀 6 来调节。

当不考虑回路的容积效率时，执行机构的速度 n_m 或（V_m）与变量泵的排量 V_P 的关系为：

$$n_m = n_P \frac{V_P}{V_m} \quad 或 \quad V_m = n_P \frac{V_P}{A} \tag{8 – 59}$$

因马达的排量 V_m 和缸的有效工作面积 A 是不变的，当变量泵的转速 n_P 不变，则马达的转速 n_m（或活塞的运动速度）与变量泵的排量成正比，是一条通过坐标原点的直线。实际上回路的泄漏是不可避免的，在一定负载下，需要一定流量才能启动和带动负载。这种回路在低速下承载能力差，速度不稳定。

当不考虑回路的损失时，液压马达的输出转矩 T_m（或缸的输出推力 F）为：

$$T_m = V_m \Delta P / 2\pi, \quad F = A(P_P - P_0) \tag{8 – 60}$$

式（8 – 60）表明当泵的输出压力 P_P 和吸油路（也即马达或缸的排油）压力 P_0 不变，马达的输出转矩 T_m 或缸的输出推力 F 理论上是恒定的，与变量泵的 V_P 无关。

此回路中执行机构的输出功率：

$$P_m = (P_P - P_0) Q_P = (P_P - P_0) n_P V_P$$

$$P_m = n_m T_m = \frac{V_P}{V_m} n_P T_m \tag{8 – 61}$$

式（8 – 61）表明马达或缸的输出功率 P_m 随变量泵的排量 V_P 的增减而线性地增减。变量泵和定量液动机所组成的容积调速回路为恒转矩输出，可正反向实现无级调速，调速范围较大。适用于调速范围较大，要求恒定扭矩输出的场合，如大型机床的主运动或进给系统中。

8.10.2.2　定量泵和变量马达的容积调速回路

定量泵与变量马达容积调速回路如图 8 – 22 和图 8 – 23 所示。图 8 – 22 为开式回路，由定量泵 1、变量马达 2、安全阀 3、换向阀 4 组成；图 8 - 23 为闭式回路，其中 1 为定量泵，2 为变量马达，3 为安全阀，4 为低压溢流阀，5 为补油泵。此类回路是由调节变量马达的排量 V_m 来实现速度调节。

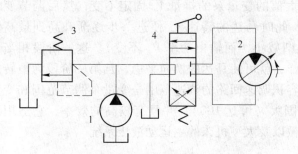 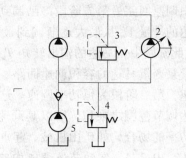

图 8 - 22　开式回路容积调速回路　　　　图 8 - 23　闭式回路容积调速回路

在不考虑回路泄漏时，液压马达的转速 n_m 为：

$$n_m = \frac{Q_P}{V_m} \tag{8 - 62}$$

式中 Q_P 为定量泵的输出流量。可见变量马达的转速 n_m 与其排量 V_m 成反比，当排量 V_m 最小时，马达的转速 n_m 最高。此种通过调节变量马达的排量来调速的回路，如果用变量马达来换向，在换向的一瞬间要经过"高转速—零转速—反向高转速"的突变过程，所以，平稳换向不宜采用变量马达来实现。

液压马达的输出转矩：
$$T_m = V_m \frac{P_P - P_0}{2\pi} \tag{8 - 63}$$

液压马达的输出功率：　$P_m = n_m T_m = Q_P(P_P - P_0) \tag{8 - 64}$

式（8 - 64）表明马达的输出转矩 T_m 与其排量 V_m 成正比；而马达的输出功率 P_m 与其排量 V_m 无关，若进油压力 P_P 与回油压力 P_0 不变时，$P_m = C$ 常数，故此种回路属恒功率调速。

综上所述，定量泵变量马达容积调速回路，由于不能用改变马达的排量来实现平稳换向，调速范围比较小，因而较少单独应用。

8.10.2.3　变量泵和变量马达的容积调速回路

图 8 - 24 所示为变量泵 - 变量马达工作原理，由双向变量泵 1 和双向变量马达 2 等组成闭式容积调速回路。

该回路的工作原理：调节变量泵 1 的排量 V_P 或变量马达 2 的排量 V_m，都可调节马达的转速 n_m；补油泵 9 通过单向阀 4 和 5 向低压腔补油，其补油压力由溢流阀 10 来调节；安全阀 6 和 7 分别用以防止正反两个方向的高压过载。当上油口供油时，油经高压管路 3 至双向马达 2 的上油口，马达正转。当下油口回油，经低压管路 8 直接送入泵的下油口吸油，形成闭合回路。

此回路的调速过程可以分为两个阶段。第一

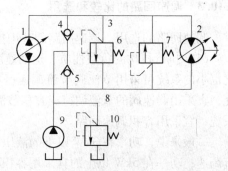

图 8 - 24　变量泵 - 变量马达的容积调速回路

阶段将变量马达的排量 V_m 调到最大值并使之恒定，然后调节变量泵的排量 V_P 从最小逐渐加大到最大值，则马达的转速 n_m 便从最小逐渐升高到相应的最大值（变量马达的输出转矩 T_m 不变，输出功率 P_m 随 V_P 逐渐线性加大）。这一阶段相当于变量泵定量马达的容积调速回路。第二阶段将已调到最大值的变量泵的排量 V_P 固定不变，然后调节变量马达的排量 V_m 从最大逐渐调到最小，此时马达的转速 n_m 便进一步逐渐升高到最高值（在此阶段中，马达的输出转矩 T_m 逐渐减小，而输出功率 P_m 不变）。这一阶段相当于定量泵变量马达的容积调速回路。这样，就可使马达的换向平稳，且第一阶段为恒转矩调速，第二阶段为恒功率调速。这种容积调速回路的调速范围是变量泵调节范围和变量马达调节范围之乘积，所以其调速范围大（可达 100），并且有较高的效率，它适用于大功率的场合，如矿山机械、起重机械以及大型机床的主运动液压系统。

8.10.2.4 容积节流调速回路

容积节流调速回路的基本工作原理是采用压力补偿式变量泵供油、调速阀（或节流阀）调节进入液压缸的流量并使泵的输出流量自动地与液压缸所需流量相适应。

常用的容积节流调速回路有：限压式变量泵与调速阀等组成的容积节流调速回路；变压式变量泵与节流阀等组成的容积调速回路。

图 8-25 所示为限压式变量泵与调速阀组成的调速回路工作原理。在图示位置，活塞快速向右运动，泵 1 按照快速运动要求调节其输出流量 Q_{max}，同时调节限压式变量泵的压力调节螺钉，使泵的限定压力 P_C 大于快速运动所需压力。当换向阀 3 通电，泵输出的压力油经调速阀 2 进入缸，其回油经背压阀 4 回油箱。调节调速阀 2 的流量 Q_1 就可调节活塞的运动速度 V，由于 $Q_1 < Q_P$，压力油迫使泵的出口与调速阀进口之间的油压憋高，即泵的供油压力升高，泵的流量便自动减小到 $Q_P \approx Q_1$ 为止。

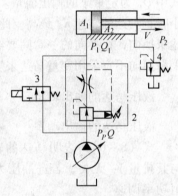

图 8-25 限压式变量泵调速阀容积节流调速回路

这种调速回路的运动稳定性、速度负载特性、承载能力和调速范围均与采用调速阀的节流调速回路相同，此回路只有节流损失而无溢流损失。限压式变量泵与调速阀等组成的容积节流调速回路，具有效率较高、调速较稳定、结构较简单等优点。目前已广泛应用于负载变化不大的中、小功率组合机床的液压系统中。

8.10.3 调速回路的比较和选用

调速回路的选用。调速回路的选用主要考虑以下问题：

（1）执行机构的负载性质、运动速度、速度稳定性等要求：负载小，且工作中负载变化也小的系统可采用节流阀节流调速；在工作中负载变化较大且要求低速稳定性好的系统，宜采用调速阀的节流调速或容积节流调速；负载大、运动速度高、油的温升要求小的系统，宜采用容积调速回路。

一般来说，功率在 3kW 以下的液压系统宜采用节流调速；3~5kW 范围宜采用容积节流调速；功率在 5kW 以上的宜采用容积调速回路。

（2）工作环境要求：处于温度较高的环境下工作，且要求整个液压装置体积小、重量轻的情况，宜采用闭式回路的容积调速。

（3）经济性要求：节流调速回路的成本低，功率损失大，效率也低；容积调速回路因变量泵、变量马达的结构较复杂，所以价钱高，但其效率高、功率损失小；而容积节流调速则介于两者之间。所以需综合分析选用哪种回路。

调速回路的比较见表8-4。

表8-4 调速回路的比较

回路类型　　主要性能	节流调速回路				容积调速回路	容积节流调速回路	
	用节流阀		用调速阀			限压式	稳流式
	进回油	旁路	进回油	旁路			
速度稳定性	较差	差	好		较好	好	
承载能力	较好	较差	好		较好	好	
调速范围	较大	小	较大		大	较大	
效　率	低	较高	低	较高	最高	较高	高
发　热	大	较小	大	较小	最小	较小	小
适用范围	小功率、轻载的中、低压系统				大功率、重载高速的中、高压系统	中、小功率的中压系统	

9 真空热处理炉的设计

9.1 真空系统的现状和展望

20世纪真空工业的发展极为显著，引起各界的关注。真空科学与技术在科学研究中只是一门实验技术，而在现代工业生产中却成了一门基本技术而得到广泛应用。

在20～30年前，真空书籍中就指出：真空技术的应用，一是靠压力差，二是通过空间的电子或分子排除干扰，三是降低粒子撞击表面的次数。用于各自的需求不同，所需的真空度因此不同。所谓排除空间障碍物，即粒子的平均自由程要比装置的特征尺寸长。真空蒸发、电子管和加速器就是利用了真空的这一特点。除大功率的电子管外，其他大部分做成固体元件，这样就不再需要真空。暖水瓶是真空技术在人们日常生活中的重要应用，如果以后能生产出优良的绝热材料，且很便宜，那么真空在暖水瓶的生产过程中将会失去作用。从降低表面粒子入射频率的必要性看，超高真空技术定会得到发展，它可使表面长时间地维持其清洁。

现在，真空热处理已经进入技术领域不断扩大，工艺水平逐渐提高，真空热处理设备不断完善和智能化，新技术接连涌现出的稳定发展阶段。真空热处理即真空技术与热处理两个专业相结合的综合技术，是指热处理工艺的全部和部分在真空状态下进行的。真空热处理炉热效率高，可实现快速升温和降温，可实现无氧化、无脱碳、无渗碳，可去掉工件表面的磷屑，并有脱脂除气等作用，从而达到表面光亮净化的效果，开发真空热处理设备和工艺被越来越重视和应用越来越广。真空热处理炉的特点：（1）水冷装置。（2）采用低电压大电流。（3）大部分加热与隔热材料只能在真空状态下使用。（4）严格的真空密封。（5）自动化程度高。

真空技术的应用的特点是：真空热处理具有无氧化、无脱碳、脱气、脱脂、表面质量好、变形微小、热处理零件综合力学性能优异、使用寿命长、无污染无公害、自动化程度高等一系列突出的优点。利用真空环境来研制一些新材料和新工艺。使真空应用领域得到进一步扩大，例如超微粉和纳米颗粒的制作以及固体元件的工艺开发。另一个应用领域是为了减少化学反应过程和核聚变反应中的不纯物，有时也要利用真空。真空室的器壁本身与反应过程有着极其密切的关系。

真空热处理炉是对工件在真空条件下进行热处理的设备，真空处理和其他热处理方法相比较具有以下独特的优点：

（1）净化作用：可使金属表面氧化物分解，从而获得光亮、清洁表面。

（2）真空保护作用：可使金属避免氧化、脱碳、增碳等不利影响，保持工件表面原有的化学成分和光亮度。

（3）除气作用：在真空中可除去工件原来溶解、吸收的气体，使金属产品性能有明显提高。

（4）脱脂作用：在真空中加热，金属零件在机械加工和冲压成型过程中使用的冷却剂、润滑剂等油脂能自行挥发，并被真空抽走，不致在高温时与零件表面产生反应。故可得到无氧化、无腐蚀的非常光洁的表面。

（5）节省能源：真空热处理炉蓄热和散热损失小、热效率高。

（6）工件热处理后变形小、不易开裂，产品合格率高，使用寿命长；真空热处理可轻易地严格按照工艺要求控制温度变化，从而获得理想的金相组织，减小变形。

（7）真空热处理后的产品可直接用于电镀或作为最终产品，免除了清洗、表面加工等辅助工序，大大降低生产成本。

（8）对环境无污染，自动化程度高，操作简单。

由于具有以上一系列优点，真空热处理炉已不断被各行各业从事热处理的人们所认识、开发和研究，并使其应用范围越来越广泛，技术性能不断提高，真空热处理的设备及工艺也越来越成熟。真空热处理炉广泛用于合金钢、工具钢、高速钢、模具钢、轴承钢、弹簧钢、不锈钢、耐热合金、各种磁性材料、有色金属等的热处理。

真空热处理炉的主要技术要求：

（1）真空热处理炉的工作场合应符合以下条件：1）海拔不超过1000m；2）环境温度在5~40℃范围内；3）使用地区月平均最大相对湿度不大于90%；4）周围没有导电尘埃，爆炸性气体及能严重破坏金属和绝缘的腐蚀性气体；5）安置真空炉的场所没有明显的震动；6）地面平整。

（2）真空热处理炉的设计应满足使用维修方便、安全可靠、经济合理和实用美观的要求。

（3）制造真空炉的材料应根据使用要求合理选择，并应符合有关标准的规定。

（4）真空炉所有受热的机械部分和金属结构部分在设计时应考虑热膨胀、烧蚀、氧化、蠕变等影响，以免在炉子正常工作中因变形开裂等而产生卡滞、咬死或其他故障。

（5）炉子应具有连锁、短路保护，并根据安全运行的要求，具有过电流、过电压、冷却水流量、水压、超温等项报警或保护措施。

利用真空环境来研制一些新材料和新工艺。使真空应用领域得到进一步扩大，例如超微粉和纳米颗粒的制作以及固体元件的工艺开发。另一个应用领域是为了减少化学反应过程和核聚变反应中的不纯物，有时也要利用真空。真空室的器壁本身与反应过程有着极其密切的关系。

在21世纪，包括表面处理在内的表面技术成为真空技术广泛应用的一个领域。因为人们对材料可靠性的要求，尤其对表面技术的应用定会有所增长。现在人们都喜欢用防锈、防氧化的材料。今后电子技术领域对真空的需求也会继续有所增长。由于真空是很纯净的空间，而电子元件的生产工艺也需要纯净，因此真空是制作电子元件的理想环境。如分子束外延，半导体产品多是在真空状态中进行的。真空设备似乎可以作为工具使用。人们随着对高级产品的需求，也迫切需要真空技术更加简便，并可应用于高新技术领域。因此，在21世纪真空技术将会继续得到发展。

另外，能源问题是一个长期的、面临严峻挑战的重要问题。从长远的观点看，要研究用新能源代替旧能源。真空系统的能量利用率将提高到80%，工作环境良好，清洁无污染，可以有效地改善生产操作人员的工作条件。

真空应用是非常广泛的，因而用于各种不同工艺过程的真空系统，其种类十分繁多。最能说明真空系统抽气过程的是静态系统和动态系统两个概念：动态真空系统是系统中有气体流动。系统中各处压强不等，系统的各截面有压强降落。静态真空系统是指系统中没有气体流动，系统内各部分的压强相等，而且长时间不变化。

真空技术今后的发展方向，一个是向微小化领域（纳米科技和固体元件的研制），另一个是向巨大化的领域（如核聚变的研究），其中在巨大化装置和使用多种气体的真空装置方面，希望能研制出能够用于从黏滞流领域到超高真空的宽域型真空泵。

真空淬火油应具有如下特性，饱和蒸气压低，即低压下蒸发少；不污染真空系统，不影响真空效果；临界压强（即得到与大气压下有相当淬火冷却能力的最低气压）低，随气压降低，冷却能力变化不大。而在真空下仍有一定冷却速度；化学稳定性好，使用寿命长；杂质与残碳少；酸值低，淬火后表面光亮度高。

当前，世界上已经研制和生产了多种特制的适于真空淬火的油品，如美国海斯公司的 H1 油；日本初光工具公司的 HV1 油、HV2 油；前苏联的 NM1—4 油等。1979 年我国研制成功并投入生产的 ZZ - 1、ZZ - 2 真空油具有冷却能力高，饱和蒸汽压低，热稳定性良好. 对工件无腐蚀的特性而且质量稳定。

普通淬火油的特性指标随液面压强下降有明显的变化：如特性温度降低，特性时间延长；沸腾阶段出现在更低温度区间；在 $400 \sim 800$℃ 范围的冷却时间比大气压下显著延长等，虽然钢在低气压下油的冷却能力下降了，而在低温区却具有较高的冷却速度。真空淬火油的冷却强度随液面气体压强下降而降低的程度就小很多。这是由于在大气压以下较为宽广的压强区间，蒸汽膜阶段能够迅速结束，因而蒸汽膜对冷却过程的影响减弱的缘故。由于真空加热件具有良好的表面状态，因而钢在真空淬火油中冷却可以获得与常规工艺相同或略高的硬度。从原理上，真空淬火时维持液面压力为临界压强即可获得接近大气压下的冷速。除此之外，提高气压还可以提高油的蒸发和凝结温度，因而可以避免因油本身瞬时升温造成的挥发损失和对设备的污染。工艺上常采用向冷却风充填纯氮气至 $40 \sim 73$kPa（高于 67kPa 时对特性影响已不显著了）的操作。实践证明，对某些低淬透性钢，若将气压增至大气压以上，将可获得更高的冷速。这是由于蒸气膜进一步变薄了，缩短了传热慢的蒸气膜阶段。增压油淬进一步发展为油淬气冷淬火，这就为提高大型及精密工模具的淬火效果减少变形提供了多种选择的可能性。为满足冷却能力要求，真空炉需要有足够的油量。设计中按入油的工件、料盘、卡具等从入油温度冷至油池温度时放散出的热量进行热平衡计算得出，再附加一定的安全油量。考虑到因搅拌、局部激烈升温造成油的膨胀、沸腾，一般取工件质量与油质量之比为 $1:(10 \sim 15)$。真空淬火油的品质，如酸值、残碳、水分、离子量都可能使工件严重着色。有时它对光亮度的影响远大于真空度的影响，使用过程中需定期分析黏度、闪点、冷却性能和水分。根据检测结果更换或补充新油，并在使用中严格防止混入其他油种和水分。当真空油中水的质量分数达 0.03% 时，就足以使工件表面变暗。当水的质量分数达 0.3% 时，油的冷却特性将明显改变：低温区的冷速变大，因而易使形状复杂的工件开裂。在液压压力降低时，含水的油面将发生沸腾，从而严重地破坏了真空。为此，新油在第一次使用前需进行调制，每次停炉后还应保持炉子的真空以防止空气和水分再次溶入。

真空淬火油应在 40~80℃使用。温度过低时，油的黏度大，冷却速度低；淬火后的工件硬度不均，表面不光亮。冬天在使用之前，需将真空油进行加热。在真空条件下，油温过高将使油迅速蒸发，从而造成污染并加速油的老化。

为能迅速地调节油温并使油温均匀，油池中还应装设搅拌装置以加强油的循环和对流。静止油的冷却速度为 0.25~0.30℃/s，激烈的搅拌的油为 0.80~1.10℃/s。这是由于搅拌可加速破坏蒸气膜和对流传热效果。若油的搅拌不够强烈，则易使尺寸大结构复杂的工件和长杆件等出现软点和搅带，若油的搅拌过于强烈，也易使工件产生大的变形。控制工件入油后的开始搅拌时间，调节搅拌的激烈程度以及实现断续搅拌可以减少变形和软点。

真空技术在 40 年代才开始应用于热处理。真空热处理即真空技术与热处理两个专业相结合的综合技术，是指热处理工艺的全部和部分在真空状态下进行的真空热处理的兴起，有两个直接原因，一是要寻找适合于活性金属（钛、锆等）和高熔点金属（钼、钨等）的退火气氛。这些金属在普通气氛（大气压、空气）中加热退火，不但表面氧化，还会因吸气而变脆。也曾采用氢、氦等惰性气体代替普通气氛进行退火，但终因其纯度不够和成本过高而被淘汰，所以急需找到一种合适的加热环境；二是受到真空熔炼和真空脱气的启发。金属经此种处理，由于接触的空气非常稀薄，炉气压力又很低，所以能够较彻底地脱除金属中的气体，避免非金属夹杂物和白点的形成，还可以减轻偏析。实践表明，将真空技术应用于退火热处理后，确实能防止金属的脆化和表面氧化，使金属表面变得光亮。到 50 年代初期，真空退火就比较盛行起来，但仅限于处理精密零件和某些材料，如钟表发条、仪表小轴、不锈钢带以及硅钢片等的退火。所采用的炉子，均为真空热壁炉，即使用热惰性很大的耐火材料作炉衬的真空热处理炉，其缺点是冷却速度小，限制了它的使用范围。其后，人们致力于提高在真空条件下的冷却速度，以实现真空淬火。大致可以分为三个发展阶段：

（1）在马弗炉中加热淬火。工件装入不锈钢制成的容器中，封固，抽成真空后置于普通的热壁炉中加热，待淬火冷却后拆封，取出工件。这显然是真空淬火的低级形态。由于操作麻烦和技术落后，质量不稳；又由于是外热式加热，再加上是热壁，因此热损失大，不符合节约能源的要求。

（2）气冷式真空淬火炉。这是在真空退火炉的基础上，用石墨毡或薄的难熔金属做成辐射屏，代替耐火材料炉衬。由于这种辐射屏的热消性极小，可以实现较快的加热和冷却，炉壁几乎不储存和逸散多少热量，故谓冷壁炉。同时设置了高速风扇，强制惰性（或中性）气体通过热交换器进行环流，加速对工件的冷却。美国利用氮的环流造成的强力冷却，使自硬钢制工模具实现了淬火，1960 年，气冷式真空淬火炉投入了商品生产。同年，日本从美国易卜生（IPsen）公司购入了第一台真空热处理炉，1965 年生产了第一台气冷式真空热处理炉。冷壁真空炉的制成，标志了由真空退火到真空淬火的开始。由于是气冷式炉，其冷却速度仍不够大，炉子的尺寸也比较小，因此在国外仍然局限于用来做易氧化金属制件及高纯度合金的退火，或者用于某些工具钢和特殊钢的真空淬火。

（3）油冷式真空淬火炉。20 世纪 60 年代，由于真空淬火油的研制成功，美国和日本等公司相继制成了油冷式真空淬火炉。有代表性的炉子是立式的，只有一个炉室。炉室内包括加热区和活动炉底下的淬火冷却区。炉底通过升降机构作垂直运动，只需 4~5s 就能下降到冷却区，立即对工件进行喷油淬火。淬火油的成分是一种低黏度纯度较高的石油，无水蒸气、氧气和其他杂质，而且蒸汽压力低。使用这种油，既能保持油面上部空间的真空度，又能达到一定的淬火要求。于是，真空热处理的应用范围迅速扩大，突破了只用于稀有金属、磁性材料、半导体材料的退火和自硬钢淬火的局限，可以用于各种工具钢、轴承钢的光亮淬火与回火，也可以用于不锈钢、沉淀硬化合金的固溶处理以及某些合金钢制重要零件的热处理和化学热处理。

真空油淬过程中高温瞬时渗碳现象：高速钢工件经过真空油淬后将在工件表层出现一个由残余奥氏体和碳化物组成的白亮层。分析认为，这与钢在油中冷却的高温阶段（1200~1900℃）的瞬时渗碳有关。一般的解释是，由 C、H、O 组成的有机化合物 – 真空淬火油，在与活性的高速钢表面接触时，将形成一层薄而致密的、包围着工件的油蒸气外套，其中的 CH_4，CO 将热分解并析出浓度和传播特性较高的活性炭，可瞬时渗入于钢中。高速钢 SKH—9 于 1.33Pa，1200℃下加热后油淬所得瞬时渗层深可达 35~50μm，X 射线显微分析证明，距表面 10μm 内是耐蚀性高的白层，白层是由大量复合碳化物和残余奥氏体组成的。其与内部交界处有粗晶马氏体，因而表面硬度低。

由于真空炉炉胆隔热层蓄热量小，因此，当真空炉中测量热电偶升到设定温度时，被加热的工件还远未到温，这就是所谓真空加热时的"滞后现象"。

9.2 设计 PFTH800/1700 型油淬真空炉

9.2.1 技术参数

对金属材料或工件进行热处理，需要设计一座 PFTH800/1700 型油淬真空炉，其主要技术参数见表 9 – 1。

表 9 – 1 PFTH800/1700 型油淬真空炉技术参数

项 目	单 位	指 标	项 目	单 位	指 标
炉子有效尺寸	mm × mm	φ800 × 1700	额定功率	kW	320
最大装炉量	kg	700			

9.2.2 工作条件

9.2.2.1 炉用耐热钢

热处理炉的炉内构件如炉底板、炉罐、导轨、料盘、炉辊、内罩等都是在高温下工作的，承受一定的载荷，并受到高温化学介质的腐蚀，因此这些构件必须用耐热钢制造。常用的耐热钢有 1Cr18Ni9Ti、Cr18Ni25Si2 等奥氏体耐热钢，由于 Cr、Ni 的消耗过多，筑炉投资较大，几年来开始使用无 Cr、Ni 或少 Cr、Ni 的耐热钢。

比较重要的有 Fe – Al – Mn 系和 Fe – Cr – Mn – N 系耐热钢。分别用于 800~900℃、950℃以下、1000~1100℃。由于所设计的热处理炉为高温热处理炉，采用耐热性能最好的第三种。

9.2.2.2 炉膛尺寸

炉膛尺寸主要应根据工件的形状、尺寸、技术要求、装卸料方式、操作方法和生产率来决定，同时还应考虑造成炉膛内良好的热交换条件，保证炉内温度均匀性；减少热损失和便于电热元件、炉内构件更换以及炉子维修等。

由于炉子有效尺寸为 $\phi800 \times 1700$，隔热屏内部结构尺寸主要根据处理工件的形状、尺寸和炉子的生产率决定，并由于在摆放工件时应考虑到炉子的加热效果、炉温均匀性、检修和装出料操作的方便需要考虑装料、出料方便和炉气流动，在工件之间要留有一定空间，工件与电热元件也要留出一定的空间，通常为 100 ~ 150mm，靠近炉门初温度偏低，工件到炉门应留出 100 ~ 200mm。因此：

炉膛长度：$L = L_1 + 2(100 \sim 150) \text{mm}$

炉膛宽度：$B = B_1 + 2(100 \sim 200) \text{mm}$

其中 L_1 和 B_1 分别为炉子有效长度和宽度，这里炉子为柱状的，所以：

炉膛直径：$R = 800 + 300 = 1100 \text{mm}$

炉膛高度：$H = 1700 + 300 = 2000 \text{mm}$

由于没有待处理的钢件，没有规定的温度，但通过电动率 P 和炉子的体积 V 可以估算炉子的加热温度（经验公式）：

$$P_{总} = k \sqrt[3]{V^2}$$

其中体积 $V = \pi \times (1.1/2)^2 \times 2 = 1.9 \text{m}^3$。

假设需要设计的淬火炉的功率为 320kW，则根据表 9 - 2 可以估计：

$$150 \times \sqrt[3]{V^2} = 150 \times (1.9)^{2/3} = 230 \text{kW}$$

表 9 - 2 淬火炉的工作温度与功率

炉温/℃	功率密度/kW·m^{-2}	系数 k/kW·m^{-2}	功率/kW
1200	15 ~ 20	100 ~ 150	$100 \sim 150 \sqrt[3]{V^2} = 153 \sim 229.5$
1000	10 ~ 15	75 ~ 100	$75 \sim 100 \sqrt[3]{V^2} = 114.75 \sim 153$
700	6 ~ 10	50 ~ 75	$50 \sim 75 \sqrt[3]{V^2} = 76.5 \sim 114.75$
400	4 ~ 7	35 ~ 50	$35 \sim 50 \sqrt[3]{V^2} = 53.55 \sim 76.5$

炉子的加热温度大约有 1200℃。据此来确定炉墙材料和加热元件，电热元件的温度按高于炉子工作温度 100 ~ 160℃左右计算，取 1360℃。

因此该真空炉的工作条件为：室温 20℃，工作加热温度为 1200℃，工作真空度 0.133Pa，极限真空度 1.33×10^{-3}Pa，压升率 0.67Pa/h。主要用途为处理不锈钢。

9.2.2.3 炉衬隔热材料（隔热屏）的选择

真空热处理炉衬材料包括有金属辐射屏、石墨毡、耐火纤维制品及耐火砖等。由于耐火砖炉衬的保温隔热差，蓄热量大，易污染炉膛和泵，因此尽量避免采用。

在选择材料时主要以能在炉子最高温度下正常工作为准则。其次还应注意：在高温下有足够的强度；隔热效果好，即选用热导率小或黑度较小的材料；质量轻、蓄热量小，热损失小；在真空中放气量小，不吸潮或少吸潮；耐热冲击；此外价格要便宜，且易于维修更换。

隔热屏是真空热处理炉加热室的主要组成部分，其主要作用是隔热、保温及减少热损失。在有些情况下，隔热屏也是固定加热器的结构基础。因此，隔热屏结构形式的确定，材料的选择，对炉子的功率及性能（如真空度、放气率等）有很大影响。除了要考虑它的耐火度、绝热性、抗热冲击性和抗腐蚀性等外，还要考虑它的热透性，要求能够尽快脱气。隔热屏基本上分为金属隔热屏和非金属隔热屏两类。其结构形式有：全金属隔热屏，夹层式隔热屏、石墨毡隔热屏和混合毡隔热屏四种形式。由于炉子四周具有相似的工作环境，一般选用相同的材料。为简单起见，炉门及出炉口我们也采用相同的结构和材料。

隔热屏内部结构尺寸主要根据处理工件的形状、尺寸和炉子的生产率决定，并应考虑到炉子的加热效果、炉温均匀性、检修和装出料操作的方便。一般隔热屏的内表面与加热器之间的距离约为 50~100mm；加热器与工件（或夹具、料筐）之间的距离为 50~100mm。隔热屏两端通常不布置加热器，温度偏低。因此，隔热屏每端应大于有效加热区约 150~200mm，或更长一些。金属辐射屏具有热容量小、热惯性小、可实现快速加热和冷却、除气容易等优点。并且由于炉子四周具有相似的工作环境，一般选用相同的材料。这里选用金属辐射屏。隔热屏的层数一般根据炉温确定，温度为 1300℃ 的真空炉以 6 层为宜，采用六层全金属隔热屏，其中内三层为钼层，外三层为不锈钢层。按设计计算，第一层钼辐射屏与炉温相等，以后各辐射屏逐层降低，钼层每层降低 250℃ 左右，不锈钢层每层降低 150℃ 左右。

隔热屏内壁温度与电热元件接近，外壁温度与水冷夹层内壁接近。电热元件的温度按高于炉子工作温度 100~150℃ 计算，取 1300℃，水冷夹层内壁的温度一般不高于 150℃，这里取 100℃，即 $t_1 = 1300℃$，$t_2 = 100℃$。设定有效加热区为 250mm，电热元件距炉膛选定为 50mm 左右，隔热屏距电热元件约 50mm，隔热屏扎实厚度约为 50mm，从传热学的观点看，圆筒形的隔热屏热损失最小，宜尽量采用：

$$L = 1700 + 2 \times (150 \sim 300)\ mm = 2000 \sim 2300mm$$
$$d_1 = 800 + (50 \sim 100) \times 2 + (50 \sim 150) \times 2 = 1000 \sim 1300mm$$
$$d_2 = (1000 \sim 1300) + 2 \times 50 \cdot (厚度) = 1100 \sim 1400mm$$

故
$$L = 1700 + 2 \times 150mm = 2000mm$$
$$d_1 = 800 + 100 \times 2 + 50 \times 2 = 1100mm$$
$$d_2 = 1100 + 2 \times 50 (厚度) = 1200mm$$

则按上述设计，各层的设计温度为：

第一层：1200℃

第二层：1200 - 250 = 950℃

第三层：950 - 250 = 700℃

第四层：700 - 150 = 550℃

第五层：550 - 150 = 400℃

第六层：400 - 150 = 250℃

水冷夹层内壁：250 - 150 = 100℃

水冷加层内壁的温度 100℃ < 150℃，符合要求。

表 9-3 及表 9-4 分别为金属隔热屏设计特点及本设计中采用的隔热屏初步设计参数。

表 9 – 3 金属隔热屏设计特点

材料热性能	所选取的金属材料所承受的最高温度应该大于环境的工作温度，金属的热变形要小，大于等于900℃，一般采用钨、钼、钽片，低于900℃，一般不选用不锈钢薄钢板
材料黑度	选择黑度低的材料，表面的反射效果要好，表面的光洁度要高
材料厚度	在允许的情况下，屏的厚度要尽可能地薄，钼一般0.2~0.5mm，不锈钢薄板一般为0.5~1mm
材料价格	在满足工作温度的条件下，要考虑进价
隔热屏层数确定	随着层数的增加，热损失减小，成本将增加，结构将会复杂，真空度越不容易达到工作要求，一层隔热屏效率约为50%，增加一层提高约17%，增加到三层提高约8%，层数并非越多越好，例如工作温度1000℃，最多6层
隔热屏每层之间的间距	间距应尽量减小，但间距过小会因热变形而使得两层隔热屏连接在一起，故应在保证不会因变形接触在一起的情况下，尽可能减小间距，一般为10mm左右
每层之间的连接	每层隔热屏要连接起来，应保证连接的接触面积不大，过大会导致热效率降低，每层之间用衬套，垫圈进行连接
隔热屏的维护	隔热屏应设计成方便可拆卸，还应考虑材料的热胀冷缩性能
第一层屏与辐射表面的距离	一般为50~100mm

表 9 – 4 隔热屏初步设计参数表

钼屏厚度/mm	0.4	屏与屏之间	通过隔套
不锈钢屏的厚度/mm	0.6	隔热屏连接	螺栓，螺母
首屏到辐射面的距离/mm	50	隔热屏固定	通过隔热屏支架
层与层的间距/mm	10	首屏选用	钼屏
工作温度要求/℃	1200	隔热屏总数	6层

隔热层屏与屏之间的间距约 8~15mm，取 10mm。钼层厚度范围为 0.2~0.5mm，取 0.4mm。不锈钢层厚度范围为 0.5~1mm，取 0.6mm。屏的各层间通过螺钉和隔套隔开。

第一层面积：

$$F_1 = \pi d_1 \times l_1 + 2\pi (d_1/2)^2$$
$$= \pi \times 1100 \times 2000 + 2\pi (1100/2)^2$$
$$= 8.81 \text{m}^2$$

第二层面积：

$$F_2 = \pi d_2 \times l_2 + 2\pi (d_2/2)^2$$
$$= \pi \times 1120 \times 2020 + 2\pi (1120/2)^2$$
$$= 9.07 \text{m}^2$$

第三层面积：

$$F_3 = \pi d_3 \times l_3 + 2\pi (d_3/2)^2$$
$$= \pi \times 1140 \times 2040 + 2\pi (1140/2)^2$$
$$= 9.34 \text{m}^2$$

第四层面积：

$$F_4 = \pi d_4 \times l_4 + 2\pi(d_4/2)^2$$
$$= \pi \times 1160 \times 2060 + 2\pi(1160/2)^2$$
$$= 9.62\,m^2$$

第五层面积：

$$F_5 = \pi d_5 \times l_5 + 2\pi(d_5/2)^2$$
$$= \pi \times 1180 \times 2080 + 2\pi(1180/2)^2$$
$$= 9.89\,m^2$$

第六层面积：

$$F_6 = \pi d_6 \times l_6 + 2\pi(d_6/2)^2$$
$$= \pi \times 1200 \times 2100 + 2\pi(1200/2)^2$$
$$= 10.17\,m^2$$

$$F_{冷} = \pi(d + 2 \times 10) \times (l_6 + 2 \times 10) + 2\pi[(d_6 + 2 \times 10)/2]^2$$
$$= \pi \times 1220 \times 2120 + 2\pi(1220/2)^2$$
$$= 10.46\,m^2$$

平壁部分取：
$$F' = 1.9\,m^2$$

9.2.2.4　炉壳内壁

A　炉壳材料的选择

PFTH800/1700 型油淬真空炉的炉壳为圆筒形，机械强度好。炉壳采用双层冷却水结构，为了保证炉壳的气密性，应选用具有良好焊接性能的轧制钢材，通常选用碳素钢或不锈钢。由于不锈钢板材料较贵，这里选用 45 号优质碳素钢。

B　炉壳尺寸的确定

炉壳的内壁距最外层隔热屏的距离为 80 ~ 120mm，本次设计中取 100mm。

炉壳钢板的厚度通过计算确定，也可利用经验图表、曲线进行设计。并参考现有真空炉壳厚进行校验。在设计时不仅考虑一个大气压力的作用，也要考虑到冷却水套内水压的影响。一般的安全水压为 200 ~ 300kPa 即可。

本次设计中炉壳为圆筒形，其壳体厚度的理论计算公式为：

$$S_0 = 1.25D\left(\frac{P}{E_t} \times \frac{L}{D}\right)^{0.4} \quad (mm)$$

式中　S_0——圆筒壳体计算壁厚，mm；

　　　D——圆筒内径，（$1100 + 2 \times 60 = 1220$）mm；

　　　P——圆筒所受外压力（受外压力 0.1），MPa；

　　　E_t——温度为 t 时材料的弹性模量，MPa，由图 9 - 1 可得（100℃时取 $2.0 \times 98 \times 10^3 = 1.96 \times 10^5$）；

　　　L——圆筒的计算长度，（$2000 + 2 \times 60 = 2120$）mm。

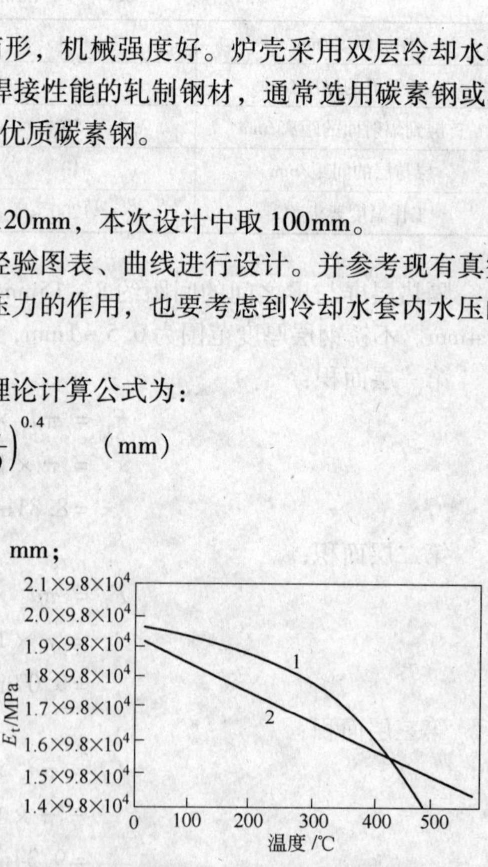

所以：

图 9 - 1　弹性模数的计算值与温度的关系
1—碳钢；2—合金钢（奥氏体钢）

$$S_0 = 1.25 \times (1100 + 2 \times 65) \times \left(\frac{0.1}{1.96 \times 10^5} \times \frac{2120}{1220} \right)^{0.4} = 5.81 \text{mm}$$

圆通壁厚还要考虑一个附加量 C；它包括板材厚度公差、介质腐蚀和加工减薄量等。

即
$$C = C_1 + C_2 + C_3 \qquad (\text{mm})$$

其中由表 9 - 5：

C_1——钢板最大负公差附加量，一般取 $0.5 \sim 1\text{mm}$，这里取 0.8mm；

C_2——腐蚀附加量，一般取 $1 \sim 1.5\text{mm}$，这里取 1.2mm；

C_3——冲压减薄附加量，取计算值的约 10%，但不大于 4mm。

表 9 - 5　碳钢及低合金钢板的最大负公差附加量

钢板厚度/mm	2.5	3	4	4.5	5	6	8 ~ 25	26 ~ 30	32 ~ 34	36 ~ 40
最大负公差/mm	0.2	0.22	0.4	0.5	0.5	0.6	0.8	0.9	1.0	1.1

对不经冲压加工的可不予考虑。

$$C_3 = 10\% S_0 = 0.1 \times 5.81 = 0.581 \text{mm} \quad (\text{取 } 0.6\text{mm})$$
$$C = C_1 + C_2 + C_3 = 1.2 + 0.8 + 0.6 = 2.6 \text{mm}$$

所以圆筒的实际壁厚为：

$$S = S_0 + C = 5.81 + 2.6 = 8.41 \text{mm}$$

验证：

由于以上公式是薄壳计算公式，适用于筒体壁厚 S 与炉壳内径 D 之比小于或等于 4%，代入数据：　　　　$S/D = 8.41 \div 1220 = 0.007 \leqslant 4\%$

此外还必须满足如下两个条件：

$$1 \leqslant L/D \leqslant 8$$

代入数据：　　　　　　　$L/D = 2120/1220 = 1.74$

$$\left(\frac{PL}{E_t D} \right)^{0.4} \leqslant 0.523$$

代入数据：　　$\left(\dfrac{PL}{E_t D} \right)^{0.4} = \left(\dfrac{0.3 \times 2120}{196000 \times 1220} \right)^{0.4} = 5.9 \times 10^{-3} \leqslant 0.523$

即计算满足上述条件，结果合理。

圆筒炉壳水压试验时，应校核壁上应力。进行水套水压试验，一般水套内通入（$2 \sim 3$）$\times 10^5$Pa（表压）的压力。此外，还要加上 1×10^5Pa 抽空压力（内抽真空受的力）。其圆筒壁的应力为：

$$|\sigma| = \frac{P_{水}[D + (S - C)]}{2(S - C)\gamma} \leqslant 0.9\sigma_s$$

式中　$|\sigma|$——受外压时应力的绝对值；

γ——焊接系数，可取 $0.6 \sim 0.9$，本次取 0.6；

σ_s——材料的屈服极限，复合钢板弯曲许用应力，为 360MPa；

$P_{水}$——外压水压试验压力，Pa，

$$P_{水} = 水压(2 \times 10^5) + 真空压力(1 \times 10^5) = 3 \times 10^5 \text{Pa} = 0.3\text{MPa}$$

带入数据：　$|\sigma| = \dfrac{0.3 \times [1220 + (8.41 - 2.1)]}{2 \times (8.41 - 2.1) \times 0.6} = 48.6\text{MPa}$

满足：
$$|\sigma| \leqslant 0.9\sigma_s = 324\text{MPa}$$

综上所述，本次试验满足以上全部条件，则所需壁厚符合要求，即 $S = 8.41\text{mm}$。

9.2.3 电热元件的选择和计算

9.2.3.1 电热元件材料的选择

真空热处理电炉的重要部件：电加热器是真空热处理电炉的重要部件，其作用是将电能导入炉内转变成热能，使炉子达到预定的工作温度。电加热器，是由电热元件组成的。炉子的最高温度，炉温均匀性，升温速度，都与电热元件的材料选择，几何尺寸计算和结构等有关。

选择电热元件的基本要点为：

（1）电热元件主要根据炉子的最高使用温度来确定。一般电热元件的工作温度比炉子的最高使用温度高 100 ~ 200℃为宜。

电热元件分为金属和非金属两大类，常见的金属材料有：镍铬合金、铁铬铝合金、钼、钨、钽等；常见的非金属材料有：碳化硅、二硅化钼、石墨等。

参考表 9 - 6 及《工业炉设计手册》，较普遍的选择原则为：

1）炉子最高温度小于 1000℃，选用镍铬合金电热材料；

2）炉子最高温度小于 1200℃，选用铁铬铝合金材料；

3）炉子最高温度大于 1200℃，选用纯金属或石墨材料。

（2）根据炉子的结构特点来选择。如单室油淬真空炉选用能抵抗油蒸气污染的石墨布为宜。

（3）根据热处理工件的特殊要求来确定。如处理镍基合金等精密合金，宜选用钽等纯金属。

（4）选用辐射面积大，辐射效率高，性能比较稳定的材料如石墨布。

（5）选用资源丰富又经济适用的材料。

表 9 - 6　钼、钽、钨、石墨电热元件的允许表面功率　　（W/cm²）

电热元件温度	1000℃	1100℃	1200℃	1300℃	1400℃
钼	30	25	25	20	15
钽	40	40	40	35	30
钨	40	40	40	35	30
石墨	40	40	40	35	30

在本次设计，最高使用温度为 1300℃，因为有些被处理的工件在高温下不允许有碳存在，此时电热元件和隔热屏的材料就不能选用石墨和碳质毡。因此，本设计中选用钼作为电热元件。

钼的纯度在 99.99%，耐高温，电阻系数较小，电阻温度系数高，为使电热元件在升温过程中的功率稳定而必须安装调压器。钼在干燥裂化氨中和部分燃烧的干燥氨中均比较稳定，且蒸汽压在高温时很低，适于在真空炉中应用。

在本设计中，由炉子的工作温度选用钼作为电热元件材料，在升温过程中，元件的功率变化很大，使用时，应附加调压器。通常，采用钼作为电热元件时，是以细丝缠在耐火炉管的外壁上。由表 9-6 可知钼电热元件的表面允许功率为 $W_{许} = 20W/cm^2$。由表 9-7 可知，电压选用 200V。钼的性质见表 9-8。

表 9-7 真空热处理炉电压推荐值 （V）

材料	气体	温度/℃					
		20	1200	1600	1800	2000	2200
电阻合金	空气	200	170	—	—	—	—
石墨	氮	230	200	140	120	90	60
石墨	氩	170	170	100	60	30	25
石墨	氦	120	120	80	60	45	30
钨	氮	250	220	160	140	135	130
钨	氩	170	165	120	95	60	35
钨	氦	120	120	100	90	60	45
钼	氮	240	200	120	60	55	30
铌	氩	160	130	90	40	20	15
碳化铌	氮	190	160	100	80	55	25
碳化铌	氩	150	130	60	30	20	15
碳化铌	氦	110	95	50	25	20	20

表 9-8 纯金属电热元件的性能

元素	密度 /g·cm^{-3}	电阻系数	电阻温度系数	导热系数	比热/kcal· (kg·℃)$^{-1}$	熔点 /℃	热膨胀系数	工作温度/℃		黑度
								正常值	最高值	
钼	10.22	0.052	471	122.4	0.66	2625	4.9	—	1800	0.1~0.3
钨	19.3	0.051	482	142.9	0.034	3380	4.6 (20℃)	—	2400	0.03~0.3
钽	16.67	0.131	385	46.8	0.034	2980	6.55	—	2200	0.2~0.3

注：表中电阻系数为 0℃时的值，最高工作温度是指在真空中的数值。

9.2.3.2 电热元件在工作温度下的电阻

当炉温为 900℃时，电热元件温度取 1200℃，选用钼做电热元件，保护气体选用氮气。由表 9-7 可知，电压选用 200V。采用 Y-Y 型接法，即三相双星形接法，由表 9-9 知，$n = 6$。已知炉子的额定功率为 320kW，故每个加热元件的功率为：

$$N = 320 \div 6 = 53.3kW$$

由总电阻公式：

$$R_t = U^2 / (N \times 1000)$$

式中　U——加热元件所加电压，V；

　　　N——额定功率，kW。

代入数据得：

$$R_t = 200^2 / (320 \times 1000) = 0.125\Omega$$

表 9 - 9   电热元件的接线方法及电工公式

接线名称	元件数目	总电阻/Ω	总功率/kW	接线名称	元件数目	总电阻/Ω
串 联	n	$R = nr$	$P = \dfrac{V^2}{10^3 nr}$	双星形	6	$R = \dfrac{r}{2}$
并 联	n	$R = \dfrac{r}{n}$	$P = \dfrac{nV^2}{10^3 r}$	双三角形	6	$R = \dfrac{r}{6}$
串—并（先串后并）	mn	$R = \dfrac{mr}{n}$	$P = \dfrac{nV^2}{10^3 mr}$	串—星（先串再联星）	$3n$	$R = nr$
并—串（先串后并）	mn	$R = \dfrac{nr}{m}$	$P = \dfrac{V^2}{10^3 r}$	串—角（先串再联角）	$3n$	$R = \dfrac{nr}{3}$
星 形	3	$R = r$	$P = \dfrac{3V^2}{10^3 r}$	并—星（先并再联星）	$3n$	$R = \dfrac{r}{n}$

9.2.3.3   温度1000℃时电热元件的电阻率

电热元件在可控气氛中长期使用温度见表 9 - 10。

表 9 - 10   电热元件在可控气氛中长期使用温度

电热元件材料	在下列可控气氛中的长期使用温度/℃							
	空气	还原气氛氢或分解氨	含氢15%的放热气氛	一氧化碳吸热气氛	渗碳气氛	含硫的氧化或还原气氛	含铝锌的还原气氛	真空
Cr20Ni80	<1150	<1180	<1150	<1010	不	不	不	<1150
Cr15Ni60	<1010	<1010	<1010	<930	不	不	不	<1010
FeCr20Ni35	<930	<930	<930	<870	不	<930	<930	—
FeCr23Al5Co1	<1150	<1150	不	不	不	含硫氧化性气氛	不	—
FeCr37，FeAl75	<1320	<1290	不	不	不	含硫氧化性气氛	不	—
Mo	不	<1650	不	不	不	不	不	<1650
W	不	<2480	不	不	不	不	不	2000
碳化硅	<1450	<1200	<1370	<1370	不	<1390	<1370	不
石 墨	不	<2480	不	<2480	<2480	含硫还原性气氛	<2480	2000

由公式：

$$\rho_t = \rho_{20}(1 + \alpha t)$$

式中 ρ_t——加热体在工作温度的电阻率，$\Omega \cdot mm^2/m$；

      ρ_{20}——加热体在20℃的电阻率，$\Omega \cdot mm^2/m$；

      α——电阻温度系数，$1/℃$；

      t——温度，℃。

由表 9 - 8 查得钼在 20℃的电阻率为 $0.054\Omega \cdot mm^2/m$，电阻温度系数 α 为 $4.71 \times 10^{-3}℃^{-1}$，加热炉工作温度为900℃时，代入数据得：

$$\rho_{900} = 0.054 \times (1 + 4.71 \times 10^{-3} \times 900) = 0.283\Omega \cdot mm^2/m$$

9.2.3.4 电热元件尺寸的计算

A 电热元件直径 d 的确定

本设计中采用电阻丝加热体，有公式并带入数据：

$$d = 34.4 \times \left(\frac{N^2 \rho_t}{U^2 W_{许}}\right)^{\frac{1}{3}} = 34.4 \times \left(\frac{320^2 \times 0.283}{200^2 \times 20}\right)^{\frac{1}{3}} = 11.4\text{mm}$$

B 电热元件长度的确定

本设计中采用电阻丝加热体，则由公式：

$$l = 0.785 \times 10^{-3} \times \frac{d^2 U^2}{N\rho_t}$$

式中　d——电热元件的直径，m；

　　　U——加热元件所加电压，V；

　　　N——额定功率，kW；

　　　ρ_t——加热体在工作温度的电阻率，$\Omega \cdot \text{mm}^2/\text{m}$。

带入数据得电阻丝长度为：

$$l = 0.785 \times 10^{-3} \times \frac{U^2 d^2}{N\rho_t}$$

$$= 0.785 \times 10^{-3} \times \frac{200^2 \times 11.4^2}{320 \times 0.283} = 44.9\text{m}$$

C 校核电热元件表面负荷

已知电热元件的表面允许功率 $W_{许} = 20\text{W/cm}^2$，由表 9-6 查得钼电热元件的表面允许功率为 $W_{许} = 20\text{W/cm}^2$。

$$W_{实} = \frac{P_{组}}{\pi d l_{组}} = \frac{1000 \times 320}{3.14 \times 1.14 \times 4490} = 19.91\text{W/cm}^2$$

所以，$W_{实} < W_{允}$，结果满足设计要求。

9.2.3.5 电热元件的表面积

$$F_{热} = \pi d l = 3.14 \times 11.4 \times 10^{-3} \times 44.9 = 1.61\text{m}^2$$

9.2.3.6 电热元件根数的确定

纯金属电热丝加工性不好，较脆不易弯折，经常使用数根直径为 1~3mm 的丝并联扎起以代替单根较粗电热丝。同时应保证电阻不变，则：

$$\pi d^2/4 = n\pi d_1^2/4$$

得：

$$n = d^2/d_1^2 = \frac{11.4}{2} \approx 6 \text{ 根}$$

9.2.3.7 电热元件寿命的计算

电热元件的寿命，在理想情况下取决于电热元件的蒸发速度。由于电热元件的蒸发，造成了它的质量损失，当质量损失致使电热元件的电阻增长 15%~20% 的时间，称为电热元件的寿命。电热元件在一定温度下，元素的蒸发速度 v 按下式计算：

$$v = 775.4 P_s \sqrt{M/T}$$

式中　v——元素蒸发速度，$\text{g/(cm}^2 \cdot \text{s)}$；

P_s——元素饱和蒸汽压，Pa；

M——元素分子量，g；

T——电热元件绝对温度，K。

钼的相对分子质量为 95.94g，查表 9 - 11 得饱和蒸汽压为 1×10^{-6} Pa，工件工作温度为 900℃，带入数据：

$$v = 775.4 \times 1 \times 10^{-6} \times \sqrt{\frac{95.94}{900 + 273}} = 2.2 \times 10^{-4} \ g/(cm^2 \cdot s)$$

对于圆形截面的电热元件，使用寿命 τ 按下式计算：

$$\tau = 1.48 \times 10^{-5} \times \frac{d\rho}{v}$$

式中　τ——电热元件使用寿命，h；

　　　d——电热元件直径，cm；

　　　ρ——电热元件密度，g/cm^3；

　　　v——电热元件材料元素挥发速度，$g/(cm^2 \cdot h)$。

已经计算得元件直径 d 为 1.14cm，查表 9 - 11 得钼的密度 $\rho = 10.22 g/cm^3$，带入数据得：

$$\tau = 1.48 \times 10^{-5} \times \frac{1.14 \times 10.22}{2.2 \times 10^{-4} \div 60 \div 60} = 2821.6h$$

表 9 - 11　真空热处理炉使用的几种高温电热元件材料性能

项　　目	钼	钨	钽	石墨	温度/℃
最高使用温度/℃	1650	2600	2200	2300	
密度/$g \cdot cm^{-3}$	10.2	19.6	15.6	2.2	
熔点/℃	2685 ± 50	3400 ± 50	3000 ± 50	3700 ± 50	
比热容/$J \cdot (g \cdot ℃)^{-1}$	0.259	0.142	0.142	0.711	20
	—	—	0.159	1.254	1000
	—	0.184	—	1.672	1500
	0.384	0.195	0.184	—	2000
电阻率/$\Omega \cdot mm^2 \cdot m^{-1}$	0.054	0.055	0.126		20
	0.27	0.33	0.54		1000
	0.43	0.50	0.72		1500
	0.50	0.66	0.87		2000
电阻温度系数/$℃^{-1}$	5.5×10^{-3}	5.5×10^{-3}	3.3×10^{-1}	1.26×10^{-3}	
线膨胀系数（$\times 10^{-7}$）/$℃^{-1}$	56	44.4	65		20
	—	—	66		50
	—	51.9	—		1000
	—	—	80		1500
	—	72.6	—		2000

项　目	钼	钨	钽	石墨	温度/℃
热导率/W·(cm·℃)$^{-1}$	1.463	—	—	1.317	20
		0.961	—	0.920	500
	0.986	1.170	0.464	0.543	1000
	—	1.338	0.422	0.251	1500
		1.484	0.397	0.107	2000
蒸汽压力/Pa	1×10^{-6}			1.5×10^{-7}	1500
	4×10^{-3}		5.6×10^{-6}	2.2×10^{-3}	2000
	1.3		4×10^{-3}	2.2	2500
蒸发速度/mg·(cm^2·h)$^{-1}$	3.1×10^{-4}	1.3×10^{-10}			1630
	3.8×10^{-3}	5.3×10^{-8}	5.9×10^{-6}		1730
	180	7.6×10^{-6}	3.4×10^{-4}		1930
	—	4.5×10^{-5}	1.1×10^{-2}		2130
		1.4×10^{-2}	2×10^{-3}		2330
		2.7×10^{-1}	2.5		2530
黑　度	0.1～0.3	0.03～0.3	0.2～0.3	0.95	
与耐火材料的反应性	1900℃	1900℃	1900℃	—	Al_2O_3
	1800℃	2500℃	1600℃	2300℃	BeO
	1800℃	2000℃	1800℃	1800℃	MgO
成　分	Mo	W	Ta	C	
特性和用途	中高温用，加工性良好，抗氧化性差	高温用，加工性良好，与水蒸气不可共存	高温用，加工性差，在氢气体中不可用	高温用，加工性良好，还原性保护气氛中使用	

可见，该电热元件的寿命为 117 天。其实，影响真空炉电热元件寿命的因素是多方面的，除了元素的蒸发以外，还有炉子温度、真空度、压升率、电热元件表面功率及其结构等。因此，电热元件寿命很难用一个简单的公式算出。

9.2.4　其他部件的设计计算

9.2.4.1　炉床的设计

炉床是真空热处理炉支撑停放工件的装置，一般都位于炉子有效加热区的下方，其结构因炉子结构要求而异，其材料根据炉子温度和工艺要求而定。1300℃炉温的炉床最常用的材料是钼和石墨，本次设计采用金属辐射屏和金属电热元件故炉床所选用的材料为钼。

炉床支撑于炉壳之上，是通过热传导造成热损失的环节。金属也好，石墨也好，往往热导率较大，为了减少热损失，设计时要考虑热绝缘。一般采用热导率小、强度大和耐温性好的结构件安装在炉壳上再与支撑件连接。

9.2.4.2　热电偶测温装置

热电偶作为测温和控温装置的感温元件，是真空热处理炉加热室要的测试装置，真空炉上要保证热电偶丝的引出必须符合真空密封的要求。本设计中真空炉的最高使用温度达1300℃，因此采用钨铼热电偶作为热电偶丝，采用可耐温 1600~1700℃ 的高纯氧化铝管作为保护材料。

9.2.5　炉子热平衡计算

热平衡方程式为：

$$Q_总 = Q_{有效} + Q_{损失} + Q_蓄$$

式中　$Q_总$——加热器发出的总热量，kJ/h；

$\quad\quad Q_{有效}$——有效热消耗，即加热工件及夹具所消耗的热量，kJ/h；

$\quad\quad Q_{损失}$——无功热损失，kJ/h；

$\quad\quad Q_蓄$——加热过程中炉子结构蓄热消耗的能量，kJ/h。

为求出炉子的总功率，将对以上功率进行分别求算。

9.2.5.1　有效热消耗的计算

有公式：

$$Q_{有效} = Q_工 + Q_夹$$

式中　$Q_工$——工件加热消耗的热量，kJ/h；

$\quad\quad Q_夹$——夹具加热消耗的热量，kJ/h。

另外有：

$$Q_工 = GC_m(t_1 - t_0)$$

式中　G——炉子生产率，kg/h，本次设计中，取 G 为最大装炉量700kg/h；

$\quad\quad C_m$——工件在温度 t_1 和 t_0 时的平均比热容，kJ/(kg·℃)；

$\quad\quad t_1$——工件的最终温度，一般取炉温，℃，本次设计中取 1200℃；

$\quad\quad t_0$——工件的起始温度，一般取室温，℃，本次设计中取 20℃。

$Q_夹$ 的计算与 $Q_工$ 相同。由设计要求可知 G 为 700kg/h，$t_1 = 1200℃$，$t_0 = 20℃$。

常用金属的平均比热容如表 9-12 所示，查表 9-12 可知 $C_m = 0.5041$kJ/(kg·℃)。

代入数据得：

$$Q_工 = 700 × 0.5041 × (1200 - 20) = 416386.6\text{kJ}$$

对夹具热消耗的计算，公式与工件的热消耗相同，取：$C_夹 = 0.5852$kJ/(kg·K)，$G = 80$kg/h，$t_1 = 1200℃$，$t_0 = 20℃$。代入数据得：

$$Q_夹 = 80 × 0.5852 × (1200 - 20) = 55242.9\text{kJ/h}$$

综上：

$$Q_{有效} = Q_工 + Q_夹 = 416386.6 + 55242.9 = 471629.5\text{kJ/h}$$

表 9-12　金属的平均比热容

钢　种	温度/℃	比热容/kJ·(kg·℃)$^{-1}$	钢　种	温度/℃	比热容/kJ·(kg·℃)$^{-1}$
含 10% Ni 钢	30~250	0.4945	变压器钢	0~700	0.6287
含 20% Ni 钢	30~250	0.4983	钨　钢	20	0.4389
含 40% Ni 钢	30~250	0.5162	不锈钢	0	0.5041
含 60% Ni 钢	30~250	0.5016	低合金钢	20~100	0.4598~0.4807
25%~30% Cr	13~200	0.627	灰铸铁	20~100	0.5016~0.5434
0.1%~0.3% C	13~200	0.5852			

9.2.5.2 无功热消耗的计算

有公式：
$$Q_{损失} = Q_1 + Q_2 + Q_3 + Q_4$$

式中 Q_1——通过隔热屏辐射给冷壁的热损失，kJ/h；

$\quad\quad Q_2$——水冷电极传导的热损失，kJ/h；

$\quad\quad Q_3$——热短路造成的热损失，kJ/h；

$\quad\quad Q_4$——其他热损失，kJ/h。

A　通过隔热屏辐射给水冷壁的热损失 Q_1

部分材料的辐射黑度见表 9-13。

表 9-13　部分材料的辐射黑度

材料及特性	温度/℃	黑度	材料及特性	温度/℃	黑度
钼丝	725 ~ 2600	0.096 ~ 0.202	碳钢表面粗糙	100 ~ 320	0.77
钼	1000	0.096	碳板石墨化	300 ~ 320	0.75 ~ 0.76
	1200	0.121	碳化硅	580 ~ 800	0.88 ~ 0.95
	1400	0.145	耐火黏土砖	1100	0.75
	1600	0.168	镁砖	1000	0.38
	1800	0.189	碳化硅	580 ~ 800	0.88 ~ 0.95
钨丝	1200K	0.138	刚玉砖	1000	0.46
	2000K	0.259	高铝砖	1400	0.29
	3400K	0.348	严重生锈钢表面	50 ~ 500	0.88 ~ 0.98
轧制钢板	50	0.56	磨光不锈钢表面	100	0.074

由表 9-13 可知，已知电热元件、隔热屏的黑度为：$\varepsilon_{热} = 0.95$；$\varepsilon_1 = 0.133$；$\varepsilon_2 = 0.096$；$\varepsilon_3 = 0.096$；$\varepsilon_4 = \varepsilon_5 = \varepsilon_6 = 0.5$；$\varepsilon_7 = 0.56$。

则导热辐射系数：

$$C_{热1} = \frac{4.96}{\dfrac{1}{\varepsilon_{热}} + \dfrac{F_{热}}{F_1}\left(\dfrac{1}{\varepsilon_1} - 1\right)} = \frac{4.96}{\dfrac{1}{0.95} + \dfrac{1.602}{7.85}\left(\dfrac{1}{0.133} - 1\right)}$$

$$= 2.081 \text{kJ}/(\text{m}^2 \cdot \text{h} \cdot \text{K}^4)$$

式中 F_1——隔热屏第一层面积 8.81m^2；

$\quad\quad F_{热}$——加热元件的表面积 1.605m^2。

$$C_{热1} = \frac{4.96}{\dfrac{1}{\varepsilon_{热}} + \dfrac{F_{热}}{F_1}\left(\dfrac{1}{\varepsilon_1} - 1\right)} = \frac{4.96}{\dfrac{1}{0.95} + \dfrac{1.605}{8.81}\left(\dfrac{1}{0.133} - 1\right)}$$

$$= 2.214 \text{kJ}/(\text{m}^2 \cdot \text{h} \cdot \text{K}^4)$$

同样得：

$$C_{12} = \frac{4.96}{\dfrac{1}{\varepsilon_1} + \dfrac{F_1}{F_2}\left(\dfrac{1}{\varepsilon_2} - 1\right)} = \frac{4.96}{\dfrac{1}{0.133} + \dfrac{8.81}{9.07}\left(\dfrac{1}{0.096} - 1\right)}$$

$$= 0.298 \text{kJ}/(\text{m}^2 \cdot \text{h} \cdot \text{K}^4)$$

$$C_{23} = \frac{4.96}{\frac{1}{\varepsilon_2} + \frac{F_2}{F_3}\left(\frac{1}{\varepsilon_3} - 1\right)} = \frac{4.96}{\frac{1}{0.096} + \frac{9.07}{9.34}\left(\frac{1}{0.096} - 1\right)}$$

$$= 0.254 \text{kJ/(m}^2 \cdot \text{h} \cdot \text{K}^4)$$

$$C_{34} = \frac{4.96}{\frac{1}{\varepsilon_3} + \frac{F_3}{F_4}\left(\frac{1}{\varepsilon_4} - 1\right)} = \frac{4.96}{\frac{1}{0.096} + \frac{9.34}{9.62}\left(\frac{1}{0.5} - 1\right)}$$

$$= 0.436 \text{kJ/(m}^2 \cdot \text{h} \cdot \text{K}^4)$$

$$C_{45} = \frac{4.96}{\frac{1}{\varepsilon_4} + \frac{F_4}{F_5}\left(\frac{1}{\varepsilon_5} - 1\right)} = \frac{4.96}{\frac{1}{0.5} + \frac{9.62}{9.89}\left(\frac{1}{0.5} - 1\right)}$$

$$= 1.669 \text{kJ/(m}^2 \cdot \text{h} \cdot \text{K}^4)$$

$$C_{56} = \frac{4.96}{\frac{1}{\varepsilon_5} + \frac{F_5}{F_6}\left(\frac{1}{\varepsilon_6} - 1\right)} = \frac{4.96}{\frac{1}{0.5} + \frac{9.89}{10.17}\left(\frac{1}{0.5} - 1\right)}$$

$$= 1.669 \text{kJ/(m}^2 \cdot \text{h} \cdot \text{K}^4)$$

$$C_{6\text{冷}} = \frac{4.96}{\frac{1}{\varepsilon_6} + \frac{F_6}{F_\text{冷}}\left(\frac{1}{\varepsilon_\text{冷}} - 1\right)} = \frac{4.96}{\frac{1}{0.5} + \frac{10.17}{10.46}\left(\frac{1}{0.56} - 1\right)}$$

$$= 1.795 \text{kJ/(m}^2 \cdot \text{h} \cdot \text{K}^4)$$

$$Q_1 = \frac{\left(\frac{T_\text{热}}{100}\right)^4 - \left(\frac{T_\text{冷}}{100}\right)^4}{\frac{1}{C_{\text{热}1} \times F_\text{热}} + \frac{1}{C_{12} \times F_1} + \frac{1}{C_{23} \times F_2} + \frac{1}{C_{34} \times F_3} + \frac{1}{C_{45} \times F_4} + \frac{1}{C_{56} \times F_5} + \frac{1}{C_{6\text{冷}} \times F_6}}$$

式中　$T_\text{热}$——电热元件的绝对温度，按高于炉子工作温度的100℃计算，即 $T_\text{热} = 1573\text{K}$；
　　　$T_\text{冷}$——炉内壁的绝对温度，按设计计算得 $T_\text{冷} = 273\text{K}$。

$$Q_1 = \frac{\left(\frac{1573}{100}\right)^4 - \left(\frac{273}{100}\right)^4}{\frac{1}{2.214 \times 1.605} + \frac{1}{0.298 \times 8.81} + \frac{1}{0.254 \times 9.07} + \cdots + \frac{1}{1.795 \times 10.17}}$$

$$= 46179.6 \text{kJ/h}$$

各层隔热屏辐射温度的计算：

第一层：

$$\left(\frac{T_1}{100}\right)^4 = (T_\text{热}/100)^4 - Q_1\left(\frac{1}{C_{\text{热}1} \times F_\text{热}}\right)$$

代入数据，计算得：

$$T_1 = 1466\text{K}; \quad 即 \ t_1 = 1193℃$$

第二层：

$$\left(\frac{T_2}{100}\right)^4 = (T_\text{热}/100)^4 - Q_1\left(\frac{1}{C_{\text{热}1} \times F_\text{热}} + \frac{1}{C_{12} \times F_1}\right)$$

带入数据，计算得：

$$T_2 = 1227\text{K}；\text{即}\ t_2 = 954\text{℃}$$

第三层：

$$\left(\frac{T_3}{100}\right)^4 = (T_{\text{热}}/100)^4 - Q_1\left(\frac{1}{C_{\text{热}1} \times F_{\text{热}}} + \frac{1}{C_{12} \times F_1} + \frac{1}{C_{23} \times F_2}\right)$$

代入数据，计算得：

$$T_3 = 965\text{K}；\text{即}\ t_3 = 692\text{℃}$$

第四层：

$$\left(\frac{T_4}{100}\right)^4 = (T_{\text{热}}/100)^4 - Q_1\left(\frac{1}{C_{\text{热}1} \times F_{\text{热}}} + \frac{1}{C_{12} \times F_1} + \frac{1}{C_{23} \times F_2} + \frac{1}{C_{34} \times F_3}\right)$$

把各项数据代入上述公式，计算得：

$$T_4 = 826\text{K}；\text{即}\ t_3 = 553\text{℃}$$

第五层：

$$\left(\frac{T_5}{100}\right)^4 = (T_{\text{热}}/100)^4 - Q_1\left(\frac{1}{C_{\text{热}1} \times F_{\text{热}}} + \frac{1}{C_{12} \times F_1} + \frac{1}{C_{23} \times F_2} + \frac{1}{C_{34} \times F_3} + \frac{1}{C_{45} \times F_4}\right)$$

代入数据，计算得：

$$T_5 = 673\text{K}；\text{即}\ t_5 = 400\text{℃}$$

第六层：

$$\left(\frac{T_6}{100}\right)^4 = \left(\frac{T_{\text{热}}}{100}\right)^4 - Q_1\left(\frac{1}{C_{\text{热}1} \times F_{\text{热}}} + \frac{1}{C_{12} \times F_1} + \frac{1}{C_{23} \times F_2} + \frac{1}{C_{34} \times F_3} + \frac{1}{C_{45} \times F_4} + \frac{1}{C_{56} \times F_5}\right)$$

代入数据，计算得：

$$T_6 = 520\text{K}；\text{即}\ t_6 = 247\text{℃}$$

水冷夹层内壁：

$$\left(\frac{T_{\text{冷}}}{100}\right)^4 = \left(\frac{T_{\text{热}}}{100}\right)^4 - Q_1\left(\frac{1}{C_{\text{热}} \times F_{\text{热}}} + \frac{1}{C_{12} \times F_1} + \frac{1}{C_{23} \times F_2} + \frac{1}{C_{34} \times F_3} + \frac{1}{C_{45} \times F_4} + \frac{1}{C_{56} \times F_5} + \frac{1}{C_{6\text{冷}} \times F_6}\right)$$

$$T_{\text{冷}} = 375\text{K}；\text{即}\ t_{\text{冷}} = 102\text{℃}$$

验算结果与前面设计的各隔热层温度相近，符合要求。

B　水冷电极传导的热损失 Q_2

$$Q_2 = n\rho\frac{\pi d^2}{4}vC(t_1 - t_2)$$

式中　Q_2——水冷电极传导热损失，kJ/h；

n——水冷电极数；

ρ——水的密度，kg/m³；

d——水管直径，m；一般取 0.006 ~ 0.010m；

v——水的流速，m/h；对软水一般取 0.8 ~ 1.2m/s，对中等硬度的水取 1.2 ~ 3m/s；

C——水的比热容，kJ/(kg·℃)；

t_1——冷却水出口温度，℃；一般取 30 ~ 35℃，对于硬水为了防止积垢应不超过 35℃；

t_2——冷却水入口温度，℃；一般取 20 ~ 25℃，根据一些设计单位的经验，一个水冷电极消耗功率约 0.5 ~ 1kW。

取水冷电极数 n 为 12；水的密度 ρ 为 $1000kg/m^3$；水的比热容 C 为 $4.2kJ/(kg \cdot ℃)$；水管直径 d 为 $0.008m$；水的流速 v 为 $1.0m/s$；冷却水出口温度 t_1 为 $30℃$；冷却水入口温度为 $20℃$，则有：

$$Q_2 = n\rho \frac{\pi d^2}{4} vC(t_1 - t_2)$$

$$= 12 \times 1000 \times \frac{3.14 \times 0.008^2}{4} \times 1.0 \times 3600 \times 4.2 \times (30 - 20) = 91155.5kJ/h$$

C　热短路损失 Q_3

该项热损失，包括隔热层支撑件与炉壁连接热传导损失，炉床或工件支撑架短路传导损失，以及其他热短路损失等。这部分热损失很难精确计算；据经验，这部分热损失大约为 Q_1 的 5% ~10% 左右。

即：$\qquad\qquad Q_3 = (5\% \sim 10\%)Q_1$，取 $Q_3 = 8\%Q_1$

D　其他热损失 Q_4

其他热损失包括：加热电偶导出装置，真空管道、观察孔、风扇装置等的热损失。这部分的热损失也很难精确计算。根据经验，这部分热损失大约为 Q_1 的 3% ~5% 左右。

$$Q_4 = (3\% \sim 5\%)Q_1，取 Q_4 = 4\%Q_1$$

综上所述，总的热损失为：

$$Q_{损失} = Q_1 + Q_2 + Q_3 + Q_4 = Q_1 + Q_2 + 0.08Q_1 + 0.04Q_1 = 1.12Q_1 + Q_2$$

$$= 1.12 \times 46179.6 + 91155.5 = 181314.8kJ/h$$

式中　$Q_{损失}$——无功热损失，kJ/h；

$\qquad Q_1$——通过隔热层辐射给水冷壁的热损失，kJ/h；

$\qquad Q_2$——水冷电极传导的热损失，kJ/h；

$\qquad Q_3$——短路造成的热损失，kJ/h；

$\qquad Q_4$——其他热损失，kJ/h。

9.2.5.3　计算结构蓄热量

炉子结构蓄热消耗是指炉子从室温加热至工作温度，并达到稳定状态即热平衡时炉子结构件所吸收的热量，对于连续式炉，这部分消耗可不计算。对于周期式炉，此项消耗是相当大的，它直接影响炉子的升温时间，对确定炉子功率有很重要的意义。

炉子结构热量是隔热层、炉壳内壁等热消耗之总和，有：

$$Q_{蓄} = \sum GC_m \Delta t / \tau$$

式中　$Q_{蓄}$——结构蓄热量，kJ/h；

$\qquad G$——结构件重量，kg；

$\qquad C_m$——结构件材料的平均比热容，$kJ/(kg \cdot ℃)$；

$\qquad \Delta t$——结构件增加的温度，℃；

$\qquad \tau$——炉子的升温时间，h。

A　金属隔热层的蓄热量

第一层：

$$G_1 = \rho_{钼} F_1 b_1 = 10.2 \times 10^3 \times 8.81 \times 0.3 \times 10^{-3} = 26.959kg$$

$$q_1 = G_1 C_m(t_1 - t_0) = 26.959 \times 0.259 \times (1192.8 - 20) = 8189kJ$$

第二层：

$$G_2 = \rho_{钼} F_2 b_2 = 10.2 \times 10^3 \times 9.07 \times 0.3 \times 10^{-3} = 27.754 \text{kg}$$

$$q_2 = G_2 C_m (t_2 - t_0) = 27.754 \times 0.259 \times (954.2 - 20) = 6715 \text{kJ}$$

第三层：

$$G_3 = \rho_{钼} F_3 b_3 = 10.2 \times 10^3 \times 9.34 \times 0.3 \times 10^{-3} = 28.580 \text{kg}$$

$$q_3 = G_3 C_m (t_3 - t_0) = 28.580 \times 0.259 \times (691.6 - 20) = 4971 \text{kJ}$$

第四层：

$$G_4 = \rho_{钼} F_4 b_4 = 7.9 \times 10^3 \times 9.62 \times 0.6 \times 10^{-3} = 45.599 \text{kg}$$

$$q_4 = G_4 C_m (t_4 - t_0) = 45.5988 \times 0.5041 \times (552.6 - 20) = 12243 \text{kJ}$$

第五层：

$$G_5 = \rho_{钼} F_5 b_5 = 7.9 \times 10^3 \times 9.89 \times 0.6 \times 10^{-3} = 46.879 \text{kg}$$

$$q_5 = G_5 C_m (t_5 - t_0) = 46.879 \times 0.5041 \times (400.4 - 20) = 8989 \text{kJ}$$

第六层：

$$G_6 = \rho_{钼} F_6 b_6 = 7.9 \times 10^3 \times 10.17 \times 0.6 \times 10^{-3} = 48.206 \text{kg}$$

$$q_6 = G_6 C_m (t_6 - t_0) = 48.206 \times 0.5041 \times (246.9 - 20) = 5514 \text{kJ}$$

B 炉壳内壁等结构

炉壳内壁重量：

$$G_{内} = \rho_{钢} F_{内} b_{内} = 7.9 \times 10^3 \times 10.46 \times 8.41 \times 10^{-3} = 694.952 \text{kg}$$

由于内壁温度由内到外依次降低，内部温度为 100℃，外部温度为 20℃。

则：

$$q_{冷} = \frac{1}{2} G_{冷} C_m (t_{冷} - t_0) = 0.5 \times 728.87 \times 0.4682 \times (100 - 20) = 13650 \text{kJ}$$

则：

$$Q_{蓄} = \frac{\sum G C_m \Delta t}{\tau} = \frac{q_1 + q_2 + \cdots + q_{冷}}{\tau}$$

$$= (8189 + 6715 + \cdots + 13650)/1 = 210271 \text{kJ/h}$$

9.2.5.4 确定的炉子功率

用热平衡法确定炉子总功率。真空热处理电炉，是将电功率转变为热功率，两者应相平衡。

空载升温功率 $N_{空}$ 为：

$$N_{空} = Q_{损失} + Q_{蓄} = \frac{181315 + 210271}{3595} = 109 \text{kW}$$

式中　3595——换算系数，3595kJ = 1kW

炉子总功率 $N_{总}$：

$$Q_{总} = Q_{有效} + Q_{损失} + Q_{蓄} = 471629 + 181315 + 210271 = 863216 \text{kJ/h}$$

$$N_{总} = K \frac{Q_{有效} + Q_{损失} + Q_{蓄}}{3595} = K \frac{Q_{总}}{3595}$$

式中　K——安全系数。

考虑到炉子使用过程中指标会降低，供电电压波动，电热元件电阻变化等，所以必须有一定的功率储备，对于连续作业炉，$K = 1.1 \sim 1.2$，对于周期作业炉，$K = 1.2 \sim 1.3$。本

设计取 K 为1.3，则有：

$$N_{\text{总}} = K\frac{Q_{\text{总}}}{3595} = 1.3 \times \frac{863216}{3595} \approx 312\text{kW}$$

显然，计算达到的功率值与炉子所要求的设计功率320kW相近，则取炉子功率为320kW。

9.2.5.5　空载升温时间的计算

空载升温时间是真空热处理炉，尤其是周期作业炉的一项重要技术指标。

空载升温时间 τ 的计算公式：

$$\tau = \frac{Q_{\text{蓄}}/3595}{0.8N_{\text{总}} - 0.8Q_{\text{损失}}/3595} = 0.28\text{h}$$

9.2.6　冷却系统的设计

冷却设备也是热处理的主要设备。在热处理过程中，工件加热以后，需要以不同的冷却速度进行冷却，以获得所要求的组织和性能。冷却设备的结构和性能直接影响到热处理效果和产品质量。淬火槽是为工件淬火提供足够冷却能力的设备。淬火油槽是供工件进行油淬火用的，一般由槽体、搅拌器、加热器和冷却装置等构成，其底部或侧壁下部设有事故放油管。槽体的容积、深度和形状根据工件的形状、尺寸和淬火油的需要量来决定。

9.2.6.1　淬火油质量的计算

可根据热平衡方法计算，但计算结果往往偏低，一般不作详细计算，而用经验估算的方法来确定淬火介质的需求量。通常，置换冷却的淬火槽，淬火介质的重量等于同时淬火工件重量的3~7倍；蛇形管冷却的淬火槽，采用7~12倍；自然冷却的淬火槽，采用12~15倍（两次淬火之间时间必须在5~12h）。

本次设计的淬火油槽属于置换冷却的淬火槽，淬火介质的质量应等于同时淬火工件质量的3~7倍。取同时淬火工件重量为最大装炉量700kg，则所需淬火油的质量：

$$m'_{\text{油}} = (3 \sim 7) \times 700 = 2100 \sim 4900\text{kg}, \text{取 } m'_{\text{油}} = 3700\text{kg}$$

应该指出，这样确定的淬火介质量为有效需要量。对于水及水溶液即为实际需要量；对于油类，因其流动性较差，有效量通常取80%~90%，因此实际需要量应为：

$$m_{\text{油}} = (1.1 \sim 1.25)m'_{\text{油}} = (1.1 \sim 1.25) \times 3700 = 4070 \sim 4625\text{kg}$$

取

$$m_{\text{油}} = 4400\text{kg}$$

用油的简单计算方法验算：

设淬火温度为工作温度900℃，室温为20℃，淬火前的油温为20℃，淬火后的油温为70℃，一次淬入的质量为700kg，则钢件的热量为：

$$700\text{kg} \times (900℃ - 70℃) \times 0.67\text{kJ}/(\text{kg} \cdot ℃) = 389270\text{kJ}$$

油的温度上升为：

$$70℃ - 20℃ = 50℃$$

在一次淬火周期中，1kg油的温度上升50℃时所需的热量为（油的平均比热容为1.80kJ/(kg·℃)）：

$$1.80 \times 50 = 90\text{kJ/kg}$$

则所需冷却油量为：389270÷90=4325kg，与经验计算所得的淬火油量基本相符。

也可以采用下述方法计算淬火所需油的质量：根据热平衡原理可知，淬火工件放出的热量等于淬火液所吸收的热量，即：

$$G(C_{g1}t_{g1} - C_{g2}t_{g2}) = VC(t_2 - t_1)$$

所以：
$$V = \frac{G(C_{g1}t_{g1} - C_{g2}t_{g2})}{C(t_2 - t_1)}$$

式中　V——淬火液的体积，m^3；

　　　　G——每次淬火工件的总质量，250kg；

　t_{g1}，t_{g2}——工件的加热温度和冷却终止温度，℃；

C_{g1}，C_{g2}——工件在 t_{g1}、t_{g2} 时的平均比热。当钢件加热到850℃时，$C_{g1} \approx 0.71$kJ/(kg·℃)；

　　　　　　　　冷却到150℃时，$C_{g2} \approx 0.50$kJ/(kg·℃)；

　t_1，t_2——淬火液的开始和终止温度，对于油，$t_1 = 30 \sim 40$℃，$t_2 = 70 \sim 80$℃；

　　　　C——淬火液在 t_1 至 t_2 时的平均比热，$(1.88 \sim 2.09) \times 1000$kJ/($m^3$·℃)。

所以，当 $t_{g1} = 1300$℃，$t_{g2} = 150$℃时：$C_{g1} = 0.662$kJ/(kg·℃)，$C_{g2} \approx 0.50$kJ/(kg·℃)；

$t_1 \approx 30 \sim 40$℃，$t_2 \approx 70 \sim 80$℃，$t_2 - t_1 \approx 40$℃；$C = (1.88 \sim 2.09) \times 1000$kJ/($m^3$·℃)。

计算得：
$$V = 3.3 m^3$$

淬火油的密度 $\rho = 900$kg/m^3，所以可以得到淬火油的质量为：$G' = 2970$kg。

用热平衡计算或经验估算确定的淬火油的重量为有效需要量。对于水或者水溶液即为实际需要量。对于油类的淬火液，其流动性较差，实际需要量比有效需要量增加 1.1 ~ 1.25 倍。取 1.2 倍则实际淬火油的需要量为：

$$G_{实际} = 1.2 \times G' = 3564 kg$$

$$V_{实际} = 1.2 \times V = 3.96 m^3$$

9.2.6.2　淬火油槽尺寸的确定

A　淬火槽的深度 h 的确定

关于淬火槽的深度，有：

$$h = H + \Delta h_1 + \Delta h_2 + \Delta h_3$$

式中　h——淬火槽的深度，m；

　　　H——工件高度，m；

　Δh_1——淬火时，工件上端距离液面的距离，一般为 0.1 ~ 0.5m，本次设计中取 0.3m；

　Δh_2——淬火时，工件下端距离槽底的距离，一般为 0.1 ~ 0.4m，本次设计中取 0.3m；

　Δh_3——淬火时，工件上下移动的距离，短件取 0.2 ~ 0.5m，长件取 0.5 ~ 1.0m。本次设计中，根据炉子有效尺寸，取工件高度为 1.6m，属于长件，故取 $\Delta h_3 = 0.5$m。

代入以上数据得：

$$h = 1.6 + 0.3 + 0.3 + 0.5 = 2.7 m$$

B　淬火槽的横截面形状和尺寸

本次设计中，淬火油槽采用圆形截面。

已知淬火油密度 $\rho = 900$kg/m^3，则可以得到淬火油的体积为：

$$V = m/\rho = 4400/900 = 4.89 m^3$$

淬火槽横截面面积：

$$A = V/h = 4.89/2.7 = 1.81 \text{m}^2$$

圆形淬火槽直径：

$$D = \sqrt{4A/\pi} = \sqrt{4 \times 1.81/3.14} = 1.52 \text{m}$$

综上，淬火油槽的横截面为圆形，直径 D 为 1.52m。

9.2.6.3 搅拌器的选择

利用搅拌器冷却对淬火质量有很好的作用。搅拌器若设导向装置，则效果更好。常用的搅拌器直径为 200 ~ 400mm，转速为 100 ~ 400r/min。搅拌器所需的最小功率可根据淬火槽容积确定，已知淬火槽容积 $V = S \times H = 4.89$，根据表 9 - 14，搅拌器所需的最小功率为 1.00kW/m³。

表 9 - 14 搅拌器功率与淬火槽容积的关系

淬火槽容积/m³	搅拌器所需最小功率/kW·m⁻³	
	油 槽	水 槽
0.2 ~ 3.6	0.83	0.67
3.6 ~ 9.0	1.00	0.67
9.0 ~ 13.5	1.00	0.83
>13.5	1.17	0.83

9.2.6.4 风扇设计

风扇结构有两种形式，一种是在壳体上接出一个风扇电机支座，支座上安放电机座，支座上同时安放双层水冷风扇电机罩，靠支座上的密封圈密封，风扇轴的支撑靠支座下部的轴承支撑。

另一种结构采用液压马达作驱动力的风扇装置，主要特点是直接利用液压马达的法兰安装面作为静密封面，省掉一个水冷却罩，结构简单，密封可靠。

选用方式以炉子机械动作程序的动力决定。本设计采用液压马达驱动的风扇装置：

(1) 风扇叶轮多采用离心式叶轮，材料为 45 号钢。

(2) 风机的选择。建议真空炉工作空间的空载平均风速取 10m/s 左右为宜。

9.2.6.5 冷却系统设计

A 冷却水消耗量计算

真空炉冷却水总消耗量等于炉壳，炉盖，水冷电极，热交换器及真空系统等冷却水消耗量之和：

$$G_{水} = \frac{Q_{壳} - Q_{散}}{C(t_1 - t_2)}$$

式中 $G_{水}$——炉壳冷却水消耗量，kg/h；

$Q_{壳}$——通过炉壳总的热损失，kJ/h；

$Q_{散}$——通过炉壳散入周围空气的热损失，kJ/h；根据实践经验，一般取 752 ~ 794kJ/(m²·h)；这里取 770kJ/(m²·h)；

C——水的容积比热，取 4180kJ/(m³·℃)；

t_1——出水口水的温度,℃,一般在 40 ~ 45℃左右,这里取 42℃;

t_2——进水口水的温度,℃,一般在 15 ~ 20℃左右,这里取 18℃。

$$Q_{壳} = Q_1 + Q_2 + Q_4 = 46179.6 + 91155.5 + 0.04Q_1 = 139182.3 \text{kJ/h}$$

外壁的参数由内壁参数加上壁厚 S 与水冷区厚度而得,由上节计算数据得知:

$$F_{冷} = 10.46 \text{m}^2$$

$$Q_{散} = 770 \times 10.46 = 8054.2 \text{kJ/h}$$

$$G_{水} = \frac{139182.3 - 8054.2}{4180 \times (42 - 18)} = 1.31 \text{kg/h}$$

B 确定水在水套内的经济流速和当量直径

水流管的当量直径为:

$$d = \sqrt{\frac{4V}{\pi w}}$$

式中 d——当量直径,m;

   w——水的经济流速,m/s;

   V——水的容积流量,m³/s。

所以,水的容积流量为:

$$V = \frac{1.31}{1 \times 3600} = 3.63 \times 10^{-4} \text{ m}^3/\text{s}$$

通常选择软水,其经济流速为 0.8 ~ 1.6m/s,最高不超过 2.5m/s,取 1.5m/s:

$$d = \sqrt{\frac{4 \times 3.63 \times 10^{-4}}{\pi \times 1.5}} \approx 0.018 \text{m}$$

取

$$d = 18 \text{mm}$$

C 求对流换热系数

$$\alpha = 0.094 \left(\frac{dw\rho}{\mu}\right)^{0.8} \left(\frac{\mu C}{\lambda}\right)^{0.4} \frac{\lambda}{d}$$

式中 α——对流换热系数,kJ/(m² · h · ℃);

   d——管的当量直径,m;

   w——水的流速,m/h;

   ρ——水的平均密度,kg/m³,取 1000;

   μ——水的平均黏度,kg/(m · h),取 3.24;

   C——水的平均热导率,kg/(m · h · ℃),取 2.17;

   λ——热导率,kg/(m · h · ℃)。

将数值代入公式,简化为:

$$\alpha = 0.113 \times \frac{(310dw)^{0.8}}{d}$$

$$= 0.113 \times \frac{(310 \times 0.018 \times 1.5)^{0.8}}{0.018} = 24045 \text{kJ/(m}^2 \cdot \text{h} \cdot \text{℃})$$

D 验算水冷炉壁的温度 $t_{壁}$

$$t_{壁} = \frac{205.7N}{\alpha F} + t_{水}$$

式中　N——冷却水带走的热量，kW；

　　　F——冷却壁面积，m^2；

　　　$t_水$——水冷却的平均温度，取250℃。

$$N = \frac{Q_壳 - Q_散}{3595} = \frac{139182.3 - 8054.2}{3595} = 36.5kW$$

所以：

$$t_壁 = \frac{205.7 \times 36.5}{24045 \times 10.46} + 25 = 25.03℃$$

炉体外壁的温度小于100℃，则认为设计合理。

E　冷却水的管道设计

a　进水管径的确定

在求出水的流量和流速后，即可选定进水管径为15mm，出水管径应比其稍大，取18mm。

b　回水管直径的确定

下水管道水的流速为：

$$w_2 = \sqrt{2gh}$$

式中　w_2——下水管道内水流速，m/s；

　　　g——重力加速度，m/s^2；

　　　h——回水箱内水层的高度，m；一般为0.3m以下，取0.2m。

则

$$w_2 = \sqrt{2 \times 9.8 \times 0.2} = 2.0m/s$$

$$F_2 = \frac{V}{w_2}$$

式中　F_2——下水管截面积，m^2；

　　　V——水流量，$1.89 \times 10^{-4} m^3/s$。

$$F_2 = 1.89 \times 10^{-4}/2.0 = 0.0000945m^2$$

$$D = \sqrt{\frac{4F_2}{\pi}} = 0.011m = 11mm$$

经软化后的循环水的出水温度升高，一般出水温度为50~60℃。

水冷系统的安全保护：水压保护和监测，安装水压继电器及水压表；蓄水箱。

9.2.7　真空热处理炉真空系统的设计

真空热处理设备的真空系统通常由获得真空的容器（真空炉）和真空获得设备（真空泵机组）、控制真空和测量真空的组件设备组成。分述如下：

（1）真空泵机组，根据炉子工作压力和抽气量的大小，选配有不同抽速的超高真空泵，高真空泵，中真空泵和低真空泵。

（2）在真空炉室和真空泵机组间配备的各种真空组件或真空元件，如阀门、过滤器、冷阱、波纹管、管路、密封圈结构等。

（3）为了测量真空系统的真空度，在系统的不同位置上设置测量不同压力的真空规管或其他真空仪表，如电离规管、热电偶规管。通常还设有真空压力表和其他真空测量仪表。

（4）真空检漏仪器、真空控制仪器、充气装置等。

9.2.7.1 真空系统方案的确定

典型的真空系统由油扩散泵、罗茨泵和旋片式机械泵组成抽气范围真空度达 $10^{-2} \sim 10^{-4}$Pa。使用时先启动机械泵，当炉内真空度达到 100Pa 时启动罗茨泵使真空度达到 10Pa，再启动扩散泵，使炉内真空度达到 10^{-2}Pa 以上。根据所选的真空泵的极限真空度应比炉子工作真空度高 1 个数量级的原则同时考虑到真空泵应在 $1 \sim 10^{-2}$Pa 真空度范围内有较大的抽气速率。所以，本次设计选取机械增压泵和机械真空泵组成的真空系统即罗茨泵—机械真空泵机组。

9.2.7.2 真空必要抽速计算

真空必要抽速是为了达到所要求的真空度，从炉中抽出气体必须要达到的速度，单位为 L/s，是真空系统很重要的参数，有公式：

$$S_{必} = 5.7 \times 10^{-2} \frac{q_{料} G_{料}}{\tau p} n + 0.57 \times 10^{-2} \frac{q_{衬} V}{\tau p} + 0.16 \times 10^{-5} \frac{q_{表} F}{p} + \frac{q_{漏}}{p}$$

式中　$G_{料}$——炉料质量，kg；根据设计技术参数：最大装炉量为 700kg，故取 $G_{料}$ =700kg；

$q_{料}$——被处理材料所放出的气体量，换算成标准状态下的气体体积，cm³/100g。查表 9 – 15，可知钢在标准状态下的放气量在 1060 ~ 1200℃之间为 0.07 ~ 0.52L/kg，取 900℃时放气量为 0.60L/kg，即 $q_{料}$ =65cm³/100g；

$q_{衬}$——炉衬材料单位体积中放出的气体量，换算成标准状态下的气体体积，cm³/dm³；本次设计中炉衬材料为钼和不锈钢的复合隔热屏，查表 9 – 15，取 $q_{衬}$ =40cm³/L；

V——炉衬材料的体积，dm³；隔热屏的体积为 $V = [3.14 \times (12.06 \div 2)^2 - 3.14 \times (11 \div 2)^2] \times 22 = 422.1$dm³；

$q_{表}$——金属结构材料单位表面积上单位时间内放出的气体量，换算成标准状态下的体积，cm³/(cm² · s)，因为一般炉内壁均为碳钢件，查表 9 – 16 可得室温下 $q_{表}$ =0.944 × 10^{-5} cm³/(cm² · h)，计算可知：在使用时 $q_{表}$ =9.31 × 10^{-6}L/(s · cm²) =33.516cm³/(cm² · h)；

F——炉子金属构件和炉壁的表面积，cm²；粗算为：1400π × 2200 = 9676105mm² =9.6761m²，取 F =95000cm²；

P——真空度，即工作压强，Pa；根据本次设计工作条件 P =0.133Pa；

τ——处理时间，s；设 τ =1h =3600s；

n——热处理过程中的不均匀放气系数，一般取为 1.2，真空烧结时取为 n =2；

$q_{漏}$——系统的漏气率，根据本设计工作条件为 $q_{漏}$ =0.67Pa/h =1.861 × 10^{-4}Pa/s。

带入数据得：

$S_{必}$ = 2 × (5.7 × 10^{-2} × 65 × 700)/(3600 × 0.133) + 0.57 × 10^{-2} × 40 × 422.1/(3600 × 0.133) + 0.16 × 10^{-5} × 33.516 × 95000/0.133 + 1.861 × 10^{-4}/0.133

=43.92L/s

因此，为了得到工作需要的真空度，抽速必须满足 $S_{必}$ =43.92L/s。

9.2.7.3 主泵的选择

根据真空室所需的真空度选择相应的真空泵，主真空泵的有效抽气速度 v_1 为：

$$v_1 = \frac{vU_1}{U_1 - v}$$

式中　v——真空室所必需的抽气速度，L/s；

　　　U_1——真空室到主真空泵之间的管道通导，L/s。

考虑到管道、阀门等的阻力对抽气速度的影响，主真空泵的有效抽气速度应为真空室必需抽取速度的 2~4 倍。考虑到本次设计的真空系统没有采用障板，过滤器等，阻力损失仅考虑管道和阀门，所以采取 3 倍炉子必要抽气速率即：

$$S_{主} = 3S_{必} = 131.76 \text{ L/s}$$

由于 KT 型扩散泵、K 型扩散泵及 Z 型油扩散喷射泵的抽气速度过大，至少大于 300L/s，因此选用 ZJ 型罗茨真空泵，查表 9 - 15，根据 $S_{主}$ = 131.76L/s，接近 150L/s，故应选择 ZJ - 150 型罗茨真空泵为主泵。金属在加热状态下的放气量见表 9 - 16。

表 9 - 15　ZJ 型罗茨真空泵的基本参数

型　号	抽气速率/L·s⁻¹	极限真空/Pa	允许入口压强/Pa	进口直径/mm	出口直径/mm	推荐配用前级泵型号
ZJ - 15	15	6.7×10^{-2}	2×10^3	40	32	2X - 2
ZJ - 30	30	6.7×10^{-2}	2×10^3	50	40	2X - 4
ZJ - 70	70	6.7×10^{-2}	2×10^3	80	50	2X - 8
ZJ - 150	150	6.7×10^{-2}	1.3×10^3	100	80	2X - 15
ZJ - 300	300	6.7×10^{-2}	1.3×10^3	150	100	2X - 30
ZJ - 600	600	6.7×10^{-2}	1.3×10^3	200	150	2X - 70
ZJ - 1200	1200	2.7×10^{-1}	7×10^2	300	200	H - 150
ZJ - 2500	2500	2.7×10^{-1}	7×10^3	300	200	H - 300
ZJ - 5000	5000	2.7×10^{-1}	7×10^2	400	300	2XH - 300
ZJ - 10000	10000	6.7×10^{-2}	2.7×10^2	400	300	ZJ - 2500

表 9 - 16　金属在加热状态下的放气量　　　　　　　　　（cm³/kg）

金属	温度/℃	放气量/cm³·kg⁻¹	金属	温度/℃	放气量/cm³·kg⁻¹
铝	790	0.092	铁	900	121.0
	1000	0.500		1000	30.5
	1200	1.840		1200	98.0
	1400	1.420		1300	12.0
	1750	0.140		1380	6.0
	共计：3.992			共计：267.5	
钨	1400	0.07	低碳钢	1060	520
	1740	0.15		1100	110
	2140	0.08		1200	70
	2500	0.03			
	共计：0.33			共计：700	
镍	1090	2.64	钛	700	10.0
耐热钢		97.1	1Cr18Ni19Ti		128.2
铝		40~70	铜		79.7

室温下不同金属的表面放气速率见表 9 – 17。

表 9 – 17 室温下不同金属的表面放气速率

金属	抽气 2h 后放气速率/cm³ · (cm² · h)⁻¹	金属	抽气 2h 后放气速率/cm³ · (cm² · h)⁻¹
Cu	5.67×10^{-5}	Mo	$(1.65 \sim 3.08) \times 10^{-5}$
Ni	$(2.36 \sim 2.84) \times 10^{-5}$	Ti	2.13×10^{-5}
Fe	0.944×10^{-5}	W	0.472×10^{-5}
Al	$(1.42 \sim 3.3) \times 10^{-5}$		

9.2.7.4 前级真空泵的选配

前级泵的作用在于造成主真空泵工作所需的预真空条件，将主真空泵所排出的气体及时抽走。罗茨泵的前级真空泵的抽气速度为：

$$S_前 = \frac{1}{5 \sim 10} S_主 = 13 \sim 26 L/s$$

为了缩短抽气时间，前级泵的抽气速度可根据上式所计算出的范围选择尽量大一些的速度。

旋片泵是应用最多的已定型系列化的真空泵，分单级和双级两种，目前生产的均为双级的，即 2X 型。

滑阀泵是在偏心转子外有一滑阀环，转子旋转时，带动滑阀环沿泵壳内壁滑动和滚动。固定在滑阀环上的滑阀杆能在装于泵壳上部位置可摆动的滑阀导轨中滑动，而把泵腔分成两个可变容积的旋转变容真空泵。这种泵可靠耐用，由于采用严密油封，强制润滑，使操作既方便又安全。比旋片式真空泵的使用范围更广些，除密封容器中的气体外，常常用作高真空泵的前级泵。本次设计中，采用滑阀泵。

根据 $S_前 = 13 \sim 26 L/s$ 的条件，查表 9 – 18，选择抽取速度为 30L/s 的 ZH – 30 型滑阀真空泵。

表 9 – 18 H 形滑阀真空泵技术性能

型 号	极限压力 /Pa	抽气速度 /L · s⁻¹	进气口径 /mm	排气口径 /mm	电机功率 /kW	冷却水量 /kg · h⁻¹	质量 /kg
ZH – 8	6.7×10^{-4}	8	$\phi50$	$\phi25$	1.1	风冷	100
ZH – 15	6.7×10^{-4}	15	$\phi65$	$\phi25$	2.2	风冷	140
ZH – 30	6.7×10^{-4}	30	$\phi63$	$\phi40$	4	135	325
ZH – 70	6.7×10^{-4}	70	$\phi80$	$\phi76$	7.5	350	630
H – 25	6.7×10^{-3}	25	$\phi80$	$\phi40$	2.2	风冷	340
H – 50	6.7×10^{-3}	50	$\phi80$	$\phi50$	5.5	480	350
H – 70	1×10^{-2}	70	$\phi100$	$\phi70$	7.5	350	450
H – 150	1×10^{-2}	150	$\phi100$	$\phi80$	15	700	720
H – 300	1.3×10^{-2}	300	$\phi200$	$\phi100$	30	1500	1510
H – 600	1.3×10^{-2}	600	$\phi250$	$\phi150$	55	2800	3300
H – 1000	2.6×10^{-2}	1000	$\phi300$	$\phi200$	115	5500	4500

9.2.7.5　真空系统管及配件尺寸的确定

按所选择的机械增压泵和前级真空泵的性能规格，选取管道及配件如阀门等尺寸规格。

A　真空阀门

真空阀门的作用是用来调节气流或隔断气流，种类繁多。根据阀门的工作特性、传动原理、结构和用途，对真空阀的基本要求为：尽可能大的流导，密封可靠，操作简便，密封部件磨损性好，容易安装和维护，有的还要求动作平稳快速或者同时要求占据空间小等。各种真空阀门均有专业厂制造，可根据工作技术要求参照产品说明书选用。

B　金属波纹管

金属波纹管又称弹性管，它可产生轴向变形，在真空炉上广泛应用于机械真空泵进口侧管道上，其作用是减少机械泵对炉体的震动；另外可用于补偿安装位置误差和热胀冷缩的密封连接件等。真空系统中，对于小型管路，也可用真空橡胶管或尼龙管内衬弹簧结构（金属丝网尼龙管）代替金属波纹管。

C　密封圈结构

密封圈形式有几种，O 型主要用于静密封，J 型和 JO 型主要用于动密封，此外还有金属圈和金属丝的密封结构。密封形式有静密封和动密封，其选用依工作要求而定。

D　冷阱和过滤器

根据真空热处理炉的技术要求，提高真空系统的真空度和保护真空系统不受污染，系统中常附设冷阱（又称为捕集器）、挡油器、过滤器等。冷阱可捕集真空炉油蒸气、水蒸气等气体，保护真空泵不受污染；如采用液氮冷阱，RJ 提高真空度 0.5 ~ 1 数量级（对以 Pa 为单位而言）。过滤器又称除尘器，它的作用是防止真空炉产生的灰尘进入真空泵内污染真空泵油，一般安装在机械泵的入口端管道中。

挡油器通常装在油增压泵或扩散泵的入口，一般用水冷，其作用是防止大量油蒸气返入真空炉内，污染真空炉室、隔热屏、加热元件和被处理工件。

9.2.7.6　法兰设计

（1）对于非标准法兰，可以通过螺栓计算、内压法兰计算或外压法兰计算进行设计。

（2）按国家标准或部颁标准选用真空法兰时，可不必进行计算。

本设计按国家标准选用真空法兰。

设计选用时应注意以下几点：

（1）泵体或阀体的进气口要采用凹槽法兰，出气口要采用平面法兰。

（2）法兰与导管一般在焊接后进行最后机械加工，加工后的法兰密封槽及密封面，表面应光滑，不准有气孔、裂纹、斑点、毛刺、锈迹及其他降低法兰强度及密封可靠性的缺陷。

（3）法兰与导管焊接后，要清除焊接部分的杂物、焊疤，内壁焊缝，表面应光洁平整。

（4）焊接钢法兰必须做焊缝气密性试验。

（5）法兰连接的螺栓孔应避免分布在垂直与水平的中心线上。

9.2.8　炉型设计图

9.2.8.1　FTH800/1700 型立式油淬真空炉

FTH800/1700 型立式油淬真空炉如图 9 - 2 所示。

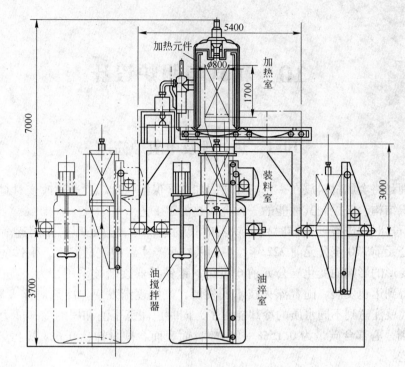

图 9-2 FTH800/1700 型立式油淬真空炉

9.2.8.2 WZC-60 型卧式真空淬火炉

WZC-60 型卧式真空淬火炉如图 9-3 所示。

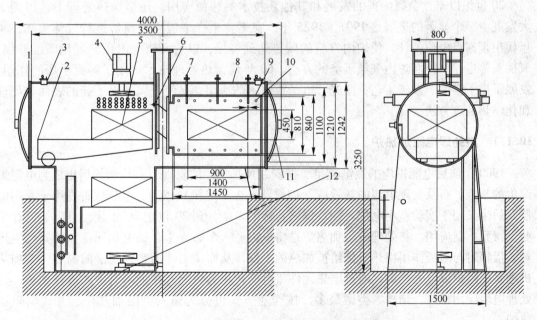

图 9-3 WZC-60 型卧式真空淬火炉

1—冷却炉门；2—送料机构；3—冷却室壳体；4—气冷风扇；5—料筐；6—中间真空热闸阀；7—控温热电偶；
8—加热室壳体；9—隔热炉胆；10—加热体；11—加热室门；12—油搅拌器

10　箱式电阻炉设计

10.1　热处理及电阻炉简述

热处理是将金属材料放在一定的介质内加热、保温、冷却，通过改变材料表面或内部的金相组织结构，来控制其性能的一种金属热加工工艺。

在从石器时代进展到铜器时代和铁器时代的过程中，热处理的作用逐渐为人们所认识。早在公元前 770 至公元前 222 年，中国人在生产实践中就已发现，铜铁的性能会因温度和加压变形的影响而变化。公元前 6 世纪，钢铁兵器逐渐被采用，为了提高钢的硬度，淬火工艺得到迅速发展。随着淬火技术的发展，人们逐渐发现淬冷剂对淬火质量的影响。中国在古代就注意到不同水质的冷却能力了，同时也注意了油和尿的冷却能力。中国出土的西汉宝剑，心部含碳量为 0.15% ~ 0.4%，而表面含碳量却达 0.6% 以上，说明已应用了渗碳工艺。

1863 年，英国金相学家和地质学家展示了钢铁在显微镜下的六种不同的金相组织，证明了钢在加热和冷却时，内部会发生组织改变。法国人奥斯蒙德确立的铁的同素异构理论，以及英国人奥斯汀最早制定的铁碳相图，为现代热处理工艺初步奠定了理论基础。

20 世纪以来，金属物理的发展和其他新技术的移植应用，使金属热处理工艺得到更大发展。一个显著的进展是 1901 ~ 1925 年，在工业生产中应用转筒炉进行气体渗碳；30年代出现露点电位差计，使炉内气氛的碳势达到可控，以后又研究出用二氧化碳红外仪、氧探头等进一步控制炉内气氛碳势的方法；60 年代，热处理技术运用了等离子场的作用，发展了离子渗氮、渗碳工艺；激光、电子束技术的应用，又使金属获得了新的表面热处理和化学热处理方法。

10.1.1　热处理电阻加热炉

1900 年前后电能供应的逐渐充足、楞茨 – 焦耳定律的发现、电热法的提出成为电阻炉诞生的基础。自从发现电流的热效应（即楞茨—焦耳定律）以后，电热法首先用于家用电器，后来又用于实验室小电炉。随着镍铬合金的发明，到 20 世纪 20 年代，电阻炉已在工业上得到广泛应用。热处理电阻加热炉是将电流通入金属或非金属电热元件，使其产生热量，借辐射与对流作用将热量传给被加热的工件，从而使工件加热到规定的温度。其加热机理是电阻炉以电为热源，通过电热元件将电能转化为热能，在炉内对金属进行加热。热处理电阻应用最广，结构、类型最多。按作业方式可分为箱式电阻加热炉、井式电阻加热炉。

箱式电阻炉、井式电阻炉主要由炉壳、炉衬、炉门、电气元件及电气控制装置组成。炉壳由钢板及型钢焊接而成，炉衬一般由轻质高铝砖、轻质黏土砖、耐火纤维、保温砖及填料组成。电热元件具有很高的耐热性和高温强度，很低的电阻温度系数和良好的化学稳定性。常用的材料有金属和非金属两大类。金属电热元件材料有镍铬合金、铬铝合金、钨、钼、钽等，一般制成螺旋线、波形线、波形带、波形板、硅碳棒和硅钼棒等，分别安装在炉膛侧壁和炉底上。非金属电热元件材料有碳化硅、二硅化钼、石墨和碳等，一般制成棒、管、板、带等形状。电热元件的分布和线路接法，依炉子功率大小和炉温要求而定。

工业上用的电阻炉一般由电热元件砌体、金属壳体、炉门、炉用机械和电气控制系统等组成。按使用温度将电热元件分为高温、中温和低温三种。炉温在 1000℃ 以下时电热元件由电阻丝组成，硅碳棒炉的最高使用温度为 1350℃，硅钼棒炉的最高使用温度为 1600℃，用硅碳棒组成。在高温和中温炉内主要以辐射方式加热。在低温炉内则以对流传热方式加热，电热元件装在风道内，通过风机强迫炉内气体循环流动，以加强对流传热。电阻炉有室式、井式、台车式、推杆式、步进式、马弗式和隧道式等类型。可控气氛炉、真空炉、流动粒子炉等也都是电阻炉。

工业上按供热方式可将工业炉分为两类：一是火焰炉又称燃料炉，是用各种燃料的燃烧热量在炉内对工件或物料进行加热；二是电炉，是在炉内将电能转化为热量对工件或物料进行加热。但火焰炉难以实现精确控制，易造成环境污染，热效率较低。而电阻炉没有烟尘，也没有噪声污染，故电阻炉与火焰炉相比，具有结构简单、炉温均匀、便于控制、加热质量好、无烟尘、无噪声等优点，但使用费较高。

电阻炉和火焰炉相比较，热效率高，可达 50%～80%，热工制度容易控制，劳动条件好，炉体寿命长，适用于要求较严的工件的加热，但耗电费用高。电阻炉在机械工业中用于金属锻压前加热、金属热处理加热、钎焊、粉末冶金烧结、玻璃陶瓷焙烧和退火、低熔点金属熔化、砂型和油漆膜层的干燥等。

10.1.2 电阻炉的发展历史

10.1.2.1 温度控制的发展

（1）定值开关控制阶段：20 世纪 40 年代之前。（2）经典控制技术阶段（PID 控制）：又分为两个时期：1）20 世纪 40～60 年代是"经典时期"，经典 PID 控制的特点是稳定、可靠、易操作；2）第二阶段时间为 20 世纪 60～70 年代，称之为"现代控制技术"时期。国际上主要采用系统辨识、最优控制、自适应控制等控制技术对炉温进行控制。（3）智能控制阶段：20 世纪 70 年代末至今。当今工业产品对工艺的要求不断提高，系统的大滞后、强耦合、多变量特点突出，在此背景下诞生了模糊控制、神经网络、预测控制等新技术。

10.1.2.2 计算机对电阻炉发展的促进

（1）60 年代，计算机进入工业领域，国外开始网带式电阻炉计算机优化控制的研究和应用；（2）70 年代中后期，控制系统在网带电阻炉上的应用不断完善；（3）80 年代末期，在工业发达国家，普遍实现了网带式电阻炉的计算机双级控制；（4）近 20 年来，计算机的普遍应用使过去无法考虑得更精确、复杂的试验方法有了采用的可能。

10.1.2.3 新型电阻炉的发展典型

全纤维炉体移动电阻炉，20 世纪美国首先在加热炉上使用，由于其卓越的性能，各先进国家纷纷研制使用，我国在 90 年代得到较多的推广应用，在技术上已完全成熟可靠。

箱式电阻炉的特点：

（1）加热元件为电阻丝，最高使用温度 1050℃ 或 1200℃。

（2）室温升温至最高使用温度≤60min 或 80min，控温精度≤±1.5℃。

（3）炉膛可用空间的容积 2~16L。

（4）优质的陶瓷纤维内衬及合理的炉体结构，使炉体的能耗大幅降低，升温耗电仅是传统炉型的 60%，空耗功率是传统炉型的 50%~60%。

（5）更为人性化操作的平移炉门。

（6）SSR PID 智能仪表，标准配置升温速率可设定的 50 段可编程序仪表，使任何试验或实验的一致性和再现性成为可能，同时可配置 RS485 接口，实现对温度的远程控制和温度数据的记录。

（7）外观采用耐高温、耐腐蚀油漆处理。

（8）控制台采用智能 PID 数显控制器、稳定性好、精度高，配有电流表、结构新颖。

（9）炉门采用加厚、加固处理，防止变形。

（10）炉衬采用优质保温棉，保温效果好。

（11）炉膛温度时时检测功能（不加热情况下同样显示炉膛实际温度，便于随时观察炉膛温度情况）。

（12）接线简单，图示明了，操作方便。

（13）具有过载保护和短路保护。

（14）炉壳选用优质钢板折边焊接制成，工作室为耐火材料制成的炉膛，加热元件置于其中，炉与壳间用保温材料砌筑。

10.1.3　箱式电阻炉的应用及分类

箱式电阻炉可用于进行各种热处理，如淬火、退火、正火、回火及固体渗碳等。井式电阻炉适用于大型圆柱形、圆筒形和杆状工件的淬火、正火与回火等。

箱式电阻炉适用于学院实验室、研究所、工厂企业等作金相分析、金属热处理以及玻璃烧制等用；箱式电阻炉也应用于供实验室、工矿企业、科研单位作元素分析测定和一般小型钢件淬火、退火、回火等热处理时加热用，箱式电阻炉还可作金属、陶瓷的烧结、溶解、分析等高温加热用。

工业电阻炉分两类，周期式作业炉和连续式作业炉。

周期式作业炉分为：箱式炉，密封箱式炉，井式炉，钟罩炉，台车炉，倾倒式滚筒炉。

连续式作业炉分为：窑车式炉，推杆式炉，辊底炉，振底炉，转底炉，步进式炉，牵引式炉，连续式滚筒炉，传送带式炉等。其中传送带式炉可分为：有网带式炉、冲压链板式炉、铸链板式炉等。

箱式电阻炉按其工作温度可分为低温箱式炉（小于 650℃）、中温箱式炉（650~1000℃）和高温箱式炉（大于 1000℃）。其中，最常用的是适合于单件和小批量生产的中温箱式炉，可用于碳钢、合金钢的退火、正火、淬火、回火或固体渗碳等。无论是低温箱式炉、中温箱式炉，还是高温箱式炉，其结构都大同小异，基本结构都是由炉壳、炉衬、加热元件以及配套电气控制等组成。热处理电阻炉主要是对样品进行加热，我国热处理加热炉大多用电。电炉操作维护方便是其优点。能源利用率较差。电阻加热的热效率可高达80%，但是电是二次能源，考虑到发电效率和输变电损失，综合加热效率只能到24%~28%。废热的充分利用是降低能耗的有效办法。在连续式炉和多用炉生产线中，排出的炉气仍具有热值，可以作为回火炉的热源，淬火油槽过剩的热量可用来加热清洗液等。在当前天然气资源已能充分供应的条件下，热处理能源结构必须进行调整和改变。提高炉子的密封性与保温性是减小能量消耗的关键。为减少炉子的电能或燃料消耗，最主要的措施是减少热损失和炉衬蓄热。通常采用陶瓷纤维毡与低铁质耐火砖作为保温材料。陶瓷纤维一般在强烈循环的气流中易损坏，所以在气氛炉中仍以用低铁质耐火砖居多，也有用外敷涂料的陶瓷纤维块的。传统测温架测试炉温均匀性时，对高温炉经常发生烧塌测温架和热电偶损坏现象，对连续炉经常发生热电偶断裂现象，直插式测试方法解决了上述困难，测试方便简捷。现在还增加了炉温追踪仪，测试时把测温架、热电偶及装入隔热箱中的数据记录仪一起放入炉中，数据记录仪将自动跟踪记录各点温度；测试后将数据记录仪与电脑连接，把各点温度自动打印或绘制曲线。

10.2 热处理电阻炉设计

10.2.1 设计任务

需要设计的加热炉为推杆式电阻炉，参考技术指标见表 10-1。

表 10-1 推杆式电阻加热炉的技术指标

项 目	单 位	指 标
额定装炉量	kg	1000
额定生产能力	kg/h	600
加热温度	℃	550
炉温均匀度	℃	±5
炉墙外表面温度	℃	≤50
保护气氛		氮气
装出料方式		开式链条和滚动导轨
额定功率	kW	75

10.2.2 选择炉型及确定炉体结构和尺寸

根据技术条件要求，以"优质、高效、低耗、清洁、灵活"为目标，选用箱式热处理电阻炉，N_2 保护。

10.2.2.1 炉底面积的确定

因为在设计前无确定型号产品，故不能用实际排料法确定炉底面积，只能用加热能力指标法。由推杆式箱式回火炉技术参数 $T = 550℃$，查表 10-2 可得热处理炉的单位底面积生产率 $P_0 = 100kg/(m^2 \cdot h)$。

由表 10-1 可知，该种炉型的实际生产能力：$P = 600 \times 0.4 = 240kg/h$。

表 10 - 2   各种热处理炉的单位炉底面积生产率 P_0 $(kg/(m^2 \cdot h))$

工艺类别		炉　型									
		箱式	台车式	坑式	罩式	井式	推杆式	输送带式	震底式	辊底式	转底式
退火	≥12h	40~60	35~50	40~60	100~120						
	≤6h	60~80	50~70								
	锻件(合金钢)	40~60	50~70								
	钢铸件	35~50	40~60								
	可锻化	20~30	25~30								
淬火正火	一般	100~120	90~140	100~120		80~120	150~180	150~200	130~160	180~200	180~220
	锻件正火	110~120	120~150				150~200				
	铸件正火	80~140	100~160				120~180				
	合金钢淬火	80~100					120~140				
回火	550~600℃	70~100	60~90	80~100			100~120	150~200	80~100	150~180	160~200
渗碳	固 体	10~12	10~20								
	气 体					50~85	30~45				

根据已知数据及相关公式得炉底有效面积：$F_1 = \dfrac{0.4P}{P_0} = \dfrac{0.4 \times 600}{100} = 2.4 m^2$

由有效面积与炉底面积存在关系：$F = \dfrac{F_1}{0.75 \sim 0.85}$ 取系数为 0.85，则炉底实际面积

$$F = \frac{2.4}{0.85} = 2.8 m^2$$

10.2.2.2　炉底长度和宽度的确定

$L = \sqrt{F / \left(\dfrac{1}{2} \sim \dfrac{1}{3} \right)}$ 中，系数取 $\dfrac{1}{2} \sim \dfrac{1}{3}$ 的平均值 $\dfrac{7}{12}$

$$L = \sqrt{F / \frac{7}{12}} = \sqrt{2.8 / \frac{7}{12}} = 2.191 m$$

$$B = \left(\frac{1}{2} \sim \frac{1}{3} \right) L = \frac{7}{12} \times 2.191 = 1.278 m$$

10.2.2.3　炉膛高度的确定

依据统计资料，炉膛高度与宽度之比多数在 0.5~0.9 范围内变动，取 $\dfrac{H}{B} = 0.7$ 左右（通常取中下限），故 $H = 0.7B = 0.7 \times 1.278 = 0.895 m$。

查表 10 - 3，根据标准砖尺寸（230×113×65），为便于砌砖，同时考虑炉膛有效区域周围应留有空间以方便安排电热元件及出料，故确定炉膛尺寸如下：

长：$L = (230 + 2) \times 8 + \left(230 \times \dfrac{1}{2} + 2 \right) = 1973 mm$

宽：$B = (120 + 2) \times 6 + (65 + 2) + (40 + 2) \times 4 + (113 + 2) \times 2 = 1197 mm$

高：$H = (65 + 2) \times 11 + 37 = 774 mm$

为避免工件与炉内壁或电热元件搁砖相碰撞，应使工件与炉膛内壁之间有一定的空

间，确定工作室有效尺寸为：

$$L_效 = 1700mm \quad B_效 = 900mm \quad H_效 = 500mm$$

表 10-3 热处理炉常用的耐火砖形状和尺寸

名称	标号	尺寸/mm						体积/cm³	材质及相应质量/kg		
		a	b	c					黏土砖	轻质黏土砖	高铝砖
直形砖	T-3	230	113	65				1690	3.5	1.35~2.2	3.9
	T-4	230	113	40				1040	2.1	0.83~1.36	2.4
厚楔形砖					c_1						
	T-19	230	113	65	55			1560	3.2	1.2~2.0	3.6
	T-20	230	113	65	45			1430	3.0	1.1~1.9	3.3
侧厚楔形砖					c_1						
	T-38	230	113	65	55			1560	3.2	1.25~2.0	3.6
	T-39	230	113	65	45			1430	3.0	1.1~1.9	3.3
辐射形砖					d						
	T-43	230	113	96	65			1550	3.2	—	3.6
	T-44	230	113	76	65			1415	2.9	1.1~1.8	3.3
	T-45	230	113	56	65			1280	2.6	—	3.0
拱脚砖				b_1	d						
	T-61	135	113	230	56	37	60°	2890	5.95		—
	T-62	135	113	345	56	37	60°	4310	8.8		—
	T-63	135	113	230	33	55	60°	2680	5.5		—

10.2.2.4 炉衬材料及厚度的确定

查表 10-4 ~ 表 10-7 确定炉衬材料种类及其厚度。由于侧墙，前墙及后墙的工作条件相似，采用相同的炉衬结构，即用炉壳（Q235 钢 4~5mm）+5~10mm 石棉板 +230mm A 级硅藻土砖（保温层，180~232mm 硅藻土砖或蛭石粉填充料）+113mm QN-1.0 轻质黏土砖（耐火层）。

表 10-4 热处理炉常用的耐火砖形状和尺寸

阶形砖	$a = 230$ $b = 113$ $c = 65$ $c_1 = 43$	材料：轻质耐火黏土 单件质量 ≈1.8kg
炉底搁砖	$a = 150 \pm 3$ $b = 120 \pm 2$ $c = 40 \pm 1$ $c_1 = 20 \pm 1$	材料：高铝矾土 单件质量 ≈0.8kg
直形搁砖	$a = 110$ $b = 50$ $c = 20$ $c_1 = 49.5$	材料：高铝矾土 单件质量 ≈0.18kg

续表 10 - 4

扇形搁砖	$a = 110$ $b = 50$	材料：高铝矾土 单件质量 $\approx 0.18 kg$ $b_1 = 32$ $a_1 = 50$ $c = 20$
耐火套管（高铝矾土）	热电偶套管	

	热电偶套管		
	d	D	L
	32	55	250
	32	55	350
	电阻丝引出棒		
	16	30	360
	16	30	250
	20	36	125
	碳化硅保护管		
	46	64	300

表 10 - 5　热处理炉常用耐火材料和保温材料性能

材料名称与牌号	耐火度/℃	荷重软化点/℃	耐急冷急热性	耐压强度/kg·cm^{-2}	体积密度/g·cm^{-3}	导热系数/kcal·(m·h·℃)$^{-1}$	平均比热/kcal·(kg·℃)$^{-1}$	最高使用温度/℃
耐火黏土砖（NZ）-40	1730	1350	强	150	2.1~2.2	$0.6 + 0.00055 t_{均}$	$0.139 + 0.075 \times 10^{-3} t_{均}$	1350
耐火黏土砖（NZ）-35	1670	1300	强	150	2.1~2.2	$0.6 + 0.00055 t_{均}$	$0.139 + 0.075 \times 10^{-3} t_{均}$	1300
耐火黏土砖（NZ）-30	1610	1250	强	125	2.1~2.2	$0.6 + 0.00055 t_{均}$	$0.139 + 0.075 \times 10^{-3} t_{均}$	1250
高铝砖（LZ）-65	1790	1500	很强	400	2.3~2.75	$1.8 + 1.6 \times 10^{-3} t_{均}$	$0.19 + 0.1 \times 10^{-3} t_{均}$	1500
高铝砖（LZ）-55	1770	1470	很强	400	2.3~2.75	$1.8 + 1.6 \times 10^{-3} t_{均}$	$0.22 + 0.06 \times 10^{-3} t_{均}$	1450
高铝砖（LZ）-48	1750	1420	很强	400	2.3~2.75	$1.8 + 1.6 \times 10^{-3} t_{均}$	$0.22 + 0.06 \times 10^{-3} t_{均}$	1400
轻质耐火黏土砖（QN）-1.3a	1710		较强	45	1.3	$0.35 + 0.3 \times 10^{-3} t_{均}$	同黏土砖	1350
轻质耐火黏土砖（QN）-1.3b	1670		较强	35	1.3	$0.35 + 0.3 \times 10^{-3} t_{均}$	同黏土砖	1300
轻质耐火黏土砖（QN）-1.0	1670		弱	30	1.0	$0.25 + 0.22 \times 10^{-3} t_{均}$	同黏土砖	1300
轻质耐火黏土砖（QN）-0.8	1670		弱	20	0.8	$0.13 + 0.11 \times 10^{-3} t_{均}$	同黏土砖	1250

续表 10 - 5

材料名称与牌号	耐火度/℃	荷重软化点/℃	耐急冷急热性	耐压强度/kg·cm⁻²	体积密度/g·cm⁻³	导热系数/kcal·(m·h·℃)⁻¹	平均比热/kcal·(kg·℃)⁻¹	最高使用温度/℃
轻质耐火黏土砖(QN)-0.4	1670		弱	6	0.4	$0.07 + 0.19 \times 10^{-3} t_{均}$	同黏土砖	1150
硅藻土砖 A 级					0.5	$0.09 + 0.2 \times 10^{-3} t_{均}$	$0.2 + 0.06 \times 10^{-3} t_{均}$	900
硅藻土砖 B 级					0.55	$0.113 + 0.2 \times 10^{-3} t_{均}$	$0.2 + 0.06 \times 10^{-3} t_{均}$	900
硅藻土砖 C 级					0.65	$0.137 + 0.27 \times 10^{-3} t_{均}$	$0.2 + 0.06 \times 10^{-3} t_{均}$	900
泡沫硅藻土砖					0.5	$0.095 + 0.2 \times 10^{-3} t_{均}$	$0.2 + 0.06 \times 10^{-3} t_{均}$	900
膨胀蛭石					0.25	$0.062 + 0.22 \times 10^{-3} t_{均}$		1100
硅藻土					0.55	$0.08 + 0.21 \times 10^{-3} t_{均}$	同硅藻土砖	900
石棉板					1.0	$0.14 + 0.15 \times 10^{-3} t_{均}$		500
石棉绳					0.8	$0.063 + 0.27 \times 10^{-3} t_{均}$		300
红 砖					1.8	$0.7 + 0.4 \times 10^{-3} t_{均}$	$0.21 + 0.055 \times 10^{-3} t_{均}$	700~750
碳化硅制品	>2000	1750~1850	最强	800	2.7	8~14		1350
矿渣棉					0.3	$0.06 + 0.135 \times 10^{-3} t_{均}$		750
抗渗碳砖(重质)	1770				2.14	$0.6 + 0.00055 t_{均}$	同黏土砖	1350
抗渗碳砖(轻质)	1730				0.88	$0.13 + 0.11 \times 10^{-3} t_{均}$	同黏土砖	1250

表 10 - 6　常用的砖缝尺寸

砌砖体类型	砖缝尺寸/mm	使用部位
特殊精细耐火砖砌体	1.0~1.5	电热体搁砖及炉顶
精细耐火砖砌体	2.0	炉墙
普通耐火砖砌体	3.0	炉墙
红砖及硅藻土砖砌体	5~8	

表 10 - 7　一般常用的炉墙组成

炉子功率/kW	炉温 700~1000℃		炉温 400~650℃	
	耐火层/mm	保温层/mm	耐火层/mm	保温层/mm
5~10	113	100~150	65~113	65~113
10~20	113	150~200	113	100~150
20~50	113	180~230	113	150~200
50~100	113	230~300	113	150~200
>100	113~178	230~300	113~178	150~200

炉顶采用 113mm QN - 1.0 楔形轻质耐火黏土砖 + 230mm 膨胀珍珠岩。

炉底采用 10mm1Cr18Ni9Ti 钢板（炉底外壳钢板 6~12mm）+5mm 石棉板（5~10mm）+115mm 硅藻土砖（砌成方格子，格子中填充松散的保温材料）B 级 +(67×2)mm 泡沫硅藻土砖 +(67×3)mm QN-1.0 轻质耐火黏土砖。

炉门采用 65mm QN-1.0 轻质耐火黏土砖 +65mm 硅藻土砖 A 级。

炉底搁砖采用重质耐火黏土砖，电热元件搁砖选用重质高铝砖。

炉底板材料根据炉底实际尺寸给出，分三块或四块，厚 20mm。

10.2.3　砌体平均表面积计算

10.2.3.1　砌体外廓尺寸

$$L_外 = L + 2 \times (230 + 115) = 1973 + 2 \times (230 + 115) = 2663mm$$

$$B_外 = B + 2 \times (230 + 115) = 1197 + 2 \times (230 + 115) = 1887mm$$

$$H_外 = H + f + (115 + 230) + 10 + 5 + 115 + 67 \times 5$$
$$= 774 + 1197 \times (1 - \cos30°) + (115 + 230) + 10 + 5 + 115 + 67 \times 5 = 1744mm$$

10.2.3.2　炉顶平均面积

$$F_{顶内} = \frac{2\pi R}{6} \times L = \frac{2 \times 3.14 \times 1.193}{6} \times 1.973 = 2.472m^2$$

$$F_{顶外} = B_外 \times L_外 = 1.887 \times 2.663 = 5.025m^2$$

$$F_{顶均} = \sqrt{F_{顶内} \times F_{顶外}} = \sqrt{2.472 \times 5.025} = 3.524m^2$$

10.2.3.3　炉墙平均面积

炉墙面积包括侧及前后墙，为简化计算将炉门包括在前墙内。

$$F_{墙内} = 2H(L + B) = 2 \times 0.774 \times (1.197 + 1.973) = 4.907m^2$$

$$F_{墙外} = 2H_外(L_外 + B_外) = 2 \times 1.744 \times (1.887 + 2.663) = 15.870m^2$$

$$F_{墙均} = \sqrt{F_{墙内} \times F_{墙外}} = \sqrt{4.907 \times 15.870} = 8.825m^2$$

10.2.3.4　炉底平均面积

$$F_{底内} = B \times L = 1.197 \times 1.973 = 2.362m^2$$

$$F_{底外} = B_外 \times L_外 = 1.887 \times 2.663 = 5.025m^2$$

$$F_{底均} = \sqrt{F_{底内} \times F_{底外}} = \sqrt{2.362 \times 5.025} = 2.779m^2$$

10.2.4　计算炉子功率

10.2.4.1　根据经验公式计算炉子功率

$$P_安 = C\tau_升^{-0.5} F^{0.9} \left(\frac{t}{1000}\right)^{1.55}$$

式中系数取 $C = 35$ （kW·h$^{0.5}$）·（m$^{1.8}$·℃$^{1.55}$）$^{-1}$，空炉升温时间假定为 $\tau_升 = 5h$，炉温 $t = 550℃$。

炉膛内壁面积为：

$$F_壁 = 2 \times (L \times H) + 2 \times (B \times H) + B \times L + \frac{2\pi BL}{6}$$

$$= 2 \times (1.973 \times 0.774) + 2 \times (0.774 \times 1.197) + 1.197 \times 1.973 + \frac{2 \times 3.14 \times 1.197 \times 1.973}{6}$$

$$= 9.74m^2$$

所以:
$$P_{安} = 35 \times 5^{-0.5} \times 9.74^{0.9} \times \left(\frac{550}{1000}\right)^{1.55} = 48\text{kW}$$

由经验公式法计算得: $P_{安} \approx 50\text{kW}$

10.2.4.2 根据热平衡计算炉子功率

A 加热工件所需的热量

查表知, 工件在550℃及20℃时比热容分别为:
$$C_{件2} = 0.571\text{kJ/(kg} \cdot \text{℃)}$$
$$C_{件1} = 0.486\text{kJ/(kg} \cdot \text{℃)}$$

所以:
$$Q_{件} = p(C_{件2}t_1 - C_{件1}t_0)$$
$$= 0.4 \times 600 \times (0.571 \times 550 - 0.486 \times 20) = 73039\text{kJ/h}$$

B 通过炉墙的散热损失

由于炉子侧壁和前后炉衬结构相似, 故作统一数据处理, 为简化计算, 将炉门包括在前墙内。

查表10-4得: $\lambda_1 = 0.25 + 0.22 \times 10^{-3}t$ W/(m·℃), $\lambda_2 = 0.09 + 0.2 \times 10^{-3}t$ W/(m·℃), $s_1 = 115\text{mm}$, $s_2 = 230\text{mm}$, $t_1 = 550$℃, 室温为20℃。

对于炉墙散热, 首先假定界面上的温度及炉壳温度 $t_2 = 480$℃, $t_3 = 50$℃

$$\lambda_1 = 0.25 + 0.22 \times 10^{-3} \times \frac{550 + 480}{2} = 0.3633\text{W/(m} \cdot \text{℃)}$$

$$\lambda_2 = 0.09 + 0.2 \times 10^{-3} \times \frac{480 + 50}{2} = 0.1430\text{W/(m} \cdot \text{℃)}$$

求热流密度: $q_{墙} = \dfrac{t_g - t_a}{\dfrac{s_1}{\lambda_1} + \dfrac{s_2}{\lambda_2} + \dfrac{1}{a_\Sigma}} = \dfrac{550 - 20}{\dfrac{0.115}{0.3633} + \dfrac{0.23}{0.1430} + 0.06} = 267\text{W/m}^2$

验算温度: $t_{2墙} = t_1 - q_{墙}\dfrac{s_1}{\lambda_1} = 550 - 267 \times \dfrac{0.115}{0.3633} = 465$℃

$$t_{3墙} = t_1 - q_{墙}\left(\frac{s_1}{\lambda_1} + \frac{s_2}{\lambda_2}\right) = 550 - 267 \times \left(\frac{0.115}{0.3633} + \frac{0.23}{0.1430}\right) = 36\text{℃}$$

重设: $t_{2墙} = 465$℃, $t_3 = 40$℃

$$\lambda_1 = 0.25 + 0.22 \times 10^{-3} \times \frac{550 + 465}{2} = 0.36165\text{W/(m} \cdot \text{℃)}$$

$$\lambda_2 = 0.09 + 0.2 \times 10^{-3} \times \frac{465 + 40}{2} = 0.1405\text{W/(m} \cdot \text{℃)}$$

求热流密度: $q_{墙} = \dfrac{t_g - t_a}{\dfrac{s_1}{\lambda_1} + \dfrac{s_2}{\lambda_2} + \dfrac{1}{a_\Sigma}} = \dfrac{550 - 20}{\dfrac{0.115}{0.3617} + \dfrac{0.23}{0.1405} + 0.06} = 263\text{W/m}^2$

验算温度: $t_{2墙} = t_1 - q_{墙}\dfrac{s_1}{\lambda_1} = 550 - 263 \times \dfrac{0.115}{0.36165} = 466.4$℃

$$t_{3墙} = t_1 - q_{墙}\left(\frac{s_1}{\lambda_1} + \frac{s_2}{\lambda_2}\right) = 550 - 263 \times \left(\frac{0.115}{0.36165} + \frac{0.23}{0.1405}\right) = 35.9\text{℃}$$

与假设相近，不需重算，且满足炉墙外表面温度≤50℃的要求。

计算炉墙散热损失：

$$Q_{墙散} = q_{墙} F_{墙均} = 263 \times 8.825 = 2.321 \text{kW}$$

C 通过炉顶的散热损失

$$d_1 = 2B = 2.394 \text{m}$$

$$d_2 = 2B + 2 \times 0.115 = 2.392 + 2 \times 0.115 = 2.624 \text{m}$$

$$d_3 = 2B + 2 \times 0.115 + 2 \times 0.230 = 2.394 + 2 \times 0.115 + 2 \times 0.230 = 3.084 \text{m}$$

查表得：

$$\lambda_1 = 0.25 + 0.22 \times 10^{-3} t$$

$$\lambda_2 = (0.016 \sim 0.053) \times 1.16$$

取：

$$\lambda_2 = 0.04 \text{W/(m} \cdot \text{℃)}$$

$t_1 = 550$℃，假设 $t_2 = 520$℃，则：

$$\lambda_1 = 0.25 + 0.22 \times 10^{-3} \times \frac{550 + 520}{2} = 0.3677 \text{W/(m} \cdot \text{℃)}$$

求热流密度：

$$q_{顶} = \frac{\pi(t_g - t_a)}{\frac{1}{2\lambda_1}\ln\frac{d_2}{d_1} + \frac{1}{2\lambda_2}\ln\frac{d_3}{d_2} + \frac{1}{a_\Sigma d_2}} = \frac{3.14 \times (550 - 20)}{\frac{1}{2 \times 0.3677}\ln\frac{2.624}{2.394} + \frac{1}{2 \times 0.04}\ln\frac{3.048}{2.624} + \frac{0.06}{3.048}}$$

$$= 769.3 \text{W/m}^2$$

验算温度：

$$t_{2顶} = t_1 - \frac{q_{顶}}{2\pi\lambda_1}\ln\frac{d_2}{d_1} = 550 - \frac{769.3}{2\pi \times 0.3677} \times \ln\frac{2.624}{2.394} = 519.4 \text{℃}$$

$$t_{3顶} = t_2 - \frac{q_{顶}}{2\pi\lambda_2}\ln\frac{d_3}{d_2} = 519.4 - \frac{769.3}{2\pi \times 0.04} \times \ln\frac{3.048}{2.624} = 24.8 \text{℃}$$

与假设相近，不需重算，且满足炉墙外表面温度≤50℃的要求。

计算炉顶散热损失：

$$Q_{顶散} = \frac{q_{顶}}{6}L = \frac{769.3}{6} \times 1.973 = 253 \text{W}$$

D 通过炉底的散热损失

$$s_1 = 67 \times 3 = 201 \text{mm}（\text{QN} - 1.0 \text{轻质黏土砖}）$$

$$s_2 = 67 \times 2 = 134 \text{mm}（\text{泡沫硅藻土砖}）$$

$$s_3 = 115 \text{mm}（\text{B级硅藻土砖}）$$

查表得：

$$\lambda_1 = 0.25 + 0.22 \times 10^{-3} t$$

$$\lambda_2 = 0.095 + 0.2 \times 10^{-3} t$$

$$\lambda_3 = 0.113 + 0.2 \times 10^{-3} t$$

$t_1 = 550$℃，室温为20℃，假设 $t_2 = 500$℃，$t_3 = 350$℃，$t_4 = 50$℃

$$\lambda_1 = 0.25 + 0.22 \times 10^{-3} \times \frac{550 + 500}{2} = 0.3655 \text{W/(m} \cdot \text{℃)}$$

$$\lambda_2 = 0.095 + 0.2 \times 10^{-3} \times \frac{500 + 350}{2} = 0.18 \text{W/(m} \cdot \text{℃)}$$

$$\lambda_3 = 0.113 + 0.2 \times 10^{-3} \times \frac{350 + 50}{2} = 0.153 \text{W}/(\text{m} \cdot \text{°C})$$

求热流密度:

$$q_{底} = \frac{t_g - t_a}{\frac{s_1}{\lambda_1} + \frac{s_2}{\lambda_2} + \frac{s_3}{\lambda_3} + \frac{1}{a_\Sigma}} = \frac{550 - 20}{\frac{0.201}{0.3655} + \frac{0.134}{0.18} + \frac{0.115}{0.153} + 0.06} = 252 \text{W}/\text{m}^2$$

验算温度:
$$t_{2底} = t_1 - q\frac{s_1}{\lambda_1} = 550 - 251.7 \times \frac{0.201}{0.3655} = 392\text{°C}$$

$$t_{3底} = t_2 - q\frac{s_2}{\lambda_2} = 392 - 251.7 \times \frac{0.134}{0.18} = 224\text{°C}$$

$$t_{4底} = t_3 - q\frac{s_3}{\lambda_3} = 224 - 251.7 \times \frac{0.115}{0.153} = 35\text{°C}$$

重设: $t_2 = 400\text{°C}$, $t_3 = 225\text{°C}$, $t_4 = 35\text{°C}$

$$\lambda_1 = 0.25 + 0.22 \times 10^{-3} \times \frac{550 + 400}{2} = 0.3545 \text{W}/(\text{m} \cdot \text{°C})$$

$$\lambda_2 = 0.095 + 0.2 \times 10^{-3} \times \frac{400 + 225}{2} = 0.1575 \text{W}/(\text{m} \cdot \text{°C})$$

$$\lambda_3 = 0.113 + 0.2 \times 10^{-3} \times \frac{225 + 35}{2} = 0.139 \text{W}/(\text{m} \cdot \text{°C})$$

求热流密度:

$$q_{底} = \frac{t_g - t_a}{\frac{s_1}{\lambda_1} + \frac{s_2}{\lambda_2} + \frac{s_3}{\lambda_3} + \frac{1}{a_\Sigma}} = \frac{550 - 20}{\frac{0.201}{0.3545} + \frac{0.134}{0.1575} + \frac{0.115}{0.139} + 0.06} = 230 \text{W}/\text{m}^2$$

验算温度:
$$t_{2底} = t_1 - q\frac{s_1}{\lambda_1} = 550 - 230 \times \frac{0.201}{0.3545} = 420\text{°C}$$

$$t_{3底} = t_2 - q\frac{s_2}{\lambda_2} = 419.6 - 230 \times \frac{0.134}{0.1575} = 224\text{°C}$$

$$t_{4底} = t_3 - q\frac{s_3}{\lambda_3} = 224 - 230 \times \frac{0.115}{0.139} = 34\text{°C}$$

重设: $t_2 = 420\text{°C}$, $t_3 = 225\text{°C}$, $t_4 = 35\text{°C}$

$$\lambda_1 = 0.25 + 0.22 \times 10^{-3} \times \frac{550 + 420}{2} = 0.3567 \text{W}/(\text{m} \cdot \text{°C})$$

$$\lambda_2 = 0.095 + 0.2 \times 10^{-3} \times \frac{420 + 225}{2} = 0.1595 \text{W}/(\text{m} \cdot \text{°C})$$

$$\lambda_3 = 0.113 + 0.2 \times 10^{-3} \times \frac{225 + 35}{2} = 0.139 \text{W}/(\text{m} \cdot \text{°C})$$

求热流密度:

$$q_{底} = \frac{t_g - t_a}{\frac{s_1}{\lambda_1} + \frac{s_2}{\lambda_2} + \frac{s_3}{\lambda_3} + \frac{1}{a_\Sigma}} = \frac{550 - 20}{\frac{0.201}{0.3567} + \frac{0.134}{0.1595} + \frac{0.115}{0.139} + 0.06} = 231 \text{W}/\text{m}^2$$

验算温度:

$$t_{2底} = t_1 - q\frac{s_1}{\lambda_1} = 550 - 231.3 \times \frac{0.201}{0.3567} = 420℃$$

$$t_{3底} = t_2 - q\frac{s_2}{\lambda_2} = 419.7 - 231.3 \times \frac{0.134}{0.1595} = 225℃$$

$$t_{4底} = t_3 - q\frac{s_3}{\lambda_3} = 225.3 - 231.3 \times \frac{0.115}{0.139} = 34℃$$

与假设相近，不需重算，且满足炉墙外表面温度≤50℃的要求。

计算炉底散热损失：

$$Q_{底散} = q_底 F_{底散} = 231.3 \times 2.779 = 643W$$

E   通过炉衬的散热损失

$$Q_散 = Q_{墙散} + Q_{顶散} + Q_{底散} = 2321 + 253 + 643 = 3217W = 11581kJ/h$$

F   开启炉门的辐射热损失

$$Q_辐 = 3.6 \times 5.675F\phi\delta_t\left[\left(\frac{T_g}{100}\right)^4 - \left(\frac{T_a}{100}\right)^4\right]$$

设在操作过程中，装料与出料总共所需的时间为每小时6min，$T_g = 550 + 273 = 823K$，$T_a = 20 + 273 = 293K$。

由于正常工作时，炉门的开启高度为炉腔高度的一般，故：

炉门开启面积：

$$F = \frac{B \times H}{2} = \frac{1.197 \times 0.774}{2} = 0.463m^2$$

炉门开启率：$\delta_t = \frac{6}{60} = 0.1$

由于炉门开启后，辐射口为矩形，且 $\frac{H}{2}$ 与 B 之比为：

$$\frac{0.5 \times 0.774}{1.197} = 0.32\left(\frac{a}{b} = 0.32\right)$$

炉门开启高度与炉墙厚度之比为：

$$\frac{0.5 \times 0.774}{0.345} = 1.12\left(\frac{a}{L} = 0.89\right)$$

由图10-1可知，得 $\varphi = 0.65$。

则

$$Q_辐 = 3.6 \times 5.675F\varphi\delta_t\left[\left(\frac{T_g}{100}\right)^4 - \left(\frac{T_a}{100}\right)^4\right]$$

$$= 3.6 \times 5.675 \times 0.463 \times 0.65 \times 0.1 \times \left[\left(\frac{823}{100}\right)^4 - \left(\frac{293}{100}\right)^4\right] = 2775.4kJ/h$$

G   开启炉门溢气热损失

溢气热损失：

$$Q_溢 = qV_a\rho_a c_a(t'_g - t_a)\delta_t$$

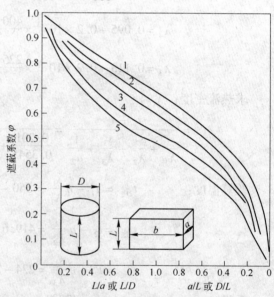

图10-1   长方形和圆形炉口辐射热交换的遮蔽系数
1—平板 $a:b = 0.2$；2—长方体 $a:b = 0.2$；
3—$a:b = 0.5$；4—四方体 $a:b = 1$；5—圆形

纵坐标：遮蔽系数 φ

横坐标：L/a 或 L/D a/L 或 D/L

其中，对于空气介质炉，零压面在炉门开启高度中分线，则有：

$$qV_a = 1997B \times H/2 \times \sqrt{H/2} = 1997 \times 1.197 \times 0.774 \times \sqrt{0.774} = 575.5\,\mathrm{m^3/h}$$

式中　B——炉门开启或缝隙的宽度，m；

　　　H——炉门开启或缝隙的高度，m；

1997——系数，$\sqrt{\mathrm{m}}/\mathrm{h}$；

　　　ρ_a——冷空气的密度，$\mathrm{kg/m^3}$；

　　　c_a——空气在 t_a 与 t'_g 的平均比热容，$\mathrm{kJ/(m^3 \cdot ℃)}$；

　　　δ_t——炉门开启率，0.1。

对于可控气氛炉，溢气热损失计入 $Q_{控}$，不再重复计算。

已知冷空气密度 $\rho_a = 1.29\,\mathrm{kg/m^3}$。查表 $10-8$，$c_a = 1.3097\,\mathrm{kJ/(m^3 \cdot ℃)}$。$t_a = 20℃$，$t'_g$ 为溢气温度，近似认为：

$$t'_g = t_a + \frac{2}{3}(t_g - t_a) = 20 + \frac{2}{3} \times (550 - 20) = 373.3℃$$

$$Q_{溢} = qv_a\rho_a c_a(t'_g - t_a)\delta_t = 575.5 \times 1.29 \times 1.3097 \times (373.3 - 20) \times 0.1 = 34351.4\,\mathrm{kJ/h}$$

表 10-8　空气和某些气体平均比热容　　　　$(\mathrm{kJ/(m^3 \cdot ℃)})$

温度/℃	O_2	N_2	H_2	CO	CO_2	H_2O	H_2S	SO_2	干空气
0	1.3059	1.2987	1.2766	1.2992	1.5998	1.4943	1.507	1.733	1.3009
100	1.3126	1.3004	1.2908	1.3017	1.7003	1.5052	1.532	1.813	1.3051
200	1.3352	1.3038	1.2971	1.3071	1.7873	1.5223	1.562	1.888	1.3097
300	1.3561	1.3109	1.2992	1.3167	1.8627	1.5424	1.595	1.955	1.3181
400	1.3775	1.3205	1.3021	1.3289	1.9297	1.5654	1.633	2.018	1.3302
500	1.3980	1.3322	1.3050	1.3427	1.9887	1.5897	1.671	2.068	1.3440
600	1.4168	1.3452	1.3080	1.3574	2.0411	1.6148	1.708	2.114	1.3583
700	1.4345	1.3586	1.3121	1.3720	2.0884	1.6412	1.746	2.512	1.3725
800	1.4499	1.3717	1.3168	1.3862	2.1311	1.6680	1.784	2.181	1.3821
900	1.4645	1.3846	1.3226	1.3996	2.1692	1.6956	1.817	2.215	1.3993
1000	1.4775	1.3971	1.3289	1.4126	2.2035	1.7229	1.851	2.236	1.4118
1100	1.4892	1.4089	1.3360	1.4248	2.2349	1.7501	1.884	2.261	1.4236
1200	1.5006	1.4202	1.3431	1.4361	2.2639	1.7769	1.909	2.278	1.4347
1300	1.5106	1.4306	1.3511	1.4465	2.2898	1.8028	—	—	1.4453
1400	1.5202	1.4407	1.3590	1.4566	2.3136	1.8280	—	—	1.4550
1500	1.5294	1.4499	1.3674	1.4658	2.3354	1.8527	—	—	1.4642

H　加热控制气体所需热量

$$Q_{控} = V_{控} c_{控}(t_2 - t_1)$$

$$V_{控} = V_{有效} \times 换气次数 = L_{效} B_{效} H_{效} \times 4（换气次数为 3 \sim 5 次）$$

$$= 1.7 \times 0.9 \times 0.5 \times 4 = 3.06 \text{m}^3/\text{h}$$

$$t_1 = 20℃ , \quad t_2 = 550℃$$

由： $\qquad t = 10℃, \qquad c = 1.043 \text{kJ}/(\text{kg} \cdot \text{K})$

$\qquad\qquad t = 60℃, \qquad c = 1.026 \text{kJ}/(\text{kg} \cdot \text{K})$

可得： $\qquad t = 20℃, \qquad c = 1.0396 \text{kJ}/(\text{kg} \cdot \text{K})$

由： $\qquad t = 460℃, \qquad c = 1.118 \text{kJ}/(\text{kg} \cdot \text{K})$

$\qquad\qquad t = 760℃, \qquad c = 1.172 \text{kJ}/(\text{kg} \cdot \text{K})$

可得： $\qquad t = 550℃, \qquad c = 1.1342 \text{kJ}/(\text{kg} \cdot \text{K})$

查表知炉气的密度为 $\rho_0 = 1.25 \text{kg/m}^3$ （0℃，100kPa）。

由：

$$\rho_t = \frac{\rho_0}{1 + \beta t} \left(\beta = \frac{1}{273} \right)$$

得：

$$\rho_{20} = 1.323 \text{kg/m}^3$$

$$\rho_{550} = 21.62 \text{kg/m}^3$$

故： $\qquad t = 20℃, \quad c = 1.375 \text{kJ}/(\text{m}^3 \cdot \text{K})$

$\qquad\qquad t = 550℃, \quad c = 24.52 \text{kJ}/(\text{m}^3 \cdot \text{K})$

取二者平均，即 $c_{控} = 12.95 \text{kJ}/(\text{m}^3 \cdot \text{K})$。

则： $\qquad Q_{控} = 3.06 \times 12.95 \times (550 - 20) = 21002.3 \text{kJ/h}$

I　其他热损失

其他热损失约为上述热损失之和的 10%～20%，故：

$$Q_{其他} = 0.15 \times (Q_{件} + Q_{散} + Q_{辐} + Q_{控} + Q_{溢})$$

$$= 0.15 \times (73039.2 + 11580.3 + 2775.4 + 21002.3 + 34351.4) = 21412.3 \text{kJ/h}$$

J　热量总支出

$$Q_{总} = Q_{件} + Q_{散} + Q_{辐} + Q_{控} + Q_{其他}$$

$$= 73039.2 + 11580.3 + 2775.4 + 21002.3 + 21412.3 = 129809.5 \text{kJ/h}$$

K　炉子安装总功率

$$P_{安} = \frac{K Q_{总}}{3600} = \frac{1.5 \times 129809.5}{3600} = 54.1 \text{kW}$$

其中 K 为功率储备系数，对于周期作业炉 K 取 1.3～1.5，本炉设计中 K 取 1.4。

与标准炉子相比较，取炉子功率为 60kW。

10.2.5　炉子热效率计算

一般电阻炉热效率为 30%～80%。

10.2.5.1　正常工作时的效率

$$\eta = \frac{Q_{件}}{Q_{总}} = \frac{73039.2}{129809.5} = 56.3\%$$

10.2.5.2　在保温阶段，关闭炉门时的效率

$$\eta = \frac{Q_{件}}{Q_{总} - (Q_{辐} + Q_{溢})} = \frac{73039.2}{129809.5 - (2775.4 + 34351.4)} = 79\%$$

10.2.6 炉子空载功率计算

$$P_{空} = \frac{Q_{散} + Q_{其他}}{3600} = \frac{11580.3 + 21412.3}{3600} \approx 9.2\text{kW}$$

10.2.7 空炉升温时间计算

由于所设计炉子的耐火层结构相似，而保温层蓄热较少，为简化计算，将炉子侧墙、前后墙及炉顶按相同数据计算，炉底由于砌砖方法不同，进行单独计算，因升温时炉底板也随炉升温，也要计算在内。

10.2.7.1 炉墙及炉顶蓄热

$$V_{黏}^{侧} = 2 \times [1.973 \times (14 \times 0.067 + 0.135) \times 0.115] = 0.487\text{m}^3$$

$$V_{黏}^{前,后} = 2 \times [(1.197 + 0.115 \times 2) \times (18 \times 0.067 + 0.135) \times 0.115] = 0.440\text{m}^3$$

$$V_{黏}^{顶} = \frac{2\pi}{6} \times \frac{1.197 + 1.197 + 0.115}{2} \times (1.973 + 0.23 + 0.115) \times 0.115 = 0.350\text{m}^3$$

$$V_{硅}^{侧} = 2 \times [(14 \times 0.067 + 0.135) \times (1.973 + 0.115) \times 0.115] = 0.515\text{m}^3$$

$$V_{硅}^{前,后} = 2 \times [1.887 \times (18 \times 0.067 + 0.135) \times 0.115] = 0.582\text{m}^3$$

$$V_{硅}^{顶} = L_{外} \times B_{外} \times 0.115 = 2.663 \times 1.887 \times 0.115 = 0.578\text{m}^3$$

由公式：$Q_{蓄} = V_{黏}\rho_{黏}c_{黏}(t_{黏} - t_0) + V_{纤}\rho_{纤}c_{纤}(t_{纤} - t_0) + V_{硅}\rho_{硅}c_{硅}(t_{硅} - t_0)$

因为：

$$t_{黏}^{墙} = \frac{t_1 + t_{2墙}}{2} = \frac{550 + 466.4}{2} = 508.2℃$$

$$t_{黏}^{顶} = \frac{t_1 + t_{2顶}}{2} = \frac{550 + 519.4}{2} = 534.7℃$$

$$C_{黏}^{墙} = 0.193 + 0.075 \times 10^{-3}t_{黏}^{墙} = 0.193 + 0.075 \times 10^{-3} \times 508.2$$
$$= 0.231\text{kcal/(kg·℃)} = 0.967\text{kJ/(kg·℃)}$$

$$C_{黏}^{顶} = 0.193 + 0.075 \times 10^{-3}t_{黏}^{顶} = 0.193 + 0.075 \times 10^{-3} \times 534.7 = 0.975\text{kJ/(kg·℃)}$$

$$t_{硅}^{墙} = \frac{t_{2墙} + t_{3墙}}{2} = \frac{466.4 + 35.9}{2} = 251.2℃$$

$$t_{硅}^{顶} = \frac{t_{2顶} + t_{3顶}}{2} = \frac{519.4 + 24.8}{2} = 272.1℃$$

$$C_{硅}^{墙} = 0.2 + 0.06 \times 10^{-3}t_{硅}^{墙} = 0.2 + 0.06 \times 10^{-3} \times 251.2 = 0.900\text{kJ/(kg·℃)}$$

$$C_{硅}^{顶} = 0.2 + 0.06 \times 10^{-3}t_{硅}^{顶} = 0.2 + 0.06 \times 10^{-3} \times 272.1 = 0.906\text{kJ/(kg·℃)}$$

$$Q_{蓄1} = (V_{黏}^{侧} + V_{黏}^{前,后})\rho_{黏}C_{黏}^{墙}(t_{黏}^{墙} - t_0) + V_{黏}^{顶}\rho_{黏}C_{黏}^{顶}(t_{黏}^{顶} - t_0) +$$
$$(V_{硅}^{侧} + V_{硅}^{前,后})\rho_{硅}C_{硅}^{墙}(t_{硅}^{墙} - t_0) + V_{硅}^{顶}\rho_{硅}C_{硅}^{顶}(t_{硅}^{顶} - t_0)$$

$$= (0.487 + 0.440) \times 1.0 \times 10^3 \times 0.967 \times (508.2 - 20) + 0.350 \times 1.0 \times 10^3 \times$$
$$0.975 \times (534.7 - 20) + (0.515 + 0.582) \times 0.5 \times 10^3 \times 0.900 \times (251.2 - 20) +$$
$$0.578 \times 0.5 \times 10^3 \times 0.906 \times (272.1 - 20)$$

$$= 793408.48\text{kJ}$$

10.2.7.2 炉底蓄热计算

$$V_{黏}^{底} = [6 \times (0.02 \times 0.12 + 0.113 \times 0.065) + (0.04 \times 4 + 0.065) \times 0.113 +$$

$$(0.113 \times 0.120) \times 2] \times 1.973 + (1.887 - 0.115 \times 2) \times (2.663 - 0.115) \times 0.065$$
$$= 0.493 \text{m}^3$$

$$V_{泡}^{底} = L_{外} \times B_{外} \times 0.067 \times 2 = 2.663 \times 1.887 \times 0.067 \times 2 = 0.673 \text{m}^3$$

$$V_{硅}^{底} = L_{外} \times B_{外} \times 0.115 = 2.663 \times 1.887 \times 0.115 = 0.578 \text{m}^3$$

$$t_{黏}^{底} = \frac{t_1 + t_{2底}}{2} = \frac{550 + 419.7}{2} = 484.85 \text{℃}$$

$$C_{黏}^{底} = 0.193 + 0.075 \times 10^{-3} t_{黏}^{底} = 0.193 + 0.075 \times 10^{-3} \times 484.85 = 0.960 \text{kJ/(kg} \cdot \text{℃)}$$

$$t_{泡}^{底} = \frac{t_{2底} + t_{3底}}{2} = \frac{419.7 + 225.3}{2} = 322.5 \text{℃}$$

$$C_{泡}^{底} = 0.2 + 0.06 \times 10^{-3} t_{泡}^{底} = 0.2 + 0.06 \times 10^{-3} \times 322.5 = 0.918 \text{kJ/(kg} \cdot \text{℃)}$$

$$t_{硅}^{底} = \frac{t_{3底} + t_{4底}}{2} = \frac{225.3 + 34}{2} = 129.65 \text{℃}$$

$$C_{硅}^{底} = 0.2 + 0.06 \times 10^{-3} t_{硅}^{底} = 0.2 + 0.06 \times 10^{-3} \times 129.65 = 0.870 \text{kJ/(kg} \cdot \text{℃)}$$

故

$$Q_{蓄}^{底} = V_{黏}^{底} \rho_{黏} C_{黏}^{底}(t_{黏}^{底} - t_0) + V_{泡}^{底} \rho_{泡} C_{泡}^{底}(t_{泡}^{底} - t_0) + V_{硅}^{底} C_{硅}^{底}(t_{硅}^{底} - t_0)$$
$$= 0.493 \times 1.0 \times 10^3 \times 0.960 \times (484.85 - 20) + 0.673 \times 0.5 \times 10^3 \times$$
$$0.918 \times (322.5 - 20) + 0.578 \times 0.5 \times 10^3 \times 0.870 \times (129.65 - 20)$$
$$= 341017.88 \text{kJ}$$

10.2.7.3 炉底板蓄热

由查表得550℃和20℃时高合金钢的比热容为 $c_{板} = 0.5 \text{kJ/(kg} \cdot \text{℃)}$，$\rho_{板} = 7850 \text{kg/m}^3$。

炉底板质量： $m = 2.663 \times 1.887 \times 0.01 \times 7850 = 394.47 \text{kg}$

则： $Q_{蓄}^{板} = mc_{板}(t_1 - t_0) = 394.47 \times 0.5 \times (550 - 20) = 104534.55 \text{kJ}$

故： $Q_{蓄} = Q_{蓄1} + Q_{蓄}^{底} + Q_{蓄}^{板}$
$$= 793408.48 + 341017.88 + 104534.55 = 1238960.9 \text{kJ}$$

10.2.7.4 空炉升温时间

$$\tau_{升} = \frac{Q_{蓄}}{3600 P_{安}} = \frac{1238960.9}{3600 \times 60} = 5.74 \text{h}$$

对于一般周期作业炉，其空炉升温时间在 3~8h 内均可，故本炉子设计符合要求。因计算蓄热是按稳定态计算的，误差大，时间偏长，实际空炉升温时间应在 5h 以内。

10.2.8 功率的分配与接线

60kW 功率均匀分布在炉膛两侧及炉底，采用三相380V星形接线法或三相380V三角形接法，供电电压为车间动力电网380V。

核算炉膛布置电热元件内壁表面负荷，对于周期式作业炉，内壁表面负荷应在 15~35kW/m² 之间，常用 20~25kW/m²。

$$F_{电} = 2F_{电侧} + F_{电底} = 2 \times 0.5 \times 0.9 + 1.7 \times 0.9 = 2.43 \text{m}^2$$

$$W = \frac{P_{安}}{F_{电}} = \frac{60}{2.43} = 24.7 \text{kW/m}^2$$

表面负荷在常用的范围 $20 \sim 25 \text{kW/m}^2$ 之内，故符合设计要求。

10.2.9　电热元件材料选择及计算

由最高使用温度550℃，选用线状1Cr13Al4合金作为电热元件，接线方式采用Y式接线法。

10.2.9.1　求550℃时电热元件的电阻率

当炉温为550℃时，电热元件温度取700℃，查表10-9得1Cr13Al4在20℃时电阻率 $\rho_{20} = 1.26 \Omega \cdot \text{mm}^2/\text{m}$，电阻温度系数 $\alpha = 15 \times 10^{-5} \text{℃}^{-1}$，则700℃下的电热元件电阻率为

$$\rho_t = \rho_{20}(1 + \alpha t) = 1.26 \times (1 + 15 \times 10^{-5} \times 700) = 1.3923 \Omega \cdot \text{mm}^2/\text{m}$$

表 10-9　铁铬铝和镍铬合金电热体的主要性能数据

性　能		钢　号				
		Cr25Al15	Cr17Al15	Cr13Al4	Cr20Ni80	Cr15Ni60
主要化学成分/%	Cr	23.0 ~ 27.0	16.0 ~ 19.0	13.0 ~ 15.0	20.0 ~ 23.0	15.0 ~ 18.0
	Al	4.50 ~ 6.50	4.00 ~ 6.00	3.50 ~ 5.50	—	—
	Ni	—	—	—	—	55.0 ~ 61.0
	Fe	余量	余量	余量	余量	余量
元件最高使用温度/℃		1200	1000	850	1100	1000
20℃时电阻系数 /$\Omega \cdot \text{mm}^2 \cdot \text{m}^{-1}$		1.45	1.30	1.26	1.11	1.10
密度/$\text{g} \cdot \text{cm}^{-3}$		7.1	7.0	7.4	8.4	8.15
电阻温度系数 ($\times 10^{-5}$/℃)		20 ~ 1200℃ 3 ~ 4	20 ~ 1000℃ 6	20 ~ 850℃ 15.5	20 ~ 1100℃ 8.5	20 ~ 1000℃ 14
线膨胀系数 ($\times 10^{-6}$/℃)		15.0	15.00	15.5	14.5	13.0
使用性能		高电阻，耐热性很好，但高温强度较低，冷却后有脆性，丝状或带状供应	高电阻，耐热性好，但高温强度较低，冷却后有脆性，丝状或带状供应	高电阻，耐热性一般，但高温强度较低，冷却后有脆性，丝状或带状供应	高电阻，耐热性好，但高温强度较高，冷却后无脆性，丝状或带状供应	高电阻，耐热性一般，但高温强度较高，冷却后无脆性，丝状或带状供应
用　途		1200℃以下的工业用电炉，民用电热器具及电阻元件等	1000℃以下的工业电阻炉，民用电热器具及电阻元件等	850℃以下的工业电阻炉，民用电热器具及电阻元件等	1100℃以下的工业电阻炉，民用电热器具及电阻元件等	1000℃以下的工业电阻炉，民用电热器具及电阻元件等

10.2.9.2　确定电热元件表面功率

由图10-2所示，根据本炉电热元件工作条件取 $W_{允} = 3.4 \text{W/cm}^2$。

10.2.9.3　每组电热元件功率

由于采用Y接法，即三相双星形接法，每组元件功率

$$P_组 = \frac{60}{n} = \frac{60}{3} = 20kW$$

10.2.9.4 每组电热元件端电压

由于采用 Y 接法，车间动力电网端电压为 380V，故每组电热元件端电压即为每相电压

$$U_组 = \frac{380}{\sqrt{3}} = 220V$$

10.2.9.5 电热元件直径

线状电热元件直径为：

$$d = 34.3 \sqrt[3]{\frac{P^2 \rho_t}{U^2 W_允}}$$

$$= 34.3 \times \sqrt[3]{\frac{20^2 \times 1.3923}{220^2 \times 3.4}}$$

$$= 5.15mm$$

取 $d = 6mm$。

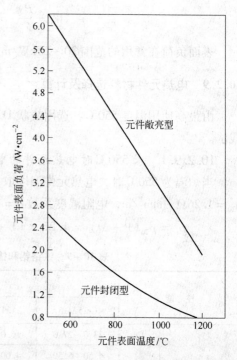

图 10-2　Fe-Cr-Al 合金电热元件允许表面负荷

10.2.9.6 每组电热元件长度和质量

每组电热元件长度：

$$L_组 = 0.785 \times 10^{-3} \frac{U^2 d^2}{P P_t}$$

$$= 0.785 \times 10^{-3} \times \frac{220^2 \times 6^2}{20 \times 1.3923} = 49.12m$$

每组电热元件质量由下式得：

$$G_组 = \frac{\pi}{4} d^2 L \rho_M$$

式中，ρ_M 查表得 $\rho_M = 7.4g/cm^3$，故：

$$G_组 = \frac{3.14}{4} \times 6^2 \times 49.12 \times 7.4 \times 10^{-3} = 10.3kg$$

10.2.9.7 电热元件的总长度和总质量

电热元件的总长度：

$$L_总 = nL_组 = 3 \times 49.12 = 147.36m$$

电热元件总质量：

$$G_总 = nG_组 = 3 \times 10.3 = 30.9kg$$

10.2.9.8 校核电热元件表面负荷

$$W_实 = \frac{P_组}{\pi d L_组} = \frac{20 \times 10^3}{3.14 \times 6 \times 10^{-1} \times 49.12 \times 10^2} = 2.16W/cm^2$$

$W_实 \leqslant W_允$，结果满足设计要求。

10.2.9.9 电热元件在炉膛内的布置

将 3 组电热元件每组分为 3 折，布置在两侧炉墙及炉底上，则有：

$$L_折 = \frac{L_组}{3} = \frac{49.12}{3} = 16.37m$$

布置电热元件的炉壁长度：

$$L' = L - 50 = 1973 - 50 = 1923\text{mm}$$

丝状电热元件绕成螺旋状，当元件温度低于 1000℃，查表知，螺旋直径 $D = (6 \sim 8)d$，取 $D = 7d = 7 \times 6 = 42\text{mm}$。

螺旋体圈数 N 和螺距 h 分别为：

$$N = \frac{L_{折}}{\pi D} = \frac{16.37}{3.14 \times 42} \times 10^3 = 124 \text{ 圈}$$

$$h = \frac{L'}{N} = \frac{1923}{124} = 15.51\text{mm}$$

$$\frac{h}{d} = \frac{15.51}{6} = 2.6$$

按规定，h/d 在 $2 \sim 4$ 范围内，满足设计要求。螺旋电热元件绕制尺寸见表 10 - 10。

表 10 - 10 螺旋电热元件绕制尺寸

项　目	Fe - Cr - Al 合金		Cr - Ni 合金		
	>1000℃	<1000℃	950℃	950 ~ 750℃	<750℃
节径 D/mm	$(4 \sim 6)d$	$(6 \sim 8)d$	$(5 \sim 6)d$	$(6 \sim 8)d$	$(8 \sim 12)d$
螺距 h/mm	$(2 \sim 4)d$	$(2 \sim 4)d$	$(2 \sim 4)d$	$(2 \sim 4)d$	$(2 \sim 4)d$
螺旋柱长度 L'/m	$Lh/(\pi D)$	$Lh/(\pi D)$	$Lh/(\pi D)$	$Lh/(\pi D)$	$Lh/(\pi D)$

根据计算，选用 Y 方式接线，采用 $d = 6\text{mm}$ 所用电热元件质量最小，成本最低。电热元件节距 h 在安装时适当调整，炉口部分增大功率。电热元件引出棒材料选用 1Cr18Ni9Ti，$\phi = 10\text{mm}$。

10.2.10　箱式电阻炉安全技术操作规程

箱式电阻炉安全技术操作规程如下：

（1）使用时切勿超过本电阻炉的最高温度。

（2）装取试样时一定要切断电源，以防触电。

（3）装取试样时炉门开启时间应尽量短，以延长电炉使用寿命。

（4）禁止向炉膛内灌注任何液体。

（5）不得将沾有水和油的试样放入炉膛；不得用沾有水和油的夹子装取试样。

（6）装取试样时要戴手套，以防烫伤。

（7）试样应放在炉膛中间，整齐放好，切勿乱放。

（8）不得随便触摸电炉及周围的试样。

（9）使用完毕后应切断电源、水源。

（10）未经管理人员许可，不得操作电阻炉，严格按照设备的操作规程进行操作。

（11）装料时要轻拿轻放，不要碰撞搁砖和电热元件，并严禁将潮湿的工件直接装入炉内。

（12）为减少炉子的辐射热损失，炉壳表面的银粉漆应保持完好无损，最好每年涂刷 1 ～ 2 次。

（13）在高温工件刚出完炉后，要立即关闭炉门、炉盖，以防冷空气的侵袭。

（14）定期检查炉衬和炉顶有无开裂和塌陷，发现问题要及早维修。

（15）定期润滑炉门、炉盖的开启机构。

（16）定期检查接线夹螺栓的紧固情况，并注意引出棒和热电偶的堵塞是否严密，定期检查炉壳接地螺栓是否牢固。

10.2.11　炉型图

箱式回火炉结构如图 10 - 3 所示。

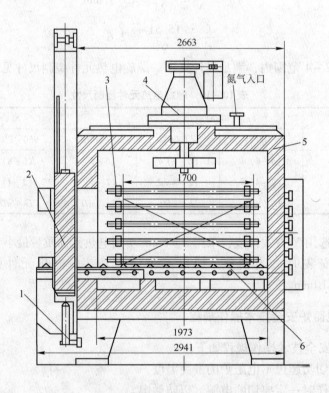

图 10 - 3　箱式回火炉结构

1—导槽升降系统；2—炉门；3—加热元件；4—循环风扇；5—炉衬；6—滚动导轨

11 转炉冶炼与转炉设计

11.1 转炉简介

11.1.1 转炉分类及发展史

转炉（Converter）炉体可转动，用于吹炼钢或吹炼锍的冶金炉。转炉炉体用钢板制成，呈圆筒形，内衬耐火材料，吹炼时靠化学反应热加热，不需外加热源，是最重要的炼钢设备，也可用于铜、镍冶炼。钢具有很好的物理、化学性能与力学性能，可进行拉、压、轧、冲、拔等深加工，其用途十分广泛。用途不同对钢的性能要求也不同，从而对钢的生产也提出了不同的要求。石油、化工、航天航空、交通运输、农业、国防等许多重要的领域均需要各种类型的大量钢材，日常生活更离不开钢。总之，钢材仍将是 21 世纪用途最广的结构材料和最主要功能材料。转炉按炉衬的耐火材料性质分为碱性（用镁砂或白云石为内衬）和酸性（用硅质材料为内衬）转炉；按气体吹入炉内的部位分为底吹、顶吹和侧吹转炉；按吹炼采用的气体，分为空气转炉和氧气转炉。转炉炼钢主要是以液态生铁为原料的炼钢方法。其主要特点是：靠转炉内液态生铁的物理热和生铁内各组分（如碳、锰、硅、磷等）与送入炉内的氧进行化学反应所产生的热量，使金属达到出钢要求的成分和温度。炉料主要为铁水和造渣料（如石灰、石英、萤石等），为调整温度，可加入废钢及少量的冷生铁块和矿石等。在转炉炼钢过程中，铁水中的碳在高温下和吹入的氧生成一氧化碳和少量二氧化碳的混合气体，即转炉煤气。转炉煤气的发生量在冶炼过程中并不均衡，且成分也有变化，通常将转炉多次冶炼过程回收的煤气经降温、除尘，输入储气柜，混匀后再输送给用户。

早期的贝塞麦转炉炼钢法和托马斯转炉炼钢法都用空气通过底部风嘴鼓入钢水进行吹炼。侧吹转炉容量一般较小，从炉墙侧面吹入空气。炼钢转炉按不同需要用酸性或碱性耐火材料作炉衬。直立式圆筒形的炉体，通过托圈、耳轴架置于支座轴承上，操作时用机械倾动装置使炉体围绕横轴转动，如图 11 - 1 所示。

50 年代发展起来的氧气转炉仍保持直立式圆筒形，随着技术改进，发展成顶吹喷氧枪供氧，因而得名氧气顶吹转炉，即 L - D 转炉；用带吹冷却剂的炉底喷嘴的，称为氧气

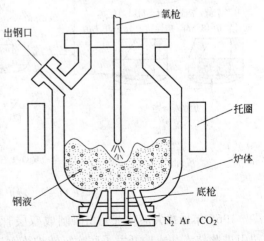

图 11 - 1　氧气顶吹转炉炼钢示意图

底吹转炉。

最早出现的炼钢方法是1740年出现的坩埚法，它是将生铁和废铁装入由石墨和黏土制成的坩埚内，用火焰加热熔化炉料，之后将熔化的炉料浇成钢锭。此法几乎无杂质元素的氧化反应。

1856年英国人亨利·贝塞麦发明了酸性空气底吹转炉炼钢法，也称为贝塞麦法，第一次解决了用铁水直接冶炼钢水的难题，从而使炼钢的质量得到提高，但此法要求铁水的硅含量大于0.8%，而且不能脱硫。目前已淘汰。

1865年德国人马丁利用蓄热室原理发明了以铁水、废钢为原料的酸性平炉炼钢法，即马丁炉法。1880年出现了第一座碱性平炉。由于其成本低、炉容大，钢水质量优于转炉，同时原料的适应性强，平炉炼钢法一时成为主要的炼钢法。

1878年英国人托马斯发明了碱性炉衬的底吹转炉炼钢法，即托马斯法。他是在吹炼过程中加石灰造碱性渣，从而解决了高磷铁水的脱磷问题。当时，对西欧的一些国家特别适用，因为西欧的矿石普遍磷含量高。但托马斯法的缺点是炉子寿命低，钢水中氮的含量高。

1899年出现了完全依靠废钢为原料的电弧炉炼钢法（EAF），解决了充分利用废钢炼钢的问题，此炼钢法自问世以来，一直在不断发展，是当前主要的炼钢法之一，由电炉冶炼的钢目前占世界总的钢产量的30%~40%。

瑞典人罗伯特·杜勒首先成功进行了氧气顶吹转炉炼钢的试验，1952年奥地利的林茨城（Linz）和多纳维兹（Donawitz）先后建成了30t的氧气顶吹转炉车间并投入生产，所以此法也称为LD法。美国称为BOF（Basic Oxygen Furnace）法或BOP法，如图11-2所示。

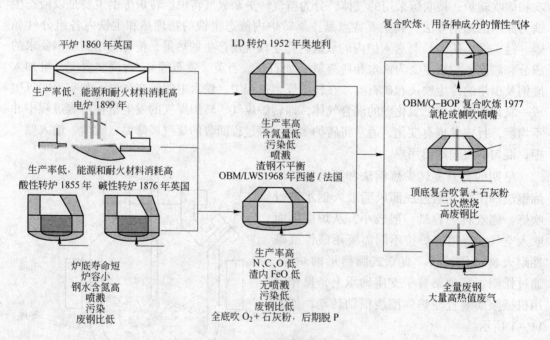

图11-2　转炉发展历程及其特点

1965年加拿大液化气公司研制成双层管氧气喷嘴，1967年西德马克西米利安钢铁公司引进此技术并成功开发了底吹氧转炉炼钢法，即OBM（Oxygen Bottom Maxhuette）法。

1971 年美国钢铁公司引进 OBM 法，1972 年建设了 3 座 200t 底吹转炉，命名为 Q - BOP（Quiet BOP）。

1978~1979 年成功开发了转炉顶底复合吹炼工艺，即从转炉上方供给氧气（顶吹氧），从转炉底部供给惰性气体或氧气，它不仅提高钢的质量，而且降低了炼钢消耗和吨钢成本，更适合供给连铸优质钢水。

我国很早就掌握了炼铁的冶炼技术，东汉时就出现了冶炼和锻造技术，南北朝时期就掌握了灌钢法，曾在世界范围内处于领先地位。但旧中国钢铁工业非常落后，产量很低，从 1890 年建设的汉阳钢铁厂至 1948 年的半个世纪中，钢产量累计到 200 万吨，1949 年只有 15.8 万吨。新中国成立后，我国首先在 1972~1973 年在沈阳第一炼钢厂成功开发了全氧侧吹转炉炼钢工艺，并在唐钢等企业推广应用。改革开放以来，我国的钢铁事业得到迅速发展，1980 年钢产量达到 3712 万吨，1990 年达到 6500 万吨，1996 年首次突破 1 亿吨大关，成为世界第一产钢大国。世界钢铁协会发布的 2012 年全球钢铁生产统计数据显示，中国大陆 2012 年粗钢产量 7.16 亿吨，占全球钢产量的 46.3%。

显然，我国的钢铁工业已经对世界产生了重要影响，我国不仅是产钢大国，而且已经开始迈入钢铁强国的行列。总之，炼钢技术经过 200 多年的发展，技术水平、自动化程度得到了很大的提高。

11.1.2 转炉的特点

转炉类型不同，其冶炼过程及技术特点也各不相同，具体如下：

（1）氧气转炉炼钢：是以铁水及少量废钢为原料，加入石灰及各种造渣剂、铁合金等，在转炉内用氧气进行吹炼的方法。技术特点：利用超声速氧枪喷吹纯 O_2；渣钢乳化，反应面积提高 1000 倍；强力搅拌溶化，促进钢渣反应平衡。技术优点：生产效率高，周期短；钢水纯净度高；生产成本低；煤气回收，减少环境污染。

（2）底吹转炉的特点：搅拌强度高，是顶吹转炉的 10 倍左右。消除了熔池成分和温度的不均匀，吹炼平稳，避免或减少了喷溅的发生。炉底寿命较低。化渣困难。

（3）氧气顶吹转炉的特点：吹炼速度快，生产率高；生产周期为 30~40min；品种多，质量好；冶炼所有的平炉钢和大部分合金钢。原材料消耗少、热效率高、成本低。基建投资省、建设速度快。可以与连铸很好配合。喷溅严重，炉内金属成分和温度不均匀，熔池搅拌弱。

（4）转炉复合吹炼技术优点：降低钢铁料消耗 1%；冶炼终点碳含量：C < 0.03%；造渣剂消耗降低 20%；降低钢水中氧含量；脱氧用铁合金及铝消耗降低 15%~20%；降低炉衬消耗；提高钢水中锰含量。

（5）底吹搅拌（弱搅拌）型：由氧气顶吹转炉发展而来，底吹以惰性气体为主，其主要特点是可以加强熔池搅拌，改善冶金反应动力学条件。

（6）顶底复合吹氧型：是由底吹转炉发展而来，底吹以氧气为主，其主要特点是可以增大供氧强度，强化冶炼。

（7）顶底吹石灰粉型：其主要特点是可以加速化渣，强化去磷、硫。

（8）喷吹燃料型：其主要特点是可以补充转炉热源、增加转炉废钢比。

11.2　转炉炼钢工艺流程

转炉炼钢法使用的氧化剂是氧气。把空气鼓入熔融的生铁里，使杂质硅、锰等氧化。在氧化的过程中放出大量的热量（含1%的硅可使生铁的温度升高200℃），可使炉内达到足够高的温度。因此转炉炼钢不需要另外使用燃料。

转炉炼钢是在转炉里进行。转炉内壁有耐火砖，炉侧有许多小孔（风口），压缩空气从这些小孔吹入炉内，又称为侧吹转炉。开始时，转炉处于水平，向内注入1300℃的液态生铁，并加入一定量的生石灰，然后鼓入空气并转动转炉使它直立起来。这时液态生铁表面剧烈的反应，使铁、硅、锰氧化生成炉渣，利用熔化的钢铁和炉渣的对流作用，使反应遍及整个炉内。几分钟后，当钢液中只剩下少量的硅与锰时，碳开始氧化，生成CO（放热）使钢液剧烈沸腾。炉口由于溢出的CO的燃烧而出现巨大的火焰。最后，磷也发生氧化并进一步生成磷酸亚铁。磷酸亚铁再跟生石灰反应生成稳定的磷酸钙和硫化钙，一起成为炉渣。当磷与硫逐渐减少，火焰退落，炉口出现Fe_3O_4的褐色蒸汽时，表明钢已炼成。这时应立即停止鼓风，并把转炉转到水平位置，把钢水倾至钢水包里，再加脱氧剂进行脱氧。整个过程只需15min左右。如果空气是从炉底部吹入，称为底吹转炉。

随着制氧技术的发展，现在已普遍使用氧气顶吹转炉（也有侧吹转炉）。这种转炉吹入的是高压工业纯氧，反应更为剧烈，能进一步提高生产效率和钢的质量。

11.2.1　转炉炼钢的基本冶炼过程

顶吹转炉冶炼一炉钢的操作过程主要由六步组成：（1）上炉出钢、倒渣，检查炉衬和倾动设备等并进行必要的修补和修理；（2）倾炉，加废钢、兑铁水，摇正炉体（至垂直位置）；（3）降枪开吹，同时加入第一批渣料（起初炉内噪声较大，从炉口冒出赤色烟雾，随后喷出暗红的火焰；3~5min后Si、Mn氧化接近结束，C、O_2反应逐渐激烈，炉口的火焰变大，亮度随之提高；同时渣料熔化，噪声减弱）；（4）3~5min后加入第二批渣料继续吹炼（随吹炼进行钢中C逐渐降低，约12min后火焰微弱，停吹）；（5）倒炉，测温、取样，并确定补吹时间或出钢；（6）出钢，同时（将计算好的合金加入钢包中）进行脱氧合金化。上炉钢出完钢后，倒净炉渣，堵出钢口，兑铁水和加废钢，降枪供氧，开始吹炼。在送氧开吹的同时，加入第一批渣料，加入量相当于全炉总渣量的2/3，开吹3~5min后，第一批渣料化好，再加入第二批渣料。如果炉内化渣不好，则加入第三批萤石渣料。

吹炼过程中的供氧强度：小型转炉为2.5~4.5m^3/(t·min)；120t以上的转炉一般为2.8~3.6m^3/(t·min)。开吹时氧枪枪位采用高枪位，是为了早化渣，多去磷，保护炉衬；在吹炼过程中适当降低枪位的保证炉渣不"返干"，不喷溅，快速脱碳与脱硫，熔池均匀升温为原则；在吹炼末期要降枪，主要目的是熔池钢水成分和温度均匀，加强熔池搅拌，稳定火焰，便于判断终点，同时降低渣中Fe含量，减少铁损，达到残渣的要求。当吹炼到所炼钢种要求的终点碳范围时，即停吹，倒炉取样，测定钢水温度，取样快速分析[C]、[S]、[P]的含量，当温度和成分符合要求时，就出钢。当钢水流出总量的四分之一时，向钢包中加脱氧合金化剂，进行脱氧，合金化，由此一炉钢冶炼完毕。

转炉吹炼的初期和末期，因脱碳速度小而炉渣的泡沫化程度较低，因而控制的重点是防止吹炼中期出现严重的泡沫化现象。通常是因枪位过高，炉内的碳氧反应被抑制，渣中聚集的（FeO）越来越多（内部条件具备），温度一旦上升便会发生激烈的碳氧反应，过量的 CO 气体充入炉渣（外部条件具备），使渣面上涨并从炉口溢出或喷出，形成喷溅。为此，生产中应在满足化渣的条件下尽量使枪位较低，切忌化渣枪位过高和较高枪位下长时间化渣，以免渣中（FeO）过高。出钢前压枪降低渣中的（FeO），破坏泡沫渣，以减少金属损失。

11.2.2 温度制度

在钢的吹炼过程中，需要正确控制炼钢过程温度和终点温度。转炉吹炼过程的温度控制相对比较复杂，如何通过加冷却剂和调整枪位，使钢水的升温和成分变化协调起来，同时达到吹炼终点的要求，是温度控制的关键。热量来源：铁水的物理热和化学热，它们约各占热量来源的一半。热量消耗：习惯上转炉的热量消耗可分为两部分，一部分直接用于炼钢的热量，即用于加热钢水和炉渣的热量；一部分未直接用于炼钢的热量，即废气、烟尘带走的热量，炉口炉壳的散热损失和冷却剂的吸热等。

热量的消耗：钢水的物理热约占 70%；炉渣带走的热量大约占 10%；炉气物理热约占 10%；金属铁珠及喷溅带走热，炉衬及冷缺水带走热，烟尘物理热，生白云石及矿石分解及其他热损失共占约 10%。

转炉热效率：是指加热钢水的物理热和炉渣的物理热占总热量的百分比。LD 转炉热效率比较高，一般在 75% 以上。原因是 LD 转炉上的热量利用集中，吹炼时间短，冷却水、炉气热损失低。出钢温度需考虑从出钢到浇注各阶段的温降。ΔT 为钢液的过热度，它与钢种、坯型有关，板坯取 15~20℃，低合金方坯取 20~25℃。

转炉获得的热量除用于各项必要的支出外，通常剩余大量的富余热量，需加入一定数量的冷却剂。要准确控制熔池温度，用废钢作冷却剂的效果最好，但为了促进化渣，也可以搭配一部分铁矿石或氧化铁皮。

在吹炼前期结束时，温度应为 1450~1550℃，大炉子、低碳钢取下限，小炉子、高碳钢取上限；中期的温度为 1550~1600℃，中、高碳钢取上限，因后期挽回温度时间少；后期的温度为 1600~1680℃，取决于所炼钢种。

当吹炼后期温度过低时，可加适量的 Fe-Si 或 Fe-Al 提温。加 Fe-Si 提温，需配加一定量的石灰，防止钢水回磷。当吹炼后期出现温度过高时，可加适量的铁皮或矿石降温。如铁水温度低，碳量也低，可兑适量铁水再吹炼，在兑铁水前倒渣，并加 Fe-Si 防止产生喷溅。

终点控制是转炉吹炼末期的重要操作。终点控制主要是指终点温度和成分的控制。由于脱磷、脱硫比脱碳操作复杂，总是尽可能提前让磷、硫达到终点所需的范围，因此，终点的控制实质就是脱碳和温度的控制。

确定冷却剂用量：

（1）冷却剂及其特点。转炉炼钢的冷却剂主要是废钢和矿石。比较而言，废钢的冷却效应稳定，而且硅磷含量也低，渣料消耗少，可降低生产成本；但是，矿石可在不停吹的条件下加入，而且具有化渣和氧化的能力。因此，目前一般是矿石、废钢配合冷却，而且是以废钢为主,且装料时加入;矿石在冶炼中视炉温的高低随石灰适量加入。另外,冶炼终点钢液温度偏高时,通常加适量石灰或白云石降温(前两种均不能用)。

(2) 各冷却剂的冷却效应。冷却效应是指每 kg 冷却剂加入转炉后所消耗的热量,常用 q 表示,单位是 kJ/kg。

1) 矿石的冷却效应:矿石冷却主要靠 Fe_2O_3 的分解吸热,因此其冷却效应随铁矿的成分不同而变化,含 70% Fe_2O_3、10% FeO 时铁矿石的冷却效应为:

$$q_{矿} = 1 \times C_{矿} \times \Delta t + \lambda_{矿} + 1 \times (Fe_2O_3\% \times 112/160 \times 6456 + FeO\% \times 56/72 \times 4247)$$
$$= 1 \times 1.02 \times (1650 - 25) + 209 + 1 \times (0.7 \times 112/160 \times 6456 + 0.1 \times 56/72 \times 4247)$$
$$= 5360 \text{kJ/kg}$$

2) 废钢的冷却效应:废钢主要依靠升温吸热来冷却熔池,由于不知准确成分,其熔点通常按低碳钢的 1500℃ 考虑,入炉温度按 25℃ 计算,于是废钢的冷却效应为:

$$q_{废} = 1 \times [C_{固}(t_{熔} - 25) + \lambda_{废} + C_{液}(t_{出} - t_{熔})]$$
$$= 1 \times [0.7 \times (1500 - 25) + 272 + 0.837 \times (1650 - 1500)]$$
$$= 1430 \text{kJ/kg}$$

3) 氧化铁皮的冷却效应:计算方法同矿石,对于 50% FeO、40% Fe_2O_3 的氧化铁皮,其冷却热效应为:$q_{皮} = 5311 \text{kJ/kg}$。

(3) 冷却剂用量的确定。确定冷却剂加入量有两种方案。一种是定废钢,调矿石;另一种是定矿石,调废钢。现以第一种方案为例说明冷却剂用量的确定:国内目前的平均水平是,废钢的加入量为铁水量的 8% ~ 12%,取 10%。则矿石用量为:

$$(Q_{余} - 10 \times q_{废})/q_{矿} = (30000 - 10 \times 1430)/5360 = 2.93 \text{kg}$$

即每 100kg 铁水加入 10kg 废钢和 2.93 矿石。

(4) 冷却剂用量的调整。通常各厂先依据自己的一般生产条件,按照上述过程计算出冷却剂的标准用量,生产中某炉钢冷却剂的具体用量则根据实际情况调整铁矿的用量,调整量过大时可增减废钢的用量。实际生产过程温度的控制:按照上述的计算结果加入冷却剂,即可保证终点温度。但是,吹炼过程中还应根据炉内各个时期冶金反应的需要及炉温的实际情况调整熔池温度,保证冶炼的顺利进行。

1) 吹炼初期:如果碳火焰出现早(之前是 Si、Mn 氧化的火焰,发红),表明炉内温度已较高,头批渣料已完全熔化,可适当提前加入二批渣料;反之,若碳火焰上升迟缓,说明开吹以来温度偏低,应适当压枪,加强各元素的氧化,提高熔池温度,而后再加二批渣料。

2) 吹炼中期:可据炉口火焰的亮度及冷却水(氧枪进出水)的温差来判断炉内温度的高低,若熔池温度偏高,可加少量矿石;反之,压枪提温,一般可调整 10 ~ 20℃。

3) 吹炼末期:接近终点(据耗氧量及吹氧时间判断)时,停止吹氧并测量温度,并进行相应调整。如果温度偏高,添加石灰降温,石灰添加量 = 高出度数 × 136/石灰的冷却效应。如果温度偏高,加 Fe - Si 合金并继续吹炼,升温。

因为:1kg 含 Si 量 75% 的合金,氧化所放出的热量为:

$$1 \times 0.75 \times 17807 = 13352 \text{kJ}$$

所以:一炉 30t 钢液提温 10℃ 需加入的 Si75 量为:

$$300 \times 10 \times 136/13352 \approx 30 \text{kg}$$

11.2.3 脱氧及合金化

有精炼的转炉，需要预脱氧及初步合金化。

$$合金加入量(kg) = (钢种规格中限\% - 终点残余成分\%)/A$$

其中： $A = (铁合金中合金元素含量\% × 合金元素收得率\%) × 1000$

脱氧：向钢液加入某些脱氧元素，脱除其中多余氧的操作。

合金化：加入一种或几种合金元素，使其在钢中的含量达到钢种规格要求的操作。

脱氧及合金化操作都是向钢液加入铁合金。同时，加入钢液的脱氧剂必然会有部分溶于钢液而起合金化的作用，如使用 Fe – Si、Fe – Mn 脱氧的同时起到调整钢液的 Si、Mn 含量的作用；而加入钢液的合金元素，因其与氧的亲和力大于铁也势必有一部分被氧化而起脱氧作用。转炉的脱氧与合金化的操作常常是同时进行的。合金加入钢液后，其溶解部分与加入总量之比称为合金的收得率或吸收率。

合金元素的价格通常较高，希望尽量少氧化；脱氧元素则比较便宜，先加入，让其充分脱氧以免后加入的合金元素氧化。

转炉的脱氧合金化操作主要有以下两种：

（1）包内脱氧合金化。目前大多数钢种（包括普碳钢和低合金钢）都是采用包内脱氧合金化，即在出钢过程中将全部合金加入到钢包内，同时完成脱氧与合金化两项任务。此法操作简单，转炉的生产率高，炉衬寿命长，而且合金元素收得率高；但钢中残留的夹杂较多，炉后配以吹氩装置后这一情况大为改善。操作要点：

1）合金应在出钢 1/3 时开始加，出钢 2/3 时加完，并加在钢流的冲击处，以利于合金的熔化和均匀。

2）出钢过程中尽量减少下渣，并向包内加适量石灰，以减少回磷和提高合金的收得率。

（2）包内脱氧精炼炉内合金化。冶炼一些优质钢时，钢液必须经过真空精炼以控制气体含量，此时多采用转炉出钢时包内初步脱氧，而后在真空炉内进行脱氧合金化。

真空炉内脱氧合金化过程中，W、Ni、Cr、Mo 等难熔合金应在真空处理开始时加入，以保证其熔化和均匀，并降低气体含量；而对于 B、Ti、V、RE 等贵重的合金元素应在处理后期加入，以减少挥发损失。

目前，氧气转炉炼钢设备的大型化，生产的连续化和高速化，极大地提高了生产率，这就需要足够的设备来共同完成，而这些设备的布置和车间内各种物料的运输流程必须合理，才能够使生产顺利进行。

11.3　炼钢任务与钢的分类

11.3.1　炼钢的任务

炼钢的基本任务是脱碳、脱磷、脱硫、脱氧，去除有害气体和非金属夹杂物，提高温度和调整成分。归纳为："四脱"（碳、氧、磷和硫），"二去"（去气和去夹杂），"二调整"（成分和温度）。采用的主要技术手段为：供氧，造渣，升温，加脱氧剂和合金化操作。某厂转炉炼钢流程如图 11 – 3 所示。

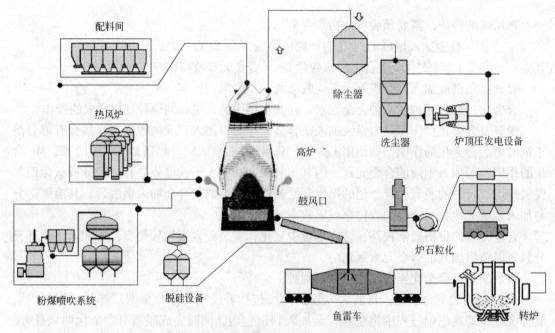

图 11 – 3　某厂转炉炼钢流程

11.3.1.1　钢中的磷

对于绝大多数钢种来说磷是有害元素。钢中磷的含量高会引起钢的"冷脆"，即从高温降到 0℃以下，钢的塑性和冲击韧性降低，并使钢的焊接性能与冷弯性能变差。磷是降低钢的表面张力的元素，随着磷含量的增加，钢液的表面张力降低显著，从而降低了钢的抗裂性能。磷是仅次于硫在钢的连铸坯中偏析度高的元素，而且在铁固熔体中扩散速率很小，因而磷的偏析很难消除，从而严重影响钢的性能，所以脱磷是炼钢过程的重要任务之一。磷在钢中是以 $[Fe_3P]$ 或 $[Fe_2P]$ 形式存在，但通常是以 $[P]$ 来表达。炼钢过程的脱磷反应是在金属液与熔渣界面进行的。

不同用途的钢对磷的含量有严格要求：

非合金钢中普通质量级钢	$[P] \leqslant 0.045\%$
优质级钢	$[P] \leqslant 0.035\%$
特殊质量级钢	$[P] \leqslant 0.025\%$
有的甚至要求	$[P] \leqslant 0.010\%$

但是，如炮弹钢，耐腐蚀钢则需添加一定的 P 元素。

11.3.1.2　钢中的硫

硫对钢的性能会造成不良影响，钢中硫含量高，会使钢的热加工性能变坏，即造成钢的"热脆"性。硫在钢中以 FeS 的形式存在，FeS 的熔点为 1193℃，Fe 与 FeS 组成的共晶体的熔点只有 985℃。液态 Fe 与 FeS 虽可以无限互溶，但在固熔体中的溶解度很小，仅为 0.015% ~ 0.020%。当钢中的 $[S] > 0.020\%$ 时，由于凝固偏析，Fe – FeS 共晶体分布于晶界处，在 1150 ~ 1200℃的热加工过程中，晶界处的共晶体熔化，钢受压时造成晶界破裂，即发生"热脆"现象。如果钢中的氧含量较高，FeS 与 FeO 形成的共晶体熔点更低（940℃），更加剧了钢的"热脆"现象的发生。锰可在钢凝固范围内生成 MnS 和少量的 FeS，纯 MnS 的熔点为 1610℃，共晶体 FeS – MnS（占 93.5%）的熔点为 1164℃，它们能有效地防止钢热加工过程的"热脆"。冶炼一般钢种时要求将 [Mn] 控制在 0.4% ~ 0.8%。在实际生产中将 [Mn]/[S] 比作为一个指标进行控制，[Mn]/[S] 对钢的热塑性影响很大。从低碳钢高温下的拉伸实验发现提高 [Mn]/[S] 比可以提高钢的热延展性。一般 [Mn]/[S] ≥ 7 时不产生热脆。硫还会明显降低钢的焊接性能，引起高温龟裂，并在焊缝中产生气孔和疏松，从而降低焊缝的强度。硫含量超过 0.06% 时，会显著恶化钢的耐蚀性。硫还是连铸坯中偏析最为严重的元素。

不同钢种对硫含量有严格的规定：

非合金钢中普通质量级钢   [S] ≤ 0.045%

优质级钢   [S] ≤ 0.035%

特殊质量级钢   [S] ≤ 0.025%

管线钢等钢种要求   [S] ≤ 0.005%

易切削钢等钢种需要将硫作为合金元素加入   [S] = 0.08% ~ 0.20%

11.3.1.3 钢中的氧

在吹炼过程中，向熔池供入了大量的氧气，到吹炼终点时，钢水中含有过量的氧，即钢中实际氧含量高于平均值。若不脱氧，在出钢、浇铸中，温度降低，氧溶解度降低，促使碳氧反应，钢液剧烈沸腾，使浇铸困难，得不到正确凝固组织结构的连铸坯。钢中氧含量高，还会产生皮下气泡，疏松等缺陷，并加剧硫的热脆作用。在钢的凝固过程中，氧将会以氧化物的形式大量析出，会降低钢的塑性，冲击韧性等加工性能。一般测定的是钢中的全氧，即氧化物中的氧和溶解的氧之和，在使用浓差法定氧时才是测定钢液中溶解的氧，在铸坯或钢材中取样时是全氧样。

脱氧的任务：根据具体的钢种，将钢中的氧含量降低到所需的水平，以保证钢水在凝固时得到合理的凝固组织结构；使成品钢中非金属夹杂物含量最少，分布合适，形态适宜，以保证钢的各项性能指标，得到细晶结构组织。常用的脱氧剂有 Fe – Mn，Fe – Si，Mn – Si，Ca – Si 等合金。

11.3.1.4 钢中的气体

钢液中的气体会显著降低钢的性能，而且容易造成钢的许多缺陷。钢中气体主要是指氢与氮，它们可以溶解于液态和固态纯铁和钢中。氢在固态钢中溶解度很小，在钢水凝固和冷却过程中，氢会和 CO、N_2 等气体一起析出，形成皮下气泡中心缩孔、疏松、造成白点和发纹。钢热加工过程中，钢中含有氢气的气孔会沿加工方向被拉长形成微裂纹，进而引起钢材的强度、塑性、冲击韧性的降低，即发生"氢脆"现象。

钢中的氮是以氮化物的形式存在，氮对钢质量的影响体现出双重性。氮含量高的钢种长时间放置会变脆，这一现象称为"老化"或"时效"。原因是钢中氮化物的析出速度很慢，使钢的性能逐渐改变。低碳钢产生的脆性比磷还严重。钢中氮含量高时，在 250 ~ 4500℃温度范围，其表面发蓝，钢的强度升高，冲击韧性降低，称之为"蓝脆"。氮含量增加，钢的焊接性能变坏。

钢中加入适量的铝，可生成稳定的 AlN，能够压抑 Fe_4N 生成和析出，不仅改善钢的时效性，还可以阻止奥氏体晶粒的长大。氮可以作为合金元素起到细化晶粒的作用。在冶炼铬钢，镍铬系钢或铬锰系等高合金钢时，加入适量的氮，能够改善塑性和高温加工性能。

11.3.1.5　钢中的夹杂

钢中非金属夹杂按来源分可以分成外来夹杂和内生夹杂。外来夹杂是指冶炼和浇铸过程中，带入钢液中的炉渣和耐火材料以及钢液被大气氧化所形成的氧化物。内生夹杂包括：脱氧时的脱氧产物；钢液温度下降时，S、O、N 等杂质元素溶解度下降而以非金属夹杂形式出现的生成物；凝固过程中因溶解度降低、偏析而发生反应的产物；固态钢相变溶解度变化生成的产物。

钢中大部分内生夹杂是在脱氧和凝固过程中产生的。

按成分不同，夹杂物可分为塑性夹杂物、脆性夹杂物、点状不变形夹杂物。氧化物夹杂 FeO、MnO、SiO_2、Al_2O_3、Cr_2O_3 等简单的氧化物；$FeO-Fe_2O_3$、$FeO-Al_2O_3$、$MgO-Al_2O_3$ 等尖晶石类和各种钙铝的复杂氧化物；$2FeO-SiO_2$、$2MnO-SiO_2$、$3MnO-Al_2O_3-2SiO_2$ 等硅酸盐；硫化物夹杂 FeS、MnS、CaS 等；氮化物夹杂 AlN、TiN、ZrN、VN、BN 等。

按加工性能，夹杂物可分为：塑性夹杂是在热加工时，沿加工方向延伸呈条带状；脆性夹杂它是完全不具有塑性的夹杂物，如尖晶石类型夹杂物，熔点高的氮化物；点状不变性夹杂如 SiO_2 超过 70% 的硅酸盐，CaS、钙的铝硅酸盐等。由于非金属夹杂对钢的性能产生严重的影响，因此在炼钢、精炼和连铸过程应最大限度地降低钢液中夹杂物的含量，控制其形状、尺寸。

11.3.1.6　钢中的合金成分

碳（C）炼钢的重要任务之一就是要把熔池中的碳氧化脱除至所炼钢钟的要求。从钢的性质可看出碳也是重要的合金元素，它可以增加钢的强度和硬度，但对韧性产生不利影响。钢中的碳决定了冶炼、轧制和热处理的温度制度。碳能显著改变钢的液态和凝固性质，在 1600℃，[C] ≤ 0.8% 时，每增 0.1% 的碳使钢的熔点降低 6.50℃，密度减少 4kg/m³，黏度降低 0.7%，[N] 的溶解度降低 0.001%，[H] 的溶解度降低 0.4cm³/100g，增大凝固区间 17.79℃。

锰（Mn）：锰的作用是消除钢中硫的热脆倾向，改变硫化物的形态和分布以提高钢质；锰是一种非常弱的脱氧剂，在碳含量非常低、氧含量很高时，可以显示出脱氧作用，协助脱氧，提高他们的脱氧能力；锰还可以略微提高钢的强度，并可提高钢的淬透性能，稳定并扩大奥氏体区，常作为合金元素生成奥氏体不锈钢、耐热钢等。

硅（Si）：硅是钢中最基本的脱氧剂。普通钢中含硅在 0.17% ~ 0.37%，1450℃钢凝固时，能保证钢中与其平衡的氧小于与碳平衡的量，抑制凝固过程中 CO 气泡的产生。生产沸腾钢时，[Si] 为 0.03% ~ 0.07%，[Mn] 为 0.25% ~ 0.70%，它只能微弱控制 C-O 反应。硅能提高钢的机械性能，增加了钢的电阻和导磁性。硅对钢液的性质影响较大，1600℃纯铁中每增加 1% 的硅使碳的饱和溶解度降低 0.294%，铁的熔点降低 8℃，密度降低 80kg/m³，[N] 的饱和溶解度降低 0.003%，[H] 降低 1.4cm³/100g，钢的凝固区间增加 10℃，钢液的收缩率提高 2.05%。

铝（Al）：铝是终脱氧剂，生产镇静钢时，[Al] 多在 0.005% ~ 0.05%，通常为 0.01%

~0.03%。钢中铝的加入量因氧量而异，对高碳钢应少加些，而低碳钢则应多加，加入量一般为：0.3~1.0kg/t 钢。铝加到钢中将与氧发生反应生成 Al_2O_3，在出钢、镇静和浇铸时生成的 Al_2O_3 大部分上浮排除，在凝固过程中大量细小分散的 Al_2O_3 还能促进形成细晶粒钢。铝是调整钢的晶粒度的有效元素，它能使钢的晶粒开始长大并保持到较高的温度。

11.3.2 钢的分类

按化学成分分类：按是否加入合金元素可把钢分为碳素钢和合金钢两大类。

碳素钢是指钢中除含有一定量为了脱氧而加入硅（一般 ≤0.40%）和锰（一般 ≤0.80%）等合金元素外，不含其他合金元素的钢。根据碳含量的高低又可分成低碳钢（$[C] ≤ 0.25\%$），中碳钢（$0.25\% ≤ [C] ≤ 0.60\%$）和高碳钢（$[C] > 0.60\%$）。

合金钢是指钢中除含有硅和锰作为合金元素或脱氧元素外，还含有其他合金元素如 Cr、Ni、Mo、Ti、V、Cu、W、Al、Co、Nb、Zr 和稀土元素等，有的还含有某些非金属元素如 B、N 等的钢。

根据钢中合金元素含量的多少，又可分为低合金钢、中合金钢和高合金钢。一般合金元素总含量小于 3% 的称为普通低合金钢，总含量为 3%~5% 的称为低合金钢，大于 10% 的称为高合金钢，总含量介于 5%~10% 之间为中合金钢。

按钢中所含有的主要合金元素不同可分为锰钢、硅钢、硼钢、铬镍钨钢、铬锰硅钢等。

按炼钢炉设备不同可分为转炉钢、电炉钢、平炉钢。其中电炉钢包括电弧炉钢、感应炉钢、电渣钢、电子束熔炼及有关的真空熔炼钢等。按脱氧程度不同可分为沸腾钢（不经脱氧或微弱脱氧）、镇静钢（脱氧充分）和半镇静钢（脱氧不完全，介于镇静钢和沸腾钢之间）。按质量水平不同可分为普通钢、优质钢和高级优质钢。

按用途分类，分为三大类：结构钢，工具钢，特殊性能钢。

（1）结构钢是目前生产最多、使用最广的钢种，它包括碳素结构钢和合金结构钢，主要用于制造机器和结构的零件及建筑工程用的金属结构等。碳素结构钢是指用来制造工程结构件和机械零件用的钢，其硫、磷等杂质含量比优质钢高些，一般 $[S] ≤ 0.055\%$，$[P] ≤ 0.045\%$，优质碳素钢 $[S]$ 和 $[P]$ 均 ≤0.040%。碳素结构钢的价格最低，工艺性能良好，产量最大，用途最广。合金结构钢是在优质碳素结构钢的基础上，适当地加入一种或数种合金元素，用来提高钢的强度、韧性和淬透性。合金结构钢根据化学成分（主要指含碳量）热处理工艺和用途的不同，又可分为渗碳钢、调质钢和氮化钢。渗碳钢指用低碳结构钢制成零部件，经表面化学处理，淬火并低温回火后，使零件表面硬度高而心部韧性好，既耐磨又能承受高的交变负荷或冲击负荷。调质钢的含碳量大于 0.25%，所制成的零件经淬火和高温回火调质处理后，可得到适当的高强度与良好的韧性。

氮化钢一般是指以中碳合金结构钢制成零件，先经过调质或表面火焰淬火、高频淬火处理，获得所需要的力学性能，最后再进行氮化处理，以进一步改善钢的表面耐磨性能。

（2）工具钢包括碳素工具钢和合金工具钢及高速钢。碳素工具钢的硬度主要以含碳量的高低来调整（$0.65\% ≤ [C] ≤ 1.30\%$），为了提高钢的综合性能，有的钢中加入 0.35%~0.60% 的锰。合金工具钢不仅含有很高碳，有的高达 2.30%，而且含有较高的铬（达 13%）、钨（达 9%）、钼、钒等合金元素，这类钢主要用于各式模具。高速工具钢除含有较高的碳（1%左右）外，还含有很高的钨（有的高达19%）和铬、钒、钼等合金元素，具有较好的赤热硬性。

（3）特殊性能钢指的是具有特殊化学性能或力学性能的钢，如轴承钢、不锈钢、弹簧钢、高温合金钢等。轴承钢是指用于制造各种环境中工作的各类轴承圈和滚动体的钢，这类钢含碳1%左右，含铬最高不超过1.65%，要求具有高而均匀的硬度和耐磨性，内部组织和化学成分均匀，夹杂物和碳化物的数量及分布要求高。不锈钢是指在大气、水、酸、碱和盐等溶液，或其他腐蚀介质中具有一定化学稳定性的钢的总称。耐大气、蒸汽和水等弱介质腐蚀的称为不锈钢，耐酸、碱和盐等强介质腐蚀的钢称为耐腐蚀钢。不锈钢具有不锈性，但不一定耐腐蚀，而耐腐蚀钢则一般都具有较好的不锈性。

根据化学成分不同，可分为马氏体不锈钢（13% Cr 钢为代表），铁素体不锈钢（18% Cr 钢为代表），奥氏体不锈钢（18% Cr – 8% Ni 钢代表）和双相不锈钢。

弹簧钢主要含有硅、锰、铬合金元素，具有高的弹性极限、高的疲劳强度以及高的冲击韧性和塑性，专门用于制造螺旋簧及其他形状弹簧，对钢的表面性能及脱碳性能的要求比一般钢更为严格。

高温合金指的是在应力及高温同时作用下，具有长时间抗蠕变能力与高的持久强度和高的抗蚀性的金属材料，常用的有铁基合金、镍基合金、钴基合金，还有铬基合金、钼基合金及其他合金等。高温合金主要用于制造燃汽轮机、喷气式发动机等高温下工作零部件。

11.4 炼钢过程的物料平衡与热平衡计算

11.4.1 物料平衡

物料平衡是计算冶炼过程中参与炼钢反应的全部物料如铁水、废钢、氧气、矿石、石灰、萤石、炉衬、钢液、炉渣、炉气、烟尘等之间的平衡关系。

热平衡则是计算炼钢过程中的热量收入（铁水的物理热和化学热）与热量支出（钢、渣、气的物理热、冷却剂吸热及热量损失）之间的平衡关系。

物料平衡计算和热平衡计算有两种方案，一种是为了设计新转炉车间选用有关设备而进行的平衡计算；另一种则是为了改进已投产转炉工艺参数对实测数据进行平衡计算和分析，以指导生产。

基本思路：根据当地的资源情况（铁水成分和温度、石灰等材料的成分）确定计算的基本数据，结合已投产转炉的实际生产情况假设一些数据（喷溅损失、烟尘损失等），然后依据这些原始数据进行平衡计算。

11.4.2 热平衡计算

为方便计算，以冷料的温度（25℃）为基准，而且，起点温度不影响热量收入和热量支出的平衡关系。

11.4.2.1 热量收入（$Q_收$）

转炉炼钢的热收入为铁水的物理热和元素氧化放热（化学热）。

（1）铁水的物理热。

铁水的熔点 $t_{熔} = 1539 - \sum \Delta t \times X - 7 = 1092℃$

$$Q_{铁} = M[C_{固}(t_{熔} - 25) + \lambda + C_{液}(t_{铁} - t_{熔})] = 114469.7kJ$$

（2）铁中各合金元素 i 氧化放热和成渣热。

$$Q_{放} = \sum q_i \times i\,的氧化量 = 94148.1kJ$$

（3）烟尘生成热 $Q_{烟尘}$。

$$Q_{烟尘} = 1.6 \times (77\% \times 56/72 \times 5020 + 20\% \times 112/160 \times 6670) = 6304.4kJ$$

（4）炉衬中碳氧化放热 $Q_{衬}$。

$$Q_{衬} = 0.5 \times 5\% \times (90\% \times 10950 + 10\% \times 34520) = 332.7kJ$$

所以 $Q_{收} = 114469.7 + 94148.1 + 6304.4 + 332.7 = 215254.9kJ$

11.4.2.2 热量支出（$Q_{出}$）

（1）钢液的熔点。

$$t_{熔} = 1539 - \sum \Delta t \times X - 7 = 1520℃$$

$$Q_{铁} = M[C_{固}(t_{熔} - 25) + \lambda + C_{液}(t_{终} - t_{熔})] = 130277.0kJ$$

（2）熔渣物理热。

$$Q_{渣} = M[C_{液}(t_{液} - 25) + \lambda] = 31074.6kJ（炉渣温度比钢水低20℃）$$

（3）矿石分解吸热。

$$Q_{矿} = 1 \times (29.4\% \times 56/72 \times 5020 + 61.8\% \times 112/160 \times 6670 + 209.20) = 4242.5kJ$$

（4）烟尘带走热。

$$Q_{尘} = 烟尘量\,1.6 \times [1.0 \times (1450 - 25) + 209.20] = 2614.7kJ$$

（5）炉气物理热。

$$Q_{气} = 10.71 \times 1.136 \times (1450 - 25) = 17337.3kJ$$

（6）渣中铁珠带走热量。

$$Q_{和} = 1.112 \times 0.745 \times (1520 - 25) + 217.568 + 0.8368 \times (1650 - 1520) = 1601.4kJ$$

（7）喷溅金属带走热量。

$$Q_{和} = 1.0 \times 0.745 \times (1520 - 25) + 217.568 + 0.8368 \times (1650 - 1520) = 1440.1kJ$$

（8）热损失。

吹炼过程中的热量损失包括炉口和炉体的热辐射及冷却水带走的热量等，因炉容及炉口大小、耐材厚度等不同而异，一般为热收入的 3% ~ 8%，取 5%。所以热损失为：

$$215254.9 \times 5\% = 10762.7kJ$$

（9）废钢耗热。

废钢所能消耗的热量，即为富余热量 $Q_{余}$，其数值等于炉子的热收入量与其他上述各项热支出量的差额：

$Q_{余} = 215254.9 - 130277.0 - 31074.6 - 4242.5 - 2614.7 - 17337.3 - 1601.4 - 1440.1 - 10762.7$

$= 15904.6kJ$

因此，废钢的冷却效应

$$q = 1 \times 0.699 \times (1515 - 25) + 271.96 + 0.8368 \times (1670 - 1515) = 1443.2kJ/kg$$

所以可以推知，维持炼钢操作温度所需要加入的废钢量为：

$$W_{废钢} = 15904.6/1443.2 = 10.95kg$$

11.4.2.3　热平衡表

汇总上述数据可得平衡表。

$$热效率 = 有效热 / 总热量 \times 100\%$$
$$= 60.52\% + 1.97\% + 7.39\%$$
$$= 69.88\%$$

11.4.2.4　吨钢物料平衡

设计转炉的生产能力一般是以吨为单位，因此，通常需要换算成吨钢的数据。

11.4.2.5　转炉生产中的物料平衡与热平衡

对实际生产数据进行物料平衡和热平衡测算，并对测算结果进行分析，寻求改进技术经济指标的途径，以实现高产量、低能耗的目标。

11.5　转炉吹炼过程工艺计算与设计

转炉是冶炼车间的核心设备，设计一座炉型合理满足工艺需求的转炉是保证车间正常生产的前提，而炉型设计又是整个转炉设计的关键。因此，现在以铜锍吹炼过程为例进行相应工艺计算与转炉设计。

11.5.1　设计任务与原始数据

任务：设计一座每天处理 400t 铜锍的转炉。

原始数据：为简化计算过程，以处理量等于 100kg 作为计算基准。假设某厂所处理的铜锍含 Cu 量为 28%。含铜石英熔剂成分（%）：Cu 2.0；Fe 3.5；S 0.3；SiO_2 72；CaO 2.0；Al_2O_3 10；其他 10.2。粗铜含 Cu 98.8%，S≤0.2%。

冷添加剂为含铜返料，其成分为（%）：Cu 12.0；Fe 44.0；S 7.5；SiO_2 17；CaO 2.0；Al_2O_3 5.0；其他 12.5。

11.5.2　铜锍合理成分的计算

工厂产出的铜锍，一般可采用 $Cu_2S + FeS + Fe_3O_4$ 的总量表示，该总量约占产出铜锍量的 97%。表 11-1 列出铜锍的计算成分。

表 11-1　铜锍的计算成分　　　　　　　　　　　（质量分数/%）

元 素 组 成					物 相 组 成			
Cu	S	Fe	O_2	其他	Cu_2S	FeS	Fe_3O_4	其他
10	25.8	55.45	5.75	3.0	12.52	63.68	20.8	3.0
20	25.3	47.16	4.54	3.0	25.02	55.58	16.4	3.0
30	24.8	38.90	3.30	3.0	37.53	47.50	11.97	3.0
40	24.3	30.55	2.15	3.0	50.05	39.17	7.78	3.0

当铜锍含 Cu 28% 时，利用表 11-1 用内插法可以求出铜锍含 S 24.88%。

设全部铜以 Cu_2S 存在，则在 100kg 铜锍中的 Cu_2S 量：

$$55.9/127 \times 28 = 35.08\text{kg （其中 Cu 28kg，S 7.08kg）}$$

剩余硫量：　　　　　　　　　　$24.88 - 7.08 = 17.8\text{kg}$

设剩余 S 全部与铁结合成 FeS，则结合的铁量：

$$55.9/32.0 \times 17.8 = 31.2\text{kg}$$

铜锍中的 FeS 总量：　　　　　$31.2 + 17.8 = 49\text{kg}$

铜锍中的 Fe_3O_4 量：　　　　　$97.08 - 35.08 - 49 = 13\text{kg}$

Fe_3O_4 中的铁量：　　　　　　$167.7/232 \times 13 = 9.4\text{kg}$

Fe_3O_4 中的氧量：　　　　　　$13.0 - 9.4 = 3.6\text{kg}$

将计算结果列在表 11 - 2 中。

表 11 - 2　铜锍的成分　　　　　　　　（质量分数/%）

化合物	Cu	Fe	S	O_2	其　他	共　计
Cu_2S	28.0		7.08			35.8
FeS		31.2	17.8			49.0
Fe_3O_4		9.4		3.6		13.0
其　他					2.92	2.92
共　计	28.0	40.6	24.88	3.6	2.92	100

11.5.3　石英熔剂合理成分的计算

设石英中的硫全部与铜和铁结合成 $CuFeS_2$。

$CuFeS_2$ 中的铜量：　　　　　$63.5/64.2 \times 0.3 = 0.3\text{kg}$

$CuFeS_2$ 中的铁量：　　　　　$55.9/64.2 \times 0.3 = 0.26\text{kg}$

$CuFeS_2$ 总量：　　　　　　　$0.3 + 0.3 + 0.26 = 0.86\text{kg}$

剩余铜量：　　　　　　　　　$2.0 - 0.3 = 1.7\text{kg}$

设剩余的铜全部以赤铜矿 Cu_2O 存在，则在赤铜矿中的氧量：

$$O_2 = 16/127 \times 1.7 = 0.21\text{kg}$$

赤铜矿数量为：　　　　　　　$1.7 + 0.21 = 1.91\text{kg}$

设剩余铁量以褐铁矿 $Fe_2O_3 \cdot 3H_2O$ 存在，剩余的铁量（黄铜矿中的铁）：

$$3.5 - 0.26 = 3.24\text{kg}$$

故 $Fe_2O_3 \cdot 3H_2O$ 中的氧量：$48/111.8 \times 3.24 = 1.39\text{kg}$

褐铁矿中的结晶水量：　　　　$54/111.8 \times 3.24 = 1.56\text{kg}$

褐铁矿总量：　　　　　　　　$3.24 + 1.39 + 1.56 = 6.19\text{kg}$

设高岭土中的 Al_2O_3 与 SiO_2 结合成 $Al_2O_3 \cdot 2SiO_2 \cdot 2H_2O$，则：

高岭土中的 SiO_2 量：　　　　$120/102.2 \times 10 = 11.75\text{kg}$

高岭土中的结晶水：　　　　　$36/102.2 \times 10 = 3.54\text{kg}$

高岭土量：　　　　　　　　　$10 + 11.75 + 3.54 = 25.29\text{kg}$

游离水量：　　　　　　　　　$SiO_2 = 72 - 11.75 = 60.25\text{kg}$

设 CaO 以 $CaCO_3$ 存在，则：

CaCO$_3$ 中的 CO$_2$ 量：　　　　　　44/56. 1 × 2 = 1. 57kg

CaCO$_3$ 量：　　　　　　2 + 1. 57 = 3. 57kg（2% CaO + 1. 57% CO$_2$）

现将计算结果列在表 11 - 3 中。

表 11 - 3　石英熔剂的成分　　　　　　（质量分数/%）

化 合 物	Cu	Fe	S	SiO$_2$	CaO	Al$_2$O$_3$	O$_2$	H$_2$O	其他	共计
Cu$_2$O	1. 7						0. 21			1. 91
Fe$_2$O$_3$ · 3H$_2$O		3. 24					1. 39	1. 56		6. 19
Al$_2$O$_3$ · 2 SiO$_2$ · 2H$_2$O				11. 75		10. 0		3. 54		25. 20
CaCO$_3$					2. 0				1. 57	3. 57
CuFeS$_2$	0. 3	0. 26	0. 3							0. 86
SiO$_2$				60. 25						60. 25
其 他									1. 93	1. 93
共 计	2. 0	3. 5	0. 3	72	2. 0	10. 0	1. 60	5. 10	3. 5	100

11. 5. 4　确定转炉渣的成分

根据工厂实践在确定转炉成分时有下列规律性：（1）转炉渣中含铜一般为 1% ~ 3%，与铜锍品位有关，当吹炼含 28% 的铜锍时可假定转炉渣含 Cu 2.5%。（2）转炉渣中含 SiO$_2$ 20% ~ 30% 之间，与铜锍品位，铜锍中的 Fe$_3$O$_4$ 的含量等有关。设渣中 SiO$_2$ 含量为 24%。（3）吹炼时石英熔剂中含 SiO$_2$ 60% ~ 70% 时，转炉渣中 SiO$_2$ + Fe$_3$O$_4$ + FeO 的总量一般在 80% ~ 85% 之间。转炉渣中含 Cu 2.5% 时，设 SiO$_2$ + Fe$_3$O$_4$ + FeO = 85%。（4）转炉渣中的 Fe$_3$O$_4$ 的量应稍高于入炉料（铜锍与冷料）中的 Fe$_3$O$_4$ 量，目的在于增加炉衬之稳定性。

由生产实践数据可知，当转炉渣中的 SiO$_2$ 量为 24% 时，相应的 Fe$_3$O$_4$ 含量为 17%，所以转炉渣中的 FeO 量 = 85% - 24% - 17% = 44%。

设 FeO 与 SiO$_2$ 结合成铁橄榄石 2FeO · SiO$_2$，则在 100kg 渣中，铁橄榄石中 SiO$_2$ 的含量：

　　　　　　60/143. 8 × 44 = 18. 3kg

铁橄榄石的量：　　　　　　18. 3 + 44 = 62. 3kg

游离 SiO$_2$：　　　　　　24 - 18. 3 = 5. 7kg

设渣中铜全部以 Cu$_2$S 存在，则：

Cu$_2$S 量：　　　　　　159. 1/127 × 2. 5 = 3. 13kg

Cu$_2$S 中的硫量：　　　　　　3. 13 - 2. 5 = 0. 63kg

转炉渣中 FeS 的含量与铜锍中 FeS 含量有关。铜锍中的 FeS 含量随吹炼时间增加而逐渐减少，最后为零。取平均值则铜锍中 FeS 含量为：（49 + 0）/2 = 24. 5%。从铜锍中 FeS 含量与转炉渣中 FeS 含量关系图中可找出转炉渣中 FeS 的对应含量为 4. 43%。将计算结果列于表 11 - 4 中。

表 11-4　转炉渣的成分　　　　　　　　　　（质量分数/%）

化 合 物	Cu	Fe	S	O_2	SiO_2	其 他	共 计
Cu_2S	2.5		0.63				3.13
FeS		2.32	1.61				4.43
Fe_3O_4		12.30		4.70			17.00
$2FeO \cdot SiO_2$		34.20		9.80	18.3		62.30
SiO_2					5.7		5.70
其 他						7.44	7.44
共 计	2.5	49.32	2.24	14.50	24.00	7.44	100.00

11.5.5　冷料数量与成分的计算

在转炉吹炼铜锍时，为了控制炉温，需要加入冷料。炼铜厂的冷料一般是：相同成分的冷铜锍、铜锍包子及溜槽上的渣壳、火法精炼炉的富渣、吹炼过程产出的富渣、铸锭及加工中之铜屑等。

计算时假定冷料中的铜50%以金属铜存在，50%以 Cu_2S 形态存在：

冷料中 Cu 量：　　　　　　　　$12 \times 50\% = 6kg$

Cu_2S 中的铜量：　　　　　　　$12 \times 50\% = 6kg$

Cu_2S 数量：　　　　　　　　$(159.1/127) \times 6 = 7.5kg$

其中硫量：　　　　　　　　　$7.5 - 6.0 = 1.5kg$

残余硫量：　　　　　　　　　$7.5 - 1.5 = 6kg$

残余的硫与铁结合成 FeS：　　$(88/32.1) \times 6 = 16.5kg$

FeS 中的 Fe 量：　　　　　　　$16.5 - 6.0 = 10.5kg$

设剩余的铁以 FeO 与 Fe_3O_4 存在，其中的 FeO 与 SiO_2 生成橄榄石 $2FeO \cdot SiO_2$。从表 11-4 中知，转炉渣中游离 SiO_2 约占渣中 SiO_2 总量的 25%。在计算冷加料时也可采用这个比值：

冷料中游离 SiO_2 量：　　　　$17.0/4 = 4.2kg$

与 FeO 结合成 $2FeO \cdot SiO_2$ 的 SiO_2 量：$17 - 4.2 = 12.8kg$

铁橄榄石中的 SiO_2 量：　　　　$12.8kg$

铁橄榄石中的 FeO 量：　　　　$(143.8/60) \times 12.8 = 30.9kg$

铁橄榄石量：　　　　　　　　$12.8 + 30.9 = 43.70kg$

氧化铁中的铁量：　　　　　　$(55.9/71.6) \times 30.9 = 24kg$

剩余铁量：　　　　　　　　　$44 - 10.5 - 24 = 9.5kg$

剩余铁以 Fe_3O_4 存在，则 Fe_3O_4 量：$(231.7/167.7) \times 9.5 = 13.1kg$

其中 O_2 量为：　　　　　　　$3.6kg$

现将计算结果列在表 11-5。

表 11 - 5　冷料的成分　　　　　　　　（质量分数/%）

化 合 物	Cu	Fe	S	SiO_2	CaO	Al_2O_3	O_2	其他	共计
Cu	6.0								6.0
Cu_2S	6.0		1.5						7.5
FeS		10.5	6.0						16.50
Fe_3O_4		9.5					3.6		13.10
$2FeO \cdot SiO_2$		24.0		12.8			6.9		43.70
SiO_2				4.2					4.2
CaO					2.0				2.0
Al_2O_3						5.0			5.0
其 他								2.0	2.0
共 计	12.0	44.0	7.5	17.0	2.0	5.0	10.5	2.0	100

当铜锍含铜28%时，加入的冷料量为热铜锍的30%。

11.5.6　第一期工艺过程计算

11.5.6.1　转炉渣及石英熔剂量的计算

以100kg热铜锍为基础进行计算，设100kg热铜锍生成的转炉渣量为 x kg；需要加入的石英熔剂量为 y kg。在吹炼时进入吹炼过程的铁量为：

100kg热铜锍带入铁：　　　　　　　40.6kg

30kg冷料带入铁：　　　　　　　$30 \times 0.44 = 13.2$ kg

石英熔剂带入铁：　　　　　　　$0.035y$

总计进入的铁量为：　　　　　$40.6 + 13.2 + 0.035y$ kg

x kg转炉渣中的铁量：　　　$0.4932x$ kg（见表 11 - 4）

当进入的铁全部进到转炉渣中时有下列的关系式即：

$$40.6 + 13.2 + 0.035y = 0.4932x \qquad (11-1)$$

吹炼时带入吹炼过程的 SiO_2 量：

y kg石英熔剂带入的 SiO_2：$0.72y$（SiO_2 相对分子质量为72）

30kg冷料带入的 SiO_2：　　　　$30 \times 0.17 = 5.1$ kg

带入 SiO_2 的总量：　　　　　$5.1 + 0.72y$

在转炉渣中的 SiO_2 量：　　　$0.24x$ kg

设转炉吹炼时炉料带入的 SiO_2 全部进入转炉渣中，则有：

$$5.1 + 0.72y = 0.24x \qquad (11-2)$$

联立式（11 - 1）与式（11 - 2），解方程组得：

$$x = 111.2kg$$

$$y = 30kg$$

即吹炼时产出111.2kg转炉渣，需加入30kg石英熔剂。

11.5.6.2　进入吹炼过程中的 FeS 量计算

铜锍及冷料带入吹炼过程中的 FeS 量：

49（冰铜中 FeS 量）+ 30 × 0.165（冷料中 FeS 量）= 53.95kg

石英带入的黄铜矿（$CuFeS_2$）量：

$$30 × 0.0086 = 0.26kg$$

在吹炼过程中 $CuFeS_2$ 按下式分解：

$$2CuFeS_2 \Longrightarrow Cu_2S + 2FeS + S$$

分解生成的 Cu_2S 量：　　　$0.26/367 × 159.1 = 0.11kg$

分解生成的 FeS 量：　　　　$0.26/367 × 175.8 = 0.12kg$

分解生成的 S 量：　　　　　$0.26/367 × 32 = 0.02kg$

铜锍及冷料带入吹炼过程中的 FeS 量和黄铜矿分解的 FeS 量：

$$53.95 + 0.12 = 54.07kg$$

转炉渣中的 FeS 量：　　　　$111.2 × 0.0443 = 4.93kg$

FeS 与石英熔剂带入的 Fe_2O_3 及 Cu_2O 的反应：

$$FeS + Cu_2O \Longrightarrow FeO + Cu_2S$$

$$FeS + 3Fe_2O_3 \Longrightarrow 7FeO + SO_2$$

30kg 石英熔剂带入的 Cu_2O 与 Fe_2O_3 量：

Cu_2O：　　　　　　　　　$30 × 0.0191 = 0.57kg$

Fe_2O_3：　　　　　　　　　$30 × 0.0463 = 1.39kg$

与 Cu_2O 反应的 FeS 量：　$0.57/143.2 × 87.91 = 0.35kg$

与 Cu_2O 反应所生成的 FeO 和 Cu_2S 量分别为：

FeO 量：　　　　　$0.57/143.2 × 71.9 = 0.29kg$（Fe 0.22kg）

Cu_2S 量：　　　　$0.57/143.2 × 159.11 = 0.63kg$

与 Fe_2O_3 反应的 FeS 量：　$1.39/479.1 × 87.91 = 0.26kg$

与 Fe_2O_3 反应生成的 FeO 和 SO_2 量分别为：

FeO 量：　　　　　$1.39/479.1 × 503.3 = 1.46kg$（Fe 1.14kg）

SO_2 量：　　　　　$1.39/479.1 × 64 = 0.19kg$

参与氧化的 FeS 量：　　　　$0.35 + 0.26 = 0.61kg$

转炉渣中的 FeS 量：　　　　　4.93kg

铜锍、冷料带入和黄铜矿分解的 FeS 总量：54.07kg

因此需要通过氧气氧化的 FeS 量：

$$54.07 - (4.93 + 0.61) = 48.53kg（其中：Fe 30.87kg，S 17.66kg）$$

11.5.6.3　硫和铁的氧化

转炉渣中以 Fe_3O_4 形态存在的铁：$111.2 × 0.123 = 13.68kg$

热铜锍中以 Fe_3O_4 形态带入的铁：　　9.4kg

冷料中以 Fe_3O_4 形态带入的铁：$30 × 0.095 = 2.85kg$

进料中 Fe_3O_4 中的总铁量为：$9.4 + 2.85 = 12.25kg$

冶炼过程被氧化为 Fe_3O_4 的 Fe 量：$13.68 - 12.25 = 1.43kg$

转炉渣中以 FeO 存在的铁量：$111.2 × 0.342 = 38.0kg$

随冷料以 FeO 进入的铁量：　　$30 × 0.24 = 7.2kg$

此外，通过氧化 FeS 所生成的 FeO 中的铁：$0.22 + 1.44 = 1.36kg$

冶炼过程中被空气氧化成 FeO 的铁：38 − 7.2 − 1.36 = 29.44kg

通过反应式 $3Fe + 2O_2 == Fe_3O_4$ 所消耗的 O_2：64/167.7 × 1.43 = 0.55kg

通过反应式 $2Fe + O_2 == 2FeO$ 所消耗的 O_2：32/111.8 × 29.44 = 8.42kg

理论上将铁氧化成 Fe_3O_4 及 FeO 的耗氧量：0.55 + 8.42 = 8.97kg

第一期中需氧化的硫量为 17.66kg，黄铜矿分解产出 0.02kg 硫。

因此，需氧化的硫总量：　　　17.66 + 0.02 = 17.68kg

生产实际证明，氧化成 SO_2 的硫与氧化成 SO_3 的硫之比大约为 6:1，氧化成 SO_2、SO_3 的硫分别为：

$$17.68/7 × 6 = 15.18kg（生成 SO_2 30.36kg，需氧 15.18kg）$$

$$17.68/7 × 1 = 2.5kg（生成 SO_3 6.26kg，需氧 3.76kg）$$

硫燃烧理论需氧量：　　　15.18 + 3.76 = 18.94kg

根据实践，氧在转炉内的利用率为 95%，故实际需氧为：27.91/0.95 = 29.4kg

过剩 O_2：　　　　　　29.4 − 27.91 = 1.49kg

鼓入的空气量：　29.4/0.23 = 127.5kg 或 127.5/1.29 = 99 标米³

随空气带入的氮量：　　　127.5 − 29.4 = 98.1kg

随石英熔剂带入的 CO_2 量很小，可忽略不计。

根据计算结果，编制第一期炉气组成，见表 11−6。

表 11−6　第一期吹炼时的炉气组成及其数量

炉　气	质量/kg	体积/m³	体积分数/%
SO_2	30.36	10.60	11.2
SO_3	6.27	1.76	1.8
O_2	1.49	1.04	1.1
N_2	98.10	78.5	83.9
H_2O	1.53	1.9	2.0
共　计	137.44	93.8	100

11.5.6.4　白铜锍量计算

白铜锍由 Cu_2S、金属铜及某些杂质所组成。

进入转炉中的 Cu_2S 有：

100kg 热铜锍带入 Cu_2S：　　　35.08kg

30kg 冷料带入 Cu_2S：　　　30 × 0.075 = 2.25kg

石英中 $CuFeS_2$ 分解出 Cu_2S：　　0.11kg

反应 $Cu_2O + FeS == Cu_2S + FeO$ 生成 Cu_2S：0.63kg

总共有 Cu_2S：　　35.08 + 2.25 + 0.11 + 0.63 = 38.07kg

转炉渣带走的 Cu_2S：　　111.2 × 0.0313 = 3.48kg

Cu_2S 量：　38.07 − 3.48 = 34.59kg（其中：Cu 27.62kg，S 6.97kg）

设冷料带入的金属铜全部进入白铜锍中，则：

$$30 × 0.06 = 1.8kg$$

白铜锍中 Cu_2S 与 Cu 的总量：$34.59 + 1.8 = 36.39kg$

白铜锍中铜和硫占白铜锍质量的 95.5%，余为杂质，则白铜锍量：

$$36.39/0.955 = 38.56kg$$

上述计算结果列入铜锍一期吹炼物料平衡表见表 11-7。

表 11-7 铜锍吹炼第一期物料平衡表

物料		Cu		Fe		S		SiO_2		CaO		Al_2O_3		O_2		N_2		H_2O		其他		共计
		kg	%	kg	%	kg	%	kg	%	kg	%	kg	%	kg	%	kg	%	kg	%	kg	%	
加入	热铜锍	28.0	28.0	40.6	40.6	24.88	34.88							3.6	3.6					2.92	2.92	100.00
	冷料	3.6	12.0	13.2	44.0	2.25	7.5	5.1	17	0.6	2.0	1.5	5.0	3.15	10.5					0.6	2.0	30.00
	石英矿	0.6	2.0	1.05	3.5	0.09	0.3	21.6	72.0	0.6	2.0	3.0	10.0	0.48	1.6			1.53	5.1	1.05	3.5	30.00
	空气													29.4	23	98.1	77					127.50
	共计	32.2		54.85		27.22		26.7		1.2		4.5		36.63		98.1		1.53		4.57		287.50
产出	白铜锍	29.42	77.5			7.05	18.0													2.09	4.5	38.56
	炉渣	2.78	2.5	54.85	49.32	2.49	2.24	26.7	24.0	1.2	1.08	4.5	4.05	16.20	14.5					2.48	2.31	111.2
	炉气					17.68								20.43		98.1		1.53				137.74
	SO_2					15.18	50							15.18	50							30.36
	SO_3					2.50								3.76								6.26
	O_2													1.49								1.49
	N_2															98.1						98.1
	H_2O																	1.53				1.53
	共计	32.2		54.85		27.22		26.7		1.2		4.5		36.63		98.1		1.53		4.57		287.50

11.5.7 第二期工艺过程计算

一期吹炼产出白铜锍 29.42kg，在第二期吹炼过程中形成 Cu、SO_2、SO_3。设在吹炼过程中 99.5% 的 Cu 进入粗铜之中，则进入粗铜的铜量为：

$$29.42 \times 0.995 = 29.27kg$$

粗铜含铜为 98.8%，则粗铜总量：$29.27/0.988 = 29.64kg$

粗铜含硫量为 0.2%，则粗铜含硫：$29.64 \times 0.002 = 0.06kg$

白铜锍带入的硫量：$\qquad 7.05kg$

需供入空气氧化的硫量：$\qquad 7.05 - 0.06 = 6.99kg$

设在第二期吹炼过程中氧化成 SO_2 的硫与氧化成 SO_3 的硫之比为 5:1，

氧化为 SO_2 的硫量：$6.99/6 \times 5 = 5.80kg$（生成 SO_2 11.6kg，需 O_2 5.8kg）

氧化成 SO_3 的硫量为：$6.99/6 \times 1 = 1.19kg$（生成 SO_3 2.96kg，需 O_2 1.77kg）

氧化硫理论需氧量：$\qquad 5.8 + 1.77 = 7.57kg$

吹炼时氧利用率为 95%，则需氧量：$7.57/0.95 = 7.95kg$

过剩氧：$\qquad 7.95 - 7.57 = 0.38kg$

需空气：$\qquad 7.95/1.23 = 34.5kg$ 或 $34.5/1.29 = 26.8$ 标米^3

空气带入的氮：　　　　　　　34.5 - 7.95 = 26.55kg

第二期吹炼过程中的炉气成分与数量见表 11 - 8。

表 11 - 8　第二期炉气量及其组成

炉　气	质量/kg	体积/m³	体积分数/%
SO₂	11.60	4.07	15.4
SO₃	2.96	0.83	3.1
O₂	0.38	0.27	1.0
N₂	26.55	21.20	80.5
共　计	41.49	26.37	100

11.5.8　吹炼过程总物料平衡计算

设进入转炉的液体炉料与固体炉料中各组分的 1% 进入烟尘中，各产品中的组分会相应地变化。例如加入炉料中带入总铜量为 32.2kg，则进入烟尘中的铜量为：

$$0.01 \times 32.2 = 0.32kg$$

未计入烟尘时，除去进入浮渣中的 0.15kg 铜外（32.2 - 0.15 = 32.05kg），剩余的 32.05kg 铜的 91% 进入粗铜，9% 进入转入渣。

假定进入烟尘中的铜以相同的比例分配，则：

进入粗铜中的铜为：　　　29.27 - 0.32 × 0.91 = 28.98kg

进入转炉渣中的铜为：　　　2.78 - 0.32 × 0.09 = 2.75kg

根据计算结果编制第二期物料平衡表见表 11 - 9。

表 11 - 9　第二期物料平衡

物料与产品		Cu		S		O₂		N₂		其　他		共　计
		kg	%	kg	%	kg	%	kg	%	kg	%	
加入	白铜锍	29.42	77.50	7.05	18.0					2.09	4.5	38.56
	空气					7.95	23	26.55	77			34.50
	共计	29.42		7.05		7.95		26.55				73.06
产出	粗铜	29.27	98.8	0.06	0.02					0.31	1.0	29.64
	炉气			6.69		7.95		26.55				41.49
	SO₂			5.80		5.80		—				11.60
	SO₃			1.19		1.77		—				2.96
	O₂			—		0.38		—				0.38
	N₂			—		—		26.55				26.55
	浮渣	0.15	10							1.78	90	1.93
	共计	29.42		7.05		7.95		26.55		2.09		73.06

根据计算结果，编制铜锍吹炼过程总物料平衡见表 11 - 10。

表 11-10 铜锍吹炼过程总物料平衡表

物料与产品		Cu		Fe		S		SiO₂		CaO		Al₂O₃		O₂		N₂		H₂O		其他		共计
		kg	%	kg	%	kg	%	kg	%	kg	%	kg	%	kg	%	kg	%	kg	%	kg	%	
加入	热铜锍	28.0	28.0	40.6	40.6	24.88	24.88							3.6	3.6					2.92	2.92	100.00
	冷料	3.6	12.0	13.2	44.0	2.25	7.5	5.1	17	0.6	2.0	1.5	5.0	3.15	10.5					0.60	2.0	30.00
	石英矿	0.6	2.0	1.05	3.5	0.09	0.3	21.6	72.0	0.6	2.0	3.0	10.0	0.48	1.6			1.53	5.1	1.05	3.5	30.00
	空气													37.35	23	124.65	77					162.00
	共计	32.2		54.85		27.22		26.7		1.2		4.5		44.58		124.65		1.53		4.57		322.00
产出	粗铜	28.98	98.80			0.05	0.2													0.31	1.0	29.32
	转炉渣	2.75	2.5	54.3	49.32	2.23	2.24	26.44	24	1.19	1.2	4.46	4.05	16.13	16.2					2.44	2.31	109.97
	炉气					24.67								28.38		124.65		1.53				179.23
	SO₂					20.98								20.98								41.96
	SO₃					3.69								5.53								9.22
	O₂													1.87								1.87
	N₂															124.65						124.65
	H₂O																	1.53				1.53
	烟尘	0.32		0.54		0.27		0.26		0.01		0.04		0.07						0.04		1.55
	浮渣	0.15																1.78				1.93
	共计	32.2		54.85		27.22		26.7		1.2		4.5		44.58		124.65		1.53		4.57		322.00

11.5.9 转炉计算

11.5.9.1 每分钟进入转炉空气量

转炉的生产能力按式（11-3）计算：

$$A = 1440 \times k \times V_{转} \times V_{单} \quad (\text{t/d}) \qquad (11-3)$$

式中 A——转炉每天处理铜锍的生产能力，t/d；

1440——每天分钟数；

k——鼓风下转炉利用系数，0.70~0.80；

$V_{转}$——1min 进入转炉的空气量，Nm³/min；

$V_{单}$——1t 铜锍实际消耗的空气量，即空气单耗，Nm³/t。

每分钟通过转炉的空气量：

$$V_{转} = A \times V_{单} / (1440 \times k)$$

$$V_{单} = 162/(0.1 \times 1.29) = 1250\text{Nm}^3/\text{min} \qquad (11-4)$$

式中 162——100kg 铜锍需要的空气量；

0.1——100kg 铜锍换算成 1t 铜锍；

1.29——空气的密度，kg/m³。

取 $k = 0.75$，则

$$V_{转} = 400 \times 1250/1440 \times 0.75 = 470\text{Nm}^3/\text{min}$$

11.5.9.2 转炉风口单位负荷

转炉风口单位负荷：

$$q = 1.74 \sqrt{\frac{P_1 - H_{静}}{c}} \quad (Nm^3/(cm^2 \cdot min))$$

式中 q——转炉风口的单位负荷，$Nm^3/(cm^2 \cdot min)$；

     P_1——在送风管中的鼓风压力，kg/cm^2；

     $H_{静}$——铜锍熔池中的平均静压力，kg/cm^2；

     c——系数；与空气分布管的结构及配置有关，卧式转炉的空气分布系统 $c = 6 \sim 7$。

根据工厂实践数据，取 $P_1 = 1.2 kg/cm^2$；$H_{静} = 0.3 kg/cm^2$；$c = 6.0$。

则 $q = 1.74 \sqrt{(1.2 - 0.3)/6} = 0.67 Nm^3/(cm^2 \cdot min)$

11.5.9.3 风口总断面积

$$F_{风口} = V_{转}/q = 470/0.67 = 700 cm^2$$

11.5.9.4 风口数目

设采用风口直径 $d = 46mm$，则风口数：

$$n = 127.2 F_{风口}/d^2$$

式中 n——风口个数，个；

     $F_{风口}$——风口总断面积，cm^2；

     d——风口管子的直径，mm。

$$n = 127.2 \times 700/2116 = 42 \text{ 个}$$

设风口富余量为20%，则实际风口个数为：$n' = 42 \times 12 = 50$ 个。

11.5.9.5 转炉形式及大小的确定

转炉有竖式与卧式两种，卧式转炉有三种规格见表11-11。根据以上计算：风口总断面积700cm^2，风口直径=46mm，风口数目 $n = 50$ 个，送风量470Nm^3/min。从表11-11中选外壳尺寸为3.96m×9.15m卧式转炉一座，粗铜容量为80t。

表11-11 卧式转炉的特性

类　型	1	2	3
炉壳直径/m	2.3	3.66	3.96
炉壳长度/m	4.5	6.1	9.15
风口个数/个	18	30～34	44～52
风口直径/mm	38	38/44	44～53
风口总断面积/cm^2	204	350～400	670～800
送风量（标态）/$m^3 \cdot min^{-1}$	180	300～350	600～650
粗铜容量/t	15	35～40	80
炉喉大小/m	1.1×1.8	1.7×1.9	1.9×2

11.5.9.6 炉喉大小

按炉气运动速度校核所选择的炉喉断面是否合适。从计算结果可知，冶炼1t铜锍的炉气量为：

$$V_{单}^{炉气} = (93.8 + 26.37)/0.1 = 1202 \quad (Nm/t)$$

按式（11-5）求出每日处理400t铜锍时，在炉气温度（设1000℃）下的每秒炉气量：

$$V_{1000℃}^{炉气} = A \times V_{单}^{炉气} \times (273 + t)/(86400 \times k \times 273) \quad (11-5)$$

式中　A——转炉每昼夜处理的铜锍量，t；

　　　$V_{单}^{炉气}$——每吨铜锍产出的炉气量（标态），m³/t；

　　　　　t——炉气温度，℃；

　　86400——每天的秒数；

　　　　　k——利用系数，$k = 0.7 \sim 0.8$。

$$V_{1000℃}^{炉气} = 400 \times 1202 \times 1273/(86400 \times 0.7 \times 273) = 37.1 m^3/s$$

炉喉处炉气的运动速度为：

$$v = 37.1/3.8 = 9.8 m/s$$

11.5.9.7　鼓风机参数与送风管的计算

设进入转炉的空气量过量10%，则总送风量为：$V_{空} = 1.1 \times 470 = 520 m^3/min$

设空气在送风管道中的阻力为风管中送风压力的20%（一般10%~20%）则：

鼓风压力：　　　　　　　$P_{空气} = 1.2 \times 1.2 = 1.44 atm$

鼓风机的参数为：风量520m³/min；风压1.44atm。

在1.44大气压及60℃下送风总管中每秒的送风量为：

$$Q = \frac{470}{60 \times 2.44} \times \frac{273 + 60}{273} = 3.9 m^3/s$$

设空气在风管中的流动速度为20m/s，则风管直径为：

$$D = 1.13 \sqrt{3.9/20} = 0.5 m$$

11.5.9.8　每天作业次数

所给设计任务为每天处理500t铜锍，可产出粗铜：$500 \times 0.293 = 147 t/d$

按粗铜计转炉的容积为80t，则每天作业次数为：

$$147/80 = 1.83 \approx 2$$

故每昼夜作业次数为2。

11.5.10　铜锍吹炼过程热平衡计算

在进行热平衡计算时，假定吹炼过程中各物料（包括产品）的温度和比热见表11-12。

表11-12　铜锍吹炼过程中物料（包括产品）的温度及其比热

物料与产品	温度/℃		比热/kJ·(kg·℃)⁻¹
	第一期	第二期	
热铜锍	1100	—	0.836
空　气	60	60	1.2958
白铜锍	1250	1250	0.7524
粗　铜	—	1200	0.4514

物料与产品	温度/℃		比热/kJ·(kg·℃)⁻¹
	第一期	第二期	
炉渣	1200	—	1.2331
炉气	1000	1200	—
转炉壳表面温度	200	300	—
转炉内腔温度	1300	1350	—

11.5.10.1 铜锍吹炼过程第一期热平衡计算

A 热收入计算

（1）热铜锍带入的热。

$$Q_1 = 100 \times 0.836 \times 1100 = 91960 \text{kJ}$$

（2）空气带入的物理热。

$$Q_2 = 99 \times 1.2958 \times 60 = 7691.2 \text{kJ}$$

（3）铁氧化反应放出热。

1)
$$3\text{Fe} + 2\text{O}_2 =\!\!=\!\!= \text{Fe}_3\text{O}_4 + 111606 \text{kJ}$$
$$Q = (111606/167.7) \times 1.43 = 9530.4 \text{kJ}$$

2)
$$\text{Fe} + \frac{1}{2}\text{O}_2 =\!\!=\!\!= \text{FeO} + 266266 \text{kJ}$$
$$Q = (266266/55.9) \times 29.44 = 140448 \text{kJ}$$

铁氧化总放热：

$$Q_3 = 9530.4 + 140448 = 149978.4 \text{kJ}$$

（4）硫氧化反应放出热。

$$\text{S} + \text{O}_2 =\!\!=\!\!= \text{SO}_2 + 296612.8 \text{kJ}$$
$$Q = 296612.8/32.1 \times 15.18 = 140448 \text{kJ}$$
$$\text{S} + 1.5\text{O}_2 =\!\!=\!\!= \text{SO}_3 + 394801 \text{kJ}$$
$$Q = 394801/32.1 \times 2.50 = 30764.8 \text{kJ}$$
$$Q_4 = 140448 + 30764.8 = 169958.8 \text{kJ}$$

（5）造渣反应放热。

氧化成 FeO 的铁量：$29.44 + 0.22 + 1.14 = 30.8 \text{kg}$

$$2\text{FeO} + \text{SiO}_2 =\!\!=\!\!= 2\text{FeO} \cdot \text{SiO}_2 + 49742 \text{kJ}$$
$$Q_5 = 49742/111.8 \times 30.80 = 13668.6 \text{kJ}$$

（6）其他放热反应。

$$\text{FeS} + \text{Cu}_2\text{O} =\!\!=\!\!= \text{FeO} + \text{Cu}_2\text{S} + 84185.2 \text{kJ}$$

Cu_2O 总量为 0.57kg，则：

$$Q_6 = (84185.2/143.2) \times 0.57 = 334.4 \text{kJ}$$

第一期热量总收入为：

$$\Sigma Q_{收} = Q_1 + Q_2 + Q_3 + Q_4 + Q_5 + Q_6$$
$$= 91960 + 7691.2 + 149978.4 + 169958.8 + 13668.6 + 334.4 = 433591.4 \text{kJ}$$

B 热支出计算

（1）白铜锍热量。

$$Q_1 = 38.56 \times 0.7524 \times 1250 = 36266 \text{kJ}$$

（2）炉渣热量。

$$Q_2 = 111.2 \times 1.2331 \times 1200 = 164545 \text{kJ}$$

（3）炉气带走热。

第一期吹炼炉气温度为1000℃，查表11-6和表11-7得到炉气各组分含量，并查各组分在此温度下的比热值，则炉气带走热量：

$$Q_3 = 1000 \times (10.60 \times 2.2405 + 1.76 \times 3.8874 + 1.04 \times 1.4755 + 78.5 \times 1.3961 + 1.9 \times 1.7138)$$
$$= 144921 \text{kJ}$$

（4）吸热反应吸收的热。

1)
$$\text{FeS} === \text{Fe} + \text{S} - 94969.6 \text{kJ}$$

FeS 中共有 Fe 量为 30.87kg，则：

$$Q = (94969.6/55.9) \times 30.87 = 52668 \text{kJ}$$

2)
$$\text{FeS} + 3\text{Fe}_2\text{O}_3 === 7\text{FeO} + \text{SO}_2 - 398604.8 \text{kJ}$$

石英矿带入1.39kg Fe_2O_3，则：

$$Q = (398604.8/479.1) \times 1.39 = 1170.4 \text{kJ}$$

3) 石英矿带入1.53kg H_2O 蒸发所需热量：

$$1.53 \times 600 \times 4.18 = 3845.6 \text{kJ}$$

$$Q_4 = 52668 + 1170.4 + 3845.6 = 57684 \text{kJ}$$

（5）炉体散热损失。

处理100kg铜锍所需要的时间为：

$$\tau = 24/400 \times 0.1 = 0.006 \text{h}$$

第一期空气量为127.5kg，第二期空气量为34.50kg，一共162kg，则第一、二期吹炼时间：

$$\tau_1 = 0.006/162 \times 127.5 = 0.0047 \text{h}$$

$$\tau_2 = 0.006/162 \times 34.5 = 0.0013 \text{h}$$

1) 炉壳表面散热。

$$Q = Fq\tau_1$$

式中　F——转炉壳的总表面积，m^2；

　　　q——每小时经过每平方米炉壳的热损失，$\text{kJ}/(\text{m}^2 \cdot \text{h})$；

　　　τ_1——第一期吹炼100kg铜锍需要的时间，h。

转炉外壳总面积可按直径3.96m，长9.15m的圆柱表面积计算，然后减去炉喉面积（$1.9 \times 2\text{m}^2$）及考虑炉壳棱角的面积。根据实践资料，棱角系数 $k = 1.3 \sim 1.5$，取 $k = 1.4$，则转炉外壳总表面积为：

$$F = k\left(\frac{\pi D^2}{4} \times 2 + \pi DL - F_{炉口}\right)$$

$$= \frac{3.14 \times 3.96^2}{4} \times 2 + 3.14 \times 3.96 \times 9.15 - 1.9 \times 2 = 188 \text{m}^2$$

根据实践可知，当炉壳表面温度为200℃，炉内温度为1300℃时，$q = 14630 \text{kJ/}(\text{m}^2 \cdot \text{h})$。

所以 $\qquad Q = qF\tau = 188 \times 14630 \times 0.0047 = 12958 \text{kJ}$

2）经过敞开炉喉的热辐射损失。

炉膛温度为1300℃时，设遮蔽系数$\phi = 0.7$。相应的散热量$q = 836000 \text{kJ/}(\text{m}^2 \cdot \text{h})$。

$$Q = 3.8 \times 836000 \times 0.0047 = 15048 \text{kJ}$$

$$Q_5 = 12958 + 15048 = 28006 \text{kJ}$$

$$\Sigma Q_支 = Q_1 + Q_2 + Q_3 + Q_4 + Q_5$$

$$= 36266 + 164545 + 144921 + 57684 + 28006$$

$$= 431422 \text{kJ}$$

根据以上计算结果，编制铜锍吹炼过程第一期热平衡表，见表11-13。

表 11-13　铜锍吹炼过程第一期热平衡表（100kg 热铜锍）

热 收 入			热 支 出		
项　目	kJ	%	项　目	kJ	%
热铜锍带入热	91960	21.2	白铜锍热	36266	8.3
空气带入热	7691.2	1.8	炉渣带走热	164545	38.0
铁氧化放热	149978.4	34.5	炉气带走热	144921	33.4
硫氧化放热	169958.8	39.2	吸热反应吸热	57684	13.2
造渣热	13668.6	3.2	炉体散热损失	28006	6.5
其他放热反应放热	334.4	0.1	误差	2169.4	0.5
共　计	433591.4	100	共　计	433591.4	100

11.5.10.2　铜锍吹炼过程第二期热平衡计算

A　热收入计算

（1）白铜锍的热。

$$Q_1 = 36266 \text{kJ}$$

（2）空气带入物理热。

$$Q_2 = 26.8 \times 1.2958 \times 60 = 2090 \text{kJ}$$

（3）硫氧化放出的热。

1） $\qquad \text{S} + \text{O}_2 =\!=\!= \text{SO}_2 + 296612.8 \text{kJ}$

$$Q = 296612.8/32.1 \times 5.80 = 53504 \text{kJ}$$

2） $\qquad \text{S} + 1.5 \text{O}_2 =\!=\!= \text{SO}_3 + 394801 \text{kJ}$

$$Q = 394801/32.1 \times 1.19 = 14630 \text{kJ}$$

硫氧化共放热：

$$Q_3 = 53504 + 14630 = 68134 \text{kJ}$$

$$\Sigma Q_收 = Q_1 + Q_2 + Q_3 = 36266 + 2090 + 68134 = 106490 \text{kJ}$$

B　热支出计算

（1）粗铜带走热。

$$Q_1 = 29.64 \times 0.45144 \times 1200 = 16093 \text{kJ}$$

（2）炉气带走热。

炉气温度为1200℃时，各炉气组分及比热查表11-8和表11-12，可得：

$Q_2 = 1200 \times (4.07 \times 2.2823 + 0.83 \times 3.9083 + 0.27 \times 1.5006 + 21.2 \times 1.42) = 51414kJ$

（3）吸热反应吸热（按硫计算）。

$$Cu_2S = 2Cu + S - 96265.4kJ$$

$$Q_3 = 96265.4/32.1 \times 6.99 = 20941.8kJ$$

铜锍吹炼过程第二期热平衡见表11-14。

表11-14　铜锍吹炼过程第二期热平衡

热　收　入			热　支　出		
项　目	kJ	%	项　目	kJ	%
白铜锍带入热	36266	34.0	粗铜带走热	16093	15.1
空气带入热	2090	2.0	炉气带走热	51414	48.4
硫氧化放热	68134	64.0	吸热反应吸热	20941.8	19.7
			炉体散热损失	8987	8.3
			其他热损失与误差	9054.2	8.5
共　计	106490	100	共　计	106490	100

根据以上计算结果，编制吹炼过程总热平衡表见表11-15。从计算可看出，炉气带走热占热收入的39%，炉渣带走热占热收入的32.7%。因此采取措施，有效利用这两部分的余热可以产生显著的经济效益。

表11-15　铜锍吹炼过程总热平衡

热　收　入			热　支　出		
项　目	kJ	%	项　目	kJ	%
热铜锍带入热	91960	18.3	粗铜带走热	16093	3.2
空气带入热	9781.2	1.9	炉渣带走热	164545	32.7
铁氧化放热	149978.4	29.8	炉气带走热	196335	39.0
硫氧化放热	238092.8	47.2	吸热反应吸热	78625.8	15.6
造渣热	13668.6	2.7	炉体散热损失	36993	7.3
其他放热反应放出热	334.4	0.1	其他热量损失与误差	3135	2.2
共　计	503815.4	100	共　计	503815.4	100.0

（4）炉体散热损失。

1）炉墙热损失。

炉外壳温度为300℃，内部温度为1350℃时，散热量

$$q = 29260kJ/(m^2 \cdot h)$$

$$Q = 29260 \times 188 \times 0.0013 = 4608kJ$$

2）炉喉辐射热损失。

$$t_{内} = 1350℃，\phi = 0.7，则$$

$$q = 1003200 \text{kJ/} (\text{m}^2 \cdot \text{h})$$
$$Q = 1003200 \times 0.0013 \times 3.8 = 4974.2 \text{kJ}$$
$$Q_4 = 4608 + 4974.2 = 8987 \text{kJ}$$
$$\Sigma Q_支 = Q_1 + Q_2 + Q_3 + Q_4 = 16093 + 51414 + 20941.8 + 8987 = 97436 \text{kJ}$$

（5）其他热损失及误差。

$$106423 - 97436 = 8987 \text{kJ}$$

根据以上计算结果，编制第二期热平衡表见表 11 - 14。

11.5.11 主要技术经济指标与主要设备规格

生产率（按粗铜计）/t·d^{-1}	171
铜锍含 Cu/%	28.0
转炉生产率（按铜锍计）/t·d^{-1}	400
冷料量（每天）/t·d^{-1}	120
冷料占热铜锍百分数/%	30
每天作业/次	2
转炉规格（外壳尺寸）/m×m	3.96×9.15
风口数量/个	50
风口直径/mm	46
送风量/m^3·min^{-1}	470
风口空气单耗（标态）/m^3·(cm^2·min)$^{-1}$	0.67
转炉渣含铜/%	2.5
转炉渣含 SiO$_2$/%	24
铜进入粗铜的直收率/%	90
一吨铜锍消耗空气量（标态）/m^3·t^{-1}	1250
粗铜产出率（占铜锍）/%	29.3
炉渣产出率（占铜锍）/%	111
每吨铜锍消耗石英熔剂/t·t^{-1}	0.3

12 纳米薄膜材料制备技术

12.1 纳米材料简介

12.1.1 纳米材料定义

纳米结构材料（Nanostructured Materials，NsM）是指微观结构的特征尺度处于纳米量级的材料。纳米材料所具有的一些显著特征（如高强度、优异的抗磨性能及在低温和高应变速率下的超塑性能等）使它们存在潜在的工程应用前景，因而也成为当今材料界与工程界的研究热点之一。

随着研究工作的深入和对纳米结构材料理解的深化，Gleiter 对纳米结构材料进行了定义和分类。纳米材料指微结构的特征尺寸处于纳米量级的材料，微结构即包括组成材料的结构单元，也包括材料自身尺度的微观化（即低维材料）。依据其微结构组元（晶界和晶粒）的化学成分和形状（维数）的不同，具有纳米尺寸晶粒和界面的非聚合物材料可分为三类和四族。根据晶粒形状的不同，纳米结构材料可以分为层状晶粒、杆状晶粒（层的厚度或杆的直径在纳米量级）以及具有纳米尺寸等轴晶粒的纳米材料。根据化学成分的不同，这三类纳米结构又归入以下四族：（1）所有晶粒和晶界具有相同的化学成分；（2）晶粒之间化学成分不同（多相纳米结构材料）；（3）晶粒与晶界的化学成分不同（界面区域存在某一类原子的偏聚）；（4）纳米尺寸晶粒弥散分布在具有不同化学成分的基体中（如纳米弥散相强化合金）。纳米材料的结构单元通常为晶体，也可为非晶或准晶。

12.1.2 纳米晶体材料的制备方法

迄今为止，具有实验室规模的制备纳米材料的方法主要包括：

（1）惰性气体冷凝—原位冷压法（Inert gas evaporation – condensation，IGC）。

（2）磁控溅射法（Magnetron sputtering，MS）。

（3）激光烧蚀法（Laser ablation，LA）。

（4）非晶晶化法（Crystallization of amorphous materials，CAM）。

（5）电解沉积法（Electrodeposition，ED）。

（6）溶胶凝胶法（Sol – gel）。

（7）机械合金化法（Mechanical alloying，MA）。

（8）严重塑性变形法（Severe plastic deformation，SPD）。

其中，严重塑性变形法又可以细分为等通道挤压法（Equal channel angular pressing，ECAP）；高压旋压法（High pressure torsion，HPT）；表面机械研磨法（Surface mechanical attrition treatment，SMAT）；低温冷轧法（Low temperature cold rolling，LTCR）四种。

上述各种制备纳米材料的方法中，IGC 法及 ED 法适合于制备平均晶粒尺寸为几十纳米的材料，IGC 法的优点是能够提供一种具有由等轴晶构成且无织构的微结构，但它的局限性在于所制备材料的体积、产量、纯度及低密度。ED 法可以制备片状纳米金属（Ni，Co，Cu）及两相合金（Ni－Fe，Ni－W），在样品厚度 100μm 的范围内平均晶粒尺寸能够控制在 20～40nm，并且具有较窄的晶粒尺寸分布，也易获得全密度的样品。该工艺已成功地用于在具有复杂形状的样品表面生成纳米金属镀层。但是在电解过程所使用的添加剂常会导致碳、硫、氢等元素在晶界上偏聚而污染材料；同时，样品中是否出现织构也与工艺参数密切相关。MA 法的优点在于能够制备出较大样品尺寸的材料，但缺点是不能控制材料的纯度，并且不能获得全密度的样品。SPD 法只能制备具有超细晶粒尺寸的材料，所得材料的平均晶粒尺寸仍然在 150～300nm 的范围或甚至更大。

以下重点介绍几种常用的制备纳米晶体材料的方法。

12.1.2.1 惰性气体冷凝法

20 世纪 80 年代初期，德国科学家 H. Gleiter 等人利用惰性气体凝聚以及真空原位加压技术（IGC），首先制备出平均晶粒尺寸为 10nm 的纳米固体材料。IGC 法的原理是加热金属材料使其在惰性气体气氛中蒸发，蒸发出的原子与惰性气体相碰撞后动能降低，通过热对流输运到液氮冷却的旋转冷底板的表面并凝聚成小粒子。在高真空下（10^{-5}～10^{-6}Pa）冷压压力通常为 1～5GPa 所收集的粉末制成块体纳米材料。近年来，通过改进惰性气体对流方式，不仅提高了粉末的生产效率，而且使粒子的平均尺寸降低 45% 左右，所得到的粒子为平均粒径大约几个纳米的等轴晶粒，粒径的分布范围也比较窄。粒径的大小与惰性气体压力、蒸发率、气体种类密切相关。目前，利用该方法已成功制备出纳米纯金属（Fe、Cu、Pd、Er、Ag、Al、Cr），纳米合金，纳米陶瓷（TiO_2、ZrO_2、Y_2O_3、Al_2O_3、MgO 等）及纳米复合材料等多种纳米晶体材料。另外，如果制备的粒子直径足够小，就可以获得亚稳态相。这样，通过 IGC 方法可以获得各种纳米晶体材料。

虽然利用 IGC 方法所制备的纳米材料为人们研究并认识纳米材料做出了巨大贡献，但是该方法制备的固体纳米晶体材料中都不可避免地存在如杂质、孔隙等大量缺陷，尽管所制备的纳米金属的体密度最高可达到 98.5%，但实验证实该类材料中的孔隙仍然是影响其力学性能（如拉伸强度和塑性）的主要因素。早期的一些研究工作也证实 IGC 法所制备的材料的粒子间键合能力比较差。因此用此方法所得样品的一些结构和性能结果能否真实反映纳米晶体材料的本征行为引起了科学界的诸多争议。

12.1.2.2 非晶晶化法

热力学上处于亚稳态的非晶态固体材料在适宜条件下可以向更稳定的状态转变，其转变的驱动力是非晶体与晶体间 Gibbs 自由能的差异。非晶晶化法制备纳米固体材料就是根据上述原理将非晶态材料经过适当热处理，使其转变成纳米尺寸的多晶材料。控制好热处理温度和时间这两个主要因素，即可获得一定晶粒尺寸的纳米样品，工艺简单且成本低。通常，在经过热处理、辐照或者机械合金化之后，非晶固体会晶化为多晶体或纳米晶体结构。最常见的退火方式也会导致非晶材料晶化为纳米晶粒，所形成的纳米结构具有大的过剩自由能而不稳定，在高温下可以观察到明显的晶粒长大现象。但是，许多材料通过连续退火之后也可得到具有稳定晶粒尺寸的纳米晶结构。

目前，利用此方法已制备出包括 Fe 基、Co 基、Ni 基和 Ti 基合金等多种纳米固体材料。非晶晶化法制备的纳米晶体材料，晶界无任何污染，样品中不含微空隙，晶粒和晶界未受到较大外部压力的影响。然而，这种方法制备纳米样品的先决条件是获得非晶态材料。目前大多数非晶态材料是通过快速凝固方法制备的条带样品，很难获得大尺寸块状非晶材料。

12.1.2.3 电解沉积法

电解沉积法作为一种经济可行的制备工艺，在纳米晶体材料的制备中已吸引了各国科研工作者越来越多的兴趣与关注：在进一步完善传统电镀工艺的同时，更加注重电化学生产方法，其中包括传统直流电源、电镀板、脉冲电镀技术、无电极电镀以及生产纳米复合材料的共沉积过程。同其他技术相比较，电解沉积法的主要优点是密度较高，在生产过程中无需压制，内应力较小，适当的添加剂可控制样品中的少量杂质和织构；投资小，生产效率高，可制成薄膜、涂层或块体材料；可沉积晶粒尺寸在纳米量级的纯金属、合金以及化合物。用该方法大多数可获得等轴结构的纳米晶体材料或其他形状结构的材料。调节电解沉积参数可改变电解沉积纳米晶体的晶粒尺寸分布和晶体学结构。纳米晶体材料的电解沉积过程是非平衡过程，因此，所制备的材料是由很小的晶粒尺寸、大晶界体积百分数和三叉晶界占主导的非平衡结构。另外，用这种方法制备的材料表现出较大的固溶度范围。例如：在室温下，P 在 Ni 中的固溶度非常小，$870℃$ 时 P 在 Ni 中最大固溶度仅为 0.32%，而电解态 Ni–P 可形成固溶体，含 P 量超过 10%，同样，也在 Co–W、Ni–Mo 等合金系中观察到很宽的固溶度范围。

电解过程分为物理结晶和电解还原结晶，在物理结晶过程中，晶核产生的速度（成核速度）与晶粒生长的速度决定了晶体的大小，而成核速度又与溶液的过饱和程度密切相关。当增大过饱和度时，成核速度随之增大，结晶变细，晶核直径变小。实验研究证实，液相中的原子在析出时，向固体表面碰撞，并不一定立即进入固体晶格上，这时表面扩散起着重要作用。阴极表面粗糙度随电解时间的延长而增加，这是因为溶液离子的扩散层很厚，而且任何一部分沉积物都易于扩散到扩散层中，导致局部电流密度比平均值大。由此可知，改善沉积物表面的性质必须降低扩散层的厚度。另外，人们研究还发现溶液中的离子浓度，溶液温度，添加剂的种类和浓度，电流密度，阴极的极化强度和搅拌强度等因素对电解沉积过程的传质及扩散过程有着显著的影响，从而也影响到阴极沉积物的晶粒度。

采用脉冲电流作用下的电化学沉积的制备方法，其优点在于该技术具有高的峰值电流密度并且电流的通/断时间可以调整，可以使电解过程在较短的时间间隔内以较高的电流密度（比直流电解高几个量级）进行，这样在通电时段获得很高的沉积率。在沉积后极度贫化的阴极附近的阳离子浓度，通过较长时间的断电得到有效恢复以利于下一次脉冲沉积。由于通电时段的高电流密度，脉冲电解沉积可以增加形核密度，断电间隔则会促使形核并且阻止晶粒长大，这样溶液的传质过程、电极动力学过程以及形核率都得以改善，因而利用该技术可以沉积出致密度高、晶粒度细的阴极沉积物。同时，脉冲电解沉积的多项工艺参数可以调整，使电解沉积过程更好地得到控制。脉冲电解沉积工艺中常采用的波形图有三种，如图 12–1 所示。应用图 12–1（a）所示的波形可以得到的镀层较薄，但是沉积层的晶粒细；应用图 12–1（b）所示的波形可以得到晶粒度均匀的厚镀层；应用图 12–1（c）所示的波形可以得到较厚的镀层，但是沉积层的晶粒度不均匀。因此在应运中可根据实际需要选用合适的波形。

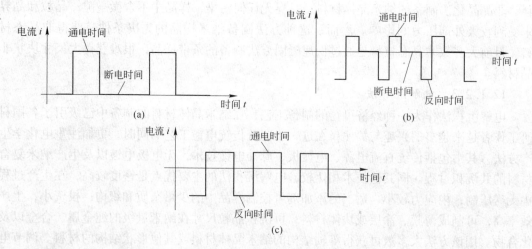

图 12 - 1　脉冲电解沉积波形

（a）脉冲电解沉积；（b）具有断电时间间隔的可逆脉冲电解沉积；（c）无断电时间间隔的可逆脉冲电解沉积

　　Ebrahimi 等人利用电解沉积法制备出的纳米 Cu 的晶粒尺寸在 174～251nm 之间分布；Erb 等人利用脉冲电解沉积法制备出的纳米晶 Ni 的平均晶粒尺寸大约为 15～20nm。Lu 等人利用脉冲电解沉积方法制备出具有高密度纳米尺度孪晶结构的纯 Cu，孪晶片层平均宽度在 15～100nm 范围内分布。

　　尽管制备纳米晶体的方法很多，但是，如何制备无污染、全致密的块体纳米材料仍然是目前纳米研究领域的难点，也是热点之一。

12.1.3　纳米晶体材料的结构特征

　　近年来，有关纳米晶体材料微观结构研究的报道非常多，主要集中在晶界、晶粒结构等方面。采用的实验手段也多种多样，其中直接观察技术有透射电子显微镜（TEM）、扫描电子显微镜（SEM）、扫描隧道显微镜（STM）、场离子显微镜（FIM）和断层原子探针（TAP）等；较为直接的结构分析技术有 X 射线衍射（XRD）和中子衍射技术等；间接的结构分析技术有扩展 X 射线吸收精细结构（EXAFS）、核磁共振、Raman 散射、Mossbauer 谱和正电子湮没寿命谱等。此外，差热分析法（DSC）对于纳米晶体材料的界面能量状态的研究也非常有效。图 12 - 2 所示为纳米晶体材料的二维结构的硬球模型，它由晶粒内部的原子和大量的晶界原子构成。与传统粗晶材料相比，纳米材料具有很高的晶界体积分数。计算表明当晶粒尺寸小到 5nm 时，界面体积分数高达 60%。这时材料的性能将不再仅仅依赖于晶格中原子的交互作用，还在很大程度上取决于界面上的原子结构特征。因此，在纳米材料的变形中，晶界被认

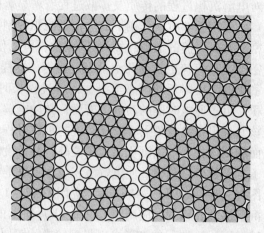

图 12 - 2　纳米晶体材料的二维硬球模型
●—晶内原子；○—晶界原子

为具有很重要的作用。研究初期，Gleiter 等人在提出纳米晶体材料概念的同时，曾给出了其晶界结构的"类气态"模型。该模型认为晶粒原子结构均相同，仅取向各异；晶界的原子结构却很复杂，具有长程无序，短程无序的特征。

随着高分辨电子显微技术（HREM）的发展，这一观点受到越来越多的实验观察和计算机模拟结果的挑战。对平均晶粒尺寸为 30～40nm 的电解沉积 nc–Ni 和气相沉积冷压法制备的 nc–Cu 的晶界结构的直接观察发现，晶体的有序结构一直保持到晶界。Siegel 等人利用 HRTEM 对纳米 Pb 进行深入研究，发现纳米晶体材料的晶界与常规粗晶材料的晶界具有相似的结构形态，样品的弛豫不是造成晶界结构有序的原因。Mills 等人通过计算，进一步证实了 Siegel 的结果。对电解沉积法制备的纳米晶体 Ni 的 HRTEM 观察发现其晶界结构与粗晶的晶界结构相似，机械合金化法制备的纳米 Fe 合金的晶界与粗晶的晶界结构相似。但是 Fecht 发现 MA 法制备的纳米单质 Ni 的晶界熵远大于平衡态粗晶晶界熵。研究发现 SPD 法制备的纳米晶体 Cu 的晶界为非平衡晶界。

许多研究人员在对其他合金系的研究中也得到了"两者相似"的结论，例如 Li 等人对利用非晶晶化法制备的纳米晶体（Fe，Mo）78Si9B13 的 HRTEM 观察发现，其晶界结构与粗晶的晶界结构相似，Lu 等人对非晶晶化法制备的纳米晶体 Ni_3P、Se 等的晶界熵测试发现这些材料的晶界熵与小角晶界的熵值相当，即晶界处于较低的能量状态。Schuh 等人在对电解沉积的纳米晶 Ni–W 合金的高分辨电镜观察时，发现在晶界存在有限的无序区，但对于晶界结构是否主要是这种无序结构仍然缺乏足够的证据，因为合金元素沿晶界的化学偏析效应有可能导致这种局部无序区的发生。

分子动力学模拟可以获得纳米材料的晶界在原子尺度的结构信息。模拟结果显示，通过 Voronoi 构型空间填充法构造的纳米晶纯金属样品，晶界结构与对应的粗晶材料的晶界结构本质上是一样的。晶界主要是共格结构，只有少量无序的错配区域。正电子湮灭的实验结果表明，即使对于根据阿基米德定律测定的全致密纳米材料，仍然含有 5～20 个原子空位大小的纳米孔洞。可见，纳米晶体材料的晶界结构极其复杂，与晶粒尺寸、制备方法及材料本身的化学成分等诸多因素密切相关。实验结果和计算机模拟结果仍然存在许多不一致，还需要进一步研究。正如 Gleiter 等人指出，将高分辨电镜观察的晶界结构的结果与大块纳米材料真实的晶界结构联系起来必须小心，因为电镜样品由于厚度的限制，可能引起晶界结构弛豫。

长期以来，人们把纳米晶体材料的许多性能之所以不同于常规粗晶材料的原因归结为大量界面原子的贡献，而忽视了对晶粒内部的研究。通常认为，纳米晶体的晶内为完整晶格，不含有或仅含有少量不可动位错。最初的测量结果表明，纳米纯金属材料的点阵常数与传统粗晶材料相比没有明显差异。实际上，由于晶粒尺寸比较小，晶界原子与晶内原子的交互作用，使得纳米材料的晶格发生了畸变。Lu 等人从热力学角度出发，经过理论计算并结合实验测量证实纳米晶的晶粒是以晶格畸变为特征的。因为纳米材料的晶界具有很大的过剩能和过剩体积，纳米晶体材料的点阵参数变化实际上是由于晶界原子与晶内原子交互作用，产生应力并使晶界本身能量降低的结果。目前实验中观察到的部分纳米晶的晶粒发生晶格畸变的结果表明，纳米晶体材料中的晶格畸变效应不仅与材料的本身结构有关，而且与样品的制备及热力学过程等有着密切的关系。

12.2 气相沉积装置

12.2.1 化学气相沉积装置

气相沉积技术广泛应用于制备各种功能薄膜。在机械制造领域主要应用于沉积氮化钛涂层刀具，沉积耐热耐腐蚀涂层和装饰品、装饰层等。金刚石涂层刀具已经实际生产应用。

气相沉积技术包括化学气相沉积（CVD）、等离子体气相化学沉积（PCVD）、物理气相沉积（PVD）等技术。

化学气相沉积技术是利用气态源物质在固体物质表面上进行化学反应，生成固态物质的技术。在化学气相沉积技术中，气体的压强可以是常压或低压采用低气压化学沉积时，用旋片式机械泵使反应室的气体压强维持在 10^2 Pa。

气态物之间的反应一般是在热激活作用条件下进行的，多采用电阻加热或感应加热方式将反应室加热至高温。

CVD 的气源物质可以是气态源、液态源和固态源。表 12–1 列出了一些 CVD 反应气源物质示例。液态源和固态源物质都必须先气化，然后由氢气等载气引入反应室内。

表 12–1   CVD 反应气源物质示例

气源物质存在形态	气源物质示例
气　态	CH_3、C_2H_2、NH_3、N_2、O_2
液　态	$TiCH_4$、$SiCl_4$、$AlCl_3$、PCl_3、H_2O
固　态	$TaCl_3$、$NbCl_3$、$ZrCl_4$、I_2

图 12–3 所示为 CVD 设备结构示意图，沉积氮化钛设备由气源系统、反应沉积室、真空系统及尾气处理系统组成。

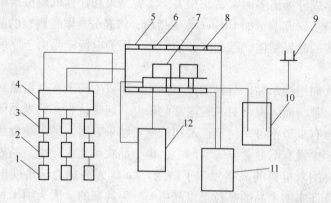

图 12–3   CVD 装置结构示意图

1—气瓶；2—净化瓶；3—流量计；4—针阀；5—反应室；6—加热体；7—工件；
8—炉体；9—气体出口；10—尾气处理装置；11—真空泵；12—加热电源

沉积氮化钛的气源为 H_2、N_2、$TiCl_4$，在 1000℃时进行如下化学反应：

$$2H_2 + 1/2N_2 + TiCl_4 \longrightarrow TiN + 4HCl$$

$TiCl_4$ 是液态物质，用水浴锅加热气化，用氢气作载气将 $TiCl_4$ 带入反应室；氮气直接通入；氢气和氮气都应该是高纯净化气体；三种气体的比例及总流量用针阀调节。工件放在工件架上，反应气体在高温的工件表面上进行化学反应形成氮化钛涂层。反应生成的氯化氢气体由机械泵抽出引入氢氧化钠溶液中进行中和后，再将废气排入大气中，以防止污染环境。

瑞士公司生产的产品可在 900~1050℃ 高温下沉积 TiN、TiC_xN_y、Al_2O_3、Cr_2O_3；在 850~950℃ 中沉积 TiC_xN_y。反应室容积 30L，装炉量 60kg。

12.2.2 等离子体化学气相沉积装置

等离子体化学气相沉积是利用低气压气体放电等离子体增强化学气相沉积的工艺。增强措施包括直流辉光放电 DCPCVD，射频辉光放电 RF – PCVD 和微波放电 MPCVD 等，其放电参数列入表 12 - 2 中。图 12 - 4 所示为 PCVD 装置示意图。

表 12 – 2　PCVD 放电参数

技 术 名 称	放 电 参 数
DCPCVD	1000V，0.1~1mA/cm²
RF – PCVD	频率：13.56MHz
MPCVD	频率：2450MHz

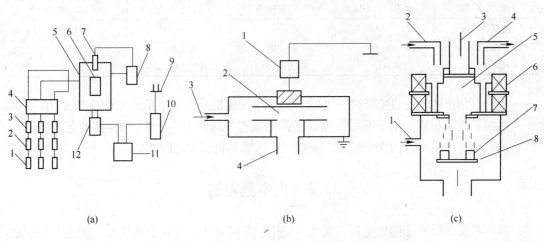

图 12 – 4　PCVD 装置示意图

（a）直流 PCVD 装置：1—气瓶；2—净化器；3—流量计；4—针阀；5—离子反应室；6—工件；
7—高压电极；8—高压电源；9—气体出口；10—尾气处理装置；11—抽气泵；12—冷阱
（b）射频 PCVD 装置：1—射频电源；2—等离子体；3—进气系统；4—真空抽气
（c）微波 PCVD 装置：1—进气系统；2—冷却水进口；3—微波系统；4—等离子体；
5—冷却水出口；6—磁场线圈；7—工件；8—工件架

以直流辉光放电等离子体增强沉积 TiN 为例，说明 DCPCVD 设备结构的特点，图12 - 4（a）为其示意图。设备由电源系统、离子反应室、真空系统、尾气处理系统组成，所通入的气体必须是高纯气体。由于反应室的真空系统比 CVD 高，故 $TiCl_4$ 不需加热便可气化。工件接电源负极，沉积室壁接电源正极。工件可以悬挂，也可以用托盘摆放。离子沉积室一般可不设辅助加热源，用旋片式机械泵抽真空，最高真空度为 2Pa，沉积真空度为 $1 \times 10^2 Pa$ 范围。工件靠反应气体放电产生的氮离子、氢离子、钛离子轰击加热至沉积温度。同时这些高能粒子在工件附近形成的阴极位降区内反应生成 TiN 并沉积在工件上。由于膜层粒子成为高能态，降低了形成 TiN 的温度，直流 PCVD 在 500℃ 便可以获得 TiN。为防止污染、腐蚀，在抽汽管路上设置液氮冷阱使氯化氢气冷凝。

射频等离子体化学气相沉积装置和微波等离子体化学气相沉积装置简图如图 12 - 4（b）和图 12 - 4（c）所示。由于射频场和微波场的作用提高了等离子体的密度，使沉积氮化钛的温度进一步降低，在 200℃，甚至更低的温度便可以得到氮化钛涂层。

12. 2. 3　物理气相沉积

在物理气相沉积技术中，膜层离子是靠真空蒸发或磁控溅射方法得到的。利用低气压气体放电获得的低温等离子体来提高到达基体的膜层离子的能量，有利于化合物涂层的形成，可以降低生成氮化钛的温度。高能粒子到达工件表面，可以改善涂层质量，并可提高膜基结合力。

按沉积工艺的不同，PVD 分为真空蒸发镀、溅射镀和离子镀。几种 PVD 工艺特点对比见表 12 - 3。

表 12 - 3　几种 PVD 工艺特点对比

技 术 名 称	沉积气压/Pa	工件偏压/V	放 电 类 型	沉积离子能量/eV
真空蒸发镀	$10^{-3} \sim 10^{-4}$	0	—	$0.1 \sim 1.0$
溅射镀	$10^{-1} \sim 10^{-2}$	$1 \sim 200$	辉光放电	<30
离子镀	$100 \sim 10^{-1}$	50 或 $1 \sim 3kV$	辉光或弧光	$10 \sim 10$

物理气相沉积均在真空条件下进行。为了保证涂层质量，最低真空度应达到 $10^{-3} Pa$，多采用油扩散泵机组。由于溅射镀和离子镀的沉积气压为 $10^0 \sim 10^{-1} Pa$，在此范围内油扩散泵抽速小、易返油，为保证抽速，一般在扩散泵和机械泵之间加增压泵。

12. 3　真空蒸发镀

真空蒸发镀膜粒子的能量低，虽然不适用于沉积氮化钛等化合物涂层，但它是粒子镀的基础。蒸发镀的沉积气压低，一般低于 $10^{-3} Pa$，工件不加负偏压。膜层原子由蒸发源蒸发后直射到工件上形成膜层。按蒸发源类型不同，分为电阻蒸发源和电子枪蒸发源，其特点见表 12 - 4。

表 12 - 4　蒸发源特点对比

蒸发方式	电压/V	电流/A	特　点	应 用 范 围
电阻蒸发	<20	$10 \sim 100$	蒸发速率小	低熔点金属，薄层膜
电子枪蒸发	$5 \sim 10kV$	<1	蒸发速率大	高熔点金属或化合物，厚膜

（1）电阻蒸发源式真空蒸发镀装置。图 12－5 所示为蒸发镀膜装置示意图。其中图 12－5（a）为电阻蒸发源式真空蒸发镀装置示意图。设备由真空室、真空机组、电阻蒸发器、电阻蒸发电源、工件转架及烘烤源组成。电阻蒸发源由 W、Mo、Ta 制成。

（2）电子枪蒸发源式真空蒸发镀膜装置。图 12－5（b）为电子枪蒸发源式真空蒸发镀膜装置示意图。设备由真空室、真空机组、电子枪、电子枪电源、水冷铜坩埚及工件转架组成。坩埚内放置被蒸发镀的金属锭。高密度的电子束轰击到膜材金属锭上，其动能转化为热能，使膜材蒸发。

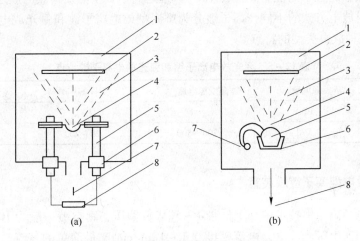

图 12－5　真空蒸发镀膜装置示意图

（a）电阻蒸发源式：1—真空室；2—工件；3—金属蒸气流；4—电阻蒸发源；
5—蒸发电极；6—真空机组；7—抽气系统；8—电阻蒸发电源
（b）e 型电子枪蒸发源式：1—真空室；2—工件；3—金属蒸气流；4—电子束；
5—金属锭；6—坩埚；7—电子枪；8—抽气系统

电子枪功率有 1kW、3kW、6kW、10kW，枪电压 5～10kV，电流 0.1～1A。电子枪形式有直枪、磁偏转形枪。常用的是磁偏转式 e 型电子枪。电磁线圈产生磁场，将坩埚两旁的软磁材料磁化，形成均匀磁场，磁场方向垂直电子束运动方向，电子受洛伦兹力的作用做回转运动，偏转 270° 后聚焦在坩埚上形成斑点，电子束回转半径与电子枪的加速电压 U 和磁感应强度 B 有关。电子偏转半径与电子运动速度成正比，电子运动速度是由电子枪加速电压 U 决定的，B 的大小由线圈匝数和所通过的电流决定。在匝数不变的情况下，一般通过调节磁偏转线圈中通过的电流来调节磁感应强度 B，从而调节偏转半径，使电子束斑点落在金属锭的中心。

真空蒸发镀时，膜材原子的能量是由蒸发源获得的，可用下式表示其能量大小

$$\varepsilon = 3/2KT$$

式中　ε——膜材原子的能量；

K——玻耳兹曼常数；

T——膜材的蒸发温度，K。

当 $T_g = 2000℃$ 时，$\varepsilon = 0.2eV$，对于金属原子，$\varepsilon \leqslant 1eV$。由于能量低，真空蒸发镀的膜基结合力低。由于真空蒸发镀在高真空度进行，膜层原子的绕镀能力低，镀膜均匀性差。

12.4　离子镀装置

离子镀膜层原子的获得方法与真空蒸发镀相同，不同的是离子镀的镀膜过程是在气体放电等离子体中进行的。为此，工件上必须加偏压，必须通入气体，使气体分子平均自由程减小到可以产生碰撞电离的程度，才能使气体放电。膜层原子是在低气压气体放电条件下获得的，膜层原子被电离为离子或激发成高能中性原子，这可大大提高到达工件的膜粒子的能量。一般金属粒子的能量 $\varepsilon = 1 \sim 10\text{eV}$，远远高于真空蒸发镀膜时膜层粒子的能量。

根据沉积时放电方式的不同，离子镀分为辉光型放电离子镀和弧光放电型离子镀。表12-5列出了两种放电类型的特点。

表 12-5　辉光放电离子镀和弧光放电离子镀特点

类　型	蒸发源电压/V	蒸发源电流/A	工件偏压/V	金属离子化率/%
辉光型	3 ~ 10kV	< 1	1 ~ 5	1 ~ 15
弧光型	20 ~ 70	200 ~ 500	20 ~ 200	20 ~ 90

12.4.1　辉光放电型离子镀膜装置

在辉光放电型离子镀技术中，工件带 1 ~ 5kV 负偏压，真空镀一般为 $10 \sim 10^{-1}\text{Pa}$，工件和蒸发源之间产生辉光放电，电流密度 $0.1 \sim 1\text{mA/cm}^2$。最简单的直流二极型离子镀的膜基结合力和膜层质量均比真空蒸发镀优越，但二极型离子镀金属离子化率低，仅为 0.1% ~ 1%。为了提高金属离子化率，应采取各种强化放电措施，如在蒸发源和工件之间增设第三极（如热电子发射极、高频感应线圈等），以增加高能电子密度或加长电子运动路程，从而提高金属蒸汽原子及反应气体与电子碰撞电离的几率。在 70 ~ 80 年代，开发了多种辉光放电型离子镀膜技术，包括活性反应型离子镀、热阴极增强型离子镀、射频离子镀和集团粒子束型离子镀等。表 12-6 列出了各种辉光放电型离子镀技术的工艺特点。图 12-6 所示为各种辉光放电型离子镀装置。

表 12-6　各种辉光放电型离子镀工艺特点

离子镀类型	强化放电措施	强化放电机理	沉积气压/Pa	金属离化率/%
直流二极型	直流辉光	—	10 ~ 10	< 1
活性反应型	活化电极	活化极吸引二次电子	10 ~ 10	3 ~ 6
热阴极型	热电子发射	增加高能电子密度	10 ~ 10	10 ~ 15
射频型	高频感应圈	加长电子运行路程	10 ~ 10	10 ~ 15
集团粒子束型	热阴极和加速极	高密度的低能离子团	10 ~ 10	< 1

离子镀的蒸发源可以是电阻蒸发源、电子枪蒸发源和集团离子束离子镀采用的密闭式坩埚蒸发源。辉光放电型离子装置的共同特点是，工件所带的偏压高，金属离子化率低，只有 1% ~ 15%，用于沉积氮化钛涂层时工艺难度大。现在国内已经没有这类产品。国外只有日本神港精机株式会社有过这种产品。

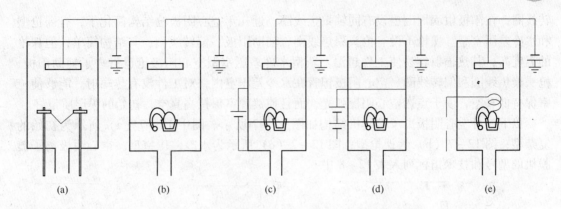

图 12-6　辉光放电型离子镀膜装置示意图

（a）电阻源二极型；（b）e 型枪源二极型；（c）活性反应型；（d）热阴极型；（e）射频型

12.4.2　弧光放电型离子装置

弧光放电型离子装置技术采用弧光放电型蒸发源。有热空心阴极枪、热丝弧等离子枪、阴极电弧蒸发源等。这些蒸发源均产生弧光放电，放电电压 20～70V，电流密度 50～500A/mm²，工件负偏压 20～200V。电弧源本身既是蒸发源又是离子化源。此种离子镀的金属离子化率高达 20%～90%；金属离子能量达 1～10eV，离子流密度高；高能的氮、钛离子和高能原子比较容易反应生成氮化钛等化合物涂层；工艺操作简单，它是当前国内外沉积氮化钛涂层的主选技术。

按弧光放电机制分类，有自持热弧光放电和自持冷弧光放电。表 12-7 列出了各种弧光放电离子镀膜工艺特点。

表 12-7　各种弧光放电离子镀工艺特点

离子镀类型	弧光放电特点	金属蒸气来源	金属离子化率/%
空心阴极型	热空心阴极自持热电子流	坩埚熔池	20～40
热丝弧等离子强型	热丝弧自持热电子流	坩埚熔池	20～40
多弧离子镀型	冷阴极自持场致电子流	阴极本身、无熔池	60～90

12.4.3　空心阴极离子镀技术

空心阴极离子镀技术采用空心阴极枪做蒸发源。空心阴极枪采用钨、钼、钽等难熔金属管材制作。钽管接枪电源负极，坩埚接正极。电弧电压 40～70V，弧电流密度 50～500A/mm²。为了点燃空心阴极弧光，钽管上并联 400～1000V 辉光放电点燃电源。氩气从钽管通入真空室内。工件接偏压电源负极，电压 0～200V。接通钽管电源后，首先产生空心阴极辉光放电然后过渡为弧光放电。氩离子轰击钽管壁，使管壁升温达到 2100℃，钽管发射热电子。所形成的等离子电子束射向坩埚，电子的动能转化为热能使沉积膜材蒸发。等离子电子束在射向坩埚的过程中与金属原子和反应气体分子碰撞使之电离或激发。这些高能粒子在工件表面反应生成化合物涂层。由于金属离子化率高，沉积氮化钛的工艺范围宽。日本真空株式会社一直生产空心阴极离子镀膜机。

最初研制的空心阴极枪的结构复杂，除钽管以外，还有辅助阳极，枪头聚焦线圈、偏转线圈，在阳极坩埚周围也设有同轴聚焦线圈。近几年空心阴极枪结构简化了，有裸枪型和水冷差压室型。裸枪不设有枪头聚焦线圈、辅助阳极、偏转线圈，其结构简单；但裸枪的温度高，其热辐射容易使工件超温。新型水冷差压室型空心阴极枪也省去了辅助阳极、枪头聚焦线圈和偏转线圈。空心阴极钽管在水冷差压室内，对工件没有热辐射。能够使枪室保持低真空，便于点燃空心阴极弧光，而且使镀膜室保持高真空，初始的膜层质量好。

以上三种空心阴极离子镀膜机结构如图 12－7 所示。图中 12－7（a）所示为初始的复杂型；图 12－7（b）为裸枪型；图 12－7（c）所示为水冷差压室型。空心阴极离子镀膜机的型号和技术指标列入表 12－8 中。

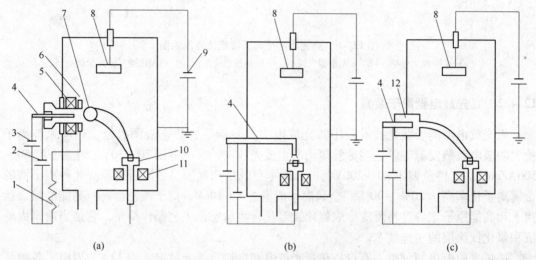

图 12－7　空心阴极离子镀膜机结构示意图
（a）复杂型；（b）裸枪型；（c）水冷差压室型
1—电阻；2—引燃电源；3—弧光电源；4—钽管；5—第一偏转线圈；6—辅助阳极；
7—偏转线圈；8—工件；9—偏压电源；10—坩埚；11—聚焦线圈；12—差压室

表 12－8　空心阴极离子镀膜机生产能力

型　号	枪功率/kW	生产能力	生产厂家
DLKD－1000	15，双枪	M3 滚刀 16 把，ϕ8 钻头 196 支	北京仪器厂
LDK－310	10，三枪	M1.5 滚刀 30 把，ϕ8 钻头 630 支	沈阳真空设备厂
KYD－450	6.5	M3 滚刀把，ϕ8 钻头 120 支	航空部二院六九九厂
DLK－800	10	M3 滚刀 10 把	兰州真空设备厂
PB－45	30	M3 滚刀 24 把	日本真空株式会社

12.4.4　热丝弧等离子体枪型离子镀膜机

热丝弧等离子体枪型离子镀膜机采用热丝弧等离子枪作为蒸发源。图 12－8 所示为热丝弧等离子枪型离子镀膜装置示意图。

真空室的顶部设热丝弧等离子枪室，氩气由热丝弧等离子枪室通入，枪室内安装钽丝用以发射热电子，它同时与弧电源的负极相连。真空室内设工件转架，工件做自转运动。底部有坩埚和与之相隔离的辅助阳极，二者均与弧电源的正极相连。真空室外部的上下两端安装电磁线圈，作用是对真空室内的等离子体进行搅拌，以增加气体分子和金属离子的电离几率。当接通弧电源后，钼丝发射大量的热电子，被电场加速后，激发枪室内的氩气电离，产生弧光放电，产生的弧光等离子束向坩埚方向运动。这种等离子束有三个作用：（1）当射向辅助阳极时，可以使真空室内的气体电离，提高真空室内中的气体等离子体密度。（2）射向坩埚时，可以将膜材金属蒸发。（3）由于金属蒸气原子向上运动，等离子电子束是向下方运动，二者间碰撞电离几率大，金属电离更充分。这种镀膜装置中的等离子体密度大，加上合理的镀膜工艺，氮化钛涂层刀具的

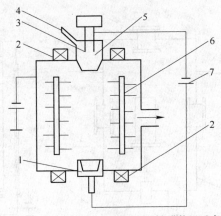

图 12-8 热丝弧等离子枪型离子镀膜装置示意图
1—坩埚；2—聚焦线圈；3—热钼丝；4—氩气进气口；
5—离子源室；6—工件；7—弧电源

质量较高。但这种镀膜机的生产周期长，蒸发源设在底部，造成涂层厚度均匀性差。

12.4.5 电弧离子镀装置

电弧离子镀是利用阴极电弧源的自持冷场致弧光放电，得到高密度的等离子体而进行镀膜的技术。

阴极电弧源所产生的冷场致弧光放电的过程，是由于在阴极靶的周围堆积了高密度的正离子形成了高场强，电场强度为 $10^6 \sim 10^8 \text{V/cm}$。在阴极靶面凸起部位的场强更大，更容易将靶面击穿，产生冷场致电子发射；又由于靶面击穿的面积很小，为 $10^{-4} \sim 10^{-6} \text{mm}^2$，而电流密度高达 $10^4 \sim 10^6 \text{A/cm}^2$，致使阴极靶材表面迅速升温，被加热成小熔池，功率密度高达 $10^6 \sim 10^8 \text{W/mm}^2$。造成膜材原子从小熔池蒸发气化形成蒸气流，金属蒸气与击穿面发射出来的电子流发生非弹性碰撞，高密度的电子流伴随带电粒子的复合过程，而在击穿处产生弧光，在靶面上每个小熔池处出现一个小凹坑。由于非均匀电势和等离子扩散，在阴极弧斑附近形成高密度的电子流、离子流、金属蒸气流和金属融滴流的通量。因此，电弧离子镀中的阴极电弧源既是蒸发源又是离化源。由于金属离化率高达 60% ～ 90%，很容易获得化合物涂层。电弧离子镀是当前沉积氮化钛超硬涂层刀具和仿金精饰品应用最多的离子镀技术。

阴极电弧源有小平面弧源、大平面弧源和柱状弧源。表 12-9 中列出了它们的基本数据。图 12-9（a）所示为安装小弧源的电弧离子镀膜机，图 12-9（b）所示为安装平面大弧源和柱状源的电弧离子镀膜机，图 12-9（c）所示为安装柱状源的电弧离子镀膜机。

表 12-9 三种阴极电弧源的基本数据

弧源形状	靶材尺寸/mm × mm	弧斑形状	弧电压/V	弧电流/A	每台机数量/个
小平面	(60 ～ 100) × 30	圆形	18 ～ 25	40 ～ 100	1 ～ -40
大平面	200 × (400 ～ 1000)	长圆形	18 ～ 30	100 ～ 200	2 ～ 4
柱状	70 × (200 ～ 2000)	直条、螺条	20 ～ 40	120 ～ 400	1

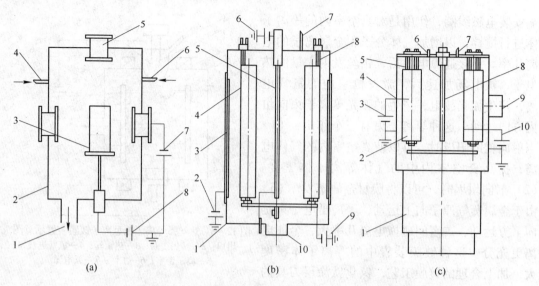

图 12-9　三种形状弧源的电弧离子镀膜装置示意图

（a）安装小弧源的电弧离子镀膜机：1—真空系统；2—镀膜室；3—工件；4—氩气进气系统；
5—小弧源；6—氮气进气系统；7—小弧源电源；8—偏压电源

（b）安装平面大弧源和柱弧源的电弧离子镀膜机：1—真空室；2—大弧源电源；3—平面大弧源；4—工件；
5—柱弧源；6—柱弧源电源；7—进气系统；8—管状加热器；9—偏压电源；10—真空系统

（c）安装柱弧源的电弧离子镀膜机：1—机座；2—工件；3—偏压电源；4—镀膜室；5—管状加热器；
6—引弧针；7—进气系统；8—柱状弧源；9—真空系统；10—柱弧源电源

　　每台电弧离子镀膜机中，根据需要配置不同类型的阴极电弧源。每个阴极电弧源配有独立的弧电源和引弧针。小平面弧源和大平面弧源均安装在真空室壁上，柱状弧源安装在真空室的中央。镀膜室中还没有工件转架、烘烤加热系统和进气系统。

　　镀膜时首先使引弧针和靶面接触造成短路，随后当引弧针脱离靶面时，则产生自持冷场致弧光放电，在阴极靶面上出现许多小弧斑。沉积氮化钛时，钛离子和氮离子被工件负偏压吸引到达工件表面形成氮化钛。由于阴极靶材处于水冷状态，靶面上的弧斑迅速运动，因此，阴极靶材始终处于固态，没有固定的熔池。电弧离子镀技术中阴极电弧源靶材可以是块状、板状及柱状。

　　为了保证整个工件镀膜的均匀性，需要在真空室壁上安装多个小弧源，每个源配一个弧电源、一个引弧针、一套控制系统。操作者必须逐个引燃弧源，随时关心每个弧源的工作情况。早期的电弧离子镀设备结构复杂、操作繁琐、故障率高。我国自 1985 年从美国引进电弧离子镀膜机后，几十年来，多弧离子镀技术在国内发展迅速。目前，已开发出安装 4 个、8 个、12 个、20 个、40 个小弧源的多弧离子镀膜机系列产品。而且采用了辅助磁场加快电弧的运动速度，消除液滴，细化膜层组织，提高膜层质量的新技术。

　　平面大弧源的长度可与工件转架等高，镀膜均匀区大，简化了镀膜机结构。我国生产的电磁控制大弧源电弧离子镀膜机的靶材烧蚀均匀，靶材利用率高。

　　柱状弧源的磁场结构是多种多样的。我国生产的旋转磁控柱状弧电弧离子镀膜机中采用的是条形永磁铁，并做旋转运动。弧斑呈条形或螺旋形，向周围 360° 方向均匀镀膜，镀膜均匀区大，靶材的利用率最高。这种电弧离子镀膜机只装一个柱弧源，只配一个弧电源、一个引弧针、一套控制系统，设备结构简单，操作简便。

表 12 – 10 列出了各种电弧离子镀膜装置的技术指标。

表 12 – 10 各种电弧离子镀膜装置技术指标

型 号	弧源数/个	弧源尺寸/mm	弧源功/kW·个$^{-1}$	功 能	生 产 厂 家
TG 型	4 ~ 40	60	1.2 ~ 1.6	装饰、工具	北京长城钛金公司
CH 型	4 ~ 20	60	1.0 ~ 1.6	工具、装饰	北京华瑞真空公司
WDDH 型	2 ~ 4	200 ×(600 ~ 1000)	2.4 ~ 3.6	工具、装饰	北京万方达公司
XZhDH 型	1	70 ×(200 ~ 2000)	2.0 ~ 15	装饰、工具	深圳威士达公司
MAV 型	2 ~ 28	60	1.0 ~ 1.6	工具	美国 MULTI ARC

12.5 磁控溅射镀膜装置

溅射镀膜是将沉积物质作为靶阴极，利用氩离子轰击靶材产生的阴极溅射，将靶材原子溅射到工件上形成沉积层。在镀膜室中靶阴极接靶电源负极，通入氩气；当接通电源后，靶阴极产生辉光放电，氩离子轰击靶材，氩离子和靶材进行能量交换，这时靶材原子克服原子间结合力的约束而逸出。这些被溅射下来的原子具有一定的能量，约为 4 ~ 30eV，比蒸发镀所具有的能量大，因此，膜层的质量较好，膜基结合力大，膜层粒子温度低，适合在低熔点的基材上镀膜。

简单的直流二极型溅射镀膜的电流密度小，溅射速率小，沉积速率低。为了提高氩离子的密度，以提高沉积速率，采取了多种强化气体放电措施，如通过铺设热阴极发射热电子，增加电子密度；增设高频电源，以增加电子路径；铺设磁场，以约束电子运动的轨迹；增加电子在靶面上运动的路程，增加电子与氩气碰撞的几率。表 12 – 11 列出了各种溅射镀膜的工艺特点。

表 12 – 11 各种磁控溅射镀膜工艺特点

溅射镀名称	沉积气压/Pa	靶电压/V	靶电流密度/A·mm^{-2}	沉积速率/mm·min^{-1}
二极溅射	1 ~ 10	3	< 1	30 ~ 50
热阴极溅射	1 ~ 10^{-1}	1 ~ 2	2 ~ 5	50 ~ 100
射频溅射	1 ~ 10^{-1}	0 ~ 2	2 ~ 5	50 ~ 100
磁控溅射	1 ~ 10^{-1}	0.4 ~ 0.8	5 ~ 10	200 ~ 600

由表 12 – 11 可知，磁控溅射镀膜沉积速率最高。磁控溅射是在二极溅射装置中设置与电场垂直的磁场。气体放电中的高能电子在垂直电磁场的约束下，受洛伦兹力的作用，做旋轮线形的飘移运动，在距靶面一定距离的空间，形成电子阱，增加了电子与氩气碰撞的几率，从而使沉积速率提高 5 ~ 10 倍。

随靶材形状的不同及电磁场位置的不同，磁控靶的形状有平面形、柱状形、S 枪形及对向形。在平面靶和柱状靶后面安装的磁场，有的利用与靶面平行的磁场分量，有的利用与靶面垂直的磁场分量。下面介绍几种磁控溅射源结构的原理。

图 12 – 10 所示为平面磁控溅射源的原理图。图 12 – 10 （a）所示为靶材、磁钢、工件

的相关位置，图 12 – 10 （b） 所示为平面靶磁控原理图。

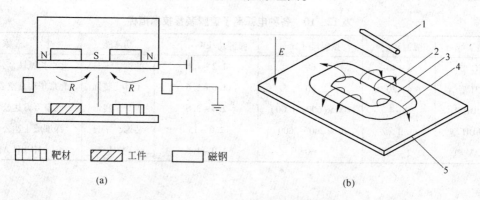

图 12 – 10   平面磁控溅射靶原理图
（a） 靶材、磁钢、工件的相关位置图；（b） 平面靶磁控原理图
1—阳极；2—水平磁场 R；3—溅射区；4—电子轨迹；5—阴极

这种磁控溅射靶是常用的磁控溅射装置中的靶结构。但在靶材相对的最大磁场分量的部位，氩离子轰击靶材最严重，靶材的消耗最多，使靶面出现凹坑，靶面烧蚀不均匀，靶材利用率低。图 12 – 11 所示为平面靶材刻蚀后的剖面图。这种平面靶不适用于沉积磁性材料，因为磁性材料可以造成磁短路，发挥不了磁场的作用。

图 12 – 12 所示为平面对向靶的结构图，磁力线垂直靶面。可以用于沉积磁性材料。调整整个的材料和靶电压可以沉积多层膜、合金膜。

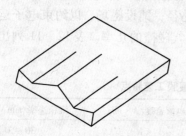

图 12 – 11   平面靶材刻蚀后的剖面图

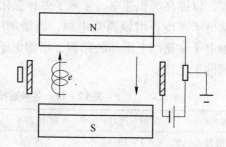

图 12 – 12   对向磁控靶结构原理图

图 12 – 13 所示为 S 枪形磁控溅射源结构原理图。靶材做成倒锥形，阳极位于靶中央，电子在磁场作用下被约束在靶面附近，形成等离子体环，电流密度大沉积速率可以达到 10000A/min 左右。

图 12 – 14 所示为柱状磁控溅射源的原理图，图 12 – 14 （a） 所示为采用环状磁钢的柱状靶，图 12 – 14 （b） 所示为采用条状

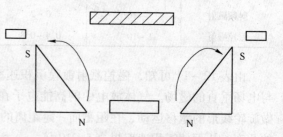

图 12 – 13   S 枪形磁控溅射源结构原理图

磁钢的柱状靶。环状磁钢所产生的磁力线平行柱靶轴，电子被约束在靶面作周围运动；气体放电后，辉光放电的轨迹是与柱靶轴向垂直的光环。靶面刻蚀最严重的地方是磁环的中间部位，靶材刻蚀不均匀，靶材利用率低。

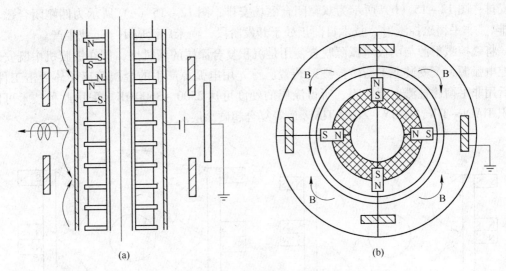

图 12 – 14　柱状磁控溅射源原理图

(a) 环状磁钢柱状磁控溅射源；(b) 条状磁钢的柱状磁控溅射源

　　采用条形磁钢时，相邻两条磁钢的磁极性相反，磁力线垂直于柱靶面，气体放电后辉光放电的轨迹呈与柱靶轴平行的数个光束。在电动机的带动下，条形磁钢做旋转运动，实现向 360°方向镀膜。柱状磁控溅射靶的结构简单、镀膜均匀区大、靶材烧蚀均匀、靶材利用率高。

　　磁控溅射镀膜的膜基结合剂好、膜层组织致密，适合在低熔沸点基材上镀膜。但是，由于磁控溅射是在辉光放电条件下进行的，金属离化率低，大约在 1%以下；膜层粒子总体能量低，不容易进行反应沉积，获得氮化钛的难度大，工艺重复性差。一些用柱状磁控溅射源镀氮化钛的设备中加装了热阴极后，镀氮化钛的工艺可靠性大大提高了。磁控溅射技术当前更多的应用于镀功能膜、幕墙玻璃膜、液晶显示器的 ITO 膜等。

　　德国一家公司生产的磁控溅射镀膜机中放置两个普通的平面靶，这两个平面靶面对而立，产生气体放电后，两个靶之间的等离子体相互叠加，大大提高了等离子体密度，提高金属离化率，容易反应生成氮化钛涂层。

　　以上所述的平面磁控溅射靶的磁场分布是均匀的，即外环磁极的磁场强度与中部磁极的磁场强度相等或相近，称之为"平衡磁控溅射靶"。这种靶结构虽然能够将电子约束在靶面附近，增加电子与氩离子的碰撞几率，但是随着离开靶面距离的增大，等离子体密度迅速降低，在工件表面上不足以产生高结合力的致密膜层。为了增强离子轰击的效果，只能把工件安置在距离磁控溅射靶 5~10cm 范围内。这样短的有效镀膜区限制了待镀工件的几何尺寸，制约了磁控溅射技术的应用范围，多用于镀制结构简单、表面平整的板状工件。

　　1985 年首次提出了"非平衡磁控溅射的概念"，即某一磁极的磁场对于另一极性相反部分的增强或减弱，就导致了磁场分布的"非平衡"。保证靶面水平磁场分量，有效的约束二次电子，可以维持稳定的磁控溅射放电。同时，另一部分电子沿着强磁极产生的垂直靶面的纵向磁场逃逸出靶面而飞向镀膜区域，这些飞离靶面的电子还会与中性粒子产生碰撞电离。进一步提高镀膜空间的等离子体密度，有利于提高沉积速率和膜层质量。图 12 – 15 为非平衡磁控溅射靶在镀膜室中的安排示意图。其中图 12 – 15（a）所示为双靶镜像磁场安排；图 12 –15（b）所示为双靶闭合磁场安排；图 12 –15（c）所示为四靶闭合磁场安排。"非平衡磁控溅射"技术目前正处于开发阶段，尚未广泛应用于工业生产。

将磁控溅射源与阴极电弧源联合使用是沉积复合涂层的新机型，即在镀膜机中既安装可控电弧源，又安装非平衡磁控溅射装置。首先用电弧源产生的金属等离子体轰击工件，然后用非平衡磁控溅射源镀膜，所得涂层的硬度可达 2500 ~ 3600HK。采用此种技术可以沉积 TiAlN – TiN、TiAlN – ZrN、TiAlZrN 等复合超硬涂层。

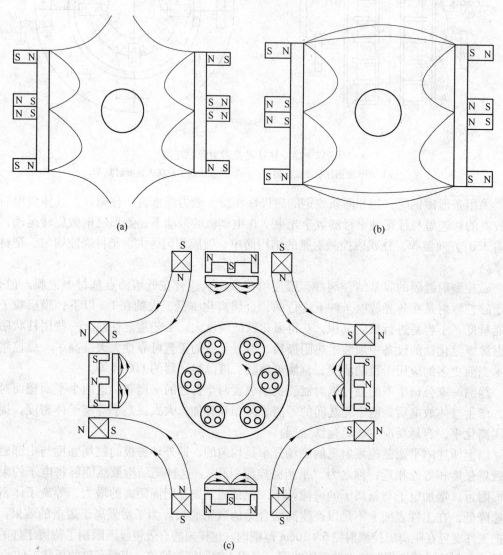

图 12 –15　非平衡磁控溅射靶在镀膜室中安排示意图
（a）双靶镜像磁控靶；（b）双靶闭合磁控靶；（c）四靶闭合磁控靶

12.6　物理气相沉积技术的发展

在离子镀技术中，由于沉积离子能量过高，对机体造成损伤，使工件升温过高，使沉积层中混有气体，影响沉积层的纯度或致密度。为了克服以上不足，发展了一些新的物理气相沉积技术，包括低能离子束技术、溅射和离子束辅助沉积技术、蒸发和离子束辅助沉积技术及三束离子辅助沉积装置。图 12-16 所示为以上几种技术的原理图。其中图 12-16（a）所示为低能离子束沉积技术；图 12-16（b）所示为蒸发型离子辅助沉积装置；图 12-16（c）所示为离子束溅射型离子辅助沉积装置。

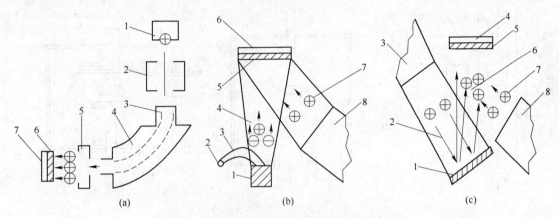

图 12-16　几种新的物理气相沉积技术原理图

（a）低能离子束沉积：1—离子源；2—加速器；3—离子束；4—质量分析器；

5—减速器；6—沉积层；7—基板

（b）蒸发和离子束混合：1，4—蒸发源；2—电子枪；3—电子束；

5—沉积层；6—基板；7—离子束；8—离子源

（c）溅射和离子束混合：1—靶材；2—离子束；3，8—离子源；4—基板；

5—沉积层；6—溅射原子；7—电子枪

低能离子束沉积采用 30kV 加速电压，将金属离子引出，经聚焦系统聚焦成高能离子束。离子束进入质量分析器，经选择得到所需的高能金属离子束。金属离子再进入减速系统，使高能离子的能量降低为 10~30eV。这些低能的高纯金属离子，进入高真空靶室，沉积在工件上，获得所需的沉积层。其优点是离子能量低、沉积层纯度高、对基体损伤小。

蒸发加离子束轰击并用的技术，用在真空室内既有蒸发源，又有离子源的场合，在用蒸发源蒸发金属的同时再用高能粒子束轰击工件表面，这种技术既能改善沉积层的附着力，细化膜层组织，又可以获得符合化学计量比的化合物涂层。

离子束溅射与离子束轰击的技术并用，用在真空室中既有溅射镀膜源，又有高能粒子束源的场合。在用溅射镀膜源进行镀膜的同时，在用离子束轰击工件表面，其优点也是膜基结合力大，膜层组织细密，又可以沉积得到预定的合金或化合物膜。清华大学在三束离子辅助沉积装置中，除设离子束溅射源、粒子束轰击源外，另设了一个离子源，目的是在沉积之前对工件进行轰击净化，进一步提高膜基附着力。

12.7　沉积金刚石薄膜的技术

沉积金刚石薄膜的方法很多，通观来看，不外是化学气相沉积、等离子体化学气相沉积及物理气相沉积领域中的相关技术，主要是利用热能和低气压等离子体能量将含碳的气体合成为金刚石膜。所用的反应气，多数是碳氢化合物气体，由氢气载入反应室。

合成金刚石薄膜的方法如图 12－17 所示的几种。其中图 12－17（a）所示为热丝法，在石英管外设加热器，内有加热丝和工件。工件可以加偏压，也可以不加偏压，反应气由管子的一端加入，在热丝发射的热电子的激活下反应合成金刚石膜。图 12－17（b）所示

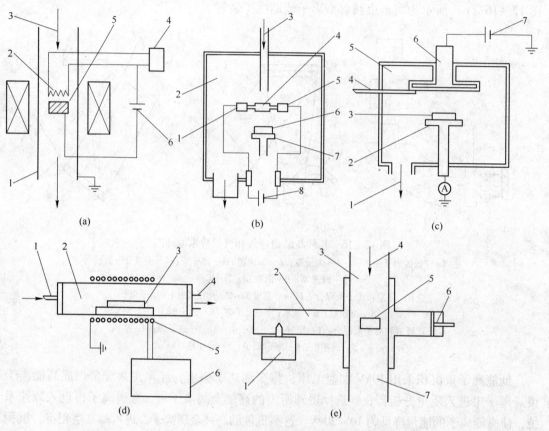

图 12－17   沉积金刚石薄膜装置示意图

（a）热丝法：1—石英管；2—热丝；3—反应气；4—加热器；5—工件；6—偏压电源

（b）热弧法：1—阳极；2—真空室；3—反应气；4—弧光；5—阴极；6—工件；7—工件架；8—弧电源

（c）DCPCVD：1—真空系统；2—阳极；3—工件；4—进气管；5—真空室；6—阴极；7—直流电源

（d）RFPCVD：1—进气管；2—真空室；3—工件；4—真空系统；5—感应圈；6—射频电源

（e）MPCVD：1—微波电源；2—波导管；3—石英管；4—反应气；5—工件；6—活塞；7—真空系统

为热弧法，反应气由真空室的上方通入，在工件和通气管口之间安装可以产生弧光放电的阴、阳极，在电弧弧光的激活下，可以在工件表面上得到金刚石膜。图 12－17(c)～12－17(e) 分别为 DCPCVD、RFPCVD、MPCVD 装置示意图。另外，在用多弧离子镀设备中，用石墨靶也可以反应沉积金刚石膜和类金刚石膜。类金刚石膜具有与金刚石膜相近的性能，而且沉积工艺简单一些，因此，类金刚石膜也有广泛的应用前景。立方氮化硼和 β－C_3N_4 等化合物超硬膜也具有很多优良的性能，正处于开发和研制的过程中。

参 考 文 献

[1] 孟柏庭. 有色冶金炉（修订版）[M]. 长沙：中南大学出版社，2005.

[2] 张家芸. 冶金物理化学 [M]. 北京：冶金工业出版社，2004.

[3] 傅崇说. 有色冶金原理 [M]. 北京：冶金工业出版社，1993.

[4] 蔡乔方. 加热炉（第2版）[M]. 北京：冶金工业出版社，2007.

[5] 王秉铨. 工业炉设计手册（第2版）[M]. 北京：机械工业出版社，2000.

[6] 曾祥模. 热处理炉 [M]. 西安：西北工业大学出版社，1996.

[7] 闫承沛. 真空热处理工艺与设备设计 [M]. 北京：机械工业出版社，1998.

[8] 西北工业大学编写组. 可控气氛原理及热处理炉设计 [M]. 北京：人民教育出版社，1977.

[9] 倪学梓，高仲龙，王世均，等. 冶金炉设计与计算 [M]. 北京：中国工业出版社，1964.

[10] 陆兴，刘世程，王德庆，等. 热处理工程基础 [M]. 北京：机械工业出版社，2007.

[11] 《热处理车间设备及设计》编写组. 热处理车间设备及设计 [M]. 山东：山东人民出版社，1977.

[12] 吉泽升，张雪龙，武云启，等. 热处理炉 [M]. 哈尔滨：哈尔滨工程大学出版社，1999.

[13] 陈枫，有色冶金工厂设计基础 [M]. 长沙：中南大学出版社，1988.

[14] 李洪人. 液压控制系统（修订本）[M]. 北京：国防工业出版社，1990.

[15] 薛祖德. 液压传动 [M]. 北京：中央广播电视大学出版社，1995.

[16] 李壮元. 液压元件与系统（第三版）[M]. 北京：机械工业出版社，2011.

[17] 邓乐. 液压传动 [M]. 北京：机械工业出版社，2011.

[18] 王守城，容一鸣. 液压传动（第二版）[M]. 北京：北京大学出版社，2013.

[19] 李壮云. 液压气动与液力工程手册：上册 [M]. 北京：电子工业出版社，2008.

冶金工业出版社部分图书推荐

书　名	作　者	定价（元）
轧钢机械设备维护（高职高专规划教材）	袁建路　主编	45.00
起重运输设备选用与维护（高职高专规划教材）	张树海　主编	38.00
轧钢原料加热（高职高专规划教材）	戚翠芬　主编	37.00
炼铁设备维护（高职高专规划教材）	时彦林　等编	30.00
炼钢设备维护（高职高专规划教材）	时彦林　等编	35.00
冶金技术认识实习指导（高职高专实验实训教材）	刘燕霞　等编	25.00
中厚板生产实训（高职高专实验实训教材）	张景进　等编	22.00
天车工培训教程（高职高专实验实训规划教材）	时彦林　等编	33.00
炉外精练技术（高职高专规划教材）	张士宪　等编	36.00
连铸工试题集（培训教材）	时彦林　等编	22.00
转炉炼钢工试题集（培训教材）	时彦林　等编	25.00
转炉炼钢工培训教程（培训教材）	时彦林　等编	30.00
连铸工培训教程（培训教材）	时彦林　等编	30.00
电弧炉炼钢生产（高职高专规划教材）	董中奇　等编	40.00
金属材料及热处理（高职高专规划教材）	于　晗　等编	26.00
有色金属塑性加工（高职高专规划教材）	白星良　等编	46.00
炼铁原理与工艺（第2版）（高职高专规划教材）	王明海　主编	49.00
中型型钢生产（行业规划教材）	袁志学　等编	28.00
板带冷轧生产（行业规划教材）	张景进　主编	42.00
高速线材生产（行业规划教材）	袁志学　等编	39.00
热连轧带钢生产（行业规划教材）	张景进　主编	35.00
轧钢设备维护与检修（企业规划教材）	袁建路　等编	28.00
中厚板生产（行业规划教材）	张景进　主编	29.00
冶金机械保养维修实务（高职高专规划教材）	张书海　主编	39.00
有色金属轧制（高职高专规划教材）	白星良　主编	29.00
有色金属挤压与拉拔（高职高专规划教材）	白星良　主编	32.00
自动检测和过程控制（第4版）（国规教材）	刘玉长　主编	50.00
金属材料工程认识实习指导书（本科教材）	张景进　等编	15.00
炼铁设备及车间设计（第2版）（国规教材）	万　新　主编	29.00
塑性变形与轧制原理（高职高专规划教材）	袁志学　等编	27.00
冶金过程检测与控制（第2版）（职业技术学院教材）	郭爱民　主编	30.00
冶金技术概念（职业技术学院教材）	王庆义　主编	26.00
机械安装与维护（职业技术学院教材）	张书海　主编	22.00
参数检测与自动控制（职业技术学院教材）	李登超　主编	39.00
有色金属压力加工（职业技术学院教材）	白星良　主编	33.00
黑色金属压力加工实训（职业技术学院教材）	袁建路　主编	22.00
初级轧钢加热工（培训教材）	戚翠芬　主编	13.00
中级轧钢加热工（培训教材）	戚翠芬　主编	20.00